訊號與系統

王小川　編著

 全華圖書股份有限公司

國家圖書館出版品預行編目資料

訊號與系統 / 王小川編著. -- 三版. -- 新北市：
　全華圖書, 2015.09
　　面；　公分
　ISBN 978-957-21-9903-9(平裝附光碟片)

　1.CST: 通訊工程　2.CST: 系統分析

448.7　　　　　　　　　　　　　104008706

訊號與系統 (附部分內容光碟)

作者 / 王小川

發行人 / 陳本源

執行編輯 / 張繼元

出版者 / 全華圖書股份有限公司

郵政帳號 / 0100836-1 號

印刷者 / 宏懋打字印刷股份有限公司

圖書編號 / 06088027

三版四刷 / 2022 年 02 月

定價 / 新台幣 590 元

ISBN / 978-957-21-9903-09

全華圖書 / www.chwa.com.tw

全華網路書店 Open Tech / www.opentech.com.tw

若您對本書有任何問題，歡迎來信指導 book@chwa.com.tw

臺北總公司(北區營業處)
地址：23671 新北市土城區忠義路 21 號
電話：(02) 2262-5666
傳真：(02) 6637-3695、6637-3696

南區營業處
地址：80769 高雄市三民區應安街 12 號
電話：(07) 381-1377
傳真：(07) 862-5562

中區營業處
地址：40256 臺中市南區樹義一巷 26 號
電話：(04) 2261-8485
傳真：(04) 3600-9806(高中職)
　　　(04) 3601-8600(大專)

序　言

　　國內外大多數的電機電子工程學系都有「訊號與系統(signals and systems)」這門課，甚至有許多學校把這門課列為必修，顯然這是電機電子工程領域中的一門基礎課程。訊號與系統都是我們經常看到的現象，例如聲音是空氣震動產生的聲波訊號，影像是光傳遞的光學訊號。另外還有許多是人造出來的訊號，例如經由天線傳輸的電波訊號，經由導線或光纖傳輸的網路訊號。而產生訊號的機制或是轉換訊號的程序就稱為系統，例如我們的聽覺器官，它接收聲波訊號之後，轉換成聽覺神經的訊號，傳給大腦，是生物界的一個感知系統。無線電話則是人說話的聲音轉變成電子訊號，經由無線電波傳輸到遠方的接收手機，是人造出來的通訊系統。

　　許多訊號是因為人類的感知器官可以查覺，才被我們感覺到，其實還有許多訊號是我們感覺不到的，例如超音波、X 光射線等。為了偵測某些特殊現象，或是傳遞一些訊息，以前的許多科學家與工程師們，為我們發展出許多工具，例如電話、電視、電腦、X 光攝影機、超音波診斷以及外太空探測等，都是人造的系統。電機電子工程師的絕大部份工作，就是設計工具來處理或傳送訊號，也就是以電子與光學技術開發各種系統，供人們使用，以提升人類的生活品質。事實上現在許多常使用的家電產品、醫療器材、交通工具及生產設備等，多數具有內置的電腦與電子系統，以處理光、電、聲音、影像或機械等訊號，所以訊號與系統這門課所學的知識，幾乎是電機電子工程師必備的專業技能。

為了描述訊號與系統，過去的科學家發展了許多數學表示方法，看起來抽象，但可以精確描述訊號與系統的行為與特性，這些數學表示方法就是訊號與系統這門課所要學習的內容，它要解釋三個觀念：

(1) 一個訊號可以描述成隨著時間作振幅變動的波形，而一個時域中的波形一定有其在頻域中對應的頻譜，因為訊號波形包含許多頻率成分，這些頻率成分即構成頻譜。

(2) 一個自然界的系統，其輸入輸出關係可以用微分方程式來表示，通常會將它近似成一個線性非時變系統，工程上比較容易處理，也容易知道系統的特性。

(3) 一個連續時間訊號可以經過取樣之後，看待成是一個離散時間訊號，而以差分方程式描述訊號處理的程序，這就是離散時間的訊號處理方式，可以藉由電腦與數位電路來實現。

以上這些觀念都必須用數學描述，所以訊號與系統這門課會用到比較多的數學，其中包含了微積分、微分方程、複變函數等基礎數學。因為數學是一套完美的理論敘述，而時域與頻域之間的關聯性是抽象的表示，所以在學習這門課的時候，會引用一些例子，以協助了解物理上的意義。

這本書是以講解基本原理為主要目的，儘量說明所引用的數學描述，而且不厭其煩的寫出數學推導的過程，求其明確易懂。市面上有許多訊號與系統的教科書，除了基本原理的解說之外，也介紹使用 MATLAB 軟體進行訊號與系統分析的方法，同時給了大量的習題，因此越編越厚。這些書確實是編得不錯，很值得參考，但是從教學來看，內容太多或是把問題講得太複雜，可能影響學習的興趣，所以這本書企圖要講得直接而簡單，不偏重解題，也不列入太多例題與習題。本書的繪圖軟體採用 Scilab，這是由法國研究機構 INRIA 與 ENPC 發展的數值處理軟體，其內部核心與 MATLAB 相似，讀者可以進入參考文獻中的 Scilab 網址，作進一步的了解。

　　全書分為九章，第一章先講解訊號與系統的基本觀念，第二章定義線性非時變系統，並描述它的若干特性，第三章講傅立葉級數(Fourier series)，這是一種表示週期性訊號的方法，從這個表示法可以瞭解到訊號在頻域中的意義。第四章講傅立葉轉換(Fourier transform)，這是訊號處理的核心，以數學描述時域中波形與頻域中頻譜的關係，同時也敘述各種基本訊號的傅立葉轉換。第五章則是從時域與頻域來看線性非時變系統的特性，以簡單的濾波器原理來做說明，並介紹一階與二階線性非時變系統頻率響應的繪圖方法。

　　因為今天的多數電子系統是數位式系統，它將自然界的連續時間訊號，以離散時間方式作處理，所以第六章就講解連續時間訊號的取樣、連續時間訊號與離散時間訊號之間的轉換程序、以及如何以離散時間處理的方式來處理連續時間訊號。這一章是本書中較難的部分，其中 6.4 節與 6.5 節的數學描述比較複雜，需要耐心去了解。第七章是講解連續時間系統的分析方法，用拉普拉斯轉換(Laplace transform)可以將描述連續時間系統的微分方程式轉變成在 s-域中的表達方式，有助於作連續時間系統的分析與求解。第八章則是講離散時間系統的 z-轉換(z-transform)，在 z-域中可以更容易作系統的分析，並求解描述離散時間系統的差分方程式，這個部份也是學習數位訊號處理的基礎。第九章以調幅廣播系統、線性控制系統、頻譜分析、與數位濾波器設計等作為應用範例，讓讀者了解訊號與系統這門課所學的一些基本理論與轉換演算，如何應用在這些領域上。

　　這本書是由作者講授訊號與系統這門課的教材整理而成，很感謝我的學生們在我上課中提出問題，甚至指出教材的錯誤，讓這份教材一直在更正。也十分感謝我的實驗室助理張雅玟小姐，她很耐心的協助文稿打字與繪圖。在本書出版六年之後，我們做二度的修改，更正若干文字或公式的錯誤，並整理各章節內容，除了增加例題與習題數目之外，也增加文字上的說明，希望讓本書更容易閱讀。

　　真是要感謝全華圖書編輯同仁的幫忙，讓本書得以修改後出版。

王小川

國立清華大學 電機工程學系

2015 年 3 月

編輯部序

　　「系統編輯」是我們的編輯方針，我們所提供給您的，絕不只是一本書，而是關於這門學問的所有知識，它們由淺入深，循序漸進。

　　訊號與系統都是我們經常看到的現象，例如聲音是空氣震動產生的聲波訊號，影像是光傳遞的光學訊號。而產生訊號的機制或是轉換訊號的程序，就稱為系統。訊號與系統這門課會用到比較多的數學，其中包含了微積分、微分方程及複變函數等基礎數學。因為數學是一套完美的理論敘述，而時域與頻域之間的關聯性是抽象的表示，所以在學習這門課的時候，會引用一些例子，以協助了解物理上的意義。

　　這本書是以講解基本原理為主要目的，儘量說明所引用的數學描述，而且不厭其煩的寫出數學推導的過程，求其明確易懂，不偏重解題，也不列入太多例題與習題。本書的繪圖軟體採用 Scilab，這是由法國研究機構 INRIA 與 ENPC 發展的數值處理軟體，其內部核心與 Matlab 相似，讀者可以進入參考文獻中的 Scilab 網址，作進一步的了解。

　　同時，為了使您能有系統且循序漸進研習相關方面的叢書，我們以流程圖方式，列出各有關圖書的閱讀順序，以減少您研習此門學問的摸索時間，並能對這門學問有完整的知識。若您在這方面有任何問題，歡迎來函連繫，我們將竭誠為您服務。

相關叢書介紹

書號：10471
書名：訊號與系統概論 – LabVIEW &
　　　Biosignal Analysis
編著：李柏明.張家齊.林筱涵.蕭子健
20K/472 頁/500 元

書號：0610902
書名：RFID 原理與應用－含 Arduino
　　　實作(第三版)
編著：鄭群星
16K/352 頁/420 元

書號：0610004
書名：數位通訊系統演進之理論
　　　與應用－ 4G/5G/GPS/IoT
　　　物聯網(第五版)
編著：程懷遠.程子陽
20K/352 頁/430 元

書號：0553602
書名：行動通訊與傳輸網路(第三版)
編著：陳聖詠
16K/336 頁/400 元

書號：06329016
書名：物聯網技術理論與實作(第二版)
　　　(附實驗學習手冊)
編著：鄭福炯
16K/416 頁/540 元

書號：0621801
書名：無線網路與行動計算(第二版)
編著：陳裕賢.張志勇.陳宗禧.石貴平
　　　吳世琳.廖文華.許智舜.林勻蔚
16K/496 頁/550 元

書號：06469
書名：第五代行動通訊系統 3GPP
　　　New Radio(NR)：原理與實務
編著：李大嵩.李明峻.詹士慶.吳昭沁
16K/468 頁/580 元

◎上列書價若有變動，請以
　最新定價為準。

流程圖

書號：0319007
書名：基本電學(第八版)
編著：賴柏洲

書號：05314
書名：訊號與系統－第二版
編譯：洪惟堯.陳培文
　　　張郁斌.楊名全

書號：0333403
書名：通訊原理(第四版)
編著：藍國桐.姚瑞祺

書號：0589901/ 0590001
書名：高等工程數學
　　　(上) / (下)(第十版)
編譯：江大成.江昭皚.黃柏文

書號：06088027
書名：訊號與系統(第三版)
　　　(附部分內容光碟)
編著：王小川

書號：06138
書名：通訊系統(第五版)
　　　(國際版)
編譯：翁萬德.江松茶.
　　　翁健二

書號：0626801
書名：工程數學(第二版)
編著：張元翔

書號：06196017
書名：數位訊號處理－
　　　Python 程式實作
　　　(第二版)(附範例光碟)
編著：張元翔

書號：06469
書名：第五代行動通訊系統
　　　3GPP New Radio
　　　(NR)：原理與實務
編著：李大嵩.李明峻
　　　詹士慶.吳昭沁

目　錄

第一章　訊號與系統的基本概念

第二章　線性非時變系統

第三章　週期性訊號的傅立葉級數表示法

第四章　傅立葉轉換

第五章　系統的時域與頻域特性

第六章　取樣與離散時間處理

第七章　拉普拉斯轉換

第八章　z–轉換

參考文獻

隨書光碟

第九章　應用範例

附錄 A　表格：轉換公式與特性

附錄 B　索引

CHAPTER **1**

訊號與系統的基本概念

▶▶▶▶

這一章將讓讀者對於訊號與系統有一個基本的認識，利用數學符號與函數描述的方式，可以讓我們進一步了解訊號的類型與操作方法，以及系統的表示與其基本特性，本書以後各章節中常會用到的基本訊號，也在本章中詳細加以討論。

▶ 1.1

什麼是訊號

　　訊號(signal)一直是存在於我們的日常生活中，有些我們可以直接感受到，有些則是無法直接感受到。聲音是我們常常接觸到的訊號，當人們在交談時，說話人會用語言表達他的意思給對方知道，在這個過程中，他會操作其發音器官，產生一段聲波訊號(acoustic signal)，經由空氣傳送到聽話人的聽覺器官。聲波訊號藉由空氣粒子振動來傳播，它造成振動的空氣壓力，傳到聽話人耳朵的鼓膜。鼓膜的振動即將聲波訊號輸入聽覺器官，轉換成聽覺神經的訊號傳送到大腦，聽話人就可以聽到對方所說的話。如果聲波訊號是要由機器設備來接收，其接收器就是麥克風，麥克風會將聲波訊號轉變成電子訊號(electric signal)。以電話系統為例，攜帶語言訊息(message)的電子訊號會經由導線或電波傳輸到遠方的接收端，在接收端轉換成電子訊號，驅動耳機或喇叭產生聲波訊號，我們就可以聽到遠方傳來的聲音了。在上述例子中，訊號的存在有許多種型態，例如聲波訊號、電子訊號、聽覺神經訊號等，它們都可以看成是一個隨著時間而改變振幅的函數，在工程上我們會繪出其波形圖(waveform)，以顯示其隨著時間改變振幅的情形。將包含了語音與音樂聲的聲音訊號以電子訊號方式做儲存與傳輸，我們稱之為音訊訊號(audio signal)。

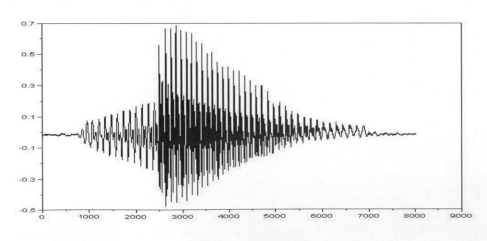

圖 1.1　聲音波形圖

另外一種感覺得到的訊號就是影像(image)，當我們觀看一幅風景、一張圖片或一個物件時，我們的眼睛將它成像在視網膜上，然後經由視覺神經將影像訊息傳給大腦。我們可以把影像看成是一個二維的訊號，若將它以橫線與直線打出細密的格子，橫線與直線交叉處就代表一個像素(pixel)。沿著橫線方向取出一列的像素，就是一段隨著空間位置改變亮度與色彩的函數。同樣的，在直線方向上也可以取出隨著空間位置改變亮度與色彩的函數。現在常用的數位相機就是以這樣的原理，成像在影像晶片上，其像素的亮度與色彩轉換成電子訊號作傳輸與儲存。如果我們讓一張張影像連續出現，利用人類視覺器官的視覺殘留效應，就會產生連續動作的效果，這就是電影與電視的原理，產生這種電視效果的電子訊號，我們稱之為視訊訊號(video signal)。

(a) 圖片

(b) 照片

圖 1.2　圖片與照片

音訊與視訊都是人造的訊號，另外還有許多我們比較少接觸，或是沒有直接感覺到的人造訊號，例如電波、紅外線、超音波、X 光射線等訊號，是在一些特殊應用場合中被產生出來，作為傳遞訊息或偵測某些目標物之用。

從以上的例子可以看到，訊號基本上是隨著時間改變的一維時間函數(time function)，也可以是隨著位置改變的二維空間函數(spatial function)，通常我們以數學方式來描述。被視為訊號者，是指其中攜帶了訊息，如果它不攜帶訊息，就被視為雜訊(noise)。其實我們也可以將其他時間函數看成是一個訊號，例如每天改變的股票價格、隨著時間與位置改變的氣象數據、每個月增減的銀行存款、或是每年人口數的變化等等，也常被當成訊號來處理。

▶ 1.2
什麼是系統

訊號必然有其產生的機制，或是有一個轉換訊號的處理程序(process)，我們稱這個機制或處理程序為系統(system)。通常為了完成某一個功能，我們會對一個或多個訊號作處理，產生一個或若干個新的訊號。舉例來說，我們的聽覺器官，將鼓膜上的聲壓(sound pressure)訊號轉換成聽覺神經的訊號，它就是一個系統，稱為聽覺系統(auditory system)。同樣的，我們的視覺器官將影像成像在網膜上，轉換成視覺神經訊號，它也是一個系統，稱為視覺系統(visual system)。我們常用的數位相機，它用來成像在影像晶片上，轉換成電子訊號，儲存在記憶晶片中，它是一個人造的照相系統。CD 音響是將儲存在光碟上聲音訊息轉換成電子訊號，最後推動喇叭，變成聲音訊號輸出，是一個人造的音響系統。

系統可以是自然存在的，也可以是人造的，在工程上可以用數學來描述系統的輸入與輸出關係，輸入訊號經過系統的處理之後，產生輸出訊號。基於同樣的概念，凡是能將一些訊息，經過一個處理程序，變成另一個型態的訊息，我們也把這個處理程序視為一個系統。例如股市、經濟活動、資源消耗等社會與經濟行為，也可以用系統的概念來說明。為了方便，我們常常用方塊圖(block diagram)來描述一個系統，用帶有箭頭的線段來描述訊號的傳輸方向。圖 1.3 是一個典型的回饋控制系統(feedback control system)，它將輸出端訊號 $y(t)$ 取出，轉換成回饋訊號 $v(t)$，與設定的輸入訊號 $x(t)$ 比較之後產生給控制器(controller)的訊號，由控制器發出操作訊號，以驅動被控制的裝置或設備(plant)，讓此裝置或設備達成想要的動作。這個操作過程包含若干訊號的處理，以方塊圖來描述，就可以很清楚的了解一個系統的組成與訊號的流向，也很容易看出系統的功能。

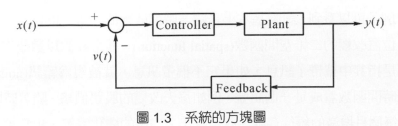

圖 1.3 系統的方塊圖

1.3

訊號的表示

在自然界中的訊號，都是隨著時間改變的連續時間訊號(continuous-time signal)，通常我們用一個以時間為變數的函數來表示，寫成 $x(t)$。在工程上我們常用波形圖來描繪訊號，橫軸表示時間，縱軸表示振幅，連續時間訊號的波形是連續的曲線。圖 1.4 展示一個連續時間訊號的波形圖。

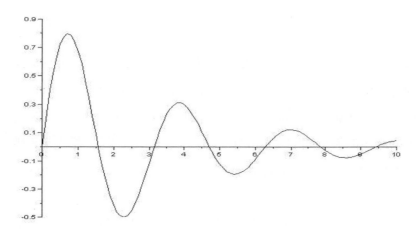

圖 1.4　連續時間訊號

但是在數位系統中處理訊號的時候，原始的連續時間訊號經過取樣編碼，在每一取樣的時間點上，取得波形在該時間點上的振幅，以一個數值表示，於是得到一串時間序列的數值，這就是離散時間訊號(discrete-time signal)。通常用一個序列的數值來表示離散時間訊號，寫成 $\cdots x[-1]$, $x[0]$, $x[1]$, $x[2]$, $\cdots$，對應原來的連續時間訊號，每一個數值所代表的振幅可以用數學式表示如下，

$$x[n] = x(nT_s) \tag{1.1}$$

T_s 是取樣週期(sampling period)，n 是代表取樣時間點的序號。因此，在時間軸上只有取樣的時間點上有值，其他時間沒有值。工程上表示離散時間訊號的圖形，是將數值序列依序以短直線表示，橫軸表示序號，縱軸以短直線表示數值，其實這是一個示意圖形，並非是離散時間訊號的真正波形。圖 1.5 是離散時間訊號的表示法。

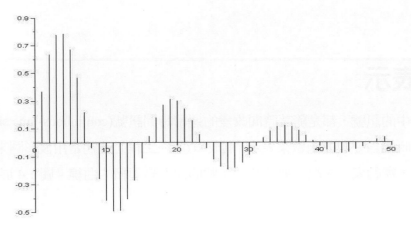

圖 1.5　離散時間訊號的表示法

　　在數位電子系統中，連續時間訊號經過類比轉數位轉換器(analog-to-digital converter, ADC)與編碼器(encoder)，將每一個取樣值轉換成二值數值(binary value)，代表訊號的振幅。一個振幅的二值數值以二值訊號來表示，而二值訊號可以是用一個切換開關(switch)電路來產生，所產生的波形如圖 1.6(a)所示。基本上這是一個連續時間訊號，在固定長度的時間內讓高電位表示 1，低電位表示 0。更常見的二值訊號是雙極(bipolar)波形，例如以正向的提升餘弦脈波(raised cosine pulse)表示 1，負向的提升餘弦脈波表示 0，如圖 1.6(b)所示，這樣的訊號當然是連續時間訊號。如果 0 與 1 出現的機率相等，這個以提升餘弦脈波表示的二值訊號具有平均值為 0 的特性，在訊號傳輸上有它的好處。以一個固定時間長度表示一個 0 或 1 的位元(bit)，連續 8 個固定時間長度的二值訊號就表示 8 個位元。若以 8 個位元表示取樣波形在一個時間點上的振幅值，每 8 個位元的二值波形其實是代表一個離散時間訊號的值。所以當我們看到一個二值訊號時，雖然它本身是連續時間訊號，但是要想成它是離散時間訊號，而以圖 1.5 的示意圖來表示。

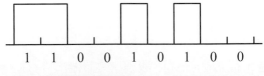

1 1 0 0 1 0 1 0 0

(a) 用開關電路產生的二值訊號的波形

圖 1.6　二值訊號的波形

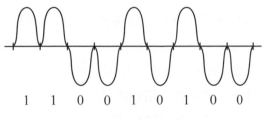

(b) 二值訊號的雙極波形

圖 1.6　二值訊號的波形(續)

　　至於影像訊號，我們是以二維空間來描述，一個像素所在的位置看成是平面座標上的一個點，寫成兩個變數的函數 $p(x,y)$，它可以代表亮度或是色彩。以黑白照片為例，像素的值是代表灰階(gray level)，x 為橫座標，y 為縱座標。沿著 x 軸可以看到灰階隨著 x 軸位置的變化，同理，在 y 軸上也可以看到灰階隨著 y 軸位置的變化。將灰階對 x 軸繪出其變化的曲線，就可以看到一個波形，但它是對應空間的波形。若此波形是連續的，它就是連續空間訊號(continuous-spatial signal)。將 x 軸與 y 軸一起觀察，這個黑白照片就是連續空間的二維訊號。如果訊號值只存在離散的空間點上，它就是一個離散空間訊號(discrete-spatial signal)。現在的數位相機，其成像可以看成是離散空間的二維訊號，每一像素為一個函數 $p(n,m)$，n 為橫軸的離散位置，m 為縱軸的離散位置。如果將 $p(n,m)$ 看成是一個矩陣(matrix)，這個矩陣的列與行即對應影像空間的橫軸與縱軸。如果是彩色影像，每個像素是由三個彩色訊號組成，看成是離散空間的二維訊號。空間間隔越小，在橫軸與縱軸上的像素越多，呈現影像的品質就會越好。

 1.4

訊號的類型

　　在本書中，我們只討論一維的連續時間訊號與離散時間訊號，在以後各章節中，訊號的處理會以數學式來描述，從數學描述中觀察一些訊號的特性。

❖ 實數值訊號與複數值訊號

　　在真實世界中，我們量測到的訊號是一種現象的紀錄，如空氣振動、機械振動、電磁振動、溫度、亮度、風速等等，經過轉換器(transducer)轉換成電子訊號之後，變成以電壓或電流隨著時間變化，代表量測到的訊號。這個訊號用時間函數表示，其訊號振幅應該是實數值，因此寫成數學符號 $x(t)$，是一個實數函數。取樣之後變成離散時間訊號，寫成數學符號 $x[n]$，也是一個實數函數。這種實數值表示的訊號，稱為實數值訊號(real-valued signal)。但是在數學描述時，我們常會採用複數值來描述，這是比較抽象的表示方式，因為在數學演算上，這樣的描述更為方便有效，把 $x(t)$ 或 $x[n]$ 寫成一個複數值的表達方式，我們稱為複數值訊號(complex-valued signal)。

例題 1.1 實數值的離散時間訊號

$$x[n] = A\cos(\Omega n + \phi)$$

上式中 A、ϕ、與 Ω 皆為實數。

例題 1.2 複數值的連續時間訊號

$$x(t) = Ae^{\alpha t + j\omega t} = Ae^{\alpha t}(\cos(\omega t) + j\sin(\omega t))$$

上式中 $j = \sqrt{-1}$，而 A、α、與 ω 皆為實數。

❖ 偶訊號與奇訊號

如果一個實數值的連續時間訊號具有以下特性，

$$x(-t) = x(t) \tag{1.2}$$

我們稱這個訊號為偶訊號(even signal)，它的波形對應時間 0 點是對稱的。如果一個連續時間訊號有以下特性，

$$x(-t) = -x(t) \tag{1.3}$$

我們稱這個訊號為奇訊號(odd signal)，它的波形對應時間 0 點是反對稱的。

同樣的，實數值的離散時間訊號，也有偶訊號

$$x[-n] = x[n] \tag{1.4}$$

與奇訊號。

$$x[-n] = -x[n] \tag{1.5}$$

例題 1.3 偶訊號與奇訊號

連續時間的偶訊號

$$x(t) = 2\cos(\omega t)$$
$$x(-t) = 2\cos(-\omega t) = 2\cos(\omega t) = x(t)$$

連續時間的奇訊號

$$x(t) = 2\sin(\omega t)$$
$$x(-t) = 2\sin(-\omega t) = -2\sin(\omega t) = -x(t)$$

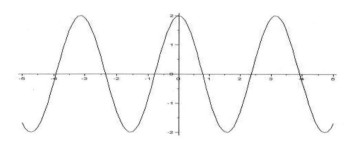

(a) 偶訊號

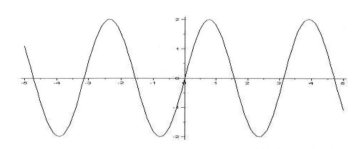

(b) 奇訊號

圖 1.7　連續時間的偶訊號與奇訊號

任何一個訊號都可以看成是由偶訊號與奇訊號所組合而成的，

$$x(t) = x_e(t) + x_o(t) \tag{1.6}$$

其中 $x_e(t)$ 是偶訊號，$x_o(t)$ 是奇訊號。如果在訊號 $x(t)$ 中把時間變數改為 $-t$，就得到

$$x(-t) = x_e(-t) + x_o(-t) = x_e(t) - x_o(t) \tag{1.7}$$

依據(1.6)式與(1.7)式，我們可以計算偶訊號成分

$$x_e(t) = \frac{1}{2}[x(t) + x(-t)] \tag{1.8}$$

與奇訊號成分

$$x_o(t) = \frac{1}{2}[x(t) - x(-t)] \tag{1.9}$$

也就是說，任何一個訊號 $x(t)$ 都可以利用(1.8)式與(1.9)式，將它的偶訊號成分與奇訊號成分分解出來。

同理，實數的離散時間訊號也可以將其偶訊號成分與奇訊號成分分解出來。

$$x_e[n] = \frac{1}{2}[x[n] + x[-n]] \tag{1.10}$$

與

$$x_o[n] = \frac{1}{2}[x[n] - x[-n]] \tag{1.11}$$

例題 1.4 分解一個連續時間訊號的偶訊號成分與奇訊號成分

一個連續時間訊號如下，

$$x(t) = 2\cos(2\pi t) + \sin(\pi t)$$

將時間 t 改為 $-t$，

$$x(-t) = 2\cos(-2\pi t) + \sin(-\pi t) = 2\cos(2\pi t) - \sin(\pi t)$$

依據(1.8)式與(1.9)式分解出偶訊號成分，

$$x_e(t) = \frac{1}{2}(x(t) + x(-t)) = 2\cos(2\pi t)$$

與奇訊號成分，

$$x_o(t) = \frac{1}{2}(x(t) - x(-t)) = \sin(\pi t)$$

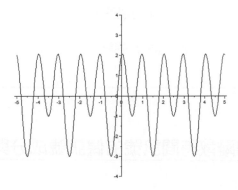

(a) 連續時間訊號

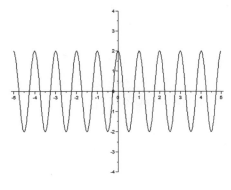

(b) 偶訊號成分

圖 1.8　連續時間訊號的分解

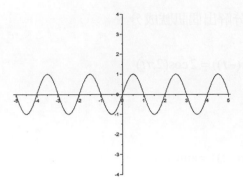

(c) 奇訊號成分

圖 1.8　連續時間訊號的分解(續)

例題 1.5 分解一個離散時間訊號的偶訊號成分與奇訊號成分

一個離散時間訊號如下，

$$x[n] = 1 + 0.5n + 0.02n^2$$

將序號 n 改為 $-n$，

$$x[-n] = 1 - 0.5n + 0.02n^2$$

依據(1.10)式與(1.11)式分解出偶訊號成分，

$$x_e[n] = \frac{1}{2}[x[n] + x[-n]] = 1 + 0.02n^2$$

與奇訊號成分，

$$x_o[n] = \frac{1}{2}[x[n] - x[-n]] = 0.5n$$

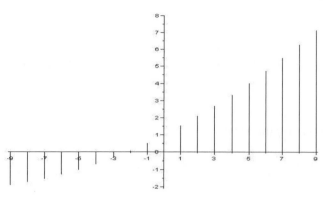

(a) 離散時間訊號

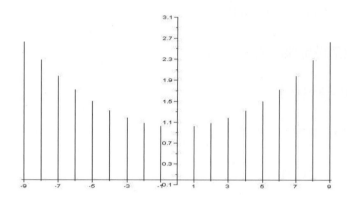

(b) 偶訊號成分

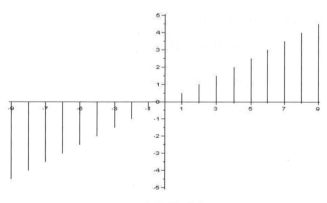

(c) 奇訊號成分

圖 1-9 離散時間訊號的分解

❖ 共軛對稱

如果是一個複數值的連續時間訊號，我們可以將它的實數部份與虛數部份分開表示，寫成

$$x(t) = \text{Re}\{x(t)\} + j\,\text{Im}\{x(t)\} \tag{1.12}$$

其中 $\text{Re}\{x(t)\}$ 是實數部份，$\text{Im}\{x(t)\}$ 是虛數部分，$j = \sqrt{-1}$。這個複數的共軛複數(complex conjugate)寫成

$$x^*(t) = \text{Re}\{x(t)\} - j\,\text{Im}\{x(t)\} \tag{1.13}$$

如果它的實數部份是偶訊號，

$$\text{Re}\{x(-t)\} = \text{Re}\{x(t)\} \tag{1.14}$$

虛數部份是奇訊號，

$$\text{Im}\{x(-t)\} = -\text{Im}\{x(t)\} \tag{1.15}$$

則將這個複數值連續時間訊號 $x(t)$ 的時間變數 t 改為 $-t$，就得到以下的結果，

$$\begin{aligned} x(-t) &= \text{Re}\{x(-t)\} + j\,\text{Im}\{x(-t)\} \\ &= \text{Re}\{x(t)\} - j\,\text{Im}\{x(t)\} = x^*(t) \end{aligned} \tag{1.16}$$

即變成複數值連續時間訊號 $x(t)$ 的共軛複數 $x^*(t)$。(1.16)式所表示的特性，稱為共軛對稱 (conjugate symmetry)。

同樣的，複數值的離散時間訊號 $x[n]$ 如果有共軛對稱的特性，數學上可以寫成

$$x[-n] = x^*[n] \tag{1.17}$$

例題 1.6 離散時間訊號的共軛複數

一個複數值離散時間訊號如下，

$$x[n] = \cos(\Omega n) + j2\sin(\Omega n)$$

取其共軛複數值，

$$x*[n] = \cos(\Omega n) - j2\sin(\Omega n)$$

將序號 n 改為 $-n$，

$$x[-n] = \cos(-\Omega n) + j2\sin(-\Omega n) = \cos(\Omega n) - j2\sin(\Omega n) = x*[n]$$

因此得知此訊號具有共軛對稱的特性。

❖ 週期性訊號與非週期性訊號

一個週期性的連續時間訊號 $x(t)$，必須是對於任何變數 t 值皆符合以下之條件

$$x(t) = x\ (t + T) \tag{1.18}$$

其中 T 是一個正值常數，這就是週期性訊號(periodic signal)。若 T_0 是最小的一個可以滿足 (1.18)式的 T 值，T_0 就是基本週期(fundamental period)，T 等於整數倍的 T_0 時，也會滿足(1.18) 式。如果一個訊號不能滿足(1.18)式，這個訊號就是非週期性訊號(non-periodic signal)。

基本週期的倒數，就是週期性訊號的基本頻率(fundamental frequency)。

$$f_0 = \frac{1}{T_0} \tag{1.19}$$

頻率的單位是 Hz，即每秒有多少個週期。但是在數學的描述中，我們常常用的是角頻率(angular frequency)，或稱為弧度頻率(radian frequency)，單位是每秒有多少個弧度 (radian)。角頻率與頻率的關係如下，

$$\omega = 2\pi f \tag{1.20}$$

f 是頻率，ω 是角頻率，其單位是弧度/秒。所以基本角頻率(fundamental angular frequency) 就是

$$\omega_0 = \frac{2\pi}{T_0} \tag{1.21}$$

為什麼要用角頻率呢？因為在數學上描述一個週期性的弦波訊號時會用三角函數，它的相位移動 360°的角度就是移動一個週期，轉換成弧度值是 2π，採用弧度值與角頻率有數學上的方便性。

離散時間訊號中如果對於所有序號 n，都能滿足以下公式，

$$x[n] = x[n+N] \tag{1.22}$$

N 是一個正整數，這個訊號就是週期性訊號，否則就是非週期性訊號。若 N_0 是滿足(1.22)式的最小 N，則 N_0 就是這個週期性訊號的基本週期，它對應的基本角頻率是

$$\Omega_0 = \frac{2\pi}{N_0} \tag{1.23}$$

這裡我們要解釋一下離散時間訊號中週期與角頻率的意義。數學符號所表式的離散時間訊號只是一個序列的數值 $x[n]$，若沒有聲明它的取樣週期 T_s，我們就不知道它是如何從連續時間訊號取樣的，也不知道一段離散時間訊號的真實時間長度。因此我們談到一個週期性離散時間訊號的時候，週期長度的單位不是秒，其頻率也不是每秒有多少個週期。我們將其週期看成多少個數值的序列，或說是多少個點的序列，基本週期就是每間隔 N_0 個數值(或說是每間隔 N_0 點)其離散時間訊號就重複出現一次，而一個基本週期的相位移動是 2π 弧度，因此離散時間訊號的基本角頻率 Ω_0 就表示成(1.23)式。要注意的是，Ω_0 的單位是弧度，不是弧度/秒。

雖然在離散時間訊號中的序號 n 只是個整數，不具有時間單位，但是在已知取樣週期 T_s 時，它還是有時間的涵意。本書討論離散時間訊號，就將序號 n 看成是時間。

例 題 1.7 週期性連續時間訊號

$T_0 = \pi$

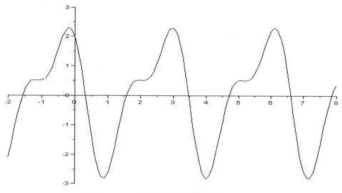

圖 1.10　週期性連續時間訊號

例 題 1.8 週期性離散時間訊號

$N_0 = 10$

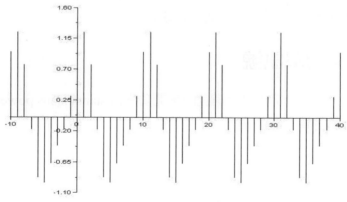

圖 1.11　週期性離散時間訊號

例題 1.9 非週期性離散時間訊號

$$x[n] = \begin{cases} \cos(0.1n\pi), & n < 0 \\ \sin(0.1n\pi), & n \geq 0 \end{cases}$$

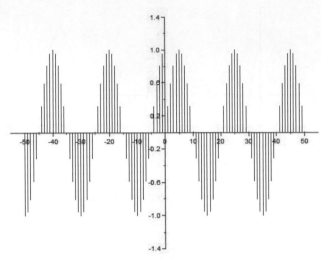

圖 1.12　非週期性離散時間訊號

這個訊號雖然是由弦波函數構成，但是在其所定義的整個時間範圍內，有一段無法滿足 $x[n+N] = x[n]$ 的條件，所以是非週期性訊號。

❖ 能量訊號與功率訊號

在電子系統中，我們計算電阻上消耗的瞬間功率(instantaneous power)，是將跨電阻的電壓乘上通過電阻的電流，

$$p(t) = v(t)i(t) = \frac{v^2(t)}{R} = Ri^2(t) \tag{1.24}$$

$v(t)$ 與 $i(t)$ 分別表示電壓與電流的時間函數，其間關係是 $v(t) = Ri(t)$。累積一段時間 $[t_1, t_2]$ 的功率消耗，就得到在電阻上消耗的能量(energy)，

$$E_{[t_1,t_2]} = \int_{t_1}^{t_2} \frac{v^2(t)}{R} dt = \int_{t_1}^{t_2} Ri^2(t) dt \tag{1.25}$$

而這段時間的平均功率(average power)就是

$$P_{[t_1,t_2]} = \frac{1}{t_2 - t_1} \int_{t_1}^{t_2} \frac{v^2(t)}{R} dt = \frac{1}{t_2 - t_1} \int_{t_1}^{t_2} Ri^2(t)dt \tag{1.26}$$

如果把電壓與電流視爲連續時間訊號，延伸(1.24)的計算，我們定義一個連續時間訊號 $x(t)$ 的瞬間功率如下式，

$$p(t) = |x(t)|^2 \tag{1.27}$$

仿(1.25)式與(1.26)式的演算，就得到 $x(t)$ 在一段時間 $[t_1, t_2]$ 內的能量，

$$E_{[t_1,t_2]} = \int_{t_1}^{t_2} |x(t)|^2 dt \tag{1.28}$$

與平均功率，

$$P_{[t_1,t_2]} = \frac{1}{t_2 - t_1} \int_{t_1}^{t_2} |x(t)|^2 dt \tag{1.29}$$

讓積分的時段包含全部實數時間範圍，就得到全能量(total energy)，

$$E = \lim_{T \to \infty} \int_{-T/2}^{T/2} |x(t)|^2 dt \tag{1.30}$$

而其平均功率的計算如下，

$$P = \lim_{T \to \infty} \frac{1}{T} \int_{-T/2}^{T/2} |x(t)|^2 dt \tag{1.31}$$

對於週期性訊號，如果其週期爲 T，平均功率只需要在一個週期內計算，

$$P = \frac{1}{T} \int_{-T/2}^{T/2} |x(t)|^2 dt = \frac{1}{T} \int_{0}^{T} |x(t)|^2 dt \tag{1.32}$$

同樣的，如果是計算 $[n_1, n_2]$ 時段內的離散時間訊號能量與平均功率，其演算改寫成

$$E_{[n_1,n_2]} = \sum_{n=n_1}^{n_2} |x[n]|^2 \tag{1.33}$$

與

$$P_{[n_1, n_2]} = \frac{1}{n_2 - n_1 + 1} \sum_{n=n_1}^{n_2} |x[n]|^2 \qquad (1.34)$$

計算它的全能量為

$$E = \lim_{N \to \infty} \sum_{n=-N}^{N} |x[n]|^2 \qquad (1.35)$$

平均功率為

$$P = \lim_{N \to \infty} \frac{1}{2N+1} \sum_{n=-N}^{N} |x[n]|^2 \qquad (1.36)$$

如果是週期性訊號，其週期為 N，則其平均功率就是

$$P = \frac{1}{N} \sum_{n=0}^{N-1} |x[n]|^2 \qquad (1.37)$$

當一個訊號的全能量為定值時，$E < +\infty$，這個訊號就稱為能量訊號(energy signal)。如果一個訊號的平均功率為定值，$P < +\infty$，這個訊號就稱為功率訊號(power signal)。

例題 1.10 判斷一個連續時間訊號是否是能量訊號

$$x(t) = Ae^{-\alpha t}, \quad t \geq 0, \quad A = 5, \quad \alpha = 0.3$$

計算其全能量

$$E = \lim_{T \to \infty} \int_{-T}^{T} |x(t)|^2 \, dt = \lim_{T \to \infty} \int_{0}^{T} A^2 e^{-2\alpha t} dt = \lim_{T \to \infty} \{ A^2 \frac{-1}{2\alpha} e^{-2\alpha t} \big|_0^T \}$$

$$= \frac{A^2}{2\alpha} \lim_{T \to \infty} \{ 1 - e^{-2\alpha T} \} = \frac{A^2}{2\alpha} = 41.67$$

得到的全能量是個定值，所以這個訊號是一個能量訊號。

例題 1.11 判斷一個連續時間訊號是否是功率訊號

$$x(t) = A\cos(\omega_0 t), \quad A = 2, \quad \omega_0 = 1.5$$

此週期性訊號的週期為 $T = 2\pi / \omega_0$，其平均功率就是

$$P = \frac{A^2}{T} \int_{-T/2}^{T/2} \cos^2(\omega_0 t) dt = \frac{A^2}{2T} \int_{-T/2}^{T/2} (1 + \cos(2\omega_0 t)) dt = \frac{A^2}{2} = 2$$

得到的平均功率是個定值，所以這個訊號是一個功率訊號。

例題 1.12 判斷一個離散時間訊號是否是功率訊號

$$x[n] = A\sin(\Omega_0 n), \quad A = 3, \quad \Omega_0 = \pi / 4$$

此週期性訊號的週期為 $N = 8$，其平均功率就是

$$P = \frac{A^2}{N} \sum_{n=0}^{N-1} \sin^2(\Omega_0 n) = \frac{A^2}{2N} \sum_{n=0}^{N-1} (1 - \cos(2\Omega_0 n)) = \frac{9}{16} \sum_{n=0}^{7} (1 - \cos(\pi n / 2))$$

$$= \frac{9}{2} - \frac{9}{16} \sum_{n=0}^{7} \cos(2\Omega_0 n) = \frac{9}{2}$$

得到的平均功率是個定值，所以這個訊號是一個功率訊號。

❖ 確定訊號與隨機訊號

對於一個連續時間訊號 $x(t)$ 或離散時間訊號 $x[n]$，給定一個時間變數 t 或序號 n 時，這個訊號有確定的振幅值，也就是說它可以用一個函數完全描述，我們說這個訊號是確定訊號(deterministic signal)。如果在一個時間點上，它沒有事先可以確定的振幅值，就表示這個訊號在其發生之前是不能確定的，這個訊號就稱為隨機訊號(random signal)，例如雜訊(noise)。隨機訊號只能以一段長時間的整體現象來描述訊號振幅的分布，我們將其振幅視為隨機變數(random variable)，圖 1.13 是一個隨機訊號的波形圖。

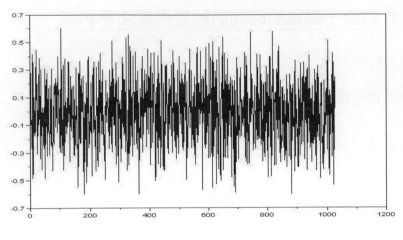

圖 1.13　隨機訊號

 1.5

基本的訊號操作

　　我們把一個連續時間訊號 $x(t)$ 看成是一個時間函數，t 是自變數(independent variable)，x 是因變數(dependent variable)。在時間 t 或振幅 x 作一些演算操作，即改變訊號的特性。同樣的，我們也可以對離散時間訊號的序號與振幅作演算操作。以下是幾個常見的基本操作。

❖ 振幅的比例調整

　　將連續時間訊號 $x(t)$ 的振幅乘上一個比例因數(scaling factor)，變成另一個訊號，

$$y(t) = cx(t) \tag{1.38}$$

c 是比例因數。這個演算操作稱之為振幅比例調整(amplitude scaling)。同樣的，離散時間訊號也可以作振幅的比例調整。

$$y[n] = cx[n] \tag{1.39}$$

❖ 訊號的相加

在某些工程應用中，需要將兩個訊號加起來。訊號的相加演算如下，

$$y(t) = x_1(t) + x_2(t) \tag{1.40}$$

離散時間訊號的相加則是

$$y[n] = x_1[n] + x_2[n] \tag{1.41}$$

❖ 訊號的相乘

將連續時間訊號乘上另一個訊號，就得到一個新的訊號。例如在振幅調變(amplitude modulation)系統中，把訊息訊號加在載波上，就是作訊號相乘。

$$y(t) = x(t)c(t) \tag{1.42}$$

$x(t)$是訊息訊號，$c(t)$是一個固定頻率的載波訊號(carrier)。

例題 1.13 振幅調變的結果

一個振幅調變的訊號如下，

$$f_{AM}(t) = m(t)\cos(\omega_c t)$$

其中訊息訊號為

$$m(t) = \sin(t + 0.6)$$

載波訊號為

$$c(t) = \cos(\omega_c t)$$

圖 1.14 展示振幅調變之後的波形。

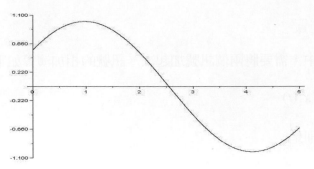

(a) 訊息訊號 $m(t) = \sin(t + 0.6)$

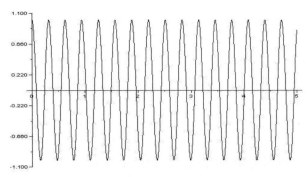

(b) 載波訊號 $c(t) = \cos(\omega_c t)$

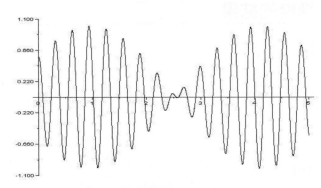

(c) 振幅調變之後的波形 $f_{AM}(t) = m(t)\cos(\omega_c t)$

圖 1.14 振幅調變

離散時間訊號也可以作訊號相乘，例如把離散時間訊號 $x[n]$ 乘上一個固定長度的視窗函數(window function) $w[n]$，就得到一個截取後的離散時間訊號。

$$y[n] = x[n]w[n] \tag{1.43}$$

例題 1.14 以視窗截取一段訊號

離散時間訊號 $x[n]$ 乘上視窗 $w[n]$，即截取出一段訊號。

$$x[n] = \sin(0.2n\pi + 0.6)$$

$$w[n] = \begin{cases} 1, & 10 \le n \le 29 \\ 0, & otherwise \end{cases}$$

$$y[n] = x[n]w[n]$$

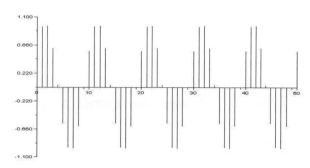

(a) 原始訊號

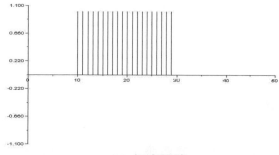

(b) 視窗訊號

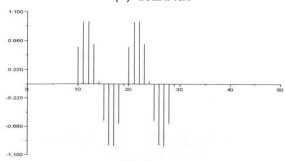

(c) 經視窗截取之後的訊號

圖 1.15 以視窗截取訊號

❖ 訊號的微分與積分

對於一個連續時間訊號作對時間的微分(differentiation in time)，其數學式如下，

$$y(t) = \frac{d}{dt}x(t) \tag{1.44}$$

這個情形常發生在電路分析上，例如通過電感的電流，電流的微分乘上電感值就等於跨在電感上的電壓。

$$v_L(t) = L\frac{d}{dt}i(t) \tag{1.45}$$

L 是電感值。

另一個演算是訊號在時間上的積分(integration in time)

$$y(t) = \int_{-\infty}^{t} x(\tau)d\tau \tag{1.46}$$

例如通過電容的電流，電流的積分結果除以電容值就是跨在電容上的電壓，

$$v_C(t) = \frac{1}{C}\int_{-\infty}^{t} i(\tau)d\tau \tag{1.47}$$

C 是電容值。

❖ 時間的比例調整

在連續時間訊號中把時間這個自變數乘上一個比例因數，就是時間比例調整(time scaling)，

$$y(t) = x(at) \tag{1.48}$$

a 是比例因數，如果 $a>1$，其效果就是在時間軸上作了壓縮，訊號變快，如果 $a<1$，其效果則是在時間軸上作了展開，訊號變慢。

對於離散時間訊號也可以作時間比例調整，它是將序號乘上一個正整數，

$$y[n] = x[pn], \quad p > 1 \tag{1.49}$$

(1.49)式的演算其實就是對離散時間訊號作跳選，每間隔 p 點取一個 $x[n]$ 訊號。

例題 1.15 連續時間訊號的時間比例調整

$$x(t) = e^{-0.3t} \sin(2t), \quad t \geq 0$$

$$y(t) = x(2t)$$

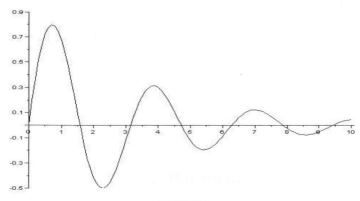

(a) 原始訊號 $x(t)$

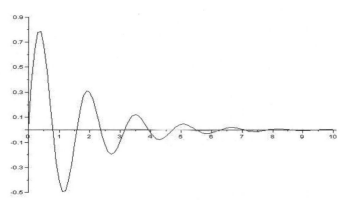

(b) 時間比例調整後的訊號 $y(t) = x(2t)$

圖 1.16 連續時間訊號的時間比例調整

例題 1.16　離散時間訊號的時間比例調整

$x[n] = e^{-0.03n} \sin(0.2n), \quad n \geq 0$

$y[n] = x[2n]$

(a) 原始訊號　$x[n]$

(b) 跳選之後的訊號

(c) 時間比例調整後的訊號　$y[n] = x[2n]$

圖 1.17　離散時間訊號的時間比例調整

❖ 訊號的反影

如果將連續時間訊號的自變數 t 改變成 $-t$，它就變成原訊號的反影訊號(reflection signal)。

$$y(t) = x(-t) \tag{1.50}$$

同樣的，離散時間訊號的反影訊號為

$$y[n] = x[-n] \tag{1.51}$$

例題 1.17 訊號的反影

$$x(t) = e^{-0.2t} \sin(t), \quad t \geq -3$$

$$y(t) = x(-t) = e^{0.2t} \sin(-t), \quad t \leq 3$$

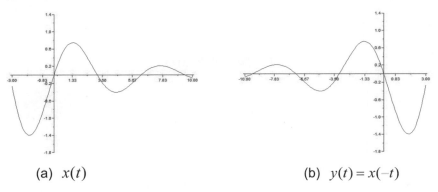

(a) $x(t)$　　　　　　　　　　(b) $y(t) = x(-t)$

圖 1.18　訊號的反影

❖ 時間偏移

在連續時間訊號中讓時間變數 t 變成 $t - t_0$，就是作時間偏移(time shifting)，得到的新訊號是

$$y(t) = x(t - t_0) \tag{1.52}$$

$t_0 > 0$ 表示 $y(t)$ 等於原來的訊號 $x(t)$ 在時間軸上向右偏移，即訊號延遲 t_0。如果 $t_0 < 0$，則表示原來的訊號 $x(t)$ 在時間軸上向左偏移，即訊號超前 t_0。

同樣的，離散時間訊號 $x[n]$ 作時間偏移，得到新的訊號如下，

$$y[n] = x[n - n_0] \tag{1.53}$$

n_0 是一個整數值。

例題 1.18 連續時間訊號的時間偏移

$$x(t) = e^{-0.3t} \sin(2t), \quad t \geq 0$$

$$y(t) = x(t-3)$$

輸出訊號作了時間的延遲。

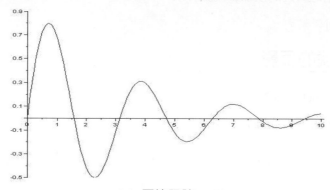

(a) 原始訊號 $x(t)$

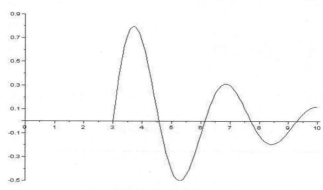

(b) 時間偏移後的訊號 $y(t) = x(t-3)$

圖 1.19 訊號的時間偏移

例題 1.19 離散時間訊號的時間偏移

$$x[n] = e^{-0.06n} \sin(0.8n), \quad n \geq 0$$

$$y[n] = x[n+10]$$

輸出訊號作了時間的提前。

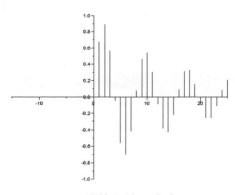

(a) 原始訊號 $x[n]$

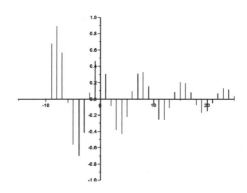

(b) 時間偏移後的訊號 $y[n] = x[n+10]$

圖 1-20　離散時間訊號的時間偏移

❖ 同時作時間的偏移與比例調整

假設原來的連續時間訊號 $x(t)$，經過時間偏移與比例調整之後，變成新的訊號如下，

$$y(t) = x(at - b) \tag{1.54}$$

它的操作程序是先作訊號的時間偏移，

$$v(t) = x(t - b) \tag{1.55}$$

然後將時間變數 t 作比例調整，就得到

$$y(t) = v(at) = x(at - b) \tag{1.56}$$

這個過程中，我們先將時間變數 t 改為 $t - b$，然後才作時間軸的比例調整，將時間變數 t 乘上比例因數 a。

例題 1.20 連續時間訊號作時間偏移與比例調整

$$x(t) = e^{-0.3t} \sin(2t), \quad t \geq 0$$

$$y(t) = x(2t - 3)$$

正確的方法：

$$v(t) = x(t - 3)$$

$$y(t) = v(2t) = x(2t - 3)$$

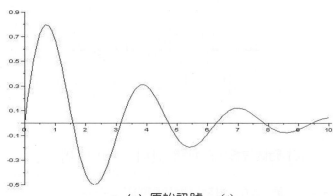

(a) 原始訊號 $x(t)$

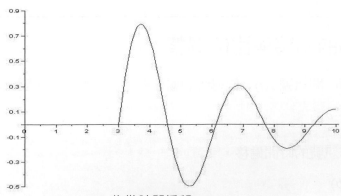

(b) 先做時間偏移 $v(t) = x(t - 3)$

圖 1.21 正確的時間偏移與比例調整

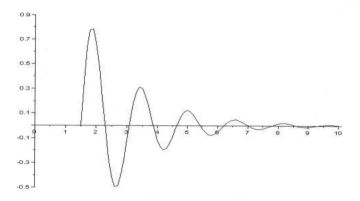

(c) 再作時間比例調整 $y(t) = v(2t) = x(2t - 3)$

圖 1.21 正確的時間偏移與比例調整(續)

如果將程序反過來，先把 t 乘上比例因數 a，

$$v(t) = x(at) \tag{1.57}$$

然後將時間變數 t 改為 $t - b$，得到的結果是

$$y(t) = v(t - b) = x(a(t - b)) = x(at - ab) \tag{1.58}$$

這個答案是錯的。

例題 1.21 不正確的時間偏移與比例調整

$$x(t) = e^{-0.3t} \sin(2t), \quad t \geq 0$$

$$y(t) = x(2t - 3)$$

如果順序不正確，結果會得到

$$v(t) = x(2t) = e^{-0.6t} \sin(4t)$$

$$y(t) = v(t - 3) = x(2(t - 3)) = x(2t - 6) = e^{-0.6(t-3)} \sin(4(t - 3))$$

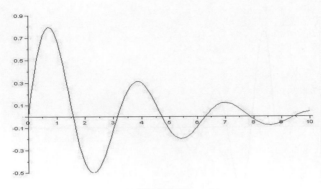

(a) 原始訊號 $x(t)$

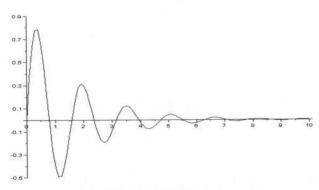

(b) 先作時間比例調整 $v(t) = x(2t)$

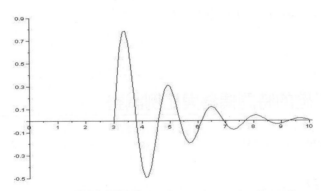

(c) 再做時間偏移 $y(t) = v(t-3) = x(2t-6)$

圖 1.22 不正確的時間偏移與比例調整

同樣的，我們也可以作離散時間訊號的時間偏移與比例調整。

$$y[n] = x[pn - m] \tag{1.59}$$

它的操作程序也是一樣，先作訊號的序數偏移，然後將序數 n 作比例調整。

例題 1.22 離散時間訊號作時間偏移與比例調整

$$x[n] = A\sin(\frac{\pi}{5}n), \quad n \geq 0$$

$$y[n] = x[2n-12]$$

正確的方法：

$$v[n] = x[n-12]$$

$$y[n] = v[2n] = x[2n-12]$$

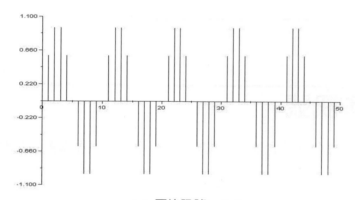

(a) 原始訊號 $x[n]$

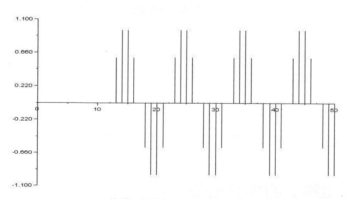

(b) 先做序號偏移 $v[n] = x[n-12]$

圖 1.23 離散時間訊號的時間偏移與比例調整

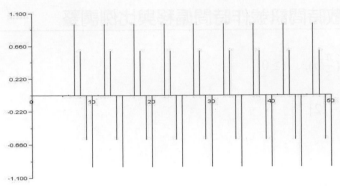

(c) 再作序號比例調整　$y[n] = v[2n] = x[2n-12]$

圖 1.23　離散時間訊號的時間偏移與比例調整(續)

1.6

常用的基本訊號

這裡我們來看看幾個常用的基本訊號，它們將會常出現在本書的其他章節中。

❖ 指數訊號

如果連續時間訊號是一個實數的指數函數(exponential function)，我們稱之為指數訊號 (exponential signal)

$$x(t) = Ae^{-\alpha t} \tag{1.60}$$

A 是訊號振幅，α是一個實數值，若 $\alpha > 0$，$x(t)$的值會隨著時間增加而遞減，若 $\alpha < 0$，則 $x(t)$的值會隨著時間增加而遞增，這樣的訊號常見於電子電路中。

例題 1.23 *RC* 電路上的指數訊號

$v(t)$是跨在電容上的電壓，$i(t)$是通過電容的電流，電容與電阻串聯成為一個迴路，其迴路上的電壓公式如下，

$$v(t) + RC\frac{d}{dt}v(t) = 0$$

解這個微分方程式，可以得到電壓的波形，

$$v(t) = V_0 e^{-\frac{1}{RC}t}, \quad t > 0$$

C 與 R 分別是電容值與電阻值，V_0 是跨在電容上的電壓初始值，也就是 $t = 0$ 時候的電壓值。當 $t = RC$ 時，$v(t)|_{t=RC} = V_0 e^{-1}$，我們稱 RC 為此電路的時間常數(time constant)，它是使得 $v(t)$ 的振幅下降到初始值的 e^{-1} 倍時所需的時間。

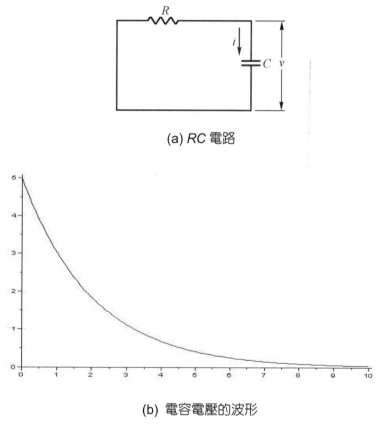

(a) *RC* 電路

(b) 電容電壓的波形

圖 1.24 *RC* 電路上的指數訊號

在(1.60)式中，若 α 是一個複數，$x(t)$ 就是一個複數的連續時間訊號。

$$x(t) = Ae^{-(a+jb)t} \tag{1.61}$$

其中 a 與 b 皆為實數值，$j = \sqrt{-1}$。依據 Euler 公式，可以寫成

$$x(t) = Ae^{-at}e^{-jbt} = Ae^{-at}(\cos(bt) - j\sin(bt)) \tag{1.62}$$

在離散時間訊號中，一個訊號振幅 $x[n]$ 隨著序號增加而以固定比例上升或下降，我們把它寫成數學式如下

$$x[n] = A\rho^n \tag{1.63}$$

如果 $\rho = e^\alpha$，這就是一個指數訊號。若 $0 < \rho < 1$，這訊號即隨 n 值增加而遞減，若 $\rho > 1$，這個訊號就隨著 n 值增加而遞增。如果 $\rho < 0$，則 $x[n]$ 是正負號交替的訊號。若(1.63)式中 ρ 為複數，$x[n]$ 就是一個複數的離散時間訊號。

$$x[n] = A(a + jb)^n \tag{1.64}$$

❖ 弦波訊號

一個連續時間的弦波訊號(sinusoidal signal)可以用三角函數描述，寫成

$$x(t) = A\cos(\omega t + \phi) \tag{1.65}$$

A 是振幅，ω 是弦波訊號的角頻率，ϕ 是相位。當 ω 為固定值時，這個訊號是一個週期性訊號。假設 T 是訊號週期，應該滿足以下公式，

$$x(t) = x(t + T) \tag{1.66}$$

將 t 以 $t+T$ 替代，(1.65)式變成

$$x(t + T) = A\cos(\omega t + \omega T + \phi) \tag{1.67}$$

若(1.66)式成立，表示 $\omega T = 2k\pi$，k 是一個正整數。ω 的單位是弧度/秒，轉換成頻率表示成

$$f = \frac{1}{T} = \frac{\omega}{2\pi} \tag{1.68}$$

在 $k = 1$ 時，T 就是基本週期，其基本角頻率是 $\omega_0 = 2\pi / T$。

例題 1.24 連續時間的弦波訊號

$$x(t) = \cos(2t + \frac{\pi}{4})$$

其週期為 π。

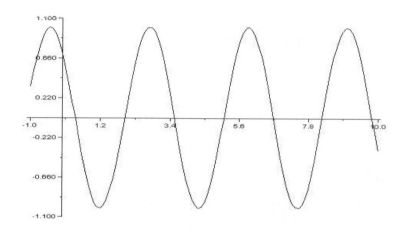

圖 1.25　連續時間的弦波訊號

連續時間的弦波訊號經取樣之後，寫成

$$x[n] = A\cos(\Omega n + \phi) \qquad (1.69)$$

Ω 的單位是弧度，這是一個離散時間的弦波訊號。Ω 是固定值，如果有一個整數值 N，能使得下式成立，

$$x[n + N] = x[n] \qquad (1.70)$$

則必須是

$$x[n + N] = A\cos(\Omega n + \Omega N + \phi) = A\cos(\Omega n + \phi) \qquad (1.71)$$

也就是必須 ΩN 為 2π 的整數倍，

$$\Omega N = 2k\pi \qquad\qquad (1.72)$$

如果有一個整數值 N 符合(1.72)式的條件，這才是一個週期性訊號。如果沒有一個整數值 N 可以符合(1.72)式的條件，它就不是週期性的離散時間訊號。

例題 1.25 離散時間的弦波訊號

$$x[n] = \cos(0.2n + \frac{\pi}{4})$$

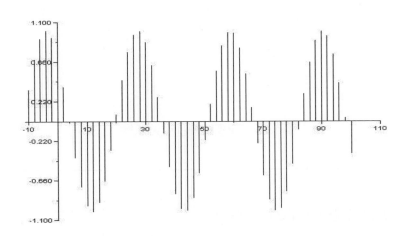

圖 1.26　離散時間的弦波訊號

從圖 1.26 的離散時間訊號波形可以看出，它是弦波訊號，但是取樣的結果並不是週期性訊號，因為沒有一個整數 N 可以讓 $0.2N = 2k\pi$。仔細觀察圖 1-26 上的離散數值，就可以看出它並沒有週期性。

❖ 指數衰減的弦波訊號

依據 Euler 公式

$$e^{j\theta} = \cos\theta + j\sin\theta \tag{1.73}$$

可以看到它的實數部分與虛數部分都是弦波訊號。因為

$$\sin(\theta + \frac{\pi}{2}) = \cos\theta \tag{1.74}$$

所以虛數部分與實數部分有 90°(或 $\frac{\pi}{2}$ 弧度)的相位差。

如果 $\theta = \omega t + \phi$，(1.73)式就變成

$$x(t) = e^{j\omega t + j\phi} = \cos(\omega t + \phi) + j\sin(\omega t + \phi) \tag{1.75}$$

將它乘上一個遞減的指數訊號，我們得到

$$\begin{aligned} y(t) &= Ae^{-\alpha t}x(t) = Ae^{-\alpha t} \cdot e^{j(\omega t + \phi)} \\ &= Ae^{-\alpha t}\cos(\omega t + \phi) + jAe^{-\alpha t}\sin(\omega t + \phi) \end{aligned} \tag{1.76}$$

$y(t)$就是一個以指數衰減的弦波訊號(exponential damped sinusoidal signal)。指數衰減的弦波訊號常發生在 *RLC* 電路中或是具有摩擦耗損的機械振動系統上，它有一個固定頻率的振盪，振幅則逐漸遞減。

例題 1.26 *RLC* 電路

RLC 電路中的電流，是一個以指數衰減的弦波訊號。

$$L\frac{d^2}{dt^2}i(t) + R\frac{d}{dt}i(t) + \frac{1}{C}i(t) = \frac{d}{dt}v(t)$$

假設

$$R = 10 \text{，} L = 10 \text{，} C = 10^{-3} \text{，} V_0 = 100$$

解這個微分方程式可以得到

$$i(t) = 1.001e^{-0.5t}\sin(9.987t)$$

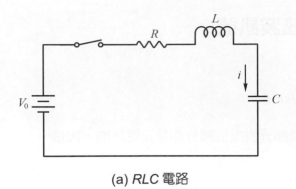

(a) RLC 電路

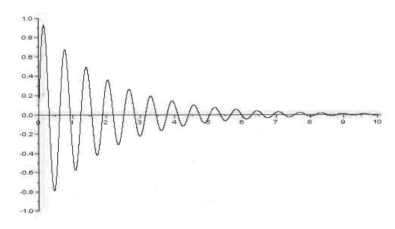

(b) 電流波形

圖 1.27　RLC 電路中的指數衰減弦波訊號

❖ 步進函數

　　一個連續時間函數被描述成如下的數學式，

$$u(t) = \begin{cases} 1, & t > 0 \\ 0, & t < 0 \end{cases} \tag{1.77}$$

在時間 $t = 0$ 之前，函數值為 0，過了時間 $t = 0$ 之後，函數值變成 1，這就是單位步進函數 (unit step function)。若振幅是某一個常數 c，就寫成 $cu(t)$，稱為步進函數 (step function)。如果將它作時間偏移，即表示它在偏移的時間點之後，函數值變成 1，之前的函數值為 0。

$$u(t-t_0) = \begin{cases} 1, & t > t_0 \\ 0, & t < t_0 \end{cases} \tag{1.78}$$

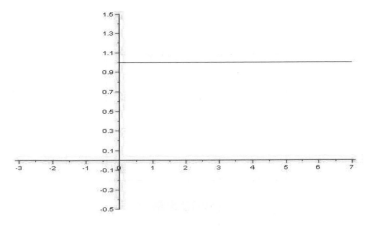

(a) 單位步進函數

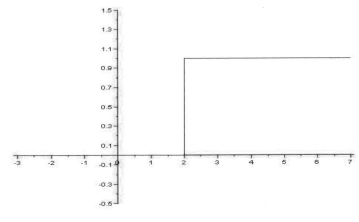

(b) 單位步進函數的時間偏移

圖 1.28　連續時間的步進函數及其時間偏移

　　步進函數 $u(t)$ 在 $t = 0$ 時，函數值作了改變，我們不知道這個瞬間的函數值確實是多少，所以 $t = 0$ 時，此函數不作定義，這是數學上的描述，表示它是不連續的函數。這種描述常見於具有切換開關的電路，例如有一個電池經切換開關加到 RC 電路上，切換開關從斷開到接上的瞬間，讓電池的電壓突然加在串聯的電容電阻上，這個電壓輸入就是一個步進函數。

例題 1.27 RC 電路上的電壓訊號

在 RC 電路上，切換開關接上之後充電到電容上，電容電壓的變化是逐漸上升到一個穩定值。

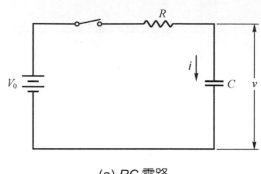

(a) RC 電路

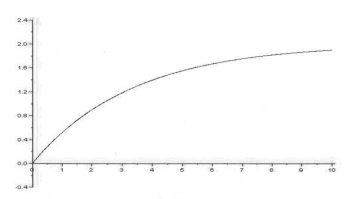

(b) 電容上的電壓訊號

圖 1.29　具有切換開關的 RC 電路

解這個電路，我們可以得到跨在電容上的電壓，描述成以下的數學式，

$$v(t) = V_0(1 - e^{-\frac{1}{RC}t})u(t)$$

V_0 是電池提供的固定電壓，也是 $t = 0$ 時突然切換接上的電壓，RC 是時間常數，$u(t)$ 就是(1.77) 式定義的單位步進函數。

在離散時間訊號中我們定義單位步進函數如下，

$$u[n] = \begin{cases} 1, & n \geq 0 \\ 0, & n < 0 \end{cases} \tag{1.79}$$

序號 $n = 0$ 之前沒有值， $n = 0$ 及其之後，所有的值皆為 1。作時間位移之後變成

$$u[n - n_0] = \begin{cases} 1, & n \geq n_0 \\ 0, & n < n_0 \end{cases} \tag{1.80}$$

利用步進函數，我們可以描述一個矩形脈波(rectangular pulse)。

例題 1.28 連續時間的矩形脈波

$$x(t) = \begin{cases} 1, & 0 < t < 2 \\ 0, & t < 0 \; 及 \; t > 2 \end{cases}$$

它在時間 $t = 0$ 到 2 之間振幅為 1，其餘時間則為 0。用步進函數描述，可以寫成

$$x(t) = u(t) - u(t - 2)$$

圖 1.30 就是這個連續時間矩形脈波的表示法。

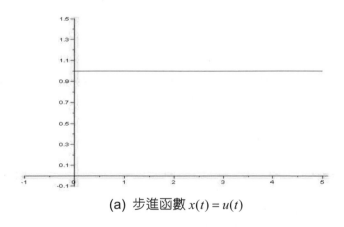

(a) 步進函數 $x(t) = u(t)$

圖 1.30　連續時間的矩形脈波

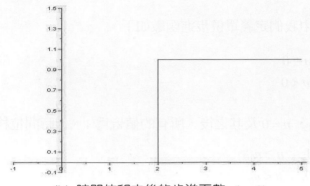

(b) 時間位移之後的步進函數 $u(t-2)$

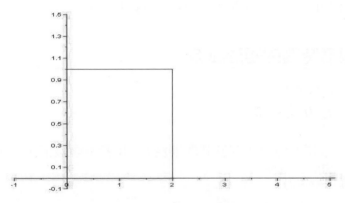

(c) 上述兩個步進函數相減得到矩形脈波

圖 1.30　連續時間的矩形脈波(續)

利用步進函數，我們可以描述一個由多個矩形所組成的波形。

例題 1.29　由步進函數所描述的波形

$$x(t) = -u(t) + 3u(t-1) - u(t-2) - 2u(t-3) + u(t-5) + u(t-6)$$

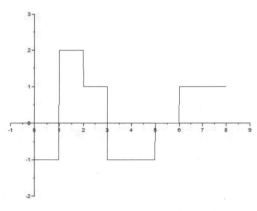

圖 1.31　由步進函數所描述的波形

對於離散時間訊號，矩形脈波可以描述成在一個序號範圍內振幅為 1，而在範圍外為 0。

例題 1.30　離散時間的矩形脈波

在一個序號範圍內振幅為 1 的離散時間訊號，

$$x[n] = \begin{cases} 1, & -2 \le n \le 6 \\ 0, & n < -2 \text{ 及 } n > 6 \end{cases}$$

可以寫成

$$x[n] = u[n+2] - u[n-7]$$

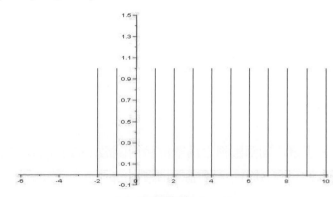

(a)　步進函數 $u[n+2]$

圖 1.32　離散時間的矩形脈波

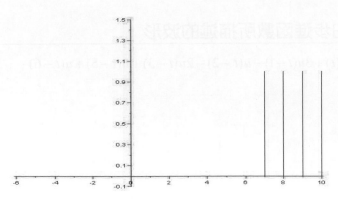

(b) 時間位移之後的步進函數 $u[n-7]$

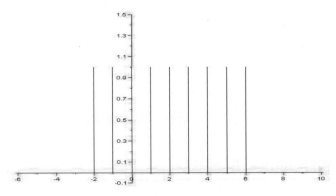

(c) 上述兩個步進函數相減得到矩形脈波

圖 1.32　離散時間的矩形脈波(續)

❖ 脈衝函數

　　如果我們定義一個連續時間函數 $\delta(t)$，它在 $t \neq 0$ 時為 0 值，只在 $t = 0$ 時其值趨近無窮大，但沒有確定值，只能以積分的結果來看，

$$\int_{-\infty}^{\infty} \delta(t)dt = 1 \tag{1.81}$$

即其積分等於 1。這個連續時間函數稱之為單位脈衝函數(unit impulse function)。如果積分之後是某一個常數 c，就寫成 $c\delta(t)$，稱為脈衝函數(impulse function)。

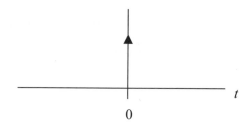

圖 1.33　連續時間單位脈衝函數的表示方法

這樣的一個數學定義很抽象，我們不妨以一個逼近的方式來說明，假設有一個函數描述如下，

$$x(t) = \begin{cases} \dfrac{1}{\Delta}, & |t| < \dfrac{\Delta}{2} \\ 0, & |t| > \dfrac{\Delta}{2} \end{cases} \qquad (1.82)$$

如圖 1.34 所示。

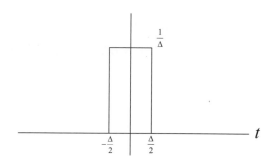

圖 1.34　逼近單位脈衝函數的方法

這個矩形脈波可以用兩個單位步進函數來描述

$$x(t) = \frac{1}{\Delta}[u(t+\frac{\Delta}{2}) - u(t-\frac{\Delta}{2})] \qquad (1.83)$$

可以看出矩形脈波下的面積等於 1，如果讓 Δ 變小，則 $\dfrac{1}{\Delta}$ 就變大。在 $\Delta \to 0$ 的極限下，它的振幅就趨向於無窮大，存在的點就在 $t = 0$，這就是 $\delta(t)$ 函數的定義。

$$\delta(t) = \lim_{\Delta \to 0} x(t) \qquad (1.84)$$

在 $\Delta \to 0$ 的極限下，(1.83)式等於是作連續時間單位步進函數 $u(t)$ 的微分。因此我們也可以將連續時間的單位脈衝函數，定義成單位步進函數的微分。

$$\delta(t) = \frac{d}{dt}u(t) \tag{1.85}$$

對單位脈衝函數作時間偏移，即表示成 $\delta(t-t_0)$，它只在位移的時間點 t_0 上是一個不等於 0 的值，其餘時間皆為 0。將一個連續時間訊號 $x(t)$ 乘上作了時間偏移的單位脈衝函數 $\delta(t-t_0)$，然後再作跨越 t_0 的積分，就得到該訊號在偏移時間點上的值。

$$\int_{-\infty}^{\infty} x(t)\delta(t-t_0)dt = x(t_0) \tag{1.86}$$

在離散時間訊號中，類似的函數是

$$\delta[n] = \begin{cases} 1, & n = 0 \\ 0, & n \neq 0 \end{cases} \tag{1.87}$$

我們稱之為離散時間單位脈衝(discrete-time unit impulse)，或簡稱單位脈衝(unit impulse)。它只是在 $n = 0$ 時有值，而且其值為 1，其他 $n \neq 0$ 時，其值皆為 0。若是作序號偏移，就變成

$$\delta[n-n_0] = \begin{cases} 1, & n = n_0 \\ 0, & n \neq n_0 \end{cases} \tag{1.88}$$

在離散時間中，單位脈衝與單位步進函數的關係是

$$\delta[n] = u[n] - u[n-1] \tag{1.89}$$

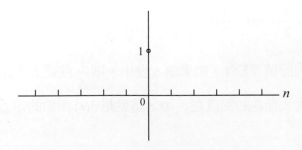

圖 1.35　離散時間的單位脈衝

如果我們對連續時間單位脈衝函數作微分，會得到一個有趣的結果。假設以下的函數，

$$y(t) = \frac{1}{\Delta}[\delta(t + \frac{\Delta}{2}) - \delta(t - \frac{\Delta}{2})] \tag{1.90}$$

在 $\Delta \to 0$ 的極限下，就是對 $\delta(t)$ 作微分，因此定義單位脈衝函數的微分如下，

$$\delta^{(1)}(t) = \frac{d}{dt}\delta(t) = \lim_{\Delta \to 0} y(t) \tag{1.91}$$

上式中的上標$^{(1)}$表示一次微分。看(1.90)式，$y(t)$是兩個很靠近 $t = 0$ 的脈衝函數，一者為正值，一者為負值。當 $\Delta \to 0$，它就是脈衝函數 $\delta(t)$ 的微分，這個微分函數 $\delta^{(1)}(t)$ 是一對靠得非常近的正值脈衝與負值脈衝，我們稱之為對子(doublet)。對 $\delta^{(1)}(t)$ 作跨越 $t = 0$ 的積分，正值脈衝積分後等於 1，負值脈衝積分後等於-1，相加的結果為 0。

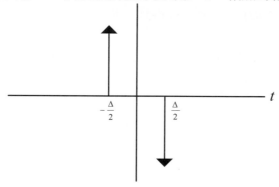

圖 1.36　連續時間單位脈衝函數的微分

若將 $\delta^{(1)}(t)$ 作時間偏移，得到 $\delta^{(1)}(t - t_0)$。對 $\delta^{(1)}(t - t_0)$ 作跨越 t_0 的積分，其結果就是 0。

$$\int_{-\infty}^{\infty} \delta^{(1)}(t - t_0)dt = \int_{-\infty}^{\infty} \lim_{\Delta \to 0} \frac{1}{\Delta}[\delta(t - t_0 + \frac{\Delta}{2}) - \delta(t - t_0 - \frac{\Delta}{2})]dt \tag{1.92}$$

$$= \lim_{\Delta \to 0} \frac{1}{\Delta}[\int_{-\infty}^{\infty} \delta(t - t_0 + \frac{\Delta}{2})dt - \int_{-\infty}^{\infty} \delta(t - t_0 - \frac{\Delta}{2})dt]$$

$$= \lim_{\Delta \to 0} \frac{1}{\Delta}[1 - 1] = 0$$

如果是將一個連續時間訊號 $x(t)$ 乘上 $\delta^{(1)}(t-t_0)$，然後再作積分，得到的是訊號 $x(t)$ 在 $t = t_0$ 的微分結果取負值。

$$\int_{-\infty}^{\infty} x(t)\delta^{(1)}(t-t_0)dt = \int_{-\infty}^{\infty} x(t)(\frac{d}{dt}\delta(t-t_0))dt \tag{1.93}$$
$$= x(t)\delta(t-t_0)\Big|_{-\infty}^{\infty} - \int_{-\infty}^{\infty} (\frac{d}{dt}x(t))\delta(t-t_0)dt = -\frac{d}{dt}x(t)\Big|_{t=t_0}$$

可以寫成

$$\int_{-\infty}^{\infty} x(t)\delta^{(1)}(t-t_0)dt = -x^{(1)}(t_0) \tag{1.94}$$

❖ 斜坡函數

將一個單位步進函數 $u(t)$ 作積分，會得到一個新的函數

$$r(t) = \int_{-\infty}^{t} u(\tau)d\tau = \begin{cases} t, & t \geq 0 \\ 0, & t < 0 \end{cases} \tag{1.95}$$

或是寫成

$$r(t) = tu(t) \tag{1.96}$$

這個函數隨著時間 t 的增加而遞增，這就是單位斜坡函數(unit ramp function)，其斜率為 1。

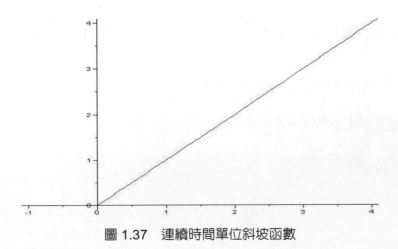

圖 1.37　連續時間單位斜坡函數

對單位斜坡函數作微分，就得到單位步進函數。

$$\frac{d}{dt}r(t) = \begin{cases} 1, & t \geq 0 \\ 0, & t < 0 \end{cases} \tag{1.97}$$

可以寫成

$$\frac{d}{dt}r(t) = u(t) \tag{1.98}$$

斜坡函數會發生在電容電路中，例如一個定電流源對一個電容充電，跨在電容上的電壓就會隨著時間增加而上升。

在離散時間訊號中，單位斜坡函數定義為

$$r[n] = \begin{cases} n, & n \geq 0 \\ 0, & n < 0 \end{cases} \tag{1.99}$$

可以寫成

$$r[n] = nu[n] \tag{1.100}$$

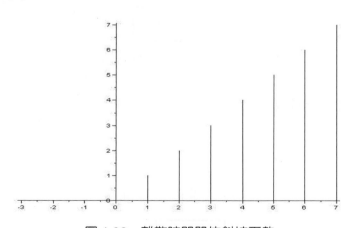

圖 1.38　離散時間單位斜坡函數

▶ 1.7

系統的表示

　　廣義來說，凡是將輸入訊號作轉換與處理，然後產生輸出訊號，這個處理訊號的程序就可以稱之為系統(system)。如果一個系統在處理訊號時，將訊號以連續時間訊號看待，也就是其輸入與輸出訊號都是連續時間訊號，則這個系統是一個連續時間系統(continuous-time system)。如果系統處理的是離散時間訊號，產生的輸出也是離散時間訊號，則這個系統是一個離散時間系統(discrete-time system)。在工程上我們以函數來描述輸入訊號與輸出訊號的關係，這就是系統的數學表示方法。連續時間系統表示如下式，

$$y(t) = H\{x(t)\} \tag{1.101}$$

離散時間系統則寫成

$$y[n] = H\{x[n]\} \tag{1.102}$$

為了描述的方便，常用方塊圖(block diagram)表示。

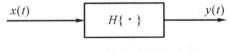

圖 1.39　系統的方塊圖表示

　　當有若干個小系統組成大系統時，我們可以用方塊圖做串聯、並聯或串並聯混合來表示。

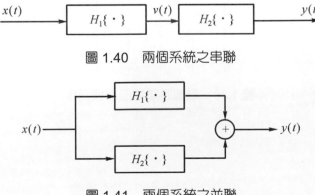

圖 1.40　兩個系統之串聯

圖 1.41　兩個系統之並聯

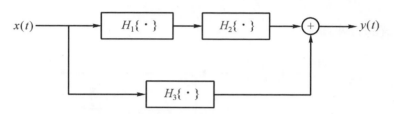

圖 1.42　系統的串並聯混合

例題 1.31 將一個電路表示成若干小系統的組合

針對圖 1-43 所示的 RC 電路，

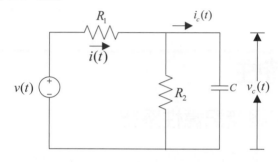

圖 1.43　一個 *RC* 電路

寫出電路的電壓與電流的公式，

$$v(t) = R_1 i(t) + v_c(t) \qquad v_c(t) = R_2(i(t) - i_c(t)) \qquad v_c(t) = \frac{1}{C} \int_{-\infty}^{t} i_c(\tau)d\tau$$

以 $v(t)$ 為輸入，流過電容上的電流 $i_c(t)$ 為輸出，推導輸入輸出的關係式。

$$v(t) = R_1 i(t) + R_2(i(t) - i_c(t)) = (R_1 + R_2)i(t) - R_2 i_c(t)$$

$$R_2(i(t) - i_c(t)) = \frac{1}{C} \int_{-\infty}^{t} i_c(\tau)d\tau \qquad i(t) = i_c(t) + \frac{1}{R_2 C} \int_{-\infty}^{t} i_c(\tau)d\tau$$

$$v(t) = (R_1 + R_2)(i_c(t) + \frac{1}{R_2 C} \int_{-\infty}^{t} i_c(\tau)d\tau) - R_2 i_c(t) = R_1 i_c(t) + \frac{R_1 + R_2}{R_2 C} \int_{-\infty}^{t} i_c(\tau)d\tau$$

最後得到的輸入輸出關係如下，

$$i_c(t) = \frac{1}{R_1} v(t) - \frac{R_1 + R_2}{R_1 R_2 C} \int_{-\infty}^{t} i_c(\tau)d\tau$$

繪出其系統的方塊圖。

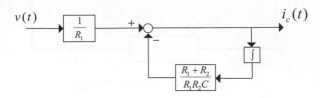

圖 1-44　*RC* 電路所表示的系統方塊圖

▶ **1.8**

基本的系統特性

❖ 有記憶性系統與無記憶性系統

　　如果一個系統被認為是無記憶性系統(memoryless system)，表示這個系統的任何一個時間點的輸出訊號，只跟該時間點的輸入訊號相關，不會跟該時間點之前或之後的輸入訊號有關。如果一個系統的輸出，會與時間 t 之前或之後的輸入訊號相關，就是有記憶性的系統。

 1.32　電阻的無記憶性特性

　　跨越電阻的電壓，等於通過電阻的電流乘上電阻，

$$v(t) = Ri(t)$$

輸出訊號 $v(t)$ 只與時間 t 的輸入訊號 $i(t)$ 相關，因此我們知道，電阻是一個無記憶性的系統。

例題 1.33 電容的記憶性特性

一個電容電路，其電壓與電流關係如下，

$$v(t) = \frac{1}{C}\int_{-\infty}^{t} i(\tau)d\tau$$

輸出訊號 $v(t)$ 與 t 時間以前的輸入訊號 $i(t)$ 有關，可以看出，電容是一個有記憶性的系統，物理意義上它會儲存電荷，所以是有記憶性。

❖ 可逆性與逆向系統

對於一個系統給予不同的輸入訊號，它一定會有不同的輸出訊號，這個系統就具有可逆性(invertibility)。也就是說，從輸出訊號 $y(t)$ 就可以知道其輸入訊號 $x(t)$。如果一個系統給予兩個不同的輸入訊號，會得到相同的輸出訊號，我們就無法從輸出訊號知道其輸入訊號是那一個，這就是具有不可逆性(non-invertibility)。如果是一個可逆性系統，我們就可以找到它的逆向系統(inverse system)。連續時間系統與其逆向系統的數學式表示成

$$y(t) = H\{x(t)\} \qquad x(t) = H^{inv}\{y(t)\} \tag{1.103}$$

$H^{inv}\{\cdot\}$ 表示原來系統 $H\{\cdot\}$ 的逆向系統。如果一個離散時間系統具有可逆性，其系統與逆向系統的數學式表示成

$$y[n] = H\{x[n]\} \qquad x[n] = H^{inv}\{y[n]\} \tag{1.104}$$

例題 1.34 延遲器的逆向系統

一個延遲器的數學式表示成

$$y[n] = x[n-1]$$

輸出訊號 $y[n]$ 等於延遲一個序號的輸入訊號，則其逆向系統為

$$x[n] = y[n+1]$$

例題 1.35 不可逆系統

如果一個系統的輸入輸出訊號關係如下，

$$y[n] = x^2[n]$$

這就是一個不可逆系統，因為絕對值相同而符號不同的輸入訊號 $x[n]$，都會得到相同的輸出訊號 $y[n]$，所以給一個輸出訊號 $y[n]$ 並不能知道輸入的 $x[n]$ 是那一個。

❖ 因果律

一個系統的輸出，與當時及之前的輸入相關，不會與未來時間的輸入有關，這個系統就是符合因果律的系統(causal system)。對於以時間為變數的系統而言，實際上都會符合因果律，例如電子電路，會是在輸入訊號發生之後才會有輸出訊號。但是對於非以時間為變數的系統，如影像處理系統，是以空間為變數，常常是不符合因果律，但是對於影像而言，是否符合因果律並不重要。

例題 1.36 平均值的演算

一個求平均值的演算，其數學式寫成

$$y[n] = \frac{1}{2N+1} \sum_{m=-N}^{N} x[n+m]$$

如果 $x[n]$ 表示離散時間訊號，這就是一個不符合因果律的系統，因為 $y[n]$ 與未來時間的 $x[n+1], \cdots, x[n+N]$ 相關。

❖ 穩定性

一個系統的輸入訊號被限制在固定的範圍內，則其輸出訊號也會在固定的範圍內，不會發散掉，這個系統就是穩定系統(stable system)。如果一個小訊號輸入會引起發散的大輸出訊號，這個系統就不穩定(unstable)。如果一個系統是穩定的系統，它就必需符合限制輸入限制輸出(bounded input bounded output)的特性，我們稱之為 BIBO 穩定系統。數學上我們描述一個限制訊號，若為連續時間訊號，寫成

$$|x(t)| < B < +\infty \tag{1.105}$$

若為離散時間訊號，寫成

$$|x[n]| < B < +\infty \tag{1.106}$$

B 是一個定值。

例題 **1.37 累加器的特性**

如果累加器的輸入為單位步進訊號，其演算結果如下，

$$y[n] = \sum_{k=-\infty}^{n} u[k] = \sum_{k=0}^{n} 1 = n+1$$

它的輸入雖然是一個限制訊號，但是它的輸出會不受限制的發散，所以這是一個不穩定的系統。

❖ 非時變系統

如果一個系統以任何時間作為起始點，它的行為與特性都一樣，也就是說，對於任何一個時間起點，輸入與輸出的關係相同，這就是一個非時變系統(time-invariant system)。連續時間非時變系統的條件，以數學式描述就寫成以下的公式，

$$y(t - t_0) = H\{x(t - t_0)\} \tag{1.107}$$

若是離散時間非時變系統，其條件為

$$y[n - n_0] = H\{x[n - n_0]\} \tag{1.108}$$

例題 1.38 電感的特性

讓電流通過一個電感，其輸入為電流 $i(t)$，輸出為跨在電感上的電壓 $v(t)$，此電路的系統方程式為

$$v(t) = L\frac{d}{dt}i(t)$$

如果讓輸入訊號作時間上的偏移，

$$i_1(t) = i(t - t_0)$$

得到的輸出是

$$v_1(t) = L\frac{d}{dt}i(t - t_0) = v(t - t_0)$$

也就是說輸入訊號作 t_0 的時間偏移，輸出訊號也是作了 t_0 的時間偏移，這個系統就是非時變系統。

例題 1.39 離散時間的時變系統

一個離散時間系統的輸入輸出關係如下，

$$y[n] = nx[n]$$

如果輸入訊號作序號的偏移，

$$x_1[n] = x[n - n_0]$$

得到的輸出訊號是

$$y_1[n] = nx_1[n] = nx[n - n_0]$$

它不等於

$$y[n - n_0] = (n - n_0)x[n - n_0]$$

所以這是一個時變系統(time-varying system)。

例題 1.40 訊號作時間比例調整與偏移的演算

一個訊號作時間比例調整與偏移的演算，其輸入輸出關係如下，

$$y(t) = x(2t - 3)$$

如果輸入訊號的時間起點更改，也就是作了時間偏移，

$$x_1(t) = x(t - t_0)$$

產生的輸出訊號為

$$y_1(t) = x_1(2t - 3) = x(2t - 3 - t_0)$$

如果是輸出訊號也作同樣的時間偏移，它應該是

$$y(t - t_0) = x(2(t - t_0) - 3) = x(2t - 3 - 2t_0)$$

因為 $y(t - t_0) \neq y_1(t)$，所以這個演算程序是時變系統。

❖ 線性系統與非線性系統

一個連續時間系統 $y(t) = H\{x(t)\}$，輸入為 $x_1(t)$ 時輸出即 $y_1(t) = H\{x_1(t)\}$，輸入為 $x_2(t)$ 時，則輸出為 $y_2(t) = H\{x_2(t)\}$。若其輸入訊號與輸出訊號符合以下兩個條件，我們就說這個系統是線性系統(linear system)。

條件一：當輸入訊號為 $x_1(t) + x_2(t)$ 時，其輸出為 $y_1(t) + y_2(t)$，即

$$y_1(t) + y_2(t) = H\{x_1(t) + x_2(t)\} \tag{1.109}$$

條件二：若系統的輸入訊號乘上一個比例因數，變成 $ax_1(t)$，則輸出也乘上同一個比例因數，

$$ay_1(t) = H\{ax_1(t)\} \tag{1.110}$$

第一個條件是相加性(additivity)的特性，第二個條件是比例性(scaling)或同質性(homogeneity)的特性。這兩個特性同時存在，可以組合成以下的輸入輸出關係，

$$ay_1(t) + by_2(t) = H\{ax_1(t) + bx_2(t)\} \tag{1.111}$$

其中 a 與 b 為比例因數(scaling factor)，給予線性組合(linear combination)的輸入，可以得到線性組合的輸出，這就是線性系統。

對於離散時間系統，其線性條件就是

$$ay_1[n] + by_2[n] = H\{ax_1[n] + bx_2[n]\} \tag{1.112}$$

例題 1.41 非線性系統

一個連續時間系統，

$$y(t) = H\{x(t)\} = x^2(t)$$

其輸入為 $x_1(t)$ 與 $x_2(t)$ 時，輸出為 $y_1(t) = x_1^2(t)$ 與 $y_2(t) = x_2^2(t)$。當其輸入為線性組合時，其輸出為

$$y_3(t) = (ax_1(t) + bx_2(t))^2 = a^2 x_1^2(t) + b^2 x_2^2(t) + 2ax_1(t)bx_2(t)$$

因為 $y_3(t) \neq ay_1(t) + by_2(t)$，這個系統是一個非線性系統(non-linear system)。

例題 1.42 線性系統

一個離散時間系統，

$$y[n] = H\{x[n]\} = nx[n]$$

其輸入為 $x_1[n]$ 與 $x_2[n]$ 時，輸出分別是 $y_1[n] = nx_1[n]$ 與 $y_2[n] = nx_2[n]$。當其輸入為線性組合時，其輸出為

$$\begin{aligned} y_3[n] &= n(ax_1[n] + bx_2[n]) = a\,nx_1[n] + b\,nx_2[n] \\ &= ay_1[n] + by_2[n] \end{aligned}$$

所以這個系統是一個線性系統。

習題

1. 請找出以下訊號中的偶訊號成分與奇訊號成分：

   (a) $x(t) = A\cos(\omega_0 t) + B\sin(\omega_0 t) + C\sin(\omega_0 t)\cos(\omega_0 t)$

   (b) $x[n] = 1 + 2n + n\sin(\dfrac{\pi}{3}n)$

2. 確認以下的複數值訊號是否具有共軛對稱之特性。

   $x(t) = A\cos(\omega t) + jB\sin(\omega t)\cos(2\omega t)$

3. 請判斷以下訊號何者為週期性訊號？若是週期性訊號，請找出其週期。

   (a) $x[n] = A\cos(10n)$

   (b) $x(t) = \cos(\omega t)u(t)$

   (c) $x[n] = \cos(\dfrac{\pi}{3}n) + \sin(\dfrac{\pi}{4}n)$

   (d) $x(t) = \sin^2(\omega_0 t)$

   (e) $x(t) = e^{-2t}\sin(\omega_0 t)$

   (f) $x[n] = (-1)^{n^2}$

4. 一個提升餘弦脈波(raised-cosine pulse)描述如下，

   $$x(t) = \begin{cases} \dfrac{1 + \cos\omega t}{2} & , \quad -\dfrac{\pi}{\omega} \le t \le \dfrac{\pi}{\omega} \\ 0 & , \quad otherwise \end{cases}$$

   請計算其全能量。

5. 判斷以下訊號何者是能量訊號？何者是功率訊號？並分別計算其全能量與平均功率。

    (a) $x(t) = 3\cos(\pi t) + \sin(3\pi t)$

    (b) $x(t) = \begin{cases} 5\cos(\pi t), & |t| \leq 1 \\ 0, & otherwise \end{cases}$

    (c) $x[n] = \begin{cases} \cos(\pi n), & n \geq 0 \\ 0, & otherwise \end{cases}$

    (d) $x[n] = A\sin(n\dfrac{\pi}{6} + \varphi)$

6. 一個波形 $x(t)$ 如下圖所示，

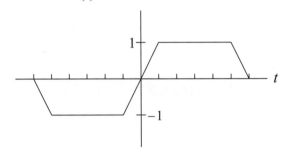

    $y(t) = x(2t - 5)$

    請繪出 $y(t)$ 的波形。

7. 一個波形 $x[n]$ 如下圖所示，

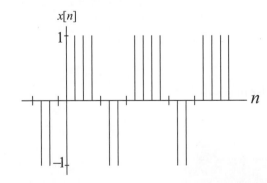

    $y[n] = x[2n - 3]$

    請繪出 $y[n]$ 的波形。

8. 脈衝函數 $\delta(t)$ 定義如下，

$$\delta(t) = \lim_{\Delta \to 0} \frac{1}{\Delta}(u(t+\frac{\Delta}{2}) - u(t-\frac{\Delta}{2}))$$

請以相似的方式，定義其微分函數。

$$\delta^{(1)}(t) = \frac{d\delta(t)}{dt} \quad \text{及} \quad \delta^{(2)}(t) = \frac{d\delta^{(1)}(t)}{dt}$$

並計算以下的積分結果。

$$\int_{-\infty}^{\infty} f(t)\delta^{(n)}(t-t_0)dt$$

9. 以下系統中，判斷其是否 (i)無記憶性，(ii)穩定，(iii)符合因果律，(iv)線性及(v)非時變。

(a) $y[n] = \log|x[n]|$

(b) $y(t) = \frac{d}{dt}\{e^{-at}x(t)\}$

(c) $y[n] = \cos(2\pi x[n+1]) + x[n]$

(d) $y(t) = \int_{-\infty}^{t/2} x(\tau)d\tau$

(e) $y(t) = x^2(t-1)$

(f) $y(t) = x(t+1)$

(g) $y[n] = x[-n]$

(h) $y[n] = (\frac{1}{2})^{n+1}x^3[n-1]$

(i) $y[n] = x^2[n]$

(j) $y(t) = x(2t)$

10. 一個 RC 電路如下，$v(t)$ 為輸入，$v_c(t)$ 為輸出。

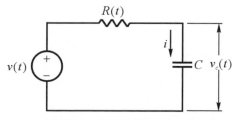

如果電阻是時間的函數 $R(t)$，請問這系統是否是線性系統？是否是非時變系統？

11. 請問以下系統何者是線性系統？

    (a) $\dfrac{d}{dt} y(t) + t^2 y(t) = (t+2)x(t)$

    (b) $\dfrac{d}{dt} y^2(t) + 2y(t) = x(t)$

12. 一個系統描述如下，請問此系統是否是非時變系統？

    $\dfrac{d}{dt} y(t) + 2y(t) = \sin(t-2)x(t)$

13. 一個非線性元件具有平方的功能，

    $y(t) = x^2(t)$

    如果輸入訊號為

    $x(t) = A_1 \cos(\omega_1 t + \phi_1) + A_2 \cos(\omega_2 t + \phi_2)$

    請計算它的輸出訊號 $y(t)$，並說明這個輸出訊號含有那些頻率成分。

14. 判斷以下系統是否可以有逆向系統，若有，請寫出其逆向系統：

    (a) $y[n] = nx[n]$

    (b) $y(t) = x(3t)$

15. 一個方波訊號定義如下，

    $g(t) = \begin{cases} 1, & -1 \le t < 1 \\ 0, & otherwise \end{cases}$

    由此方波訊號可以建構出以下的階梯訊號，

$$x(t) = \begin{cases} 0, & t < 0 \\ 1, & 0 \le t < 1 \\ 2, & 1 \le t < 2 \\ 3, & 2 \le t < 3 \\ 4, & 3 \le t < 4 \\ 0, & otherwise \end{cases}$$

請以函數 $g(t)$ 描述此階梯訊號。

16. 一個三角形訊號的波形如下，

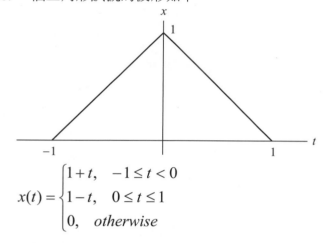

$$x(t) = \begin{cases} 1+t, & -1 \le t < 0 \\ 1-t, & 0 \le t \le 1 \\ 0, & otherwise \end{cases}$$

請繪圖描述以下訊號的波形。

(a) $x(4t)$

(b) $x(4t + 2)$

(c) $x(-2t - 1)$

(d) $x(2(t - 2))$

CHAPTER 2

線性非時變系統

▶▶▶▶

一個系統符合線性條件,而又具有非時變的特性,就稱為線性非時變系統(linear time-invariant system),簡稱 LTI 系統。線性非時變系統可以有效描述與簡化一個自然現象,也可以準確解釋一個人造系統的輸入輸出關係與處理程序。本章先介紹在時域中對於輸入訊號的處理程序,推導出線性非時變系統的捲加演算與捲積演算,然後得出線性非時變系統的脈衝響應(impulse response),並從脈衝響應觀察系統的特性。其次是介紹微分方程式與差分方程式所代表的線性非時變系統,詳細說明方程式的解法,從方程式的解來說明系統的自然響應、強制響應與系統穩定性。

2.1

捲加演算

離散時間訊號是以一個序列的數值來表示，$\cdots x[-1], x[0], x[1], x[2], \cdots$，寫成序號的函數 $x[n]$，序號 n 是一個整數值。單位脈衝(unit impulse) $\delta[n]$ 是表示，只在 $n=0$ 時其值為 1，其餘皆為 0。將單位脈衝訊號作時間偏移，得到 $\delta[n-k]$，就變成是只在 $n=k$ 時其值為 1，其餘皆為 0。因此將 $x[n]$ 乘上 $\delta[n-k]$，得到的就是在 $n=k$ 時的離散時間訊號值。

$$x[n]\delta[n-k] = x[k]\delta[n-k] = x[k] \tag{2.1}$$

我們讓 k 等於一序列的整數，就可以得到如下的結果。

$$
\begin{aligned}
k &= \cdots \\
k &= -1, \quad x[n]\delta[n+1] = x[-1]\delta[n+1] = x[-1] \\
k &= 0, \quad\;\; x[n]\delta[n] = x[0]\delta[n] = x[0] \\
k &= 1, \quad\;\; x[n]\delta[n-1] = x[1]\delta[n-1] = x[1] \\
k &= 2, \quad\;\; x[n]\delta[n-2] = x[2]\delta[n-2] = x[2] \\
k &= \cdots
\end{aligned} \tag{2.2}
$$

從以上的演算結果我們知道，將 $x[n]$ 乘上一序列的單位脈衝，就可以表示這一個離散時間訊號，

$$
\begin{aligned}
x[n] &= \cdots + x[n]\delta[n+1] + x[n]\delta[n] + x[n]\delta[n-1] + x[n]\delta[n-2] + \cdots \\
&= \cdots + x[-1]\delta[n+1] + x[0]\delta[n] + x[1]\delta[n-1] + x[2]\delta[n-2] + \cdots
\end{aligned} \tag{2.3}
$$

將 $x[k]$ 視為係數，以一個簡潔的公式來表示，離散時間訊號可以寫成

$$x[n] = \sum_{k=-\infty}^{\infty} x[k]\delta[n-k] \tag{2.4}$$

圖 2.1 展示離散時間訊號是由一串單位脈衝乘上係數所組成。

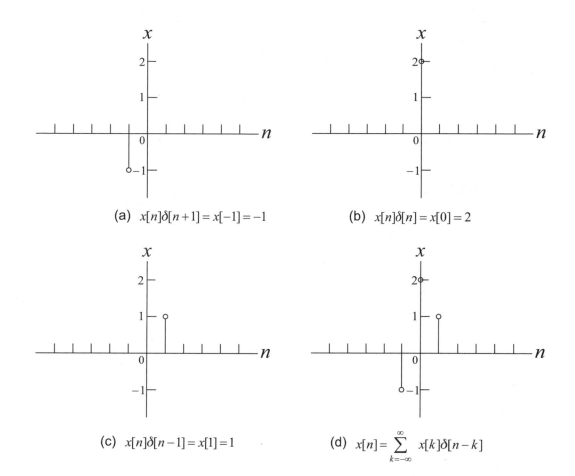

(a) $x[n]\delta[n+1] = x[-1] = -1$

(b) $x[n]\delta[n] = x[0] = 2$

(c) $x[n]\delta[n-1] = x[1] = 1$

(d) $x[n] = \displaystyle\sum_{k=-\infty}^{\infty} x[k]\delta[n-k]$

圖 2.1　離散時間訊號的表示

將離散時間訊號作為線性非時變(LTI)系統的輸入，得到輸出如下

$$y[n] = H\{x[n]\} = H\left\{\sum_{k=-\infty}^{\infty} x[k]\delta[n-k]\right\}\tag{2.5}$$

對應一個輸入的脈衝 $\delta[n]$，其輸出為 $h[n] = H\{\delta[n]\}$，我們稱之為此系統的單位脈衝響應 (unit impulse response)，或簡稱脈衝響應(impulse response)。由於系統 $H\{\cdot\}$ 具有線性非時變的特性，把 $\delta[n-k]$ 作為輸入，輸出就是 $h[n-k]$。在 LTI 系統的特性下，將 $x[k]$ 視為常數，當輸入為 $x[k]\delta[n-k]$ 時，其輸出就是 $x[k]h[n-k]$。如果是一串單位脈衝的線性組合作為系統的輸入，則輸出就等於所有脈衝響應的線性組合，

$$y[n] = \sum_{k=-\infty}^{\infty} x[k]H\{\delta[n-k]\} = \sum_{k=-\infty}^{\infty} x[k]h[n-k] \qquad (2.6)$$

(2.6)式的演算就叫做捲加演算(convolution sum)，我們用符號 * 來表示捲加演算。

$$y[n] = x[n] * h[n] \qquad (2.7)$$

例題 2.1 捲加演算一

一個離散時間線性非時變系統的脈衝響應 $h[n]$ 如下，

$$h[n] = \begin{cases} 0, & n < 0 \\ 1, & 0 \le n \le 2 \\ 0, & n > 2 \end{cases}$$

若是其輸入訊號 $x[n]$ 為

$$x[n] = \begin{cases} 0, & n < 0 \\ 2, & 0 \le n \le 2 \\ 0, & n > 2 \end{cases}$$

這個輸入訊號也可以寫成

$$\begin{aligned} x[n] &= x[0]\delta[n] + x[1]\delta[n-1] + x[2]\delta[n-2] \\ &= 2\delta[n] + 2\delta[n-1] + 2\delta[n-2] \end{aligned}$$

依據線性非時變的特性，其輸出為所有脈衝響應的線性組合，

$$\begin{aligned} y[n] &= x[0]h[n] + x[1]h[n-1] + x[2]h[n-2] \\ &= \sum_{k=0}^{2} x[k]h[n-k] = \sum_{k=0}^{2} 2 \times h[n-k] \end{aligned}$$

我們逐一計算不同 n 的輸出訊號 $y[n]$，得到如下的結果。

$$\begin{aligned} y[-1] &= \sum_{k=0}^{2} x[k]h[-1-k] = x[0]h[-1] + x[1]h[-2] + x[2]h[-3] \\ &= 2 \times 0 + 2 \times 0 + 2 \times 0 = 0 \end{aligned}$$

$$y[0] = \sum_{k=0}^{2} x[k]h[0-k] = x[0]h[0] + x[1]h[-1] + x[2]h[-2]$$
$$= 2\times1 + 2\times0 + 2\times0 = 2$$

$$y[1] = \sum_{k=0}^{2} x[k]h[1-k] = x[0]h[1] + x[1]h[0] + x[2]h[-1]$$
$$= 2\times1 + 2\times1 + 2\times0 = 4$$

$$y[2] = \sum_{k=0}^{2} x[k]h[2-k] = x[0]h[2] + x[1]h[1] + x[2]h[0]$$
$$= 2\times1 + 2\times1 + 2\times1 = 6$$

$$y[3] = \sum_{k=0}^{2} x[k]h[3-k] = x[0]h[3] + x[1]h[2] + x[2]h[1]$$
$$= 2\times0 + 2\times1 + 2\times1 = 4$$

$$y[4] = \sum_{k=0}^{2} x[k]h[4-k] = x[0]h[4] + x[1]h[3] + x[2]h[2]$$
$$= 2\times0 + 2\times0 + 2\times1 = 2$$

$$y[5] = \sum_{k=0}^{2} x[k]h[5-k] = x[0]h[5] + x[1]h[4] + x[2]h[3]$$
$$= 2\times0 + 2\times0 + 2\times0 = 0$$

依據(2,3)式的寫法，這個輸出重新寫成

$$y[n] = y[0]\delta[n] + y[1]\delta[n-1] + y[2]\delta[n-2] + y[3]\delta[n-2] + y[4]\delta[n-2]$$
$$= 2\delta[n] + 4\delta[n-1] + 6\delta[n-2] + 4\delta[n-3] + 2\delta[n-4]$$

上述的演算過程可以用圖解來說明。

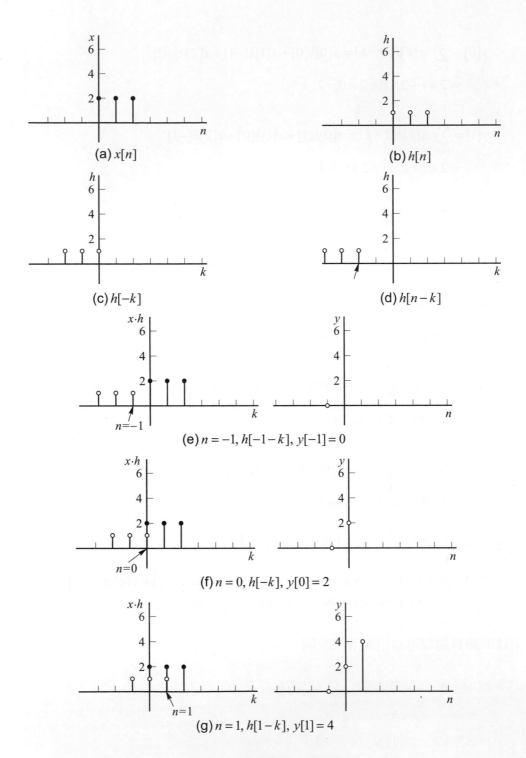

(a) $x[n]$

(b) $h[n]$

(c) $h[-k]$

(d) $h[n-k]$

(e) $n = -1$, $h[-1-k]$, $y[-1] = 0$

(f) $n = 0$, $h[-k]$, $y[0] = 2$

(g) $n = 1$, $h[1-k]$, $y[1] = 4$

圖 2.2　捲加演算一之圖解

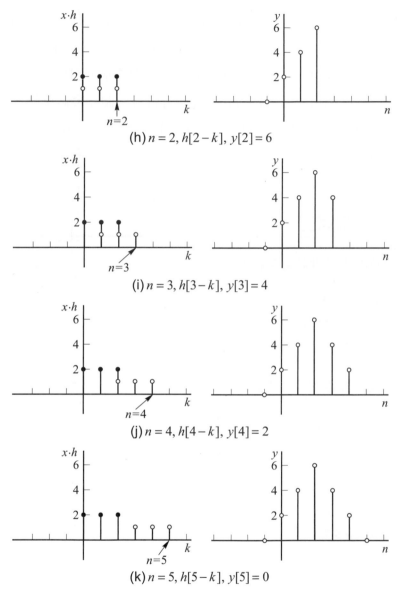

(h) $n = 2$, $h[2-k]$, $y[2] = 6$

(i) $n = 3$, $h[3-k]$, $y[3] = 4$

(j) $n = 4$, $h[4-k]$, $y[4] = 2$

(k) $n = 5$, $h[5-k]$, $y[5] = 0$

圖 2.2　捲加演算一之圖解(續)

　　圖 2.2(a)為 $x[n]$，圖 2.2(b)為 $h[n]$，將 n 改為 k，就得到 $h[k]$ 與 $x[k]$，圖 2.2(c)是將 $h[k]$ 改成其反影 $h[-k]$，其原點在 $k = 0$。將原點移到 n，即得到 $h[n-k]$，圖 2.2(d)是將原點移到 $n = -2$。將 $h[n-k]$ 從橫軸左邊向右移動，也就是 n 從負值逐步增加，圖 2.2(e)表示原點移到 $n = -1$，$h[-1-k]$ 的非零值碰不到 $x[k]$ 的非零值，所以在 $n = -1$ 時的輸出 $y[-1] = 0$。圖 2.2(f)中，原點移到 $n = 0$，$h[0-k]$ 的第一個非零值碰上 $x[k]$ 的非零值，因此在 $n = 0$ 時

的輸出 $y[0]=2$。圖 2.2(g)中，$n=1$，$h[1-k]$ 的前兩個非零值碰上 $x[k]$ 的非零值，在 $n=1$ 時的輸出 $y[1]=4$。圖 2.2(h)中，$n=2$，$h[2-k]$ 的三個非零值碰上 $x[k]$ 的非零值，在 $n=2$ 時的輸出 $y[2]=6$。圖 2.2(i)中，$n=3$，$h[3-k]$ 與 $x[k]$ 有兩個非零值重疊，所以在 $n=2$ 時的輸出 $y[3]=4$。圖 2.2(j)中，$n=4$，$h[4-k]$ 與 $x[k]$ 有一個非零值重疊，在 $n=4$ 時的輸出 $y[4]=2$。圖 2.2(k)中，$n=5$，$h[5-k]$ 與 $x[k]$ 不重疊，輸出 $y[5]=0$。$n>5$ 之後，$y[n]=0$。

例題 2.2 捲加演算二

同一個離散時間線性非時變系統，

$$h[n]=\begin{cases}0, & n<0 \\ 1, & 0\le n\le 2 \\ 0, & n>2\end{cases}$$

我們改一個較爲複雜的輸入訊號，

$$x[n]=\begin{cases}0, & n<-1 \\ 2, & n=-1 \\ -1, & n=0 \\ 0, & n=1 \\ 1, & n=2 \\ 0, & n>2\end{cases}$$

將此輸入訊號寫成

$$x[n]=x[-1]\delta[n+1]+x[0]\delta[n]+x[1]\delta[n-1]+x[2]\delta[n-2]$$
$$=2\delta[n+1]-\delta[n]+\delta[n-2]$$

計算其輸出的公式爲

$$y[n]=x[-1]h[n+1]+x[0]h[n]+x[1]h[n-1]+x[2]h[n-2]=\sum_{k=-1}^{2}x[k]h[n-k]$$

我們逐一計算不同 n 的輸出訊號 $y[n]$，得到如下的結果。

$$y[-2] = \sum_{k=-1}^{2} x[k]h[-2-k] = x[-1]h[-1] + x[0]h[-2] + x[1]h[-3] + x[2]h[-4]$$
$$= 2 \times 0 - 1 \times 0 + 0 \times 0 + 1 \times 0 = 0$$

$$y[-1] = \sum_{k=-1}^{2} x[k]h[-1-k] = x[-1]h[0] + x[0]h[-1] + x[1]h[-2] + x[2]h[-3]$$
$$= 2 \times 1 - 1 \times 0 + 0 \times 0 + 1 \times 0 = 2$$

$$y[0] = \sum_{k=-1}^{2} x[k]h[0-k] = x[-1]h[1] + x[0]h[0] + x[1]h[-1] + x[2]h[-2]$$
$$= 2 \times 1 - 1 \times 1 + 0 \times 0 + 1 \times 0 = 1$$

$$y[1] = \sum_{k=-1}^{2} x[k]h[1-k] = x[-1]h[2] + x[0]h[1] + x[1]h[0] + x[2]h[-1]$$
$$= 2 \times 1 - 1 \times 1 + 0 \times 1 + 0 \times 0 = 1$$

$$y[2] = \sum_{k=-1}^{2} x[k]h[2-k] = x[-1]h[3] + x[0]h[2] + x[1]h[1] + x[2]h[0]$$
$$= 2 \times 0 - 1 \times 1 + 0 \times 1 + 1 \times 1 = 0$$

$$y[3] = \sum_{k=-1}^{2} x[k]h[3-k] = x[-1]h[4] + x[0]h[3] + x[1]h[2] + x[2]h[1]$$
$$= 2 \times 0 - 1 \times 0 + 0 \times 1 + 1 \times 1 = 1$$

$$y[4] = \sum_{k=-1}^{2} x[k]h[4-k] = x[-1]h[5] + x[0]h[4] + x[1]h[3] + x[2]h[2]$$
$$= 2 \times 0 - 1 \times 0 + 0 \times 0 + 1 \times 1 = 1$$

$$y[5] = \sum_{k=-1}^{2} x[k]h[5-k] = x[-1]h[6] + x[0]h[5] + x[1]h[4] + x[2]h[3]$$
$$= 2 \times 0 - 1 \times 0 + 0 \times 0 + 1 \times 0 = 0$$

以圖解來說明上述的演算過程，

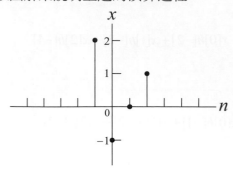

(a) $x[n]$

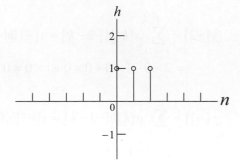

(b) $h[n]$

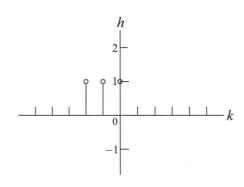

(c) $h[-k]$

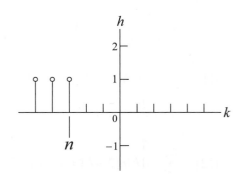

(d) $h[n-k]$

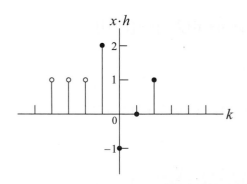

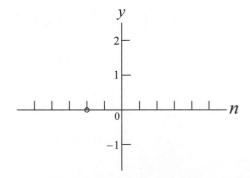

(e) $n = -2$, $h[-2-k]$, $y[-2] = 0$

圖 2.3 捲加演算二之圖解

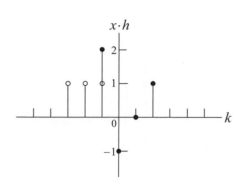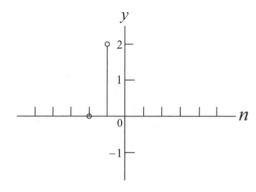

(f) $n = -1,\quad h[-1-k],\quad y[-1] = 2$

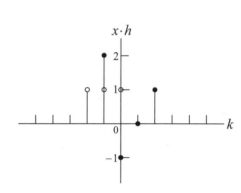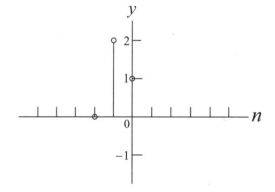

(g) $n = 0,\quad h[0-k],\quad y[0] = 1$

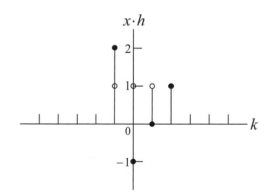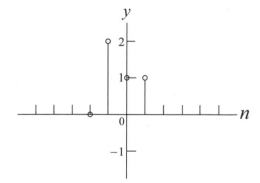

(h) $n = 1,\quad h[1-k],\quad y[1] = 1$

圖 2.3　捲加演算二之圖解(續)

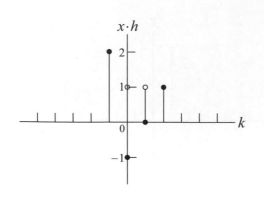
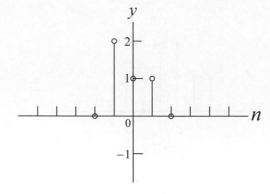

(i) $n = 2,\quad h[2-k],\quad y[2] = 0$

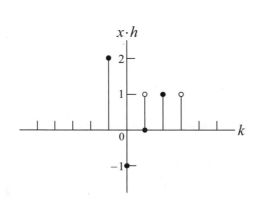
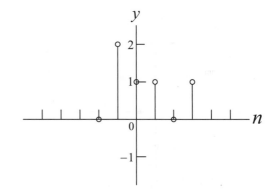

(j) $n = 3,\quad h[3-k],\quad y[3] = 1$

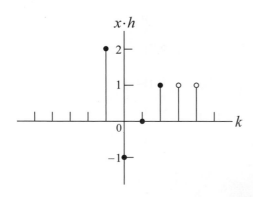
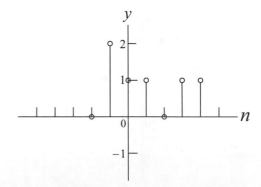

(k) $n = 4,\quad h[4-k],\quad y[4] = 1$

圖 2.3　捲加演算二之圖解(續)

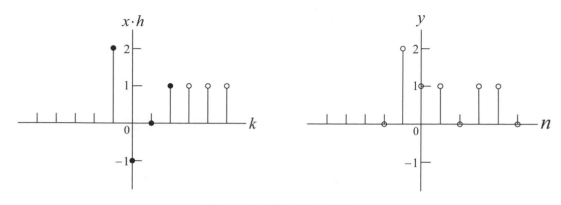

(l)　$n = 5$,　$h[5-k]$,　$y[5] = 0$

圖 2.3　捲加演算二之圖解(續)

　　圖 2.3(a)為 $x[n]$，圖 2.3(b)為 $h[n]$，將 n 改為 k，就得到 $h[k]$ 與 $x[k]$，再將 $h[k]$ 改成其反影 $h[-k]$，圖 2.3(c)中 $h[-k]$ 的原點在 $k = 0$。將原點移到 n，即得到 $h[n-k]$，如圖 2.3(d)所示。將 $h[n-k]$ 從橫軸左邊向右移動，圖 2.3(e)表示在 $n = -2$，$h[-2-k]$ 的非零值碰不到 $x[k]$ 的非零值，所以在 $n = -2$ 時的輸出 $y[-2] = 0$。圖 2.3(f)中，$n = -1$，$h[-1-k]$ 的第一個非零值碰上 $x[k]$ 的非零值，因此在 $n = -1$ 時的輸出 $y[-1] = 2$。圖 2.3(g)中，$n = 0$，$h[0-k]$ 的前兩個非零值碰上 $x[k]$ 的非零值，在 $n = 0$ 時的輸出 $y[0] = 1$。圖 2.3(h)中，$n = 1$，$h[1-k]$ 的前三個非零值碰上 $x[k]$ 的非零值，在 $n-1$ 時的輸出 $y[1] = 1$。圖 2.3(i)中，$n = 2$，$h[2-k]$ 與 $x[k]$ 還是有三個非零值重疊，在 $n = 2$ 時的輸出 $y[2] = 0$。圖 2.3(j)中，$n = 3$，$h[3-k]$ 與 $x[k]$ 有兩個非零值重疊，在 $n = 3$ 時的輸出 $y[3] = 1$。圖 2.3(k)中，$n = 4$，$h[4-k]$ 與 $x[k]$ 剩下一個非零值重疊，在 $n = 4$ 時的輸出 $y[4] = 1$。圖 2.3(l)中，$n = 5$，$h[5-k]$ 與 $x[k]$ 不重疊，輸出 $y[5] = 0$。$n > 5$ 之後，$y[n] = 0$。

　　在例題 2.1 中，$h[n]$ 的長度為 3，$x[n]$ 的長度為 3，作捲加演算之後的輸出訊號長度為 5。在例題 2.2 中，$h[n]$ 的長度為 4，$x[n]$ 的長度為 3，作捲加演算之後的輸出訊號長度為 6。從上述兩個例子，我們可以看到一個結論，兩個長度分別是 M 與 N 的離散時間訊號作捲加演算，得到的結果是一個長度為 $(M + N - 1)$ 的離散時間訊號。

▶ 2.2

捲積演算

對於一個連續時間訊號 $x(t)$，若乘上一個時間偏移的單位脈衝訊號 $\delta(t-t_0)$，然後作跨越 t_0 的積分，會得到如下的結果，

$$\int_{-\infty}^{\infty} x(t)\delta(t-t_0)dt = x(t_0) \tag{2.8}$$

將變數作更換，$t \to \tau$ 與 $t_0 \to t$，我們可以得到以下的公式，

$$x(t) = \int_{-\infty}^{\infty} x(\tau)\delta(\tau-t)d\tau = \int_{-\infty}^{\infty} x(\tau)\delta(t-\tau)d\tau \tag{2.9}$$

這個積分演算可以看成是單位脈衝訊號 $\delta(t-\tau)$ 乘上一個比例因數 $x(\tau)$ 後作積分，相當於是單位脈衝訊號 $\delta(t-\tau)$ 作線性組合。若有一個連續時間的線性非時變系統 $H\{\cdot\}$，以 $x(t)$ 為輸入，其輸出就是

$$y(t) = H\{x(t)\} = H\{\int_{-\infty}^{\infty} x(\tau)\delta(t-\tau)d\tau\} = \int_{-\infty}^{\infty} x(\tau)H\{\delta(t-\tau)\}d\tau \tag{2.10}$$

此線性系統的單位脈衝響應為 $h(t) = H\{\delta(t)\}$，則其輸出就是脈衝響應 $h(t-\tau)$ 的線性組合，

$$y(t) = \int_{-\infty}^{\infty} x(\tau)h(t-\tau)d\tau \tag{2.11}$$

這個演算就叫做捲積演算(convolution integral)，我們也是用符號 $*$ 表示，因為是對連續時間訊號的演算，不會與離散時間訊號的捲加演算混淆。

$$y(t) = x(t) * h(t) \tag{2.12}$$

上述的推導，也可以從用階梯曲線逼近連續時間訊號波形的觀點來探討。對於一個連續時間訊號，我們可以用一條階梯曲線來逼近其波形，階梯寬度為 Δ。

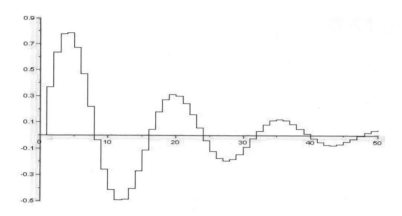

圖 2.4　連續時間訊號的逼近

每一個階梯高度等於是在該短時段 Δ 中振幅的平均高度，可以看成是一個矩形脈波，

$$x_k(t) = \begin{cases} x(k\Delta)\delta_\Delta(t - k\Delta) \cdot \Delta, & k\Delta \leq t < (k+1)\Delta \\ 0, & otherwise \end{cases} \tag{2.13}$$

其中

$$\delta_\Delta(t) = \begin{cases} \dfrac{1}{\Delta}, & 0 < t < \Delta \\ 0, & otherwise \end{cases} \tag{2.14}$$

將所有短時段的矩形脈波加起來，就是一條逼近 $x(t)$ 的階梯曲線，

$$x(t) \approx \sum_{k=-\infty}^{\infty} x_k(t) = \sum_{k=-\infty}^{\infty} x(k\Delta)\delta_\Delta(t - k\Delta) \cdot \Delta \tag{2.15}$$

將階梯曲線作為 LTI 系線的輸入，其輸出就變成

$$y_\Delta(t) = H\left\{ \sum_{k=-\infty}^{\infty} x(k\Delta)\delta_\Delta(t - k\Delta) \cdot \Delta \right\} \tag{2.16}$$

$$= \sum_{k=-\infty}^{\infty} x(k\Delta)H\{\delta_\Delta(t - k\Delta)\} \cdot \Delta$$

在 $\Delta \to 0$ 的極限下，$k\Delta \to \tau$，因此(2.16)式可以改寫成積分式。

$$y(t) = \lim_{\Delta \to 0} y_\Delta(t) = \int_{-\infty}^{\infty} x(\tau)H\{\delta(t - \tau)\}d\tau = \int_{-\infty}^{\infty} x(\tau)h(t - \tau)d\tau \tag{2.17}$$

例題 2.3 捲積演算一

一個連續時間系統的脈衝響應為

$$h(t) = u(t) - u(t-4)$$

若給予一個輸入訊號，

$$x(t) = 2[u(t) - u(t-2)]$$

我們可以用(2-11)式計算其輸出。因為要能符合 $h(t)$ 與 $x(t)$ 所定義的範圍，我們必須在不同 t 值範圍的情形下計算。

$$t < 0, \qquad y(t) = 0$$

$$0 \le t < 2, \quad y(t) = \int_0^t 2d\tau = 2t$$

$$2 \le t < 4, \quad y(t) = \int_{t-2}^t 2d\tau = 4$$

$$4 \le t \le 6, \quad y(t) = \int_{t-4}^{6-4} 2d\tau = 4 - 2(t-4) = 12 - 2t$$

$$t > 6, \qquad y(t) = 0$$

上述的演算過程可以用圖解來說明。

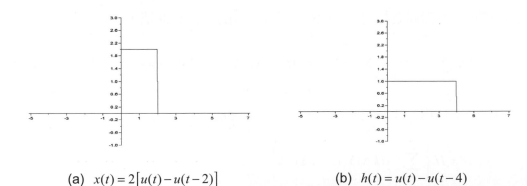

(a) $x(t) = 2[u(t) - u(t-2)]$ (b) $h(t) = u(t) - u(t-4)$

圖 2.5 捲積積分一之演算圖解

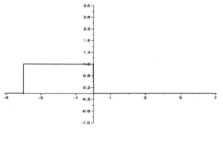

(c) $h(-\tau)$

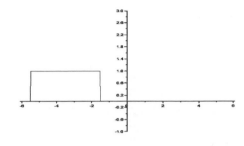

(d) $h(t-\tau)$

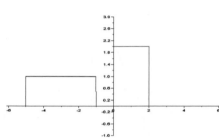

(e) $t < 0,\quad y(t) = 0$

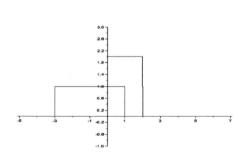

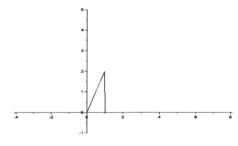

(f) $0 \le t < 2,\quad y(t) = 2t$

圖 2.5　捲積積分一之演算圖解(續)

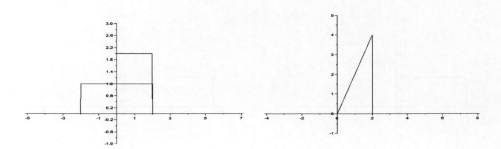

(g) $t = 2$, $y(t) = 4$

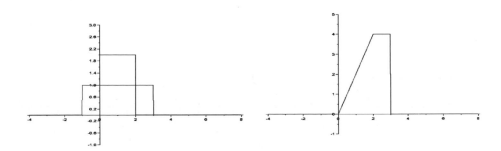

(h) $2 \leq t < 4$, $y(t) = 4$

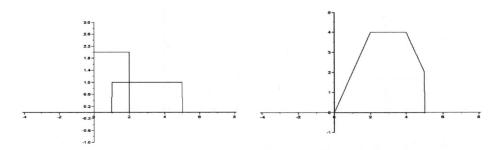

(i) $4 \leq t \leq 6$, $y(t) = 12 - 2t$

圖 2.5　捲積積分一之演算圖解(續)

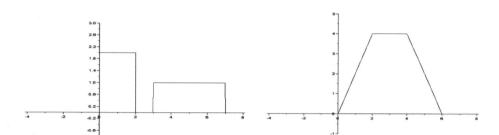

(j) $t > 6,\quad y(t) = 0$

圖 2.5　捲積積分一之演算圖解(續)

　　圖 2.5(a)為輸入訊號 $x(t)$，圖 2.5(b)為系統的脈衝響應 $h(t)$。先作變數轉換 $t \to \tau$，再將 $h(\tau)$ 改成反影 $h(-\tau)$，見圖 2.5(c)。以 τ 為變數，移動 $h(-\tau)$ 之原點到 t，就得到圖 2.5 (d) 的脈衝響應 $h(t-\tau)$。讓 t 從 $-\infty$ 往 $+\infty$ 移動，圖 2.5(e)中，$t < 0$，$h(t-\tau)$ 的非零值尚未碰上 $x(\tau)$ 的非零值，所以其輸出 $y(t) = 0$。圖 2.5(f)中，當 $0 \le t < 2$ 時，$h(t-\tau)$ 的非零值碰上 $x(\tau)$ 的非零值，其輸出 $y(t) = 2t$。圖 2.4(g)中，當 $t = 2$ 時，$h(t-\tau)$ 與 $x(\tau)$ 的重疊面積達到最大，其輸出為 $y(t) = 4$。圖 2.4(h)中，$2 \le t < 4$，$h(t-\tau)$ 與 $x(\tau)$ 的重疊面積維持不變，輸出維持 $y(t) = 4$。圖 2.4(i) 中，$3 \le t \le 5$，$h(t-\tau)$ 與 $x(\tau)$ 的重疊面積逐漸減小，其輸出為 $y(t) = 12 - 2t$。圖 2.4(e) 中，當 $t > 5$ 時，$h(t-\tau)$ 與 $x(\tau)$ 不重疊，所以其輸出 $y(t) = 0$。

例題 2.4 捲積演算二

　　這是一個稍微複雜一點的演算例子，連續時間系統的脈衝響應為

$$h(t) = u(t) - u(t-3)$$

輸入訊號為

$$x(t) = t\big[u(t) - u(t-2)\big]$$

在不同 t 值範圍的情形下計算其輸出，

$$t < 0, \qquad y(t) = 0$$

$$0 \le t < 2, \quad y(t) = \int_0^t \tau d\tau = \left.\frac{\tau^2}{2}\right|_0^t = \frac{t^2}{2}$$

$$2 \le t < 3, \quad y(t) = \int_0^2 \tau d\tau = \left.\frac{\tau^2}{2}\right|_0^2 = 2$$

$$3 \le t \le 5, \quad y(t) = \int_{t-3}^2 \tau d\tau = \left.\frac{\tau^2}{2}\right|_{t-3}^2 = 2 - \frac{(t-3)^2}{2}$$

$$t > 5, \qquad y(t) = 0$$

以圖解來說明上述的演算過程，

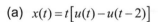

(a) $x(t) = t\left[u(t) - u(t-2)\right]$

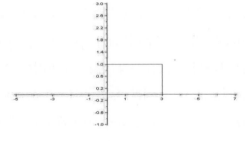
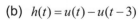

(b) $h(t) = u(t) - u(t-3)$

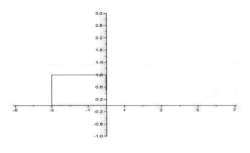

(c) $h(-\tau)$

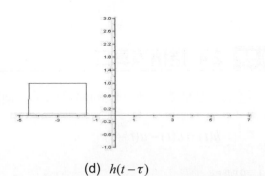

(d) $h(t-\tau)$

圖 2.6 捲積積分二之演算圖解

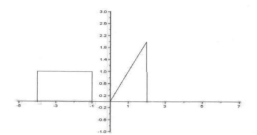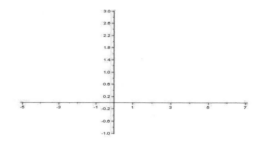

(e) $t < 0,\quad y(t) = 0$

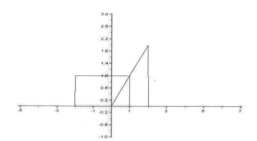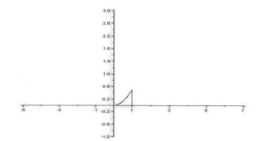

(f) $0 \leq t < 2,\quad y(t) = \dfrac{t^2}{2}$

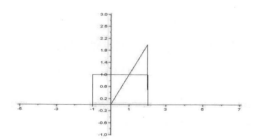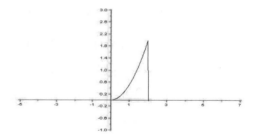

(g) $t = 2,\quad y(t) = 2$

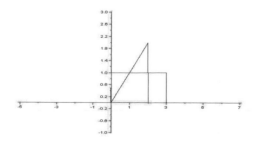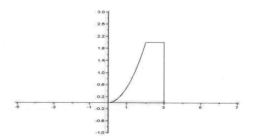

(h) $2 \leq t < 3,\quad y(t) = 2$

圖 2.6　捲積積分二之演算圖解(續)

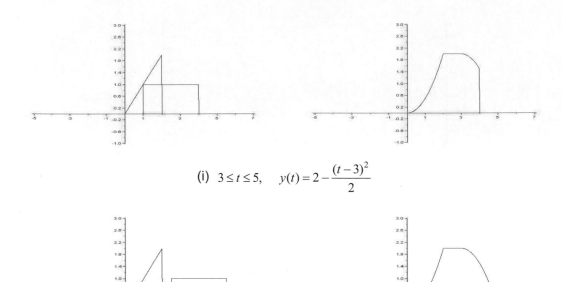

(i) $3 \le t \le 5, \quad y(t) = 2 - \dfrac{(t-3)^2}{2}$

(j) $t > 5, \quad y(t) = 0$

圖 2.6 捲積積分二之演算圖解(續)

圖 2.6(a)為輸入訊號 $x(t)$，圖 2.6(b)為系統的脈衝響應 $h(t)$。先作變數轉換 $t \to \tau$，再將 $h(\tau)$ 改成反影 $h(-\tau)$，見圖 2.6(c)。以 τ 為變數，移動 $h(-\tau)$ 之原點到 t，就得到圖 2.6(d)的脈衝響應 $h(t-\tau)$。讓 t 從 $-\infty$ 往 $+\infty$ 移動，圖 2.6(e)中，當 $t < 0$ 時，$h(t-\tau)$ 的非零值尚未碰上 $x(\tau)$ 的非零值，所以其輸出 $y(t) = 0$。圖 2.6(f)中，當 $0 \le t < 2$ 時，$h(t-\tau)$ 的非零值碰上 $x(\tau)$ 的非零值，其輸出 $y(t) = \dfrac{t^2}{2}$。圖 2.6(g)中，當 $t = 2$ 時，$h(t-\tau)$ 與 $x(\tau)$ 的重疊面積最大，其輸出為 $y(t) = 2$。圖 2.6(h)中，當 $2 \le t < 3$ 時，$h(t-\tau)$ 與 $x(\tau)$ 的重疊面積維持不變，其輸出為 $y(t) = 2$。圖 2.6(i)中，當 $3 \le t \le 5$ 時，$h(t-\tau)$ 與 $x(\tau)$ 的重疊面積逐漸減小，其輸出為 $y(t) = 2 - \dfrac{(t-3)^2}{2}$。圖 2.6(j)當 $t > 5$ 時，$h(t-\tau)$ 與 $x(\tau)$ 不重疊，所以其輸出 $y(t) = 0$。

觀察例題 2.3 與例題 2.4，我們可以有一個結論，兩個長度分別是 P 與 Q 的連續時間訊號作捲積演算，得到的結果是一個長度為 $(P+Q)$ 的連續時間訊號。

例題 2.5 *RL* 電路

一個 *RL* 電路，其輸入為電壓 $x(t)$，此電壓加在串聯的電阻與電感上，產生的電流為 $i(t)$，根據電路公式，可以寫出如下的微分方程式

$$L\frac{d}{dt}i(t) + Ri(t) = x(t)$$

輸出為電阻上的電壓

$$y(t) = Ri(t)$$

整理輸入輸出的關係，可以得到

$$\frac{L}{R}\frac{d}{dt}y(t) + y(t) = x(t)$$

令 $x(t) = \delta(t)$，則輸出就是脈衝響應。

$$\frac{L}{R}\frac{d}{dt}h(t) + h(t) = \delta(t)$$

假設 *R/L*=1，解得的脈衝響應就是

$$h(t) = e^{-t}u(t)$$

如果輸入訊號為

$$x(t) = u(t) - u(t-2)$$

則輸出訊號可以用捲積演算來計算，

$$y(t) = \int_{-\infty}^{\infty} x(\tau)h(t-\tau)d\tau$$
$$= \int_{-\infty}^{\infty} \left[u(\tau) - u(\tau-2)\right]e^{-(t-\tau)}u(t-\tau)d\tau$$

在此演算中，*t* 需要分段考慮，以下為計算的結果。

$$t < 0, \quad y(t) = 0$$

$0 \le t < 2,$

$$y(t) = \int_0^t e^{-(t-\tau)}d\tau = e^{-t}\int_0^t e^\tau d\tau = e^{-t}e^\tau\Big|_0^t = e^{-t}(e^t - 1) = 1 - e^{-t}$$

$2 \le t,$

$$y(t) = \int_0^t e^{-(t-\tau)}d\tau - \int_2^t e^{-(t-\tau)}d\tau = e^{-(t-\tau)}\Big|_0^t + e^{-(t-\tau)}\Big|_2^t$$

$$= (1 - e^{-t}) - (1 - e^{-(t-2)}) = -e^{-t}(1 - e^2) = e^{-t}(e^2 - 1)$$

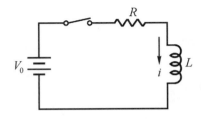

(a) RL 電路

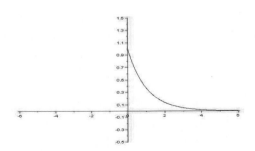

(b) $h(t) = e^{-t}u(t)$

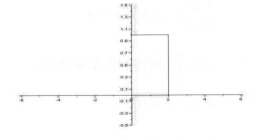

(c) $x(t) = u(t) - u(t - \tau)$

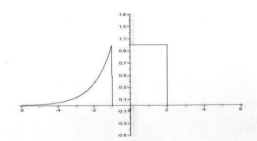

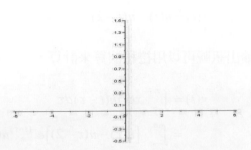

(d) $y(t) = 0, \quad t < 0$

圖 2.7 RL 電路的輸入與輸出

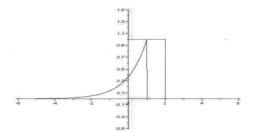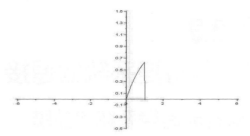

(e) $y(t) = 1 - e^{-t}, \quad 0 \leq t < 2$

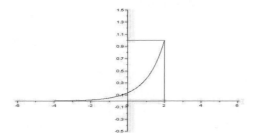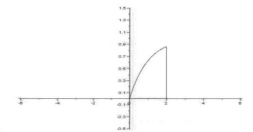

(f) $y(t) = 1 - e^{-t}, \quad 0 \leq t < 2$

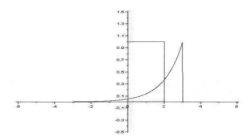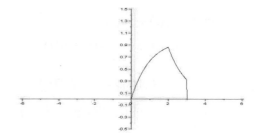

(g) $y(t) = e^{-t}(e^2 - 1), \quad 2 \leq t$

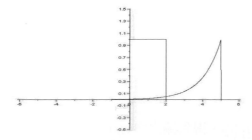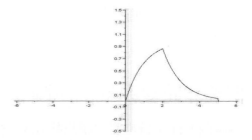

(h) $y(t) = e^{-t}(e^2 - 1), \quad 2 \leq t$

圖 2.7 *RL* 電路的輸入與輸出(續)

▷ 2.3

線性非時變系統的連接

❖ 線性非時變系統的並聯

若有兩個連續時間的線性非時變系統 $H_1\{\cdot\}$ 與 $H_2\{\cdot\}$，其脈衝響應分別是 $h_1(t)$ 與 $h_2(t)$，將這兩個 LTI 系統作並聯，輸入訊號爲 $x(t)$，則輸出訊號分別是

$$y_1(t) = x(t) * h_1(t) \tag{2.18}$$

與

$$y_2(t) = x(t) * h_2(t) \tag{2.19}$$

並聯的結果是讓輸出相加。

$$y(t) = y_1(t) + y_2(t)$$
$$= x(t) * h_1(t) + x(t) * h_2(t) = x(t) * (h_1(t) + h_2(t)) \tag{2.20}$$

(2.20)式顯示一個演算的特性，在數學上稱之爲分配性(distributive property)。並聯之後的系統脈衝響應，就變成兩個脈衝響應的相加。

$$h_{parallel}(t) = h_1(t) + h_2(t) \tag{2.21}$$

同理，離散時間的線性非時變系統之並聯，也等於兩個 LTI 系統脈衝響應的相加。

$$h_{parallel}[n] = h_1[n] + h_2[n] \tag{2.22}$$

❖ 線性非時變系統的串聯

將兩個 LTI 系統串聯，讓訊號 $x(t)$ 先經過 $H_1\{\cdot\}$，得到輸出爲 $v(t)$

$$v(t) = x(t) * h_1(t) \tag{2.23}$$

再將輸出訊號 $v(t)$ 經過 $H_2\{\cdot\}$，最後的輸出爲

$$y(t) = v(t) * h_2(t) = (x(t) * h_1(t)) * h_2(t) \tag{2.24}$$

詳細描述(2.24)式，

$$y(t) = \int_{-\infty}^{\infty} (\int_{-\infty}^{\infty} x(v)h_1(\tau - v)dv)h_2(t - \tau)d\tau \tag{2.25}$$

$$= \int_{-\infty}^{\infty} \int_{-\infty}^{\infty} x(v)h_1(\tau - v)h_2(t - \tau)dvd\tau$$

令 $\rho = \tau - v$，並改變(2-25)式中的積分順序，

$$y(t) = \int_{-\infty}^{\infty} \int_{-\infty}^{\infty} x(v)h_1(\rho)h_2(t - v - \rho)dvd\rho \tag{2.26}$$

$$= \int_{-\infty}^{\infty} x(v)(\int_{-\infty}^{\infty} h_1(\rho)h_2(t - v - \rho)d\rho)dv$$

(2.26)式表示

$$y(t) = x(t) * (h_1(t) * h_2(t)) = (x(t) * h_1(t)) * h_2(t) \tag{2.27}$$

先做前兩個函數的捲積演算，或是先做後兩個函數的捲積演算，其結果是一樣的，這表示捲積演算具有聯合性(associative property)。

因此串聯之後的系統脈衝響應為

$$h_{cascade}(t) = h_1(t) * h_2(t) \tag{2.28}$$

也就是 $h_1(t)$ 與 $h_2(t)$ 作捲積演算。若是將 $H_1\{\cdot\}$ 與 $H_2\{\cdot\}$ 兩個 LTI 系統的串聯次序反過來，串聯之後的系統脈衝響應為

$$h'_{cascade}(t) = h_2(t) * h_1(t) \tag{2.29}$$

詳細描述(2.29)式，

$$h'_{cascade}(t) = h_2(t) * h_1(t) = \int_{-\infty}^{\infty} h_2(\tau)h_1(t - \tau)d\tau \tag{2.30}$$

我們改變其變數，令 $t - \tau = \rho$，則

$$h'_{cascade}(t) = \int_{-\infty}^{\infty} h_2(t-\rho)h_1(\rho)d\rho = h_1(t) * h_2(t) = h_{cascade}(t) \qquad (2.31)$$

這表示串聯的兩個 LTI 系統可以互換次序，其結果是

$$h_1(t) * h_2(t) = h_2(t) * h_1(t) \qquad (2.32)$$

在數學上這稱為互換性(commutative property)。也就是說，任意兩個時間函數的捲積積分演算，其次序都是可以互換的。

同樣的，我們也可以推導出離散時間的線性非時變系統之串聯，等於兩個 LTI 系統脈衝響應的捲加演算，

$$h_{cascade}[n] = h_1[n] * h_2[n] \qquad (2.33)$$

其次序也是可以互換的。

例題 2.6 離散時間線性非時變系統的並聯與串聯

兩個離散時間的線性非時變系統分別定義如下，

$$h_1[n] = -\delta[n-1] + \delta[n-2]$$

與

$$h_2[n] = -\delta[n] + \delta[n-1] + \delta[n-2] - \delta[n-3]$$

其並聯的結果為

$$h_{parallel}[n] = h_1[n] + h_2[n] = -\delta[n] + 2\delta[n-2] - \delta[n-3]$$

串聯的結果為

$$h_{cascade}[n] = h_1[n] * h_2[n] = \sum_{k=-\infty}^{\infty} h_1[k]h_2[n-k]$$

在此捲加演算中，n 需要分段考慮，以下為計算的結果。

$n < 1,$ $h_{cascade}[n] = 0$ $\quad$ $n = 1,$ $\quad$ $h_{cascade}[n] = 1$

$n = 2,$ $h_{cascade}[n] = -2$ $\quad$ $n = 3,$ $\quad$ $h_{cascade}[n] = 0$

$n = 4,$ $h_{cascade}[n] = 2$ $\quad$ $n = 5,$ $\quad$ $h_{cascade}[n] = -1$

$n > 5,$ $h_{cascade}[n] = 0$

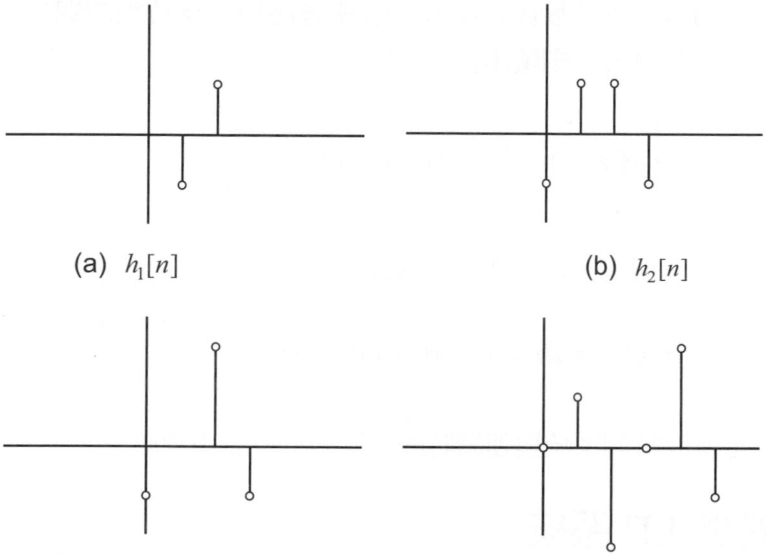

(a) $h_1[n]$ $\qquad\qquad\qquad\qquad\qquad$ (b) $h_2[n]$

(c) $h_{parallel}[n]$ $\qquad\qquad\qquad\qquad\qquad$ (d) $h_{cascade}[n]$

圖 2.8　兩個離散時間線性非時變系統的並聯與串連

假設輸入訊號為

$\qquad x[n] = u[n]$

則 $h_1[n]$、$h_2[n]$、$h_{parallel}[n]$ 與 $h_{cascade}[n]$ 四個系統的輸出分別是

$\qquad y_1[n] = -\delta[n-1]$

$\qquad y_2[n] = -\delta[n] + \delta[n-2]$

$\qquad y_{parallel}[n] = -\delta[n] - \delta[n-1] + \delta[n-2]$

$\qquad y_{cascade}[n] = \delta[n-1] - \delta[n-2] - \delta[n-3] + \delta[n-4]$

▷ 2.4

脈衝響應與線性非時變系統的特性

以下我們來探討線性非時變(LTI)系統的脈衝響應與系統特性的關係。對於離散時間的 LTI 系統，其輸入為 $x[n]$，則輸出為

$$y[n] = \sum_{k=-\infty}^{\infty} x[k]h[n-k] = \sum_{k=-\infty}^{\infty} x[n-k]h[k] \qquad (2.34)$$

對於連續時間的 LTI 系統，其輸入與輸出關係寫成

$$y(t) = \int_{-\infty}^{\infty} x(\tau)h(t-\tau)d\tau = \int_{-\infty}^{\infty} x(t-\tau)h(\tau)d\tau \qquad (2.35)$$

$h[k]$ 與 $h(t)$ 分別是離散時間系統與連續時間系統的單位脈衝響應。

❖ 無記憶性的 LTI 系統

如果 LTI 系統是一個無記憶性的系統(memoryless system)，(2.34)式中 $y[n]$ 只與該式右邊連加項中的 $x[n]$ 相關，也就是只與右邊的加法演算中 $k=0$ 的那一項相關，因此 $h[k]$ 只在 $k=0$ 時為非 0 值，其餘皆為 0，以數學式表示如下，

$$h[k] = c\delta[k] \qquad (2.36)$$

其中 c 為一個任意的非 0 值，而(2.34)式也就變成

$$y[n] = cx[n] \qquad (2.37)$$

對於(2.35)式，無記憶性的條件是 $y(t)$ 只與 $x(t)$ 相關，因此在其右邊的積分式中只存在 $x(t)$，也就是 $h(\tau)$ 在 $\tau \neq 0$ 時應該皆為 0。所以 $h(\tau)$ 應是如下的一個脈衝函數，

$$h(\tau) = c\delta(\tau) \qquad (2.38)$$

c 為一個任意的非 0 值，(2.35)式變成

$$y(t) = cx(t) \tag{2.39}$$

綜合上述的討論，一個無記憶性的 LTI 系統，其系統脈衝響應是一個脈衝函數，在連續時間系統是 $c\delta(t)$，在離散時間系統是 $c\delta[n]$。

❖ 符合因果律的 LTI 系統

如果離散時間的 LTI 系統是一個符合因果律的系統(causal system)，其輸出只與當時或過去時間的輸入有關，在 (2.34) 式中，$y[n]$ 只與右邊連加項中的 $x[n]$ 或 $x[n-1], x[n-2], \ldots\ldots$ 相關，因此 $h[n]$ 必須符合以下條件，

$$h[k] = 0, \quad k < 0 \tag{2.40}$$

而(2.34)式就變成

$$y[n] = \sum_{k=0}^{\infty} x[n-k]h[k] \tag{2.41}$$

同樣的，連續時間的 LTI 系統若是符合因果律，(2.35)式中的脈衝響應 $h(\tau)$ 要滿足以下的條件，

$$h(\tau) = 0, \quad \tau < 0 \tag{2.42}$$

於是(2.35)式就變成

$$y(t) = \int_0^{\infty} x(t-\tau)h(\tau)d\tau \tag{2.43}$$

❖ 穩定的 LTI 系統

如果 LTI 系統是一個穩定的系統(stable system)，則在有限制的輸入情況下，其輸出也會有限制。在(2.34)式中假設 $x[n]$ 有上限，

$$|x[n]| < B \quad for\ all\ n \tag{2.44}$$

B 是一個定值。則 $y[n]$ 的上限可以計算如下，

$$|y[n]| = \left| \sum_{k=-\infty}^{\infty} x[n-k]h[k] \right| \le \sum_{k=-\infty}^{\infty} |x[n-k]h[k]|$$

$$\le \sum_{k=-\infty}^{\infty} |x[n-k]||h[k]| \le B \sum_{k=-\infty}^{\infty} |h[k]| \qquad (2.45)$$

要求 $|y[n]|$ 有個定值的上限，就等於是要求

$$\sum_{k=-\infty}^{\infty} |h[k]| < C < +\infty \qquad (2.46)$$

C 為一個定值。這個上限的限制，就是有限輸入有限輸出(bounded input bounded output, BIBO)穩定性的條件。

同樣的，若是(2.35)式中的輸入 $x(t)$ 有上限，

$$|x(t)| < B \quad for \; all \; t \qquad (2.47)$$

其輸出上限的計算如下，

$$|y(t)| = \left| \int_{-\infty}^{\infty} x(t-\tau)h(\tau)d\tau \right| \le \int_{-\infty}^{\infty} |x(t-\tau)h(\tau)|d\tau$$

$$\le \int_{-\infty}^{\infty} |x(t-\tau)||h(\tau)|d\tau \le B \int_{-\infty}^{\infty} |h(\tau)|d\tau \qquad (2.48)$$

因此 BIBO 穩定性的條件就是

$$\int_{-\infty}^{\infty} |h(\tau)|d\tau < C < +\infty \qquad (2.49)$$

例題 2.7 離散時間系統的穩定性

一個離散時間系統的脈衝響應為

$$h[k] = r^k u[k]$$

依據(2.46)式的條件作檢驗，

$$\sum_{k=-\infty}^{\infty} |h[k]| = \sum_{k=0}^{\infty} |r^k| = \sum_{k=0}^{\infty} |r|^k$$

如果 $|r| < 1$，輸出訊號會收斂，這就是一個穩定的系統。如果 $|r| \geq 1$，輸出訊號會發散而沒有上限，這就是不穩定的系統。

❖ 可逆性的 LTI 系統

一個系統 $H\{\cdot\}$ 若是具有可逆性(invertibility)，它就能找到一個系統 $H^{inv}\{\cdot\}$，讓 $H\{\cdot\}$ 的輸出作為 $H^{inv}\{\cdot\}$ 的輸入時，得到的輸出就正好是 $H\{\cdot\}$ 的輸入。

一個連續時間系統 $H\{\cdot\}$，它的輸入輸出關係如下式，

$$y(t) = H\{x(t)\} = x(t) * h(t) \tag{2.50}$$

如果有一個系統 $H^{inv}\{\cdot\}$，以 $y(t)$ 為輸入，計算其輸出如下，

$$\begin{aligned} H^{inv}\{y(t)\} &= y(t) * h^{inv}(t) = (x(t) * h(t)) * h^{inv}(t) \\ &= x(t) * (h(t) * h^{inv}(t)) \end{aligned} \tag{2.51}$$

如果上式的結果必須等於 $x(t)$，就表示

$$h(t) * h^{inv}(t) = \delta(t) \tag{2.52}$$

$H^{inv}\{\cdot\}$ 就是 $H\{\cdot\}$ 的逆向系統(inverse system)。

同理，我們可以推導出離散時間系統 $H\{x[n]\}$ 的可逆性條件。我們先計算 $H\{x[n]\}$ 的輸出，

$$y[n] = H\{x[n]\} = x[n] * h[n] \tag{2.53}$$

如果有一個系統 $H^{inv}\{\cdot\}$，以 $y[n]$ 為輸入，計算其輸出如下，

$$\begin{aligned} H^{inv}\{H\{x[n]\}\} &= H^{inv}\{y[n]\} = y[n] * h^{inv}[n] \\ &= (x[n] * h[n]) * h^{inv}[n] = x[n] * (h[n] * h^{inv}[n]) \end{aligned} \tag{2.54}$$

$H\{x[n]\}$ 為可逆性系統的條件是

$$h[n] * h^{inv}[n] = \delta[n] \tag{2.55}$$

例題 2.8 連續時間逆向系統的推算

一個 LTI 系統的輸入輸出關係描述如下,

$$y(t) = ax(t - t_1)$$

其脈衝響應就是

$$h(t) = a\delta(t - t_1)$$

假設有一個系統的脈衝響應為 $h^{inv}(t)$,會使得

$$h(t) * h^{inv}(t) = \delta(t)$$

則重寫這個演算,我們得到

$$h(t) * h^{inv}(t) = \int_{-\infty}^{\infty} h(\tau)h^{inv}(t - \tau)d\tau$$
$$= \int_{-\infty}^{\infty} a\delta(\tau - t_1)h^{inv}(t - \tau)d\tau = ah^{inv}(t - t_1) = \delta(t)$$

解上式就得到

$$h^{inv}(t - t_1) = \frac{1}{a}\delta(t)$$

改變其時間變數,我們得到 $H^{inv}\{\cdot\}$ 的脈衝響應。

$$h^{inv}(t) = \frac{1}{a}\delta(t + t_1)$$

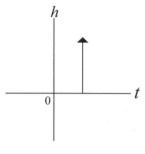
(a) $h(t) = a\delta(t - t_1)$

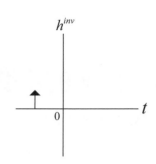
(b) $h^{inv}(t) = \dfrac{1}{a}\delta(t + t_1)$

圖 2.9 可逆性 LTI 系統

例題 2.9 離散時間逆向系統的推算

一個系統的脈衝響應為步進函數，

$$h[n] = u[n]$$

則其輸入輸出的關係如下，

$$y[n] = \sum_{k=-\infty}^{\infty} x[k]u[n-k] = \sum_{k=-\infty}^{n} x[k]$$

計算 $y[n-1]$，

$$y[n-1] = \sum_{k=-\infty}^{n-1} x[k]$$

$y[n]$ 與 $y[n-1]$ 的差異是 $y[n]$ 多加了一項 $x[n]$，因此

$$y[n] - y[n-1] = x[n]$$

將 $y[n]$ 視為輸入，$x[n]$ 視為輸出，就可以得出此逆向系統的脈衝響應。

$$h^{inv}[n] = \delta[n] - \delta[n-1]$$

▷ 2.5

線性非時變系統的步進響應

如果線性非時變(LTI)系統的輸入是一個單位步進函數 $u(t)$，則輸出就寫成

$$y(t) = h(t) * u(t) = \int_{-\infty}^{\infty} h(\tau)u(t-\tau)d\tau = \int_{-\infty}^{t} h(\tau)d\tau \qquad (2.56)$$

這個輸出稱爲步進響應(step response)，我們用 $s(t)$ 表示

$$s(t) = \int_{-\infty}^{t} h(\tau)d\tau \qquad (2.57)$$

同樣的，離散時間之 LTI 系統的輸入爲步進訊號 $u[n]$ 時，其輸出就是步進響應，

$$s[n] = \sum_{k=-\infty}^{\infty} h[k]u[n-k] = \sum_{k=-\infty}^{n} h[k] \qquad (2.58)$$

在電路中我們常常會在 $t = 0$ 時加上一個定值的直流電壓或直流電流，這就等於是給一個步進訊號的輸入。

例題 2.10 串聯的 RL 電路

對一個串聯的 RL 電路，給予一個電壓的輸入 $v(t)$，所產生流過電阻與電感的電流 $i(t)$ 即可由下式描述，

$$Ri(t) + L \frac{d}{dt}i(t) = v(t)$$

$v(t)$ 爲此電路系統的輸入，$i(t)$ 爲其輸出，我們可以求得其脈衝響應，

$$h(t) = \frac{1}{L} e^{-\frac{R}{L}t} u(t)$$

當輸入電壓爲步進函數時，即表示一個直流電壓在 $t = 0$ 時開始加上去。

$$v(t) = u(t)$$

因此它的步進響應就計算如下，

$$s(t) = \int_{-\infty}^{t} h(\tau)d\tau = \int_{-\infty}^{t} \frac{1}{L}e^{-\frac{R}{L}\tau}u(\tau)d\tau = \int_{0}^{t} \frac{1}{L}e^{-\frac{R}{L}\tau}d\tau$$

$$= -\frac{1}{R}e^{-\frac{R}{L}\tau}\bigg|_{0}^{t} = \frac{1}{R}(1-e^{-\frac{R}{L}t}), \quad t > 0$$

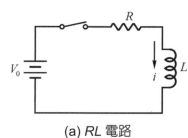

(a) *RL* 電路

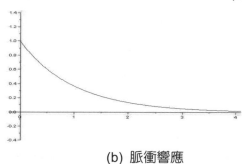

(b) 脈衝響應

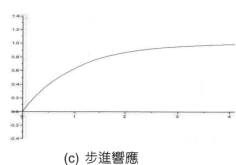

(c) 步進響應

圖 2.10 *RL* 電路的電流

例題 2.11 離散時間 *LTI* 系統的步進響應

一個離散時間 LTI 系統的脈衝響應如下，

$$h[n] = (\frac{1}{2})^{n}u[n]$$

其步進響應就是

$$s[n] = \sum_{k=-\infty}^{n} h[k] = \sum_{k=0}^{n} (\frac{1}{2})^{k} = \frac{1-(\frac{1}{2})^{n+1}}{1-\frac{1}{2}} = 2(1-(\frac{1}{2})^{n+1}), \quad n > 0$$

可以改寫成

$$s[n] = (2 - (\frac{1}{2})^n)u[n]$$

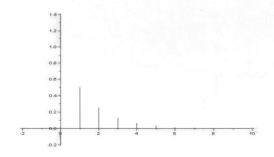 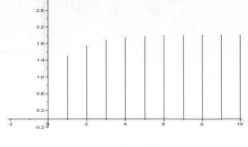

(a) 脈衝響應　　　　　　　　　　　　(b) 步進響應

圖 2.11　離散時間 LTI 系統的步進響應

 # 2.6

線性非時變系統的表示法

❖ 連續時間 LTI 系統的微分方程式

在描述自然界現象時，常會用微分方程式(differential equation)來描述其輸入與輸出的關係，電路學與古典力學就是很典型的例子。

例題 2.12 RLC 串聯電路

一個 RLC 串聯電路，加上的電壓為 $v(t)$，產生的電流為 $i(t)$，此電路方程式就是

$$Ri(t) + L\frac{d}{dt}i(t) + \frac{1}{C}\int_{-\infty}^{t} i(\tau)d\tau = v(t)$$

對上式的等號兩邊作微分，就得到微分方程式。

$$L\frac{d^2}{dt^2}i(t) + R\frac{d}{dt}i(t) + \frac{1}{C}i(t) = \frac{d}{dt}v(t)$$

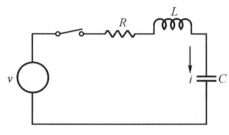

圖 2.12　*RLC* 串聯電路

從以上的例子中可以看到，一個連續時間系統如果用微分方程式來描述，可以寫成一個通式如下，

$$\sum_{k=0}^{N} a_k \frac{d^k}{dt^k} y(t) = \sum_{k=0}^{M} b_k \frac{d^k}{dt^k} x(t) \tag{2.59}$$

$x(t)$ 是系統的輸入， $y(t)$ 是系統的輸出，$\{a_k\}$ 與 $\{b_k\}$ 是微分方程式的係數。微分的演算是一個非時變系統的處理程序，因此(2.59)式所表示的是一個線性非時變(LTI)系統。N 與 M 分別是對 $y(t)$ 與 $x(t)$ 的最高微分階次，通常 $N \geq M$ ，我們稱此系統為 N 階系統。

假設這個微分方程式所表示的系統符合因果律，輸入訊號 $x(t)$ 在時間為 0 之後才出現，也就是說， $t<0$ 時系統的輸入 $x(t)=0$ ，而 $t=0$ 就是這個系統的起始時間。在起始時間之前，系統可能已經存在某些狀態，例如一個含有電容的系統，在 $t=0$ 之前，電容上已經存在有電壓，因此說它是有記憶(memory)的，在時間為 0 之前的 $t=0^-$，系統輸出 $y(t)$ 及其微分項，會有非零值，這些非零值的存在代表了系統在 $t=0^-$ 時的初始條件(initial condition)。

$$y(t)\bigg|_{t=0^-} , \quad \frac{d}{dt}y(t)\bigg|_{t=0^-} , \quad \frac{d^2}{dt^2}y(t)\bigg|_{t=0^-} \cdots \frac{d^{N-1}}{dt^{N-1}}y(t)\bigg|_{t=0^-}$$

我們無法知道更早時間的系統狀況，就只需歸結系統過去的狀況成為在 $t=0^-$ 時的初始條件。過了 $t=0$ 這個時間點之後，我們開始看到系統輸出 $y(t)$ ，在 $t=0^+$ 時的 $y(t)$ 及其微分項，

$$y(t)\bigg|_{t=0^+}, \quad \frac{d}{dt}y(t)\bigg|_{t=0^+}, \quad \frac{d^2}{dt^2}y(t)\bigg|_{t=0^+} \cdots \frac{d^{N-1}}{dt^{N-1}}y(t)\bigg|_{t=0^+}$$

這就是 $y(t)$ 與其微分項的初始值(initial values)。如果輸入訊號不含有脈衝函數，就不會瞬間改變 $y(t)$ 與其微分項在 $t=0$ 時候的狀態，則 $y(t)$ 與其微分項在 $t=0^+$ 的值就等於其在 $t=0^-$ 的值。

❖ 連續時間 LTI 系統的方塊圖表示法

在工程上我們常用方塊圖來描述系統的架構，一個微分演算可以看成是一個基本單元，因此(2.59)式所表示的 LTI 系統是由許多個基本單元所組成。因為積分演算所對應的實體元件比較容易實現，特別是在積體電路中，電容遠比電感來得容易製作，而電容上的電壓就是電流的積分，所以我們將(2.59)式中的微分項改為積分項。如果以 $y^{(1)}(t)$ 表示對 $y(t)$ 的微分，$y^{(-1)}(t)$ 就表示對 $y(t)$ 的積分，則(2.59)式中 $y(t)$ 的 $n-1$ 次微分與 n 次微分之間的關係如下，

$$y^{(n)}(t) = \frac{d}{dt}y^{(n-1)}(t), \quad t>0 \tag{2.60}$$

改成積分來表示，就變成

$$y^{(n-1)}(t) = \int_{-\infty}^{t} y^{(n)}(\tau)d\tau \tag{2.61}$$

假設(2.59)式所表示的系統是 $t>0$ 才有輸入，$t=0$ 就是此系統的起始時間。假設 $y^{(n-1)}(-\infty)=0$，(2.61)式可以寫成

$$y^{(n-1)}(t) = y^{(n-1)}(0) + \int_{0}^{t} y^{(n)}(\tau)d\tau, \quad t>0 \tag{2.62}$$

其中 $y^{(n-1)}(0)$ 是 $n-1$ 次微分項的初始值。

我們對(2.59)式的等號左右兩邊都作 N 次積分，各微分項的初始值皆為 0。假設 $N \geq M$，我們得到

$$\sum_{k=0}^{N} a_k y^{(k-N)}(t) = \sum_{k=0}^{M} b_k x^{(k-N)}(t) \tag{2.63}$$

我們以積分元件作為基本單元，畫出(2.63)式所對應的方塊圖結構，用實體的元件來組成，就可以建構一個我們想要的系統。

以一個二階系統為例，假設 $a_2 = 1$，(2.59)式寫成

$$a_0 y^{(-2)}(t) + a_1 y^{(-1)}(t) + y(t) = b_0 x^{(-2)}(t) + b_1 x^{(-1)}(t) + b_2 x(t) \tag{2.64}$$

整理(2.64)式即得到

$$y(t) = -a_1 y^{(-1)}(t) - a_0 y^{(-2)}(t) + b_2 x(t) + b_1 x^{(-1)}(t) + b_0 x^{(-2)}(t) \tag{2.65}$$

將(2.65)式以繪圖表示，就得到此二階系統的方塊圖表示法。

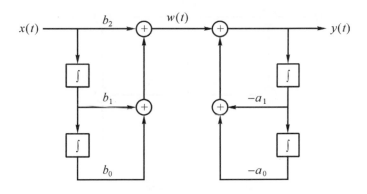

圖 2.13　直接型第一式

圖 2.13 中的方塊，表示一個積分元件，箭頭線段表示訊號，其上的數值表示該訊號被乘上一個係數。這個方塊圖稱為直接型第一式(direct form I)。它看成是兩個串聯的網路，分別以方程式表示，一個是做組合輸入，

$$w(t) = b_2 x(t) + b_1 x^{(-1)}(t) + b_0 x^{(-2)}(t) \tag{2.66}$$

一個是作自迴歸演算，

$$y(t) = -a_1 y^{(-1)}(t) - a_0 y^{(-2)}(t) + w(t) \tag{2.67}$$

將圖 2.13 中的兩個網路互換位置，就得到圖 2.14。

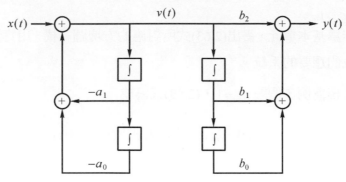

圖 2.14　左右網路掉換位置

圖 2.14 的中間訊號標示為 $v(t)$，在左右兩個網路中，$v(t)$ 同步的作積分，因此我們可以將這兩個積分路徑合併，改為圖 2.15，這個方塊圖稱為直接型第二式(direct form II)。

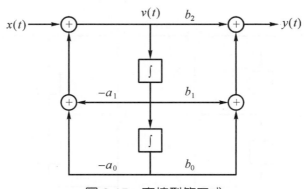

圖 2.15　直接型第二式

例題 2.13 三階連續時間 LTI 系統的方塊圖表示

一個連續時間 LTI 系統的微分方程式如下，這是一個 $N > M$ 的例子，

$$\frac{d^3}{dt^3}y(t) + 4\frac{d^2}{dt^2}y(t) + 8\frac{d}{dt}y(t) + 8y(t) = \frac{d^2}{dt^2}x(t) + 2\frac{d}{dt}x(t) - 5x(t), \quad t > 0$$

對上式的等號左右兩邊都作 3 次積分，各微分項的初始值皆為 0，得到

$$y(t) + 4y^{(-1)}(t) + 8y^{(-2)}(t) + 8y^{(-3)}(t) = x^{(-1)}(t) + 2x^{(-2)}(t) - 5x^{(-3)}(t)$$

整理上式即得到

$$y(t) = -4y^{(-1)}(t) - 8y^{(-2)}(t) - 8y^{(-3)}(t) + w(t)$$

$$w(t) = x^{(-1)}(t) + 2x^{(-2)}(t) - 5x^{(-3)}(t)$$

以繪圖表示，就得到此系統的直接型第一式方塊圖表示法。

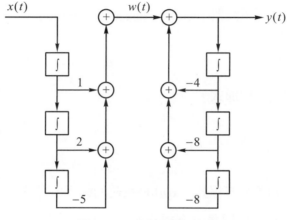

圖 2.16　直接型第一式

兩個網路互換位置，並將兩個積分路徑合併，就得到此系統的直接型第二式方塊圖表示法。

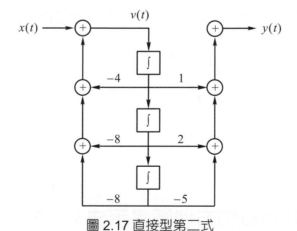

圖 2.17 直接型第二式

❖ 離散時間 LTI 系統的差分方程式

在離散時間的描述，LTI 系統可以寫成差分方程式(difference equation)，典型的例子是移動平均(moving average)演算，

$$y[n] = \sum_{k=0}^{N-1} a_k x[n-k] \tag{2.68}$$

另一個例子是遞迴離散時間濾波器(recursive discrete-time filter)，

$$y[n] = \rho y[n-1] + x[n] \tag{2.69}$$

這些例子可以歸納成一個通式，

$$\sum_{k=0}^{N} a_k y[n-k] = \sum_{k=0}^{M} b_k x[n-k] \tag{2.70}$$

這是一個表示 LTI 系統的差分方程式，$x[n]$ 是系統的輸入，$y[n]$ 是系統輸出，$\{a_k\}$ 與 $\{b_k\}$ 是差分方程式的係數。假設這個差分方程式所表示的系統符合因果律，輸入 $x[n]$ 在序號 $n \geq 0$ 之後才出現，也就是說 $n < 0$ 時 $x[n] = 0$，則 $n = 0$ 就是系統的起始序號。如同連續時間 LTI 系統，在起始時間之前，可能已經存在某些狀態，我們無法知道更早時間的系統狀況，只需歸結系統過去的狀況在 $n < 0$ 時的初始條件。離散時間系統的初始條件表示成

$$y[-N] , y[-N+1], \cdots, y[-2], y[-1]$$

因為 LTI 系統的差分方程式是在 $n \geq 0$ 才成立，初始條件要轉移到 $n \geq 0$ 之後的輸出，

$$y[0] , y[1], \cdots, y[N-2], y[N-1]$$

這才是差分方程式的初始值。

❖ 離散時間 LTI 系統的方塊圖表示法

離散時間 LTI 系統差分方程式中，有表示序號偏移的 $y[n-k]$ 與 $x[n-k]$，如果序號偏移代表時間延遲(delay)，差分方程式就是由許多代表時間延遲的基本元件所組成。延遲一個時間單位的基本元件以下式表示，

$$y[n] = x[n-1] \tag{2.71}$$

利用這個基本元件，我們可以建構(2.70)式所描述的 LTI 系統。

以一個二次延遲的 LTI 系統為例，假設 $a_0 = 1$，

$$y[n] + a_1 y[n-1] + a_2 y[n-2] = b_0 x[n] + b_1 x[n-1] + b_2 x[n-2] \tag{2.72}$$

我們重新安排(2.72)式，得到

$$y[n] = -a_1 y[n-1] - a_2 y[n-2] + b_0 x[n] + b_1 x[n-1] + b_2 x[n-2] \tag{2.73}$$

將(2.73)式分成兩部份，

$$w[n] = b_0 x[n] + b_1 x[n-1] + b_2 x[n-2] \tag{2.74}$$

與

$$y[n] = -a_1 y[n-1] - a_2 y[n-2] + w[n] \tag{2.75}$$

我們將(2.74)式與(2.75)式分別繪成兩個網路，然後連接在一起就得到圖 2.18 的方塊圖，其中的方塊即為一個基本元件，它的作用就是做一個時間單位的延遲，或是說一個單位時間的記憶，箭頭線段表示訊號，其上的數值表示該訊號被乘上一個係數。這個方塊圖稱為直接型第一式(direct form I)，它是兩個網路的串接。

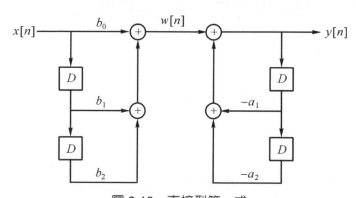

圖 2.18　直接型第一式

將這兩個網路順序互換，就得到圖 2.19。

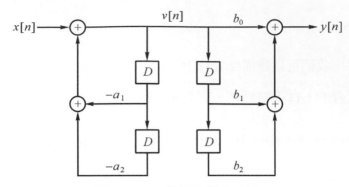

圖 2.19　兩個網路順序互換

在圖 2.19 的中間訊號標示為 $v[n]$，它在兩個網路中作同步的延遲，我們可以將這兩個延遲路徑合併，於是得到圖 2.20，稱為直接型第二式(direct form II)。

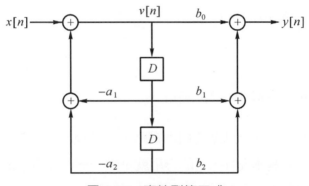

圖 2.20　直接型第二式

例題 2.14 離散時間 LTI 系統的方塊圖表示

一個離散時間 LTI 系統的差分方程式如下，這是一個 $N < M$ 的例子，

$$y[n] + \frac{5}{6}y[n-1] + \frac{1}{6}y[n-2] = x[n] + \frac{3}{4}x[n-1] + \frac{7}{4}x[n-2] + \frac{1}{2}x[n-3], \quad n \geq 0$$

各項的初始值皆為 0，整理上式即得到

$$y[n] = -\frac{5}{6}y[n-1] - \frac{1}{6}y[n-2] + w[n]$$

$$w[n] = x[n] + \frac{3}{4}x[n-1] + \frac{7}{4}x[n-2] + \frac{1}{2}x[n-3]$$

以繪圖表示，就得到此系統的直接型第一式方塊圖表示法，因爲 $x[n]$ 的延遲項比 $y[n]$ 的延遲項多，兩個網路的階數不相等。

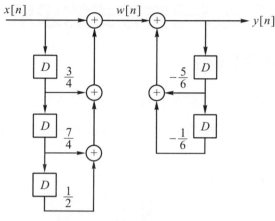

圖 2.21　直接型第一式

兩個網路互換位置，並將兩個延遲路徑合併，就得到此系統的直接型第二式方塊圖表示法。

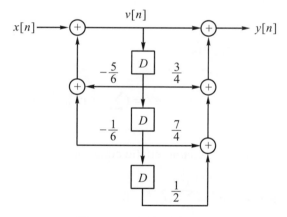

圖 2.22　直接型第二式

▷ 2.7

線性非時變系統微分方程式的求解

❖ 微分方程式的同質解

在(2.59)式所表示的 LTI 系統微分方程式中，如果等號右邊的 $x(t)$ 與其微分項皆為 0，它就變成一個同質性的微分方程式(homogeneous differential equation)，

$$\sum_{k=0}^{N} a_k \frac{d^k}{dt^k} y(t) = 0, \quad t > 0 \tag{2.76}$$

這個微分方程式代表的是一個沒有輸入的 LTI 系統，它一定有一個解，可以寫成如下的型式，

$$y(t) = e^{rt} \tag{2.77}$$

將(2.77)式代入(2.76)式，可以得到

$$a_0 e^{rt} + a_1 r e^{rt} + a_2 r^2 e^{rt} + \cdots + a_N r^N e^{rt} = (\sum_{k=0}^{N} a_k r^k) e^{rt} = 0 \tag{2.78}$$

於是我們找到此系統的特性方程式(characteristic equation)，

$$a_0 + a_1 r + a_2 r^2 + \cdots + a_N r^N = \sum_{k=0}^{N} a_k r^k = 0 \tag{2.79}$$

(2.79)式是一個 N 階的多項式，解此多項式可以得出 N 個特性方程式的根，$r_1, r_2, \cdots, r_N$，而每個根 r_i 所構成的指數函數一定是(2.76)式的解。即

$$y_i(t) = e^{r_i t}, \quad i = 1, 2, \dots, N \tag{2.80}$$

因為(2.76)式是一個線性系統，$y_1(t), y_2(t), \cdots, y_N(t)$ 的線性組合也必然是此系統的輸出，所以(2.76)式的解可以寫成以下的型式

$$y_h(t) = \sum_{i=1}^{N} c_i e^{r_i t}, \quad t > 0 \tag{2.81}$$

c_i 是乘上 $y_i(t)$ 的係數，而(2.81)式就是此系統方程式的同質解(homogeneous solution)。

例題 2.15 二階微分方程式的同質解

一個 LTI 系統以二階的微分方程式表示如下，

$$y(t) + 3\frac{d}{dt}y(t) + 2\frac{d^2}{dt^2}y(t) = x(t)$$

我們可以找到它的特性方程式，

$$1 + 3r + 2r^2 = 0$$

特性方程式的根是 $r_1 = -1$，$r_2 = -\dfrac{1}{2}$。

當 $x(t)$ 及其微分項皆為 0 時，其同質解應為

$$y_h(t) = c_1 e^{-t} + c_2 e^{-\frac{1}{2}t}, \quad t > 0$$

❖ 微分方程式的特別解

(2.59)式的微分方程式中，等號右邊是輸入 $x(t)$ 及其微分項，如果在 $y(t)$ 及其微分項的初始值皆為 0 的情況下解(2.59)式，得到的解就只是因為輸入的原因所造成的結果，我們稱此解為(2.59)式的特別解(particular solution)，特別解的型式與輸入訊號類型相關，常見的特別解型式見表 2.1：

表 2.1　輸入訊號類型與特別解型式

輸入 $x(t)$ 的類型	特別解 $y_p(t)$ 的型式
1	d
t	$d_1 t + d_2$
$e^{-\alpha t}$	$de^{-\alpha t}$
$\cos(\omega t + \phi)$	$d_1 \cos(\omega t) + d_2 \sin(\omega t)$

d、d_1 與 d_2 是係數，在求解的過程中會得到它們的值。

例題 2.16 二階微分方程式的特別解

在例題 2.15 中，

$$y(t) + 3\frac{d}{dt}y(t) + 2\frac{d^2}{dt^2}y(t) = x(t)$$

如果輸入為

$$x(t) = e^{-2t}, \quad t > 0$$

則其特別解為

$$y_p(t) = de^{-2t}, \quad t > 0$$

將 $y_p(t)$ 代入微分方程式中，我們得到

$$de^{-2t} + 3d(-2)e^{-2t} + 2d(-2)^2 e^{-2t} = e^{-2t}$$

整理上式，可以得到係數 d 的值，$d = 1/3$，所以得到的特別解是

$$y_p(t) = \frac{1}{3}e^{-2t}, \quad t > 0$$

❖ 微分方程式的完全解

同質解是在(2.59)式所表示的微分方程式中，不考慮輸入 $x(t)$ 時得到的，輸出 $y(t)$ 完全是因為其初始值所產生。特別解則是在初始值皆為 0 的情況下，只因為輸入而產生的結果。將同質解與特別解作相加，也必然是微分方程式的解。令此系統的輸出型式為

$$y(t) = y_h(t) + y_p(t) = \sum_{i=1}^{N} c_i e^{r_i t} + y_p(t) \tag{2.82}$$

其中 $\{c_i\}$ 要由 $y(t)$ 及其微分項的初始值來決定，初始值定義在時間 $t = 0^+$，

$$y(t)\Big|_{t=0^+}, \quad \frac{d}{dt}y(t)\Big|_{t=0^+}, \quad \frac{d^2}{dt^2}y(t)\Big|_{t=0^+} \cdots \frac{d^{N-1}}{dt^{N-1}}y(t)\Big|_{t=0^+}$$

這樣求得的 $y(t)$ 就是 LTI 系統微分方程式的完全解(complete solution)。

例題 2.17 二階微分方程式的完全解

在例題 2.15 中，LTI 系統的微分方程式為

$$y(t) + 3\frac{d}{dt}y(t) + 2\frac{d^2}{dt^2}y(t) = x(t)$$

其輸入為

$$x(t) = e^{-2t}, \quad t > 0$$

初始條件為

$$y(0^-) = 1, \qquad \frac{d}{dt}y(t)\Big|_{t=0^-} = 2$$

合併在例題 2.15 中求得其同質解與在例題 2.16 中求得其特別解，得到完全解型式，

$$y(t) = c_1 e^{-t} + c_2 e^{-\frac{1}{2}t} + \frac{1}{3}e^{-2t}, \quad t > 0$$

$y(t)$ 的微分項為

$$\frac{d}{dt}y(t) = -c_1 e^{-t} - \frac{1}{2}c_2 e^{-\frac{1}{2}t} - \frac{2}{3}e^{-2t}, \quad t > 0$$

因為輸入 $x(t)$ 不是一個脈衝訊號，在 $t = 0$ 時，$y(t)$ 及其微分項不會有瞬間的改變，所以其初始值就是

$$y(0^+) = y(0^-) = 1 \qquad \frac{d}{dt}y(t)\bigg|_{t=0^+} = \frac{d}{dt}y(t)\bigg|_{t=0^-} = 2$$

分別代入，可以得到一組聯立方程式，

$$c_1 + c_2 = 1 - \frac{1}{3} = \frac{2}{3} \qquad\qquad -c_1 - \frac{1}{2}c_2 = 2 + \frac{2}{3} = \frac{8}{3}$$

解此聯立方程式，得到 $c_1 = -6$　$c_2 = 20/3$。最後得到微分方程式的完全解。

$$y(t) = -6e^{-t} + \frac{20}{3}e^{-\frac{1}{2}t} + \frac{1}{3}e^{-2t}, \quad t > 0$$

2.8
線性非時變系統差分方程式的求解

❖ 差分方程式的同質解

在(2.70)式的 LTI 系統差分方程式中，如果輸入 $x[n]$ 及其延遲項皆為 0，就變成同質性的差分方程式(homogeneous difference equation)，

$$\sum_{k=0}^{N} a_k y[n-k] = 0, \qquad n \ge 0 \tag{2.83}$$

這個方程式一定有一個解，其型式爲

$$y[n] = r^n \tag{2.84}$$

將(2.84)式代入(2.83)式，可以得到

$$(a_0 + a_1 r^{-1} + a_2 r^{-2} + \cdots + a_N r^{-N})r^n = 0 \tag{2.85}$$

整理後改寫爲

$$a_0 r^N + a_1 r^{N-1} + a_2 r^{N-2} + \cdots + a_N = 0 \tag{2.86}$$

這是一個 N 階的多項式，稱爲離散系統的特性方程式(characteristic equation)，解其根得到 $r_1, r_2, \cdots, r_N$，任何一個根所構成的函數，

$$y_i[n] = r_i^n \tag{2.87}$$

都是(2.83)式的解，將這些函數作線性組合之後也是(2.83)式的解，我們稱之爲同質解 (homogeneous solution)。

$$y_h[n] = \sum_{i=1}^{N} c_i r_i^n, \qquad n \geq 0 \tag{2.88}$$

其中 $\{c_i\}$ 這組係數將由 $y[n]$ 的初始值決定。

例題 2.18 二階差分方程式的同質解

一個 LTI 系統以差分方程式表示如下，

$$y[n] + \frac{1}{6} y[n-1] - \frac{1}{6} y[n-2] = x[n], \qquad n \geq 0$$

如果輸入爲 0，差分方程式變成

$$y[n] + \frac{1}{6} y[n-1] - \frac{1}{6} y[n-2] = 0, \qquad n \geq 0$$

我們可以找到它的特性方程式及特性方程式的根，

$$r^2 + \frac{1}{6}r - \frac{1}{6} = 0 \qquad r_1 = \frac{1}{3}, \quad r_2 = \frac{-1}{2}$$

因此得到其同質解為

$$y_h[n] = c_1(\frac{1}{3})^n + c_2(\frac{-1}{2})^n, \qquad n \geq 0$$

❖ 差分方程式的特別解

在(2.70)式的 LTI 系統差分方程式中，假設 $y[n]$ 的初始值皆為 0，則系統的輸出完全是因為輸入 $x[n]$ 所造成，它的解就稱為特別解(particular solution)，特別解的型式與輸入 $x[n]$ 的類型有關，表 2.2 說明它們的相關情形：

表 2.2　輸入訊號類型與特別解型式

輸入 $x[n]$ 的類型	特別解 $y_p[n]$ 的型式
1	d
n	$d_1 n + d_2$
α^n	$d\alpha^n$
$\cos(\Omega n + \phi)$	$d_1 \cos(\Omega n) + d_2 \sin(\Omega n)$

d、d_1 與 d_2 是係數，在求解的過程中會得到它們的值。

例題 2.19　二階差分方程式的特別解

在例題 2.18 的 LTI 系統差分方程式中，

$$y[n] + \frac{1}{6}y[n-1] - \frac{1}{6}y[n-2] = x[n], \qquad n \geq 0$$

如果輸入為以下函數，

$$x[n] = (\frac{1}{4})^n u[n]$$

則其特別解應該有以下型式

$$y_p[n] = d(\frac{1}{4})^n, \qquad n \geq 0$$

將 $y_p[n]$ 代入系統的差分方程式中，得到

$$d(\frac{1}{4})^n + \frac{1}{6}d(\frac{1}{4})^{(n-1)} - \frac{1}{6}d(\frac{1}{4})^{(n-2)} = (\frac{1}{4})^n$$

整理上式可以得到

$$(d + \frac{4}{6}d - \frac{16}{6}d) = 1, \qquad d(1 + \frac{2}{3} - \frac{8}{3}) = 1$$

解上式即得到 $d = -1$。因此特別解為

$$y_p[n] = -(\frac{1}{4})^n, \quad n \geq 0$$

❖ 差分方程式的完全解

將同質解與特別解作相加，它也是 LTI 系統差分方程式的解，

$$y[n] = y_h[n] + y_p[n] = \sum_{i=1}^{N} c_i r_i^n + y_p[n], \quad n \geq 0 \tag{2.89}$$

其中 $\{c_i\}$ 要由 $y[n]$ 的初始值來決定，這樣求得的 $y[n]$ 就是一個完全解(complete solution)。
原來的初始條件是定義在

$$y[-N], y[-N+1], \cdots, y[-2], y[-1]$$

因為它的解 $y[n]$ 是在 $n \geq 0$ 才成立，初始條件要轉移到

$$y[0] , y[1], \cdots, y[N-2], y[N-1]$$

才是 LTI 系統差分方程式的初始值，利用這些初始值，我們可以計算 $\{c_i\}$ 這組係數。

例題 2.20 二階差分方程式的完全解

在例題 2.18 中的 LTI 系統差分方程式，

$$y[n] + \frac{1}{6}y[n-1] - \frac{1}{6}y[n-2] = x[n], \qquad n \ge 0$$

有如下的初始條件，

$$y[-2] = -1, \quad y[-1] = 2$$

輸入為以下函數，

$$x[n] = (\frac{1}{4})^n u[n]$$

從例題 2.18 與例題 2.19，我們求得其完全解型式為

$$y[n] = c_1(\frac{1}{3})^n + c_2(\frac{-1}{2})^n - (\frac{1}{4})^n, \quad n \ge 0$$

讓系統差分方程式中 $n = 0$，我們得到

$$y[0] + \frac{1}{6}y[-1] - \frac{1}{6}y[-2] = (\frac{1}{4})^0, \qquad y[0] + \frac{1}{6} \times 2 - \frac{1}{6} \times (-1) = 1$$

於是得到初始值，

$$y[0] = \frac{1}{2}$$

讓系統差分方程式中 $n = 1$，我們得到

$$y[1] + \frac{1}{6}y[0] - \frac{1}{6}y[-1] = \frac{1}{4}, \qquad y[1] + \frac{1}{6} \times (\frac{1}{2}) - \frac{1}{6} \times (2) = \frac{1}{4}$$

於是得到另一個初始值，

$$y[1] = \frac{1}{2}$$

將這兩個初始值代入完全解型式，得到聯立方程式，

$$y[0] = c_1 + c_2 - 1 = \frac{1}{2}, \qquad c_1 + c_2 = \frac{3}{2}$$

$$y[1] = c_1(\frac{1}{3}) + c_2(\frac{-1}{2}) - \frac{1}{4} = \frac{1}{2}, \qquad 2c_1 - 3c_2 = \frac{9}{2}$$

可以解得

$$c_1 = \frac{9}{5}, \quad c_2 = \frac{-3}{10}$$

最後得到的完全解為

$$y[n] = \frac{9}{5}(\frac{1}{3})^n - \frac{3}{10}(\frac{-1}{2})^n - (\frac{1}{4})^n, \quad n \geq 0$$

 2.9

線性非時變系統方程式所描述的系統特性

❖ 自然響應

LTI 系統方程式的完全解分成同質解與特別解兩個部份，同質解是假設輸入為 0 所得到的結果。如果我們不考慮輸入，算出符合初始條件的同質解，這個結果所表示的，是在沒有輸入的情況下，其輸出完全由初始條件所決定，這個輸出就稱為系統的自然響應 (natural response)。

$$y_{nature}(t) = \sum_{i=1}^{N} c_1 e^{r_i t} \tag{2.90}$$

其中 $\{c_i\}$ 完全由初始值決定。

例題 2.21 二階微分方程式的自然響應

LTI 系統中的微分方程式爲

$$y(t) + 3\frac{d}{dt}y(t) + 2\frac{d^2}{dt^2}y(t) = x(t) + 0.2\frac{d}{dt}x(t), \quad t > 0$$

其初始條件爲

$$y(0^-) = 1, \qquad \frac{d}{dt}y(t)\bigg|_{t=0^-} = 2$$

在沒有輸入的情況下，初始值爲

$$y(0^+) = y(0^-) = 1, \qquad \frac{d}{dt}y(t)\bigg|_{t=0^+} = \frac{d}{dt}y(t)\bigg|_{t=0^-} = 2$$

求得其同質解，

$$y_h(t) = c_1 e^{-t} + c_2 e^{-\frac{1}{2}t}, \quad t > 0$$

及其微分項

$$\frac{d}{dt}y_h(t) = -c_1 e^{-t} - \frac{1}{2}c_2 e^{-\frac{1}{2}t}$$

代入初始值，就得到以下的聯立方程式，

$$c_1 + c_2 = 1 \qquad -c_1 - \frac{1}{2}c_2 = 2$$

解聯立方程式即得到

$$c_1 = -5 , \qquad c_2 = 6$$

因此這個 LTI 系統的自然響應是

$$y_{nature}(t) = -5e^{-t} + 6e^{-\frac{1}{2}t}, \quad t > 0$$

在離散時間 LTI 系統也一樣,假設輸入為 0,算出符合初始條件的同質解,它就是在沒有輸入的情況下,其輸出完全由初始條件所決定。因此離散時間 LTI 系統的自然響應為

$$y_{nature}[n] = \sum_{i=1}^{N} c_i r_i^n \tag{2.91}$$

其中 $\{c_i\}$ 完全由初始值決定。

例題 2.22 二階差分方程式的自然響應

LTI 系統的差分方程式為

$$y[n] + \frac{1}{6}y[n-1] - \frac{1}{6}y[n-2] = x[n], \qquad n \geq 0$$

有如下的初始條件,

$$y[-2] = -1, \quad y[-1] = 2$$

在沒有輸入的情況下,求得其同質解,

$$y_h[n] = c_1(\frac{1}{3})^n + c_2(\frac{-1}{2})^n, \qquad n \geq 0$$

讓系統差分方程式中 $n = 0$,我們得到

$$y[0] + \frac{1}{6}y[-1] - \frac{1}{6}y[-2] = 0 \qquad y[0] + \frac{1}{6} \times 2 - \frac{1}{6} \times (-1) = 0$$

於是得到初始值,

$$y[0] = -\frac{1}{2}$$

讓系統差分方程式中 $n = 1$，我們得到

$$y[1] + \frac{1}{6}y[0] - \frac{1}{6}y[-1] = 0$$

$$y[1] + \frac{1}{6} \times (\frac{-1}{2}) - \frac{1}{6} \times (2) = 0$$

得到另一個初始值，

$$y[1] = \frac{5}{12}$$

將這兩個初始值代入同質解，得到聯立方程式，

$$y_h[0] = c_1 + c_2 = \frac{-1}{2}, \qquad\qquad 2c_1 + 2c_2 = -1,$$

$$y_h[1] = c_1(\frac{1}{3}) + c_2(\frac{-1}{2}) = \frac{5}{12}, \qquad 2c_1 - 3c_2 = \frac{5}{2}$$

可以解得

$$c_1 = \frac{1}{5}, \quad c_2 = \frac{-7}{10}$$

因此這個 LTI 系統的自然響應是，

$$y_{nature}[n] = \frac{1}{5} \times (\frac{1}{3})^n - \frac{7}{10} \times (\frac{-1}{2})^n, \qquad n \geq 0$$

❖ 強制響應

一個系統如果是在休息狀態，我們假設它的初始條件都是 0，也就是說系統上沒有儲存任何能量，或是保留任何記憶，這時候給予輸入訊號，它的輸出完全由輸入決定，其輸出就叫做強制響應(forced response)。

在連續時間 LTI 系統中，若輸入 $x(t)$ 不會使 $y(t)$ 及其微分項在 $t=0$ 時作瞬間改變，則在 $t=0^+$ 的初始值就會與在 $t=0^-$ 時的初始條件一樣。如果在 $t=0^-$ 時的 $y(t)$ 及其微分項皆為 0，則初始值也都等於 0。

$$\left.\frac{d^k}{dt^k}y(t)\right|_{t=0^+} = \left.\frac{d^k}{dt^k}y(t)\right|_{t=0^-} = 0, \quad k=0,1,2,...,N-1 \tag{2.92}$$

以這樣的初始值代入，所得到 $y(t)$ 的完全解，就是系統的強制響應。

同樣的，在離散時間 LTI 系統中，$n<0$ 時的 $y[n]$ 皆為 0，即初始條件都是 0，

$$y[k]=0, \quad k=-1,-2,...,-N \tag{2.93}$$

在此情形下的完全解就是此系統的強制響應。

例題 2.23 二階微分方程式的強制響應

LTI 系統中的微分方程式為

$$y(t) + 3\frac{d}{dt}y(t) + 2\frac{d^2}{dt^2}y(t) = x(t) + 0.2\frac{d}{dt}x(t)$$

輸入為

$$x(t) = e^{-2t}, \quad t>0$$

我們已解得二階系統的完全解形式，

$$y(t) = c_1 e^{-t} + c_2 e^{-\frac{1}{2}t} + 0.2 e^{-2t}, \quad t>0$$

其微分項為

$$\frac{d}{dt}y(t) = -c_1 e^{-t} - \frac{1}{2}c_2 e^{-\frac{1}{2}t} - 0.4e^{-2t}$$

因為初始條件為 0，即

$$y(0^-) = y(0^+) = 0$$

$$\left.\frac{d}{dt}y(t)\right|_{t=0^-} = \left.\frac{d}{dt}y(t)\right|_{t=0^+} = 0$$

我們得到一組聯立方程式，

$$c_1 + c_2 = -0.2$$

$$-c_1 - \frac{1}{2}c_2 = 0.4$$

解此聯立方程式得到 $c_1 = -0.6$, $c_2 = 0.4$，因此系統的強制響應為

$$y_{forced}(t) = -0.6e^{-t} + 0.4e^{-\frac{1}{2}t} + 0.2e^{-2t}, \quad t > 0$$

例題 2.24 二階差分方程式的強制響應

LTI 系統的差分方程式為

$$y[n] + \frac{1}{6}y[n-1] - \frac{1}{6}y[n-2] = x[n], \qquad n \geq 0$$

輸入為

$$x[n] = (\frac{1}{4})^n u[n]$$

我們解得離散時間系統的完全解形式，

$$y[n] = c_1(\frac{1}{3})^n + c_2(\frac{-1}{2})^n - (\frac{1}{4})^n, \quad n \geq 0$$

因為初始條件為 0，即 $y[-1] = 0$ 與 $y[-2] = 0$，讓系統差分方程式中 $n = 0$，我們得到

$$y[0] + \frac{1}{6}y[-1] - \frac{1}{6}y[-2] = 1, \qquad y[0] = 1$$

讓系統差分方程式中 $n = 1$，我們得到

$$y[1] + \frac{1}{6}y[0] - \frac{1}{6}y[-1] = \frac{1}{4}, \qquad y[1] = \frac{1}{12}$$

將這兩個初始值代入完全解，得到聯立方程式，

$$y[0] = c_1 + c_2 - 1 = 1, \qquad\qquad c_1 + c_2 = 2,$$

$$y[1] = c_1(\frac{1}{3}) + c_2(\frac{-1}{2}) - \frac{1}{4} = \frac{1}{12}, \qquad 2c_1 - 3c_2 = 2$$

可以解得

$$c_1 = \frac{8}{5}, \quad c_2 = \frac{2}{5}$$

最後得到的系統強制響應是

$$y_{forced}[n] = \frac{8}{5} \times (\frac{1}{3})^n + \frac{2}{5} \times (\frac{-1}{2})^n - (\frac{1}{4})^n, \quad n \geq 0$$

❖ 脈衝響應

從 LTI 系統的微分方程式與差分方程式，不能直接看出系統的脈衝響應(impulse response)。但是在初始條件為 0 的情況下，給 LTI 系統一個單位步進函數(unit step function) 作為輸入，求其強制響應，就得到系統的單位步進響應(unit step response)，$s(t)$ 或 $s[n]$。脈衝響應就從步進響應來計算，連續時間 LTI 系統的脈衝響應為

$$h(t) = \frac{d}{dt} s(t) \tag{2.94}$$

離散時間 LTI 系統的脈衝響應則是

$$h[n] = s[n] - s[n-1] \tag{2.95}$$

例題 2.25 單位步進響應與脈衝響應

在例題 2.23 中，LTI 系統的微分方程式為

$$y(t) + 3\frac{d}{dt} y(t) + 2\frac{d^2}{dt^2} y(t) = x(t) + 0.2\frac{d}{dt} x(t)$$

我們已經解得其同質解，

$$y_h(t) = c_1 e^{-t} + c_2 e^{-\frac{1}{2}t}, \quad t > 0$$

令 $x(t) = u(t)$，其特別解的形式為

$$y_p(t) = d$$

將 $y_p(t) = d$ 代入微分方程式中，解得 $d = 1$。因此得到一個完全解的型式，

$$y(t) = c_1 e^{-t} + c_2 e^{-\frac{1}{2}t} + 1, \quad t > 0$$

其微分項為

$$\frac{d}{dt}y(t) = -c_1 e^{-t} - \frac{1}{2}c_2 e^{-\frac{1}{2}t}$$

初始條件為

$$y(0^-) = 0$$

$$\left.\frac{d}{dt}y(t)\right|_{t=0^-} = 0$$

但是微分方程式右邊的輸入是 $x(t) + 0.2\frac{d}{dt}x(t)$，當 $x(t) = u(t)$ 時，右邊的輸入實際上是 $u(t) + 0.2\delta(t)$，這表示在 $t = 0^-$ 到 $t = 0^+$ 的短時間內，LTI 系統受到 $0.2\delta(t)$ 的影響，會有瞬間改變，微分方程式的初始值就不見得等於初始條件。

考慮時間 $t = 0^-$ 到 $t = 0^+$，輸入 $u(t)$ 不會讓 $y(t)$ 有瞬間改變，所以

$$y(0^+) = y(0^-) = 0$$

而輸入 $0.2\delta(t)$ 則會造成某些項發生瞬間改變。

因為脈衝函數 $\delta(t)$ 是定義在其積分結果等於 1，所以必須積分之後才能計算瞬間改變的量，而得出初始值。對 LTI 系統的微分方程式等號左右兩邊作時間 $t = 0^-$ 到 $t = 0^+$ 的積分，得到

$$\int_{0^-}^{0^+} y(t)dt + [3y(0^+) - 3y(0^-)] + [2\frac{d}{dt}y(t)\Big|_{t=0^+} - 2\frac{d}{dt}y(t)\Big|_{t=0^-}] = \int_{0^-}^{0^+} u(t)dt + 0.2\int_{0^-}^{0^+} \delta(t)dt$$

上式各項的計算結果為

$$0 + 0 + [2\frac{d}{dt}y(t)\Big|_{t=0^+} - 0] = 0 + 0.2$$

因此得到

$$\left.\frac{d}{dt}y(t)\right|_{t=0^+} = 0.1$$

代入在 $t = 0^+$ 時的初始值，我們得到一組聯立方程式，

$$c_1 + c_2 + 1 = 0 \qquad -c_1 - \frac{1}{2}c_2 = 0.1$$

解聯立方程式得 $c_1 = 0.8$, $c_2 = -1.8$，因此我們得到系統的單位步進響應，

$$s(t) = 0.8e^{-t} - 1.8e^{-\frac{1}{2}t} + 1, \quad t > 0$$

利用(2.94)式，即可求得 LTI 系統的脈衝響應，

$$h(t) = \frac{d}{dt}s(t) = -0.8e^{-t} + 0.9e^{-\frac{1}{2}t}, \quad t > 0$$

例題 2.26 單位步進響應與脈衝響應

在例題 2.24 中，LTI 系統的差分方程式為

$$y[n] + \frac{1}{6}y[n-1] - \frac{1}{6}y[n-2] = x[n], \qquad n \geq 0$$

其同質解為

$$y_h[n] = c_1(\frac{1}{3})^n + c_2(\frac{-1}{2})^n, \qquad n \geq 0$$

令輸入為單位步進函數，$x[n] = u[n]$，其特別解的形式為

$$y_p[n] = d$$

將 $y_p[n] = d$ 代入差分方程式中，解得 $d = 1$。因此得到一個完全解的型式，

$$y[n] = c_1(\frac{1}{3})^n + c_2(\frac{-1}{2})^n + 1, \quad n \geq 0$$

因為初始條件為 0，即 $y[-1] = 0$ 與 $y[-2] = 0$，讓系統差分方程式中 $n = 0$，我們得到

$$y[0] + \frac{1}{6}y[-1] - \frac{1}{6}y[-2] = x[0], \qquad y[0] = 1$$

讓系統差分方程式中 $n = 1$，我們得到

$$y[1] + \frac{1}{6}y[0] - \frac{1}{6}y[-1] = x[1], \qquad y[1] = \frac{5}{6}$$

將這兩個初始值代入完全解，得到聯立方程式，

$$y[0] = c_1 + c_2 + 1 = 1, \qquad\qquad c_1 + c_2 = 0$$

$$y[1] = c_1(\frac{1}{3}) + c_2(\frac{-1}{2}) + 1 = \frac{5}{6}, \qquad 2c_1 - 3c_2 = -1$$

可以解得

$$c_1 = \frac{-1}{5}, \quad c_2 = \frac{1}{5}$$

因此我們得到系統的單位步進響應，

$$s[n] = -\frac{1}{5} \times (\frac{1}{3})^n + \frac{1}{5} \times (\frac{-1}{2})^n + 1, \quad n \geq 0$$

利用(2.95)式，即可求得 LTI 系統的脈衝響應，

$$h[0] = s[0] - s[-1] = s[0] - 0 = 1$$

$$h[n] = s[n] - s[n-1] = \frac{2}{5} \times (\frac{1}{3})^n + \frac{3}{5} \times (\frac{-1}{2})^n, \quad n \geq 1$$

❖ 系統穩定性

從 LTI 系統特性方程式的根，我們可以研判系統的穩定性(stability)。連續時間 LTI 系統的特性方程式是

$$\sum_{k=0}^{N} a_k r^k = 0 \tag{2.96}$$

它的 N 個根中有一些可能是複數，這個系統的自然響應就是由這些根所構成，

$$y_{nature}(t) = \sum_{i=1}^{N} c_i e^{r_i t} \tag{2.97}$$

若已知系統初始值，就可以計算其係數 $\{c_i\}$。

如果這是一個符合因果律的系統，在 $t=0$ 之後有輸入訊號，因此我們考慮 $t>0$ 的自然響應。如果 r_i 是一個複數根，$r_i = \alpha_i + j\beta_i$，則自然響應中有一項 $c_i e^{r_i t} = c_i e^{\alpha_i t} e^{j\beta_i t}$，$c_i$ 為定值的常數，$e^{j\beta_i t}$ 的絕對值為 1，當 $\alpha_i < 0$ 時，$e^{\alpha_i t}$ 會隨著 t 增加而遞減。如果所有的根之實數部分，$\alpha_1, \alpha_2, ..., \alpha_N$ 都小於 0，$y_{nature}(t)$ 是一個收斂的函數，因此這個系統的自然響應是收斂的，這是一個穩定的系統。如果其中一個根之實數部分大於 0，$y_{nature}(t)$ 就會隨著 t 增加而遞增，$e^{\alpha_i t}$ 是一個發散的函數，因此這是一個不穩定的系統。當有一個 $\alpha_i = 0$，我們說這個系統是在穩定的邊緣。

例題 2.27 連續時間 LTI 系統的穩定性

一個連續時間 LTI 系統中的微分方程式為

$$\frac{d^3}{dt^3}y(t) + 4\frac{d^2}{dt^2}y(t) + 5\frac{d}{dt}y(t) + 6y(t) = \frac{d^2}{dt^2}x(t) + 4\frac{d}{dt}x(t) + 4x(t), \quad t > 0$$

其特性方程式為

$$r^3 + 4r^2 + 5r + 6 = 0$$

解得其根，

$$r^3 + 4r^2 + 5r + 6 = (r+3)(r^2 + r + 2) = 0$$

$$r_1 = -3, \quad r_2 = \frac{-1 + j\sqrt{7}}{2}, \quad r_3 = \frac{-1 - j\sqrt{7}}{2}$$

這個系統的自然響應是

$$y_{nature}(t) = c_1 e^{-3t} + c_2 e^{-\frac{1}{2}t + j\frac{\sqrt{7}}{2}t} + c_3 e^{-\frac{1}{2}t - j\frac{\sqrt{7}}{2}t}$$

因為所解出的根都有負值的實數部分，指數函數隨時間增加而遞減，其係數 c_1, c_2, c_3 由系統初始值決定。經過一段時間之後系統初始值的影響就會消失，以後的系統輸出是由輸入決定，所以這是一個穩定系統。

離散時間 LTI 系統的特性方程式是

$$\sum_{k=0}^{N} a_k r^{N-k} = 0 \tag{2.98}$$

它也可能有複數的根，這個系統的自然響應就是由這些根所構成，

$$y_{nature}[n] = \sum_{i=1}^{N} c_i r_i^n \tag{2.99}$$

如果此系統符合因果律，在 $n \geq 0$ 有輸入，則在 $|r_i| < 1, \ i = 1, 2, \cdots, N$ 的情形下，系統的自然響應會隨著 n 增加而遞減，$y_{nature}[n]$ 是一個收斂的函數，所以這個系統是穩定的。如果其中一個根之絕對值大於 1，$y_{nature}[n]$ 就會隨著 n 增加而遞增，這是一個發散的函數，所以這個系統就不穩定。當有一個 $r_i = 1$，我們說這個系統是在穩定的邊緣。

當一個系統的自然響應遞減到 0 之後，系統的行為就完全由輸入所決定，也就是只有強制響應，其輸出行為與輸入的類型一樣。所以我們可以這樣說，一個穩定的系統，其自然響應是由系統的初始值開始，逐漸遞減到 0，也就是系統中原先儲存的能量或記憶，會逐漸消失掉，最後系統的輸出就不再有初始值的影響，而會與輸入類型一樣，或說是到達一個平衡狀態。

自然響應等於描述了系統的暫時行為(transient behavior)，在連續時間系統的特性方程式中，其具有最接近 0 的負實數值的根，決定了暫時行為的存在時間，也就是 $R_e\{r_i\} < 0$ 中最接近 0 者，衰減到 0 的時間最長，而遠小於 0 的根會很快讓 $e^{r_i t}$ 遞減成 0。

同樣的，在離散時間系統中，其具有絕對值小於 1 的最大根者，對應的那一項自然響應決定了系統的暫時行為，也就是 $|r_i| < 1$ 中最接近 1 者，其衰減最慢，而遠小於 1 的根，會很快讓 r_i^n 遞減成 0。

例題 2.28 離散時間 LTI 系統的穩定性

一個離散時間 LTI 系統中的差分方程式為

$$y[n] + \frac{5}{2}y[n-1] + y[n-2] = \frac{1}{2}x[n], \qquad n \geq 0$$

其特性方程式為

$$r^2 + \frac{5}{2}r + 1 = 0$$

解得其根，

$$r^2 + \frac{5}{2}r + 1 = (r + \frac{1}{2})(r + 2) = 0$$

$$r_1 = -\frac{1}{2}, \quad r_2 = -2$$

這個系統的自然響應是

$$y_{nature}[n] = c_1(-\frac{1}{2})^n + c_2(-2)^n$$

因為所解出的根有一個是絕對值大於 1 的實數，針對這一個根的函數會隨時間增加而遞增，所以這是一個不穩定系統。

習題

1.　一個 LTI 系統的脈衝響應如下，

$h[n] = \delta[n+1] + 3\delta[n] - 2\delta[n-1] + \delta[n+1]$

如果有以下的輸入訊號，

(a)　$x[n] = \delta[n+1] - \delta[n-1]$

(b)　$x[n] = u[n+1] - u[n-3]$

(c)　$x[n] = \sin(\frac{\pi}{2}n)$

請分別計算其輸出信號 $y[n]$。

2.　請計算以下的捲加演算結果，

$y[n] = x[n] * h[n]$

$x[n] = \cos(\frac{\pi}{2}n)$

$h[n] = u[n+5] - 2u[n] + u[n-3]$

3.　一個 LTI 系統的脈衝響應如下，

$h(t) = \begin{cases} 1+t, & -1 \leq t < 0 \\ 1-t, & 0 \leq t \leq 1 \\ 0, & otherwise \end{cases}$

如果有以下的輸入訊號，

(a)　$x(t) = \delta(t) + 2\delta(t-1) + \delta(t-2)$

(b)　$x(t) = u(t+1) - u(t-2)$

請分別計算其輸出信號 $y(t)$。

4. 請計算以下的捲積演算結果，

    (a) $y(t) = h(t) * x(t)$ $h(t) = u(t+3)$ $x(t) = e^{-2t}u(t)$

    (b) $w(t) = x(t) * y(t)$ $x(t) = \begin{cases} t, & |t| \leq 1 \\ 0, & otherwise \end{cases}$ $y(t) = \begin{cases} 1, & |t| \leq 1 \\ 0, & otherwise \end{cases}$

    (c) $w(t) = x(t) * y(t)$ $x(t) = e^{-t}u(t)$ $y(t) = e^{-2t}u(t)$

5. 一個 LTI 系統的脈衝響應 $h(t)$ 如下圖所示，

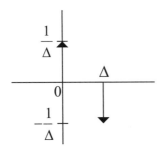

    如果輸入為 $x(t)$，請寫出其輸出 $y(t)$。在 $\Delta \to 0$ 的情形下，$h(t)$ 具有什麼功能？

6. LTI 系統的脈衝響應如下，請導出其步進響應。

    (a) $h(t) = e^{-|at|}$

    (b) $h[n] = (-\frac{1}{2})^n u[n]$

    (c) $h(t) = \frac{1}{3}(u(t) - u(t-3))$

7. LTI 系統的脈衝響應如下，請檢視其是否符合因果律？是否具有記憶性？是否是穩定系統？

    (a) $h[n] = (1/2)^{|n|}$

    (b) $h(t) = e^{-3t}u(t-2)$

8. 一個系統的輸入為

$$x(t) = u(t) - u(t-1)$$

則輸出為

$$y(t) = \begin{cases} t, & 0 \le t < 1 \\ 0, & otherwise \end{cases}$$

請探討此系統是否符合因果律？是否非時變？是否具有記憶性？

9. 一個符合因果律的離散時間系統以下式表示，

$$y[n] = 0.6y[n-1] + x[n]$$

$x[n]$ 為輸入訊號，$y[n]$ 為輸出訊號。

(a) 請計算其單位脈衝響應 $h[n]$。

(b) 若輸入訊號為

$$x[n] = \begin{cases} 1, & 0 \le n \le 4 \\ 0, & otherwise \end{cases}$$

請計算其輸出訊號。

10. 一個 LTI 系統之差分方程式表示如下，

$$y[n] + \frac{1}{4}y[n-1] - \frac{1}{8}y[n-2] = x[n] - \frac{1}{2}x[n-1]$$

此系統的初始條件為 $y[-1] = 1$，$y[-2] = 2$，若輸入為 $x[n] = 2u[n]$ 時，請計算其輸出 $y[n]$。

11. 一個 LTI 系統的微分方程式為

$$\frac{d^2}{dt^2}y(t) + 3\frac{d}{dt}y(t) + 2y(t) = x(t)$$

其初始條件為 $y(0^-) = -\frac{3}{5}$，與 $\left.\frac{d}{dt}y(t)\right|_{t=0^-} = \frac{2}{5}$

若輸入為 $x(t) = \cos(t)u(t)$，請計算其輸出結果。

12. 一個 LTI 系統的微分方程式如下，

$$\frac{d^2}{dt^2}y(t) + 2\frac{d}{dt}y(t) + 3y(t) = 2x(t) + 3\frac{d}{dt}x(t)$$

請繪其直接型第一式與第二式的方塊圖。

13. 一個 LTI 系統的差分方程式如下，

$$y[n] - \frac{1}{2}y[n-1] + \frac{1}{4}y[n-3] = 2x[n] + x[n-1]$$

請繪其直接型第一式與第二式的方塊圖。

14. 兩個系統的脈衝響應分別是

系統 S_1 ： $h_1(t) = \delta(t) - 2e^{-t}u(t)$

系統 S_2 ： $h_2(t) = e^t u(t)$

系統 S_2 顯然是一個不穩定的系統，這兩個系統串接成為一個系統，請計算串接後的脈衝響應，並討論其穩定性，以及 S_1 在前面與 S_2 在前面有甚麼不同。

3

週期性訊號的
傅立葉級數表示法

▶▶▶▶

本章從線性非時變系統的頻率響應談起，推導出週期性訊號的傅立葉級數表示法。一個週期性訊號是由一組弦波訊號作線性組合而成，傅立葉級數係數就是組合係數，因此我們可以看到訊號在頻域中的頻率成分。離散時間傅立葉級數係數與連續時間傅立葉級數係數的計算方法及其特性，在本章都分別作了說明。在數學演算中我們使用複數訊號，因為在複數平面上可以觀察訊號的振幅與相位，演算結果在頻域上的函數會呈現反影或倒反影，也就是說當我們以角頻率為橫軸繪圖時，在角頻率為負值的左半邊會看到頻域的函數。其實我們只需觀察角頻率為正值的右半邊函數，就可以理解訊號的物理現象。

▷ 3.1

線性非時變系統的頻率響應

對於一個離散時間的 LTI 系統，其脈衝響應為 $h[n]$，則輸入輸出關係可以寫成捲加演算(convolution sum)，

$$y[n] = \sum_{k=-\infty}^{\infty} h[k]x[n-k] \tag{3.1}$$

如果給這個 LTI 系統的輸入訊號 $x[n]$ 是一個複數弦波訊號，其角頻率為Ω，

$$x[n] = e^{j\Omega n} \tag{3.2}$$

依據(3.1)式，我們可以計算其輸出訊號如下，

$$y[n] = \sum_{k=-\infty}^{\infty} h[k]e^{j\Omega(n-k)} = e^{j\Omega n}\{ \sum_{k=-\infty}^{\infty} h[k]e^{-j\Omega k} \} = e^{j\Omega n}H(e^{j\Omega}) \tag{3.3}$$

在(3.3)式中，當 $e^{j\Omega n}$ 被提出之後，剩下的加總運算會得到一個以Ω為變數的函數，我們也可以說是以 $e^{j\Omega}$ 為變數的函數，其定義如下，

$$H(e^{j\Omega}) = \sum_{k=-\infty}^{\infty} h[k]e^{-j\Omega k} \tag{3.4}$$

(3.4)式定義了這個函數 $H(e^{j\Omega})$，它與變數 n 不相關，也就是與輸入訊號 $e^{j\Omega n}$ 不相關。函數 $H(e^{j\Omega})$ 所表示的是隨著角頻率Ω改變的一個值，我們稱之為 LTI 系統的頻率響應(frequency response)。因為(3.4)式等號的右邊是無限項的加總，這個運算必須收斂才能得到有意義的結果。

依據(3.3) 式，當輸入是角頻率為 Ω_m 的複數弦波訊號 $e^{j\Omega_m n}$ 時，輸出就是 $H(e^{j\Omega_m})e^{j\Omega_m n}$。如果輸入是一組複數弦波訊號的線性組合，

$$x[n] = \sum_{m=1}^{M} a_m e^{j\Omega_m n} \tag{3.5}$$

輸出就是對應的頻率響應乘上複數弦波訊號的線性組合，

$$y[n] = \sum_{m=1}^{M} a_m H(e^{j\Omega_m}) e^{j\Omega_m n} \tag{3.6}$$

例題 3.1 時間延遲單元

一個離散時間系統描述如下，它對輸入訊號作了時間延遲。

$$y[n] = x[n-3]$$

其脈衝響應為

$$h[n] = \delta[n-3]$$

以(3.4)式計算其頻率響應，得到

$$H(e^{j\Omega}) = \sum_{k=-\infty}^{\infty} h[k] e^{-j\Omega k} = \sum_{k=-\infty}^{\infty} \delta[k-3] e^{-j\Omega k} = e^{-j3\Omega}$$

這是一個複數函數，它的絕對值與相位分別是

$$\left| H(e^{j\Omega}) \right| = 1 \qquad 與 \qquad \phi\{H(e^{j\Omega}) = -3\Omega$$

可以看出這個複數函數的絕對值是個常數，而其相位隨著角頻率 Ω 改變。

同樣的，對於一個連續時間 LTI 系統，其脈衝響應為 $h(t)$，則輸出就是輸入訊號與脈衝響應的捲積演算(convolution integral)，

$$y(t) = \int_{-\infty}^{\infty} h(\tau) x(t-\tau) d\tau \tag{3.7}$$

假設輸入為複數弦波訊號，

$$x(t) = e^{j\omega t} \tag{3.8}$$

輸出就是

$$y(t) = \int_{-\infty}^{\infty} h(\tau)e^{j\omega(t-\tau)}d\tau = e^{j\omega t}\{\int_{-\infty}^{\infty} h(\tau)e^{-j\omega\tau}d\tau\} = e^{j\omega t}H(j\omega) \tag{3.9}$$

其中

$$H(j\omega) = \int_{-\infty}^{\infty} h(\tau)e^{-j\omega\tau}d\tau \tag{3.10}$$

$H(j\omega)$ 就是連續時間 LTI 系統的頻率響應,它是一個以 $j\omega$ 為變數的函數,與輸入訊號的變數 t 不相關。(3.10)式等號右邊的積分範圍是無限大,這個積分運算必須收斂才能得到有意義的結果。如果輸入為一組複數弦波訊號 $e^{j\omega_m t}$ 的線性組合,

$$x(t) = \sum_{m=1}^{M} a_m e^{j\omega_m t} \tag{3.11}$$

則輸出也是各個對應頻率響應乘上複數弦波訊號的線性組合,

$$y(t) = \sum_{m=1}^{M} a_m H(j\omega_m)e^{j\omega_m t} \tag{3.12}$$

例題 3.2 RC 電路的頻率響應

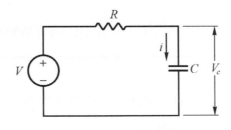

圖 3.1　RC 電路

圖 3.1 的 RC 電路是一個 LTI 系統,它的輸入為 $v(t)$,輸出為跨電容 C 的電壓 $v_c(t)$,

我們寫出它的電路公式,

$$v(t) = Ri(t) + v_c(t)$$

$$i(t) = C\frac{d}{dt}v_c(t)$$

將第二式代入第一式，推導出其輸入與輸出的關係如下，

$$RC\frac{d}{dt}v_c(t) + v_c(t) = v(t)$$

解上述方程式，得到這個 LTI 系統的脈衝響應，

$$h(t) = \frac{1}{RC}e^{-\frac{1}{RC}t}u(t)$$

假設 $RC = 1$，脈衝響應寫成

$$h(t) = e^{-t}u(t)$$

以(3.10)式計算它的頻率響應，

$$H(j\omega) = \int_{-\infty}^{\infty}h(\tau)e^{-j\omega\tau}d\tau = \int_{0}^{\infty}e^{-\tau}e^{-j\omega\tau}d\tau = \int_{0}^{\infty}e^{-(j\omega+1)\tau}d\tau = \frac{1}{j\omega+1}$$

$H(j\omega)$ 是一個複數的函數，它的絕對值與相位分別是

$$|H(j\omega)| = \sqrt{\frac{1}{\omega^2+1}}, \quad 與 \quad \phi\{H(j\omega)\} = -\tan^{-1}(\omega)$$

這個複數函數表示 RC 電路的頻率響應是以角頻率為變數的函數，圖 3.2 顯示其特性。

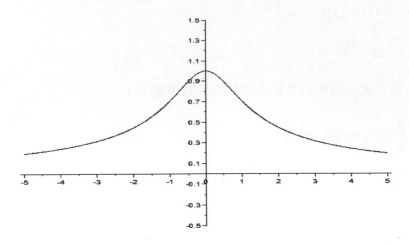

(a) 頻率響應的絕對值

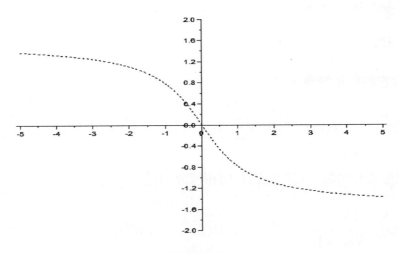

(b) 頻率響應的相位

圖 3.2 *RC* 電路的頻率響應

　　圖 3.2(a)顯示頻率響應的絕對值，在角頻率為負值的左半邊是個反影，右半邊的圖形表示它有低通性質，高頻成份被抑制。圖 3.2(b)顯示頻率響應的相位，在角頻率為負值的左半邊是個倒反影，右半邊的圖形表示它有相位後移性質，高頻時相位後移接近 $\pi/2$，也就是相對於輸入訊號，輸出訊號有延遲現象。

 # 3.2
週期性離散時間訊號的表示法

　　如果有一個週期性離散時間訊號，它的週期長度為 N，這個訊號就應該有以下的特性

$$x[n] = x[n+N] \tag{3.13}$$

它的基本角頻率是 $\Omega_0 = 2\pi/N$。我們定義一個角頻率為 $k\Omega_0$ 的複數弦波訊號，

$$\phi_k[n] = e^{jk\Omega_0 n} = e^{jk\frac{2\pi}{N}n} \tag{3.14}$$

k 是一個整數。$\phi_k[n]$ 這個函數有以下的特性：

(1) $\phi_k[n]$ 是週期長度為 N 的週期性函數

以 $n+N$ 替代 n，可以得到

$$\phi_k[n+N] = e^{jk\frac{2\pi}{N}(n+N)} = e^{jk\frac{2\pi}{N}n} \cdot e^{jk2\pi} = e^{jk\frac{2\pi}{N}n} = \phi_k[n] \tag{3.15}$$

(2) $\phi_k[n]$ 在一個週期內的加總具有正交性(orthogonality)

如果我們做以下的演算，

$$\sum_{n=0}^{N-1} \phi_k[n]\phi_{-m}[n] = \sum_{n=0}^{N-1} e^{jk\frac{2\pi}{N}n} e^{-jm\frac{2\pi}{N}n} = \sum_{n=0}^{N-1} e^{j(k-m)\frac{2\pi}{N}n} = \frac{1-e^{j(k-m)\frac{2\pi}{N}N}}{1-e^{j(k-m)\frac{2\pi}{N}}} \quad (3.16)$$

$$= \begin{cases} N, & k=m, m\pm N, m\pm 2N, \cdots \\ 0, & otherwise \end{cases}$$

其結果只在 $k=m$ 與 $k=m\pm rN$ 時才得到非 0 值。

(3) 只會有 N 個不同的 $\phi_k[n]$

當 k 值改為 $k+N$ 時,它有以下的結果,

$$\phi_{k+N}[n] = e^{j(k+N)\frac{2\pi}{N}n} = e^{jk\frac{2\pi}{N}n} \cdot e^{j2\pi n} = e^{jk\frac{2\pi}{N}n} = \phi_k[n] \quad (3.17)$$

也就是說,k 的值遞增到 $k+N$ 時,$\phi_{k+N}[n]$ 又回到 $\phi_k[n]$,這表示 $\phi_k[n]$ 只會有 N 個不同的函數,即

$$\phi_k[n], \quad k=0,1,2,\cdots,N-1$$

假設離散時間訊號 $x[n]$ 是週期長度為 N 的週期性訊號,我們可以用同樣是週期長度為 N 的 $\phi_k[n]$ 作為基礎函數(basis function),以其線性組合來表示 $x[n]$,

$$x[n] = \sum_{k=0}^{N-1} a_k \phi_k[n] \quad (3.18)$$

a_k 是組合係數。利用 $\phi_k[n]$ 的正交性,我們作以下的演算時會得到

$$\sum_{n=0}^{N-1} x[n]\phi_{-m}[n] = \sum_{n=0}^{N-1} \left(\sum_{k=0}^{N-1} a_k \phi_k[n]\right)\phi_{-m}[n] \quad (3.19)$$

$$= \sum_{k=0}^{N-1} a_k \left\{\sum_{n=0}^{N-1} \phi_k[n]\phi_{-m}[n]\right\} = \sum_{k=0}^{N-1} a_k N\delta[k-m] = Na_m$$

整理(3.19)式,我們得到計算係數 a_m 的公式,

$$a_m = \frac{1}{N}\sum_{n=0}^{N-1} x[n]\phi_{-m}[n] = \frac{1}{N}\sum_{n=0}^{N-1} x[n]e^{-jm\frac{2\pi}{N}n}, \quad m=0,1,2,...,N-1 \quad (3.20)$$

a_m 這個係數其實是一個以 m 爲變數的函數，我們用 $X[m]$ 替代 a_m，再以 k 替代 m，(3.20)式就改寫成

$$X[k] = \frac{1}{N}\sum_{n=0}^{N-1} x[n]e^{-jk\frac{2\pi}{N}n}, \quad k = 0,1,2,...,N-1 \tag{3.21}$$

而(3.18)式就改爲

$$x[n] = \sum_{k=0}^{N-1} X[k]e^{jk\frac{2\pi}{N}n} \tag{3.22}$$

(3.22)式所表示的，是用一組 $X[k]$ 作爲組合係數，將基礎函數 $e^{jk\frac{2\pi}{N}n}$ 作線性組合來表示週期性離散時間訊號 $x[n]$，這就是離散時間傅立葉級數(discrete-time Fourier series, DTFS)，$X[k]$ 就稱爲傅立葉級數係數(Fourier series coefficient)，可以用(3.21)式計算得到。換句話說，$x[n]$ 這個週期性訊號包含有 N 個成分，每個成分是係數 $X[k]$ 乘上基礎函數 $e^{jk\frac{2\pi}{N}n}$，而 $e^{jk\frac{2\pi}{N}n}$ 正代表一個頻率爲 $k\frac{2\pi}{N}$ 的弦波訊號，$k = 0,1,2,...,N-1$，因此 $x[n]$ 這個週期性訊號是由 N 個弦波訊號所構成，也就是在頻域中有 N 個頻率成分。這些頻率是基本頻率(fundamental frequency，$\Omega_0 = 2\pi/N$)的整數倍，通常稱爲諧振頻率成分(harmonic components)。

因爲 $x[n]$ 與 $e^{jk\frac{2\pi}{N}n}$ 都是週期爲 N 的週期性函數，$X[k]$ 也會是一個週期爲 N 的週期性函數。在(3.21)式的加總演算中，n 不必一定是從 0 到 $N-1$，只要涵蓋一個週期就可以了，例如 N 爲偶數時，n 可以是從 $(-\frac{N}{2}+1)$ 累加到 $\frac{N}{2}$。同理，(3.22)式的加總演算中，k 也可以任選一個週期範圍。

(3.21)式與(3.22)式這兩個數學式表達了離散時間訊號與其傅立葉級數的關係，我們以下面的形式來表示 $x[n]$ 與 $X[k]$ 的關係，

$$x[n] = \sum_{k=0}^{N-1} X[k]e^{jk\frac{2\pi}{N}n} \quad \overset{DTFS,\Omega_0}{\leftrightarrow} \quad X[k] = \frac{1}{N}\sum_{n=0}^{N-1} x[n]e^{-jk\frac{2\pi}{N}n}, \quad \Omega_0 = 2\pi/N$$

當 $x[n]$ 為實數的函數時，可以用三角函數替代 $e^{jk\frac{2\pi}{N}n}$，這樣就推導出三角函數的傅立葉級數(trigonometric Fourier series)。首先是將基礎函數寫成複數形式，

$$e^{jk\frac{2\pi}{N}n} = \cos(k\frac{2\pi}{N}n) + j\sin(k\frac{2\pi}{N}n) \tag{3.23}$$

假設 N 為偶數，$x[n]$ 的傅立葉級數改成

$$x[n] = \sum_{k=-N/2+1}^{N/2} X[k]e^{jk\frac{2\pi}{N}n} = \sum_{k=-N/2+1}^{N/2} X[k](\cos(k\frac{2\pi}{N}n) + j\sin(k\frac{2\pi}{N}n)) \tag{3.24}$$

繼續分解下去，就得到

$$\begin{aligned}
x[n] &= X[0] + X[N/2]\cos(\pi n) + \sum_{k=1}^{N/2-1} X[k](\cos(k\frac{2\pi}{N}n) + j\sin(k\frac{2\pi}{N}n)) \\
&\quad + \sum_{k=-N/2+1}^{-1} X[k](\cos(k\frac{2\pi}{N}n) + j\sin(k\frac{2\pi}{N}n)) \\
&= X[0] + X[N/2]\cos(\pi n) + \sum_{k=1}^{N/2-1} X[k](\cos(k\frac{2\pi}{N}n) + j\sin(k\frac{2\pi}{N}n)) \\
&\quad + \sum_{k=1}^{N/2-1} X[-k](\cos(-k\frac{2\pi}{N}n) + j\sin(-k\frac{2\pi}{N}n)) \\
&= X[0] + X[N/2]\cos(\pi n) + \sum_{k=1}^{N/2-1} (X[k] + X[-k])\cos(k\frac{2\pi}{N}n) \\
&\quad + \sum_{k=1}^{N/2-1} j(X[k] - X[-k])\sin(k\frac{2\pi}{N}n))
\end{aligned} \tag{3.25}$$

換另外一組符號，

$$\begin{aligned}
B[0] &= X[0], \qquad B[k] = X[k] + X[-k] \\
A[k] &= j(X[k] - X[-k]), \qquad B[N/2] = X[N/2]
\end{aligned} \tag{3.26}$$

就得到三角函數傅立葉級數。

$$x[n] = B[0] + B[N/2]\cos(\pi n) \tag{3.27}$$
$$+ \sum_{k=1}^{N/2-1} B[k]\cos(k\frac{2\pi}{N}n) + \sum_{k=1}^{N/2-1} A[k]\sin(k\frac{2\pi}{N}n)$$
$$= B[0] + \sum_{k=1}^{N/2} B[k]\cos(k\frac{2\pi}{N}n) + \sum_{k=1}^{N/2-1} A[k]\sin(k\frac{2\pi}{N}n)$$

若是 N 為奇數，則 $x[n]$ 的傅立葉級數表示成

$$x[n] = \sum_{k=-(N-1)/2}^{(N-1)/2} X[k]e^{jk\frac{2\pi}{N}n} = \sum_{k=-(N-1)/2}^{(N-1)/2} X[k](\cos(k\frac{2\pi}{N}n) + j\sin(k\frac{2\pi}{N}n)) \tag{3.28}$$

繼續分解下去，就得到

$$x[n] = X[0] + \sum_{k=1}^{(N-1)/2} X[k](\cos(k\frac{2\pi}{N}n) + j\sin(k\frac{2\pi}{N}n))$$
$$+ \sum_{k=-(N-1)/2}^{-1} X[k](\cos(k\frac{2\pi}{N}n) + j\sin(k\frac{2\pi}{N}n))$$
$$= X[0] + \sum_{k=1}^{(N-1)/2} X[k](\cos(k\frac{2\pi}{N}n) + j\sin(k\frac{2\pi}{N}n))$$
$$+ \sum_{k=1}^{(N-1)/2} X[-k](\cos(-k\frac{2\pi}{N}n) + j\sin(-k\frac{2\pi}{N}n)) \tag{3.29}$$
$$= X[0] + \sum_{k=1}^{(N-1)/2} (X[k] + X[-k])\cos(k\frac{2\pi}{N}n)$$
$$+ \sum_{k=1}^{(N-1)/2} j(X[k] - X[-k])\sin(k\frac{2\pi}{N}n))$$

換另外一組符號，

$$B[0] = X[0], \qquad B[k] = X[k] + X[-k] \tag{3.30}$$
$$A[k] = j(X[k] - X[-k])$$

三角函數傅立葉級數寫成

$$x[n] = B[0] + \sum_{k=1}^{(N-1)/2} B[k]\cos(k\frac{2\pi}{N}n) + \sum_{k=1}^{(N-1)/2} A[k]\sin(k\frac{2\pi}{N}n) \tag{3.31}$$

(3.27)式與(3.31)式都是以 $\cos(k\frac{2\pi}{N}n)$ 與 $\sin(k\frac{2\pi}{N}n)$ 作為基礎函數，以其線性組合來表示一個週期性訊號，這就更明顯看出週期性訊號是由許多不同頻率的弦波訊號所組合而成。

$\cos(k\frac{2\pi}{N}n)$ 與 $\sin(k\frac{2\pi}{N}n)$ 都是週期性函數，我們計算這兩個函數在一個週期內的平均值。對於餘弦函數，計算得到

$$\frac{1}{N}\sum_{n=0}^{N-1} \cos(k\frac{2\pi}{N}n) = \frac{1}{N}\sum_{n=0}^{N-1} \frac{e^{jk\frac{2\pi}{N}n} + e^{-jk\frac{2\pi}{N}n}}{2} \tag{3.32}$$

$$= \frac{1}{2N}\sum_{n=0}^{N-1} e^{jk\frac{2\pi}{N}n} + \frac{1}{2N}\sum_{n=0}^{N-1} e^{-jk\frac{2\pi}{N}n}$$

$$= \frac{1}{2N}\frac{1-e^{jk\frac{2\pi}{N}N}}{1-e^{jk\frac{2\pi}{N}}} + \frac{1}{2N}\frac{1-e^{-jk\frac{2\pi}{N}N}}{1-e^{-jk\frac{2\pi}{N}}} = \begin{cases} 1, & k = 0, \pm N, \pm 2N, ... \\ 0, & otherwise \end{cases}$$

對於正弦函數，計算得到

$$\frac{1}{N}\sum_{n=0}^{N-1} \sin(k\frac{2\pi}{N}n) = \frac{1}{N}\sum_{n=0}^{N-1} \frac{e^{jk\frac{2\pi}{N}n} - e^{-jk\frac{2\pi}{N}n}}{j2} \tag{3.33}$$

$$= \frac{1}{j2N}\sum_{n=0}^{N-1} e^{jk\frac{2\pi}{N}n} - \frac{1}{j2N}\sum_{n=0}^{N-1} e^{-jk\frac{2\pi}{N}n}$$

$$= \frac{1}{j2N}\frac{1-e^{jk\frac{2\pi}{N}N}}{1-e^{jk\frac{2\pi}{N}}} - \frac{1}{j2N}\frac{1-e^{-jk\frac{2\pi}{N}N}}{1-e^{-jk\frac{2\pi}{N}}}$$

$$= \frac{1}{j2N}\frac{1-e^{j2\pi k}}{1-e^{jk\frac{2\pi}{N}}} - \frac{1}{j2N}\frac{1-e^{-j2\pi k}}{1-e^{-jk\frac{2\pi}{N}}} = 0$$

利用上述特性，我們可以進行如下的演算，

$$\frac{1}{N}\sum_{n=0}^{N-1} x[n] = \frac{1}{N}\sum_{n=0}^{N-1}\left(B[0] + \sum_{k=1}^{N/2} B[k]\cos(k\frac{2\pi}{N}n) + \sum_{k=1}^{N/2-1} A[k]\sin(k\frac{2\pi}{N}n)\right) \quad (3.34)$$

$$= B[0] + \sum_{k=1}^{N/2} B[k]\frac{1}{N}\sum_{n=0}^{N-1}\cos(k\frac{2\pi}{N}n) + \sum_{k=1}^{N/2-1} A[k]\frac{1}{N}\sum_{n=0}^{N-1}\sin(k\frac{2\pi}{N}n)$$

$$= B[0]$$

在 $k \neq 0$ 的情形下，我們再計算

$$\frac{1}{N}\sum_{n=0}^{N-1} x[n]\cos(k\frac{2\pi}{N}n) \quad (3.35)$$

$$= \frac{1}{N}\sum_{n=0}^{N-1}\left(B[0] + \sum_{\ell=1}^{N/2} B[\ell]\cos(\ell\frac{2\pi}{N}n) + \sum_{\ell=1}^{N/2-1} A[\ell]\sin(\ell\frac{2\pi}{N}n)\right)\cos(k\frac{2\pi}{N}n)$$

$$= B[0]\frac{1}{N}\sum_{n=0}^{N-1}\cos(k\frac{2\pi}{N}n) + \sum_{\ell=1}^{N/2} B[\ell]\frac{1}{N}\sum_{n=0}^{N-1}\cos(\ell\frac{2\pi}{N}n)\cos(k\frac{2\pi}{N}n)$$

$$+ \sum_{\ell=1}^{N/2-1} A[\ell]\frac{1}{N}\sum_{n=0}^{N-1}\sin(\ell\frac{2\pi}{N}n)\cos(k\frac{2\pi}{N}n)$$

$$= 0 + \sum_{\ell=1}^{N/2} B[\ell]\frac{1}{N}\sum_{n=0}^{N-1}\frac{\cos((k-\ell)\frac{2\pi}{N}n) + \cos((k+\ell)\frac{2\pi}{N}n)}{2}$$

$$+ \sum_{\ell=1}^{N/2-1} A[\ell]\frac{1}{N}\sum_{n=-N/2+1}^{N/2}\frac{\sin((k+\ell)\frac{2\pi}{N}n) - \sin((k-\ell)\frac{2\pi}{N}n)}{2}$$

$$= 0 + B[k]\frac{1}{2} + 0 = B[k]/2$$

與

$$\frac{1}{N}\sum_{n=0}^{N-1} x[n]\sin(k\frac{2\pi}{N}n) \quad (3.36)$$

$$= \frac{1}{N}\sum_{n=0}^{N-1}(B[0] + \sum_{\ell=1}^{N/2}B[\ell]\cos(\ell\frac{2\pi}{N}n) + \sum_{\ell=1}^{N/2-1}A[\ell]\sin(\ell\frac{2\pi}{N}n))\sin(k\frac{2\pi}{N}n)$$

$$= B[0]\frac{1}{N}\sum_{n=0}^{N-1}\sin(k\frac{2\pi}{N}n) + \sum_{\ell=1}^{N/2}B[\ell]\frac{1}{N}\sum_{n=0}^{N-1}\cos(\ell\frac{2\pi}{N}n)\sin(k\frac{2\pi}{N}n)$$

$$+ \sum_{\ell=1}^{N/2-1}A[\ell]\frac{1}{N}\sum_{n=0}^{N-1}\sin(\ell\frac{2\pi}{N}n)\sin(k\frac{2\pi}{N}n)$$

$$= 0 + \sum_{\ell=1}^{N/2}B[\ell]\frac{1}{N}\sum_{n=0}^{N-1}\frac{\sin((k+\ell)\frac{2\pi}{N}n) + \sin((k-\ell)\frac{2\pi}{N}n)}{2}$$

$$+ \sum_{\ell=1}^{N/2-1}A[\ell]\frac{1}{N}\sum_{n=0}^{N-1}\frac{\cos((k-\ell)\frac{2\pi}{N}n) - \cos((k+\ell)\frac{2\pi}{N}n)}{2}$$

$$= 0 + 0 + A[k]\frac{1}{2} = A[k]/2$$

整理(3.34)式、(3.35)式、與(3.36)式，我們得到以下一組計算係數 $B[0]$、$B[k]$、與 $A[k]$ 的數學式，

$$B[0] = \frac{1}{N}\sum_{n=0}^{N-1}x[n] \tag{3.37}$$

$$B[k] = \frac{2}{N}\sum_{n=0}^{N-1}x[n]\cos(k\frac{2\pi}{N}n)$$

$$A[k] = \frac{2}{N}\sum_{n=0}^{N-1}x[n]\sin(k\frac{2\pi}{N}n)$$

例題 3.3 週期性訊號的傅立葉級數係數

一個週期性訊號，其週期 $N = 8$，在一個週期內的訊號表示如下，

$$x[n] = (\frac{3}{4})^n, \quad n = 0,1,...,7$$

計算其傅立葉級數係數，得到如下的結果，

$$X[k] = \frac{1}{8} \sum_{n=0}^{7} (\frac{3}{4})^n e^{-jk\frac{\pi}{4}n} = \frac{1}{8} \sum_{n=0}^{7} (\frac{3}{4} e^{-jk\frac{\pi}{4}})^n = \frac{1}{8} \frac{1 - (\frac{3}{4} e^{-jk\frac{\pi}{4}})^8}{1 - (\frac{3}{4} e^{-jk\frac{\pi}{4}})}$$

$$= \frac{1}{8} \frac{1 - (\frac{3}{4})^8}{1 - (\frac{3}{4} e^{-jk\frac{\pi}{4}})} \approx \frac{0.1125}{1 - (\frac{3}{4} e^{-jk\frac{\pi}{4}})}$$

例題 3.4 三角函數傅立葉級數係數

一個週期性訊號，其週期 $N = 8$，在一個週期內的訊號表示如下，

$$x[n] = \begin{cases} 1, & n = 0,1,2,3 \\ 0, & n = 4,5,6,7 \end{cases}$$

寫成三角函數傅立葉級數，

$$x[n] = B[0] + \sum_{k=1}^{4} B[k]\cos(kn\pi/4) + \sum_{k=1}^{3} A[k]\sin(kn\pi/4)$$

計算其三角函數傅立葉級數係數，得到如下的結果，

$$B[0] = \frac{1}{8} \sum_{n=0}^{7} x[n] = \frac{1}{8} \sum_{n=0}^{3} 1 = \frac{1}{2}$$

$$B[k] = \frac{2}{8} \sum_{n=0}^{7} x[n]\cos(k\frac{2\pi}{8}n) = \frac{1}{4} \sum_{n=0}^{3} \cos(k\pi n/4)$$

$$B[1] = \frac{1}{4} \sum_{n=0}^{3} \cos(\pi n/4) = \frac{1}{4}(1 + \frac{1}{\sqrt{2}} + 0 - \frac{1}{\sqrt{2}}) = \frac{1}{4}$$

$$B[2] = \frac{1}{4} \sum_{n=0}^{3} \cos(\pi n/2) = \frac{1}{4}(1 + 0 - 1 + 0) = 0$$

$$B[3] = \frac{1}{4}\sum_{n=0}^{3} \cos(3\pi n/4) = \frac{1}{4}(1 - \frac{1}{\sqrt{2}} + 0 + \frac{1}{\sqrt{2}}) = \frac{1}{4}$$

$$B[4] = \frac{1}{4}\sum_{n=0}^{3} \cos(\pi n) = \frac{1}{4}(1 - 1 + 1 - 1) = 0$$

$$A[k] = \frac{2}{8}\sum_{n=0}^{3} \sin(k\frac{2\pi}{8}n) = \frac{1}{4}\sum_{n=0}^{3} \sin(k\pi n/4)$$

$$A[1] = \frac{1}{4}\sum_{n=0}^{3} \sin(\pi n/4) = \frac{1}{4}(0 + \frac{1}{\sqrt{2}} + 1 + \frac{1}{\sqrt{2}}) = \frac{1}{4}(1 + \sqrt{2})$$

$$A[2] = \frac{1}{4}\sum_{n=0}^{3} \sin(\pi n/2) = \frac{1}{4}(0 + 1 + 0 - 1) = 0$$

$$A[3] = \frac{1}{4}\sum_{n=0}^{3} \sin(3\pi n/4) = \frac{1}{4}(0 + \frac{1}{\sqrt{2}} - 1 + \frac{1}{\sqrt{2}}) = \frac{1}{4}(-1 + \sqrt{2})$$

將計算得到的數值代入，得到三角函數傅立葉級數如下，

$$x[n] = \frac{1}{2} + \frac{1}{4}\cos(\frac{\pi n}{4}) + \frac{1}{4}\cos(\frac{3\pi n}{4}) + \frac{1}{4}(1+\sqrt{2})\sin(\frac{\pi n}{4}) + \frac{1}{4}(-1+\sqrt{2})\sin(\frac{3\pi n}{4})$$
$$= \frac{1}{2} + \frac{1}{4}(\cos(\frac{\pi n}{4}) + \cos(\frac{3\pi n}{4})) + \frac{1}{4}(\sin(\frac{\pi n}{4}) - \sin(\frac{3\pi n}{4})) + \frac{\sqrt{2}}{4}(\sin(\frac{\pi n}{4}) + \sin(\frac{3\pi n}{4}))$$

 # 3.3

基本離散時間訊號的傅立葉級數

(1) 週期性方波訊號

離散時間的週期性方波訊號描述如下，

$$x[n] = \begin{cases} 1, & |n| \le M \\ 0, & M < n < N - M \end{cases} \tag{3.38}$$

N 為其週期。作傅立葉級數係數計算，得到

$$X[k] = \frac{1}{N} \sum_{n=-M}^{N-M-1} x[n]e^{-jk\Omega_0 n} = \frac{1}{N} \sum_{n=-M}^{M} e^{-jk\Omega_0 n}, \quad \Omega_0 = 2\pi/N \tag{3.39}$$

令 $m = n + M$，代入後得到

$$X[k] = \frac{1}{N} \sum_{m=0}^{2M} e^{-jk\Omega_0(m-M)} = \frac{1}{N} e^{jk\Omega_0 M} \sum_{m=0}^{2M} e^{-jk\Omega_0 m} \tag{3.40}$$

$$= \frac{1}{N} e^{jk\Omega_0 M} \frac{1 - e^{-jk\Omega_0(2M+1)}}{1 - e^{-jk\Omega_0}}$$

$$= \frac{1}{N} e^{jk\Omega_0 M} \frac{e^{-jk\Omega_0(2M+1)/2} \sin(k\Omega_0(2M+1)/2)}{e^{-jk\Omega_0/2} \sin(k\Omega_0/2)}$$

$$= \frac{1}{N} \frac{\sin(k\Omega_0(2M+1)/2)}{\sin(k\Omega_0/2)}$$

整理後得到以下的離散時間訊號與其傅立葉級數的關係，

$$x[n] = \begin{cases} 1, & |n| \le M \\ 0, & M < n < N-M \end{cases} \quad \overset{DTFS,\Omega_0}{\leftrightarrow} \quad X[k] = \frac{\sin(k\Omega_0(2M+1)/2)}{N\sin(k\Omega_0/2)}, \quad \Omega_0 = 2\pi/N$$

例題 3.5 週期性方波訊號的傅立葉係數

離散時間的週期性方波訊號描述如下，

$$x[n] = \begin{cases} 1, & |n| \le 5 \\ 0, & 5 < n < 15 \end{cases} \qquad M = 5, \quad N = 20$$

計算其傅立葉級數係數，得到

$$X[k] = \frac{\sin(11k\Omega_0/2)}{20\sin(k\Omega_0/2)}, \qquad \Omega_0 = \pi/10$$

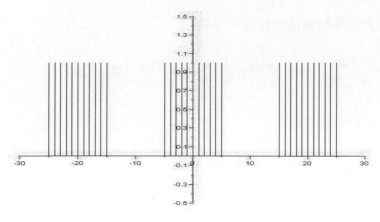

(a) 週期性方波訊號

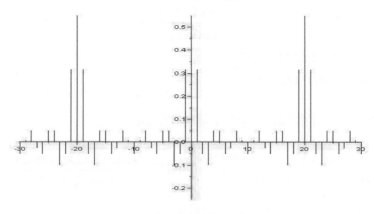

(b) 傅立葉級數係數

圖 3.3 週期性方波訊號的傅立葉級數係數

從圖 3.3 可以看出，週期性方波訊號定義成一個偶訊號，它的頻率成分集中在 $k = 0$ 及其附近。因為 $X[k]$ 也是週期為 20 的函數，每間隔 20 點，頻率成分的樣型會重複出現。

例題 3.6 週期性方波訊號的重組

週期為 20 的離散時間週期性方波訊號描述如下

$$x[n] = \begin{cases} 1, & |n| \le 5 \\ 0, & 5 < n < 15 \end{cases}$$

以三角函數傅立葉級數表示，其係數為

$$B[0] = \frac{1}{20}\sum_{n=0}^{19} x[n] = X[0] = \frac{11}{20}$$

$$B[k] = \frac{1}{10}\sum_{n=0}^{19} x[n]\cos(k\frac{\pi}{10}n) = 2X[k] = \frac{1}{10}\frac{\sin(11k\Omega_0/2)}{\sin(k\Omega_0/2)}$$

$$A[k] = \frac{1}{10}\sum_{n=0}^{19} x[n]\sin(k\frac{2\pi}{10}n) = 0$$

將 $x[n]$ 以三角函數傅立葉級數表示，

$$x[n] = B[0] + \sum_{k=1}^{10} B[k]\cos(k\frac{\pi}{10}n)$$

$$= \frac{11}{20} + \sum_{k=1}^{10} \frac{1}{10}\frac{\sin(11k\Omega_0/2)}{\sin(k\Omega_0/2)}\cos(k\frac{\pi}{10}n)$$

如果只用前 J 個傅立葉級數係數，得到的重組訊號是

$$x_J[n] = B[0] + \sum_{k=1}^{J} B[k]\cos(k\frac{\pi}{10}n)$$

$$= \frac{11}{20} + \sum_{k=1}^{J} \frac{1}{10}\frac{\sin(11k\Omega_0/2)}{\sin(k\Omega_0/2)}\cos(k\frac{\pi}{10}n)$$

當用於重組的級數較少，即 J 為較小的值，得到的訊號 $x_J[n]$ 就不像原來的訊號 $x[n]$，當用於重組的級數增加，即 J 為較大的值，得到的訊號 $x_J[n]$ 就接近原來的訊號 $x[n]$，圖 3.4 說明了這個現象。

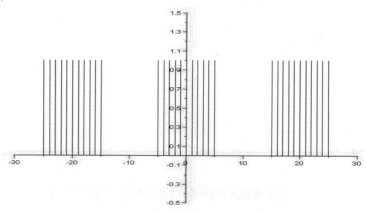

(a) 週期性方波訊號

圖 3.4　週期性方波訊號的重組

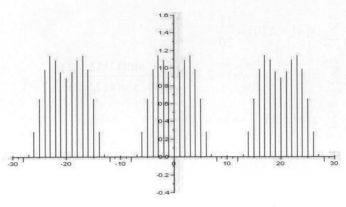

(b) 重組的週期性方波訊號($J = 3$)

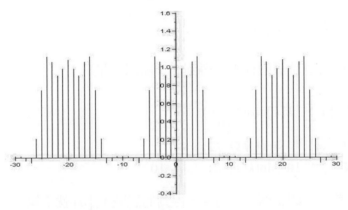

(c) 重組的週期性方波訊號($J = 5$)

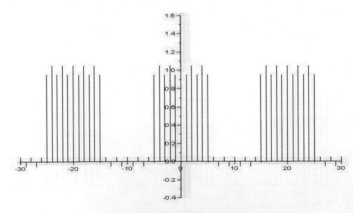

(d) 重組的週期性方波訊號($J = 9$)

圖 3.4　週期性方波訊號的重組(續)

(2) 弦波訊號

離散時間的弦波訊號可以用複數型式描述，

$$x[n] = e^{j\ell\Omega_0 n} \tag{3.41}$$

其基本頻率為 $\Omega_0 = 2\pi/N$。作傅立葉級數係數計算如下，

$$X[k] = \frac{1}{N}\sum_{n=0}^{N-1} e^{j\ell\Omega_0 n}e^{-jk\Omega_0 n} = \frac{1}{N}\sum_{n=0}^{N-1} e^{-j(k-\ell)\Omega_0 n}, \quad \Omega_0 = 2\pi/N \tag{3.42}$$

當 $k \neq \ell, \ \ell \pm N, \ \ell \pm 2N, \ \cdots$ 時，

$$X[k] = \frac{1}{N}\sum_{n=0}^{N-1} e^{-j(k-\ell)\Omega_0 n} = \frac{1}{N}\frac{1-e^{-j(k-\ell)\Omega_0 N}}{1-e^{-j(k-\ell)\Omega_0}} \tag{3.43}$$

$$= \frac{1}{N}\frac{1-e^{-j(k-\ell)2\pi}}{1-e^{-j(k-\ell)2\pi/N}} = \frac{1}{N}\frac{1-1}{1-e^{-j(k-\ell)2\pi/N}} = 0$$

當 $k = \ell, \ \ell \pm N, \ \ell \pm 2N, \ \cdots$ 時，

$$X[k] = \frac{1}{N}\sum_{n=0}^{N-1} e^{-j(k-\ell)2\pi n/N} = \frac{1}{N}\sum_{n=0}^{N-1} 1 = 1 \tag{3.44}$$

整理後得到以下的離散時間訊號與其傅立葉級數的關係，

$$x[n] = e^{j\ell\Omega_0 n} \quad \overset{DTFS,\Omega_0}{\leftrightarrow} \quad X[k] = \begin{cases} 1, & k = \ell, \ell \pm N, \ell \pm 2N, \cdots \\ 0, & otherwise \end{cases}, \quad \Omega_0 = 2\pi/N$$

若弦波訊號是一個餘弦函數，

$$x[n] = \cos(\ell\Omega_0 n), \quad \Omega_0 = 2\pi/N \tag{3.45}$$

其傅立葉級數係數計算如下，

$$X[k] = \frac{1}{N}\sum_{n=0}^{N-1} \cos(\ell\Omega_0 n)e^{-jk\Omega_0 n} = \frac{1}{2N}\sum_{n=0}^{N-1} (e^{j\ell\Omega_0 n} + e^{-j\ell\Omega_0 n})e^{-jk\Omega_0 n} \tag{3.46}$$

$$= \frac{1}{2N}\sum_{n=0}^{N-1} e^{-j(k-\ell)\Omega_0 n} + \frac{1}{2N}\sum_{n=0}^{N-1} e^{-j(k+\ell)\Omega_0 n}$$

$$= \frac{1}{2N}\frac{1-e^{-j(k-\ell)\Omega_0 N}}{1-e^{-j(k-\ell)\Omega_0}} + \frac{1}{2N}\frac{1-e^{-j(k+\ell)\Omega_0 N}}{1-e^{-j(k+\ell)\Omega_0}}$$

$$= \frac{1}{2N}\frac{1-e^{-j(k-\ell)2\pi}}{1-e^{-j(k-\ell)2\pi/N}} + \frac{1}{2N}\frac{1-e^{-j(k+\ell)2\pi}}{1-e^{-j(k+\ell)2\pi/N}}$$

當 $k \neq \pm\ell,\ \pm\ell\pm N,\ \pm\ell\pm 2N,\ \cdots$ 時,

$$X[k] = 0 \tag{3.47}$$

當 $k = \ell,\ \ell\pm N,\ \ell\pm 2N,\ \cdots$ 時,

$$X[k] = \frac{1}{2N}\sum_{n=0}^{N-1} (1+0) = \frac{1}{2} \tag{3.48}$$

當 $k = -\ell,\ -\ell\pm N,\ -\ell\pm 2N,\ \cdots$ 時,

$$X[k] = \frac{1}{2N}\sum_{n=0}^{N-1} (0+1) = \frac{1}{2} \tag{3.49}$$

整理後得到以下的離散時間訊號與其傅立葉級數的關係,

$$x[n] = \cos(\ell\Omega_0 n) \overset{DTFS,\Omega_0}{\leftrightarrow} X[k] = \begin{cases} 1/2, & k = \ell, \ell\pm N, \ell\pm 2N, \cdots \\ 1/2, & k = -\ell, -\ell\pm N, -\ell\pm 2N, \cdots \\ 0, & otherwise \end{cases}$$

這個餘弦函數 $\cos(\ell\Omega_0 n)$ 是偶訊號,頻率成分就只在 $k = \ell$,在 $k = -\ell$ 的是一個反影,是數學表示法所產生的,這樣的頻率成分樣型每間隔 N 點即重複出現。

例題 3.7 餘弦函數 $x[n] = \cos(\Omega_0 n)$，$\Omega_0 = 2\pi / N$，週期 $N = 20$。

其傅立葉級數係數計算結果，在一個週期內是

$\qquad X[1] = 1/2$　　與　　$X[-1] = 1/2$

它只有一個頻率成分，即頻率為 Ω_0。$X[-1]$ 是 $X[+1]$ 的反影，這樣的頻率成分樣型每間隔 20 點即重複出現。圖 3.5 顯示這樣的現象。

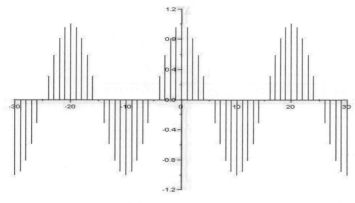

(a) $x[n] = \cos(\Omega_0 n)$

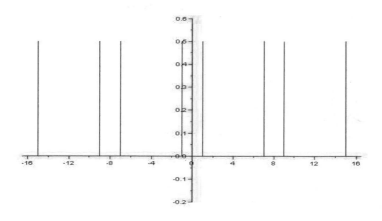

(b) $\text{Re}\{X[k]\}$

圖 3.5　餘弦函數

若弦波訊號是一個正弦函數，

$$x[n] = \sin(\ell \Omega_0 n), \quad \Omega_0 = 2\pi / N \tag{3.50}$$

其傅立葉級數係數計算如下，

$$X[k] = \frac{1}{N} \sum_{n=0}^{N-1} \sin(\ell \Omega_0 n) e^{-jk\Omega_0 n} = \frac{1}{j2N} \sum_{n=0}^{N-1} (e^{j\ell \Omega_0 n} - e^{-j\ell \Omega_0 n}) e^{-jk\Omega_0 n} \tag{3.51}$$

$$= \frac{1}{j2N} \sum_{n=0}^{N-1} e^{-j(k-\ell)\Omega_0 n} - \frac{1}{j2N} \sum_{n=0}^{N-1} e^{-j(k+\ell)\Omega_0 n}$$

$$= \frac{1}{j2N} \frac{1 - e^{-j(k-\ell)\Omega_0 N}}{1 - e^{-j(k-\ell)\Omega_0}} - \frac{1}{j2N} \frac{1 - e^{-j(k+\ell)\Omega_0 N}}{1 - e^{-j(k+\ell)\Omega_0}}$$

$$= \frac{1}{j2N} \frac{1 - e^{-j(k-\ell)2\pi}}{1 - e^{-j(k-\ell)2\pi / N}} - \frac{1}{j2N} \frac{1 - e^{-j(k+\ell)2\pi}}{1 - e^{-j(k+\ell)2\pi / N}}$$

當 $k \neq \pm\ell, \ \pm\ell \pm N, \ \pm\ell \pm 2N, \ \cdots$ 時，

$$X[k] = 0 \tag{3.52}$$

當 $k = \ell, \ \ell \pm N, \ \ell \pm 2N, \ \cdots$ 時，

$$X[k] = \frac{1}{j2N} \sum_{n=0}^{N-1} (1 - 0) = \frac{1}{j2} \tag{3.53}$$

當 $k = -\ell, \ -\ell \pm N, \ -\ell \pm 2N, \ \cdots$ 時，

$$X[k] = \frac{1}{j2N} \sum_{n=0}^{N-1} (0 - 1) = \frac{-1}{j2} \tag{3.54}$$

整理後得到以下的離散時間訊號與其傅立葉級數的關係，

$$x[n] = \sin(\ell \Omega_0 n) \quad \overset{DTFS, \Omega_0}{\leftrightarrow} \quad X[k] = \begin{cases} 1/j2, & k = \ell, \ell \pm N, \ell \pm 2N, \cdots, \\ -1/j2, & k = -\ell, -\ell \pm N, -\ell \pm 2N, \cdots \\ 0, & otherwise \end{cases}$$

$$\Omega_0 = 2\pi / N$$

這個正弦函數 $\sin(\ell \Omega_0 n)$ 是奇訊號，它的頻率成分就只在 $k = \ell$，在 $k = -\ell$ 的是一個倒反影，這樣的頻率成分樣型每間隔 N 點即重複出現。這是數學上的表達方式，顯示其頻率成分與餘弦函數所表示的一樣，只在 $k = \ell$ 上有值，但相位上與餘弦函數差了 $\pi / 2$ 弧度。

例題 3.8 **正弦函數** $x[n] = \sin(\Omega_0 n)$ ， $\Omega_0 = 2\pi / N$ ，**週期** $N = 20$ 。

其傅立葉級數係數計算結果，在一個週期內是

$$X[1] = 1 / j2 \quad 與 \quad X[-1] = -1 / j2$$

它只有一個頻率成分，即頻率為 Ω_0。但是在數學上 $X[-1]$ 與 $X[+1]$ 皆為虛數， $X[-1]$ 是 $X[+1]$ 的倒反影，這樣的頻率成分樣型每間隔 20 點即重複出現。圖 3.6 顯示這樣的現象。

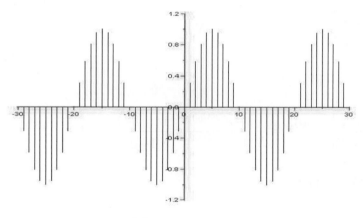

(a) $x[n] = \sin(\Omega_0 n)$

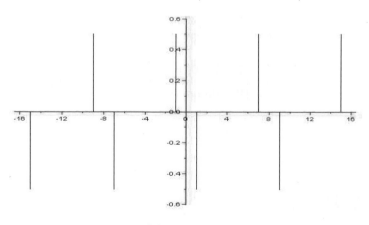

(b) $\mathrm{Im}\{X[k]\}$

圖 3.6 正弦函數

(3) 常數

如果訊號是個常數，

$$x[n] = 1 \qquad (3.55)$$

其傅立葉級數係數計算如下，

$$X[k] = \frac{1}{N} \sum_{n=0}^{N-1} e^{-jk\Omega_0 n}, \quad \Omega_0 = 2\pi / N \qquad (3.56)$$

當 $k \neq 0, \pm N, \pm 2N, \cdots$ 時，

$$X[k] = \frac{1}{N} \sum_{n=0}^{N-1} e^{-jk\Omega_0 n} = \frac{1}{N} \frac{1 - e^{-jk\Omega_0 N}}{1 - e^{-jk\Omega_0}} = \frac{1}{N} \frac{1-1}{1 - e^{-jk\Omega_0}} = 0 \qquad (3.57)$$

當 $k = 0, \pm N, \pm 2N, \cdots$ 時，

$$X[k] = \frac{1}{N} \sum_{n=0}^{N-1} 1 = 1 \qquad (3.58)$$

整理後得到以下的離散時間訊號與其傅立葉級數的關係，

$$x[n] = 1 \quad \overset{DTFS,\Omega_0}{\longleftrightarrow} \quad X[k] = \begin{cases} 1, & k = 0, \pm N, \pm 2N, \cdots, \\ 0, & otherwise \end{cases} \qquad \Omega_0 = 2\pi / N$$

一個常數被看成是週期為 N 的週期性離散時間訊號，它的傅立葉級數係數就是一個脈衝，但每間隔 N 點重複出現。

(4) 週期性脈衝訊號

如果訊號是一個週期性脈衝，表示如下，

$$x[n] = \sum_{\ell=-\infty}^{\infty} \delta[n - \ell N] \qquad (3.59)$$

其週期為 N，傅立葉級數係數計算如下，

$$X[k] = \frac{1}{N} \sum_{n=0}^{N-1} (\sum_{\ell=-\infty}^{\infty} \delta[n-\ell N]) e^{-jk\Omega_0 n} = \frac{1}{N}, \quad \Omega_0 = 2\pi/N \tag{3.60}$$

整理後得到以下的離散時間訊號與其傅立葉級數的關係，

$$x[n] = \sum_{\ell=-\infty}^{\infty} \delta[n-\ell N] \quad \overset{DTFS,\Omega_0}{\leftrightarrow} \quad X[k] = \frac{1}{N}, \quad \Omega_0 = 2\pi/N$$

一個週期性脈衝的傅立葉級數係數是一個常數，與前述常數的傅立葉級數係數是週期性脈衝的結果，正好是倒過來。

 # 3.4

週期性連續時間訊號的表示法

如果連續時間訊號 $x(t)$ 是一個週期性訊號，其週期為 T，則 $x(t)$ 須符合以下條件，

$$x(t) = x(t+T) \tag{3.61}$$

T 為週期，其基本角頻率為 $\omega_0 = 2\pi/T$。假設有一個複數指數函數定義如下，

$$\varphi_k(t) = e^{jk\omega_0 t} = e^{jk\frac{2\pi}{T}t} \tag{3.62}$$

k 是一個整數，$\varphi_k(t)$ 這個函數就是複數弦波訊號，它有以下的特性：

(1) $\varphi_k(t)$ 是週期長度為 T 的週期性函數

以 $t+T$ 替代 t，可以得到

$$\varphi_k(t+T) = e^{jk\frac{2\pi}{T}(t+T)} = e^{jk\frac{2\pi}{T}t} \cdot e^{jk2\pi} = e^{jk\frac{2\pi}{T}t} = \varphi_k(t) \tag{3.63}$$

(2) $\varphi_k(t)$ 在一個週期的積分具有正交性

如果我們做以下的演算，

$$\int_{-T/2}^{T/2} \phi_k(t)\phi_{-m}(t)dt = \int_{-T/2}^{T/2} e^{jk\frac{2\pi}{T}t} \cdot e^{-jm\frac{2\pi}{T}t} dt = \int_{-T/2}^{T/2} e^{j(k-m)\frac{2\pi}{T}t} dt \qquad (3.64)$$

$$= \frac{1}{j(k-m)\frac{2\pi}{T}} e^{j(k-m)\frac{2\pi}{T}t} \Big|_{-T/2}^{T/2} = \frac{e^{j(k-m)\pi} - e^{-j(k-m)\pi}}{j(k-m)\frac{2\pi}{T}}$$

$$= \frac{2\sin((k-m)\pi)}{(k-m)\frac{2\pi}{T}} = \begin{cases} T, & k=m \\ 0, & otherwise \end{cases}$$

其結果只在 $k=m$ 時才得到非 0 值，(3.64)式可以寫成

$$\int_{-T/2}^{T/2} \phi_k(t)\phi_{-m}(t)dt = T\delta(k-m) \qquad (3.65)$$

(3) 可以有無限多個不同的 $\phi_k(t)$

因為 t 可以是任意值，在此情形下若 $j \neq k$，則 $\phi_j(t) \neq \phi_k(t)$，因此可以有無限多個 $\phi_k(t)$。

$$\phi_k(t),\ \ k=-\infty,\cdots,-2,-1,0,1,2,\cdots,\infty$$

假設連續時間訊號 $x(t)$ 是以 $\phi_k(t)$ 為基礎函數作線性組合方式來逼近，我們寫成

$$\hat{x}(t) = \sum_{k=N_1}^{N_2} \alpha_k \phi_k(t) \qquad (3.66)$$

α_k 是組合係數。當 N_1 趨近 $-\infty$ 及 N_2 趨近 $+\infty$ 時，得到的 $\hat{x}(t)$ 就趨近 $x(t)$。因此我們可以將週期性連續時間訊號 $x(t)$ 寫成

$$x(t) = \sum_{k=-\infty}^{\infty} \alpha_k \phi_k(t) \qquad (3.67)$$

t 可以是任意值，$x(t)$ 是由無限多個 $\phi_k(t)$ 作線性組合來得到。讓 t 改為 $t+T$，我們得到

$$x(t+T) = \sum_{k=-\infty}^{\infty} \alpha_k \phi_k(t+T) = \sum_{k=-\infty}^{\infty} \alpha_k \phi_k(t) = x(t) \qquad (3.68)$$

證明 $\phi_k(t)$ 必然也是一個週期為 T 的週期性函數。

我們作以下的演算，

$$\int_{-T/2}^{T/2} x(t)\phi_{-m}(t)dt = \int_{-T/2}^{T/2} \sum_{k=-\infty}^{\infty} \alpha_k \phi_k(t)\phi_{-m}(t)dt \qquad (3.69)$$

$$= \sum_{k=-\infty}^{\infty} \alpha_k \int_{-T/2}^{T/2} \phi_k(t)\phi_{-m}(t)dt = \sum_{k=-\infty}^{\infty} \alpha_k T\delta(k-m) = \alpha_m T$$

因此 α_m 這個係數可以用以下公式計算得到，

$$\alpha_m = \frac{1}{T}\int_{-T/2}^{T/2} x(t)e^{-jm\frac{2\pi}{T}t}dt \qquad (3.70)$$

α_m 是以 m 為變數的函數，可以寫成 $X[m]$，以 k 替代 m，(3.70)式改寫成

$$X[k] = \frac{1}{T}\int_{-T/2}^{T/2} x(t)e^{-jk\frac{2\pi}{T}t}dt \qquad (3.71)$$

而(3.67)式就改寫為

$$x(t) = \sum_{k=-\infty}^{\infty} X[k]e^{jk\frac{2\pi}{T}t} \qquad (3.72)$$

(3.72)式就是傅立葉級數(Fourier series, FS)，其中 $X[k]$ 是傅立葉級數係數。因此週期性連續時間訊號 $x(t)$ 可以用 $X[k]$ 為組合係數作基礎函數的線性組合來表示。$X[k]$ 不是週期性函數，但是 $x(t)$ 與 $e^{jk\frac{2\pi}{T}t}$ 是週期為 T 的週期性函數，在(3.71)式的積分演算中，t 只要涵蓋一個週期就可以，例如 t 可以是從 0 積分到 T。

$x(t)$ 這個週期性訊號包含有無限多個頻率成分，每個頻率成分是係數 $X[k]$ 乘上基礎函數 $e^{jk\frac{2\pi}{T}t}$，而 $e^{jk\frac{2\pi}{T}t}$ 正代表一個頻率為 $k\frac{2\pi}{T}$ 的弦波訊號，因此 $x(t)$ 這個週期性訊號是由無限多個弦波訊號所構成，也就是在頻域中有無限多個諧振頻率成分。$x(t)$ 與 $X[k]$ 的傅立葉級數關係可以表示如下，

$$x(t) = \sum_{k=-\infty}^{\infty} X[k]e^{jk\frac{2\pi}{T}t} \quad \overset{FS,\omega_0}{\leftrightarrow} \quad X[k] = \frac{1}{T}\int_{-T/2}^{T/2} x(t)e^{-jk\frac{2\pi}{T}t}dt, \quad \omega_0 = 2\pi/T$$

當 $x(t)$ 為實數的函數時，可以用三角函數替代 $e^{jk\frac{2\pi}{T}t}$，就推導出三角函數傅立葉級數。將 $x(t)$ 的傅立葉級數表示成

$$x(t) = \sum_{k=-\infty}^{\infty} X[k]e^{jk\frac{2\pi}{T}t} = \sum_{k=-\infty}^{\infty} X[k](\cos(k\frac{2\pi}{T}t) + j\sin(k\frac{2\pi}{T}t)) \tag{3.73}$$

繼續分解下去，就得到

$$\begin{aligned}
x(t) &= X[0] + \sum_{k=1}^{\infty} X[k](\cos(k\frac{2\pi}{T}t) + j\sin(k\frac{2\pi}{T}t)) \\
&\quad + \sum_{k=-\infty}^{-1} X[k](\cos(k\frac{2\pi}{T}t) + j\sin(k\frac{2\pi}{T}t)) \\
&= X[0] + \sum_{k=1}^{\infty} X[k](\cos(k\frac{2\pi}{T}t) + j\sin(k\frac{2\pi}{T}t)) \\
&\quad + \sum_{k=1}^{\infty} X[-k](\cos(-k\frac{2\pi}{T}t) + j\sin(-k\frac{2\pi}{T}t)) \\
&= X[0] + \sum_{k=1}^{\infty} (X[k] + X[-k])\cos(k\frac{2\pi}{T}t) \\
&\quad + \sum_{k=1}^{\infty} j(X[k] - X[-k])\sin(k\frac{2\pi}{T}t)
\end{aligned} \tag{3.74}$$

換另外一組符號，

$$B[0] = X[0] \quad B[k] = X[k] + X[-k] \quad A[k] = j(X[k] - X[-k]) \tag{3.75}$$

這就是三角函數傅立葉級數，

$$x(t) = B[0] + \sum_{k=1}^{\infty} B[k]\cos(k\frac{2\pi}{T}t) + \sum_{k=1}^{\infty} A[k]\sin(k\frac{2\pi}{T}t) \tag{3.76}$$

$\cos(k\frac{2\pi}{T}t)$ 與 $\sin(k\frac{2\pi}{T}t)$ 具有以下特性，

$$\frac{1}{T}\int_0^T \cos(k\frac{2\pi}{T}t) = \frac{1}{T}\frac{\sin(k\frac{2\pi}{T}t)}{k\frac{2\pi}{T}}\bigg|_0^T \qquad (3.77)$$

$$= \frac{1}{T}\frac{\sin(k2\pi)}{k\frac{2\pi}{T}} = \frac{\sin(k2\pi)}{k2\pi} = \begin{cases} 1, & k=0 \\ 0 \end{cases}$$

與

$$\frac{1}{T}\int_0^T \sin(k\frac{2\pi}{T}t) = \frac{1}{T}\frac{-\cos(k\frac{2\pi}{T}t)}{k\frac{2\pi}{T}}\bigg|_0^T = \frac{1-\cos(k2\pi)}{k2\pi} = 0 \qquad (3.78)$$

利用上述特性，可以作如下的演算，

$$\frac{1}{T}\int_0^T x(t)dt = \frac{1}{T}\int_0^T (B[0] + \sum_{k=1}^{\infty} B[k]\cos(k\frac{2\pi}{T}t) + \sum_{k=1}^{\infty} A[k]\sin(k\frac{2\pi}{T}t))dt \qquad (3.79)$$

$$= B[0] + \sum_{k=1}^{\infty} B[k]\frac{1}{T}\int_0^T \cos(k\frac{2\pi}{T}t)dt + \sum_{k=1}^{\infty} A[k]\frac{1}{T}\int_0^T \sin(k\frac{2\pi}{T}t)dt$$

$$= B[0]$$

$$\frac{1}{T}\int_0^T x(t)\cos(k\frac{2\pi}{T}t)dt \qquad (3.80)$$

$$= \frac{1}{T}\int_0^T (B[0] + \sum_{\ell=1}^{\infty} B[\ell]\cos(\ell\frac{2\pi}{T}t) + \sum_{\ell=1}^{\infty} A[\ell]\sin(\ell\frac{2\pi}{T}t))\cos(k\frac{2\pi}{T}t)dt$$

$$= B[0]\frac{1}{T}\int_0^T \cos(k\frac{2\pi}{T}t)dt + \sum_{\ell=1}^{\infty} B[\ell]\frac{1}{T}\int_0^T \cos(\ell\frac{2\pi}{T}t)\cos(k\frac{2\pi}{T}t)dt$$

$$+ \sum_{\ell=1}^{\infty} A[\ell]\frac{1}{T}\int_0^T \sin(\ell\frac{2\pi}{T}t)\cos(k\frac{2\pi}{T}t)dt$$

$$= 0 + \sum_{\ell=1}^{\infty} B[\ell]\frac{1}{T}\int_0^T \frac{\cos((k-\ell)\frac{2\pi}{T}t) + \cos((k+\ell)\frac{2\pi}{T}t)}{2}dt$$

$$+ \sum_{\ell=1}^{\infty} A[\ell]\frac{1}{T}\int_0^T \frac{\sin((k+\ell)\frac{2\pi}{T}t) - \sin((k-\ell)\frac{2\pi}{T}t)}{2}dt = B[k]/2$$

$$\frac{1}{T}\int_0^T x(t)\sin(k\frac{2\pi}{T}t)dt \tag{3.81}$$

$$= \frac{1}{T}\int_0^T (B[0]+\sum_{\ell=1}^{\infty} B[\ell]\cos(\ell\frac{2\pi}{T}t)+\sum_{\ell=1}^{\infty} A[\ell]\sin(\ell\frac{2\pi}{T}t))\sin(k\frac{2\pi}{T}t)dt$$

$$= B[0]\frac{1}{T}\int_0^T \sin(k\frac{2\pi}{T}t)dt+\sum_{\ell=1}^{\infty} B[\ell]\frac{1}{T}\int_0^T \cos(\ell\frac{2\pi}{T}t)\sin(k\frac{2\pi}{T}t)dt$$

$$+\sum_{\ell=1}^{\infty} A[\ell]\frac{1}{T}\int_0^T \sin(\ell\frac{2\pi}{T}t)\sin(k\frac{2\pi}{T}t)dt$$

$$= 0+\sum_{\ell=1}^{\infty} B[\ell]\frac{1}{T}\int_0^T \frac{\sin((k+\ell)\frac{2\pi}{T}t)+\sin((k-\ell)\frac{2\pi}{T}t)}{2}dt$$

$$+\sum_{\ell=1}^{\infty} A[\ell]\frac{1}{T}\int_0^T \frac{\cos((k-\ell)\frac{2\pi}{T}t)-\cos((k+\ell)\frac{2\pi}{T}t)}{2}dt = A[k]/2$$

因此得到以下的一組計算係數 $B[0]$、$B[k]$、與 $A[k]$ 的演算式，

$$B[0]=\frac{1}{T}\int_0^T x(t)dt \tag{3.82}$$

$$B[k]=\frac{2}{T}\int_0^T x(t)\cos(k\frac{2\pi}{T}t)dt$$

$$A[k]=\frac{2}{T}\int_0^T x(t)\sin(k\frac{2\pi}{T}t)dt$$

例題 3.9 傅立葉級數係數

一個週期 $T=4$ 的週期性訊號，其一個週期內的波形表示如下，

$$x(t)=e^{-2t}, \quad 0\le t<4$$

計算其傅立葉級數係數，

$$X[k]=\frac{1}{4}\int_0^4 x(t)e^{-jk\frac{2\pi}{4}t}dt=\frac{1}{4}\int_0^4 e^{-2t}e^{-jk\frac{\pi}{2}t}dt=\frac{1}{4}\int_0^4 e^{-(2+jk\frac{\pi}{2})t}dt$$

$$=\frac{1}{4}\times\frac{-e^{-(2+jk\frac{\pi}{2})t}}{2+jk\frac{\pi}{2}}\bigg|_0^4=\frac{1}{4}\times\frac{1-e^{-8}}{2+jk\frac{\pi}{2}}\cong\frac{1}{8+jk2\pi}$$

這個傅立葉級數係數的絕對值與相位如下，

$$|X[k]| = \frac{1 - e^{-8}}{\sqrt{64 + 4k^2\pi^2}} \approx \frac{1}{\sqrt{64 + 4k^2\pi^2}}$$

$$\phi\{X[k]\} = -\tan^{-1}(\pi k / 4)$$

圖 3.7 展示其傅立葉級數係數的絕對值與相位。

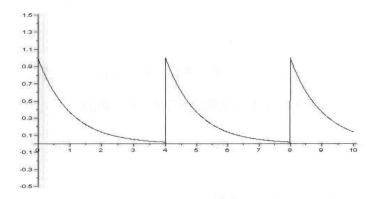

(a) 週期性訊號

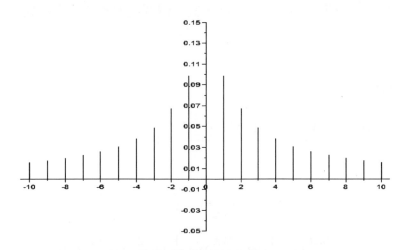

(b) 傅立葉級數係數絕對值 $\text{Re}\{X[k]\}$

圖 3.7　週期性訊號的傅立葉級數係數

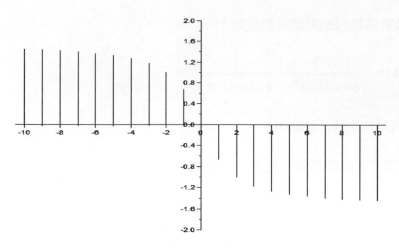

(c) 傅立葉級數係數相位 $\mathrm{Im}\{X[k]\}$

圖 3.7 週期性訊號的傅立葉級數係數(續)

例題 3.10 三角函數傅立葉級數

一個週期 $T = 4$ 的週期性連續時間訊號，其一個週期內的波形表示如下，

$$x(t) = t, \quad -2 \leq t < 2$$

計算其傅立葉級數係數，

$$B[0] = \frac{1}{4} \int_{-2}^{2} t\,dt = \frac{1}{4} \left.\frac{t^2}{2}\right|_{-2}^{2} = \frac{1}{4}\left(\frac{2^2}{2} - \frac{(-2)^2}{2}\right) = 0$$

$$B[k] = \frac{2}{4} \int_{-2}^{2} t\cos(k\frac{2\pi}{4}t)\,dt = \left.\frac{1}{2}t\left(\frac{2}{k\pi}\sin(\frac{k\pi}{2}t)\right)\right|_{-2}^{2} - \frac{1}{2}\int_{-2}^{2} \frac{2}{k\pi}\sin(\frac{k\pi}{2}t)\,dt$$

$$= \left(\frac{2}{k\pi}\sin(\frac{2k\pi}{2}) - \frac{-2}{k\pi}\sin(\frac{-2k\pi}{2})\right) - \left.\frac{1}{k\pi}\left(-\frac{2}{k\pi}\cos(\frac{k\pi}{2}t)\right)\right|_{-2}^{2}$$

$$= 0 + \frac{2}{(k\pi)^2}(\cos(k\pi) - \cos(-k\pi)) = 0$$

$$A[k] = \frac{2}{4}\int_{-2}^{2} t\sin(k\frac{2\pi}{4}t)dt = \frac{1}{2}t(\frac{-2}{k\pi}\cos(\frac{k\pi}{2}t))\Big|_{-2}^{2} - \frac{1}{2}\int_{-2}^{2} \frac{-2}{k\pi}\cos(\frac{k\pi}{2}t)dt$$

$$= \frac{-1}{k\pi}(2\cos(\frac{2k\pi}{2}) - (-2)\cos(\frac{-2k\pi}{2})) + \frac{1}{k\pi}(\frac{2}{k\pi}\sin(\frac{k\pi}{2}t))\Big|_{-2}^{2}$$

$$= \frac{-4}{k\pi}\cos(k\pi) + \frac{2}{(k\pi)^2}(\sin(k\pi) - \sin(-k\pi)) = \frac{-4}{k\pi}\cos(k\pi) + \frac{4}{(k\pi)^2}\sin(k\pi)$$

$$= \frac{-4}{k\pi}\cos(k\pi)$$

將計算得到的數值代入，得到三角函數傅立葉級數如下，

$$x(t) = \sum_{k=1}^{\infty} \frac{-4}{k\pi}\cos(k\pi)\sin(\frac{k\pi}{2}t)$$

圖 3.8 展示此週期性連續時間訊號及其三角函數傅立葉級數係數，圖 3.8(c)是前四個頻率成份的波形。將前 J 個頻率成份相加，

$$x_J(t) = \sum_{k=1}^{J} \frac{-4}{k\pi}\cos(k\pi)\sin(\frac{k\pi}{2}t)$$

圖 3.8(d)顯示前四個頻率成份相加後的波形，當 J 趨近 ∞ 時 $x_J(t)$ 即趨近於原訊號 $x(t)$。

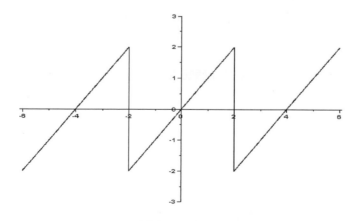

(a) 週期性連續時間訊號

圖 3.8　週期性連續時間訊號的三角函數傅立葉級數

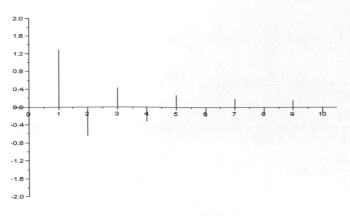

(b) 三角函數傅立葉級數係數 $A[k]$

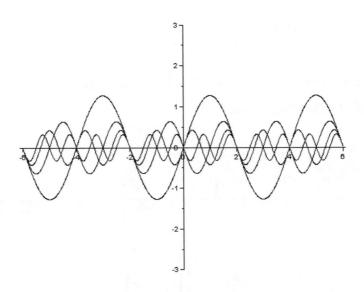

(c) 前 4 個頻率成份的波形

圖 3.8 週期性連續時間訊號的三角函數傅立葉級數(續)

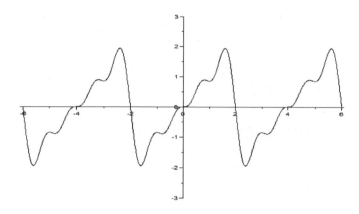

(d)用前 4 個頻率成分趨近原訊號波形

圖 3.8　週期性連續時間訊號的三角函數傅立葉級數(續)

 3.5

基本連續時間訊號的傅立葉級數

(1) 週期性方波訊號

連續時間的週期性方波訊號描述如下，

$$x(t) = \begin{cases} 1, & |t| \le T_1 \\ 0, & T_1 < |t| \le T/2 \end{cases} \tag{3.83}$$

週期為 T，這是一個偶訊號。計算其傅立葉級數係數，

$$\begin{aligned} X[k] &= \frac{1}{T} \int_{-T/2}^{T/2} x(t) e^{-jk\omega_0 t} dt = \frac{1}{T} \int_{-T_1}^{T_1} e^{-jk\omega_0 t} dt \\ &= \frac{e^{-jk\omega_0 T_1} - e^{jk\omega_0 T_1}}{-jk\omega_0 T} = \frac{2}{k\omega_0 T} \sin(k\omega_0 T_1) \\ &= \frac{1}{k\pi} \sin(k\omega_0 T_1), \quad \omega_0 = 2\pi/T \end{aligned} \tag{3.84}$$

整理後得到以下的連續時間訊號與其傅立葉級數的關係，

$$x(t)=\begin{cases}1, & |t|\le T_1 \\ 0, & T_1<|t|\le T/2\end{cases} \xleftrightarrow{FS,\omega_0} \frac{\sin(k\omega_0 T_1)}{k\pi}, \quad \omega_0=2\pi/T$$

$\frac{\sin(k\omega_0 T_1)}{k\pi}$ 這個形式又叫做 sinc 函數，sinc 函數的定義如下，

$$\text{sinc}(x)=\frac{\sin(x)}{x} \tag{3.85}$$

變數 x 是一個弧度值。因此(3.84)式的結果也可以表式成

$$X[k]=\frac{\sin(k\omega_0 T_1)}{k\pi}=\frac{\omega_0 T}{\pi}\frac{\sin(k\omega_0 T_1)}{k\omega_0 T_1}=\frac{\omega_0 T}{\pi}\text{sinc}(k\omega_0 T_1) \tag{3.86}$$

有些書上 sinc 函數的定義不太一樣，如定義成

$$\text{sinc}(x)=\frac{\sin(\pi x)}{\pi x} \tag{3.87}$$

這是正規化的 sinc 函數，在數位訊號處理的文獻中比較常用，變數 x 是一個數值，不是弧度值。如果採用這個定義，(3.84)式的結果就寫成

$$X[k]=\frac{\sin(k\omega_0 T_1)}{k\pi}=\frac{\omega_0 T_1}{\pi}\frac{\sin(\pi(k\omega_0 T_1/\pi))}{\pi(k\omega_0 T_1/\pi)}=\frac{\omega_0 T_1}{\pi}\text{sinc}(k\omega_0 T_1/\pi) \tag{3.88}$$

為了避免混淆，以後各章節不會刻意使用 sinc 函數，而是保留其像(3.84)式出現的形式。

例題 3.11 週期性方波的傅立葉級數逼近

一個方波訊號，其週期 $T=4$，

$$x(t)=\begin{cases}0, & -2\le t<-1 \\ 1, & -1\le t\le 1 \\ 0, & 1<t\le 2\end{cases}$$

計算其傅立葉級數係數，

$$X[k] = \frac{1}{4}\int_{-1}^{1} e^{-jk\frac{2\pi}{4}t} dt = \frac{1}{4} \times \frac{-e^{-jk\frac{\pi}{2}t}}{jk\frac{\pi}{2}}\bigg|_{-1}^{1} = \frac{1}{4} \times \frac{e^{jk\frac{\pi}{2}} - e^{-jk\frac{\pi}{2}}}{jk\frac{\pi}{2}}$$

$$= \frac{\sin(k\pi/2)}{k\pi}$$

因此傅立葉級數的表示爲

$$x(t) = \sum_{k=-\infty}^{\infty} \frac{\sin(k\pi/2)}{k\pi} e^{jk\frac{2\pi}{4}t}$$

如果我們只用有限個級數來表示，就寫成

$$x_J(t) = \sum_{k=-J}^{J} \frac{\sin(k\pi/2)}{k\pi} e^{jk\frac{\pi}{2}t}$$

$$= \sum_{k=-J}^{J} \frac{\sin(k\pi/2)}{k\pi}(\cos(k\pi t/2) + j\sin(k\pi t/2))$$

當只用少數個級數來表示時，得到的 $x_J(t)$ 很不像是方波，當使用的級數增加時，即 J 有較大值時，得到的 $x_J(t)$ 就比較像是方波，當 J 趨近於 ∞，$x_J(t)$ 就趨近方波 $x(t)$，但是在波形上下變動的不連續點上，永遠不會趨近於 1，這叫做吉伯斯現象 (Gibb's phenomenon)。圖 3.9 展示週期性方波的傅立葉級數趨近與吉伯斯現象。

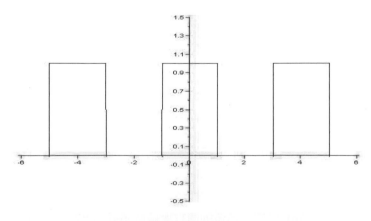

(a) 週期性方波

圖 3.9　週期性方波的傅立葉級數逼近與吉伯斯現象

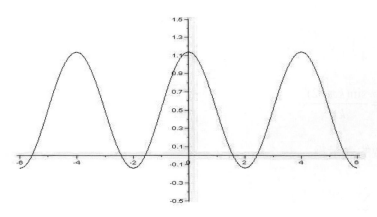

(b) 週期性方波的傅立葉級數逼近 $J=1$

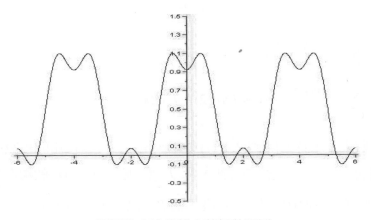

(c) 週期性方波的傅立葉級數逼近 $J=3$

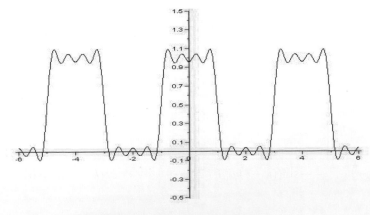

(d) 週期性方波的傅立葉級數逼近 $J=7$

圖 3.9 週期性方波的傅立葉級數逼近與吉伯斯現象(續)

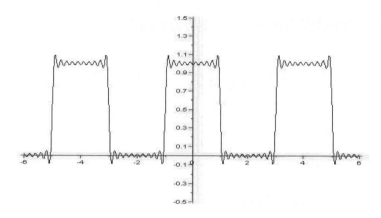

(e) 週期性方波的傅立葉級數逼近 $J = 19$

圖 3.9 週期性方波的傅立葉級數逼近與吉伯斯現象(續)

(2) 弦波訊號

若弦波訊號以複數型式表示，

$$x(t) = e^{j\ell\omega_0 t} \tag{3.89}$$

基本頻率為 $\omega_0 = 2\pi / T$。計算其傅立葉級數係數，得到

$$X[k] = \frac{1}{T} \int_{-T/2}^{T/2} e^{-j(k-\ell)\omega_0 t} dt = \frac{1}{T} \frac{e^{-j(k-\ell)\omega_0 T/2} - e^{j(k-\ell)\omega_0 T/2}}{-j(k-\ell)\omega_0} \tag{3.90}$$

$$= \frac{2}{T(k-\ell)\omega_0} \sin((k-\ell)\omega_0 T/2), \quad \omega_0 = 2\pi / T$$

當 $k \neq \ell$ 時，

$$X[k] = \frac{2}{T(k-\ell)\omega_0} \sin((k-\ell)\omega_0 T/2) = \frac{1}{\pi(k-\ell)} \sin((k-\ell)\pi) = 0 \tag{3.91}$$

當 $k = \ell$ 時，

$$X[\ell] = 1 \tag{3.92}$$

整理後得到以下的連續時間訊號與其傅立葉級數的關係，

$$x(t) = e^{j\ell\omega_0 t} \quad \overset{FS,\omega_0}{\leftrightarrow} \quad X[k] = \begin{cases} 1, & k = \ell \\ 0, & k \neq \ell \end{cases}, \qquad \omega_0 = 2\pi/T$$

只在頻率為 $\ell\omega_0$ 處有非 0 值。

若弦波訊號為餘弦函數，

$$x(t) = \cos(\ell\omega_0 t), \quad \omega_0 = 2\pi/T \tag{3.93}$$

其傅立葉級數係數計算如下，

$$X[k] = \frac{1}{T} \int_{-T/2}^{T/2} \cos(\ell\omega_0 t) e^{-jk\omega_0 t} dt \tag{3.94}$$

$$= \frac{1}{T} \int_{-T/2}^{T/2} \frac{e^{-j(k-\ell)\omega_0 t} + e^{-j(k+\ell)\omega_0 t}}{2} dt$$

$$= \frac{1}{2T} \left(\frac{e^{-j(k-\ell)\omega_0 T/2} - e^{j(k-\ell)\omega_0 T/2}}{-j(k-\ell)\omega_0} + \frac{e^{-j(k+\ell)\omega_0 T/2} - e^{j(k+\ell)\omega_0 T/2}}{-j(k+\ell)\omega_0} \right)$$

$$= \frac{1}{2\pi} \left(\frac{\sin((k-\ell)\pi)}{k-\ell} + \frac{\sin((k+\ell)\pi)}{k+\ell} \right)$$

當 $k \neq \pm\ell$ 時，

$$X[k] = 0 \tag{3.95}$$

當 $k = \ell$ 時，

$$X[\ell] = \frac{1}{2} \tag{3.96}$$

當 $k = -\ell$ 時，

$$X[-\ell] = \frac{1}{2} \tag{3.97}$$

整理後得到以下的連續時間訊號與其傅立葉級數的關係，

$$x(t) = \cos(\ell\omega_0 t) \quad \overset{FS,\omega_0}{\leftrightarrow} \quad X[k] = \begin{cases} 1/2, & k = \ell \\ 1/2, & k = -\ell \\ 0, & otherwise \end{cases}, \qquad \omega_0 = 2\pi/T$$

很明顯，這個餘弦函數只在頻率為 $\ell\omega_0$ 處有非 0 值，在 $k = -\ell$ 處，是此數學表示法所產的反影。

例題 3.12 餘弦訊號的連續時間傅立葉級數

一個餘弦訊號為

$$x(t) = \cos(\omega_0 t), \quad \omega_0 = 2\pi/T, \quad T = 20$$

計算其傅立葉級數係數，得到

$$X[1] = 1/2 \quad 與 \quad X[-1] = 1/2$$

可知它只有一個頻率成分，$X[-1]$ 是 $X[1]$ 的反影，圖 3.10 展示這個結果。

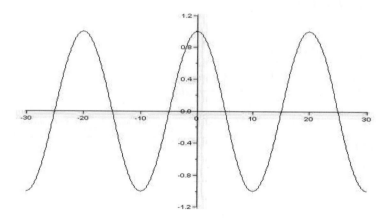

(a)　$x(t) = \cos(\omega_0 t), \quad \omega_0 = 2\pi/T, \quad T = 20$

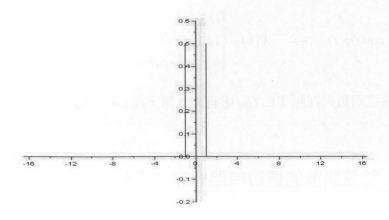

(b) $\text{Re}\{X[k]\}$

圖 3.10　餘弦函數

若弦波訊號為正弦函數，

$$x(t) = \sin(\ell\omega_0 t), \quad \omega_0 = 2\pi/T \tag{3.98}$$

其傅立葉級數係數計算如下，

$$X[k] = \frac{1}{T}\int_{-T/2}^{T/2} \sin(\ell\omega_0 t)e^{-jk\omega_0 t}\,dt \tag{3.99}$$

$$= \frac{1}{T}\int_{-T/2}^{T/2} \frac{e^{-j(k-\ell)\omega_0 t} - e^{-j(k+\ell)\omega_0 t}}{j2}\,dt$$

$$= \frac{1}{j2T}\left(\frac{e^{-j(k-\ell)\omega_0 T/2} - e^{j(k-\ell)\omega_0 T/2}}{-j(k-\ell)\omega_0} - \frac{e^{-j(k+\ell)\omega_0 T/2} - e^{j(k+\ell)\omega_0 T/2}}{-j(k+\ell)\omega_0}\right)$$

$$= \frac{1}{j2\pi}\left(\frac{\sin((k-\ell)\pi)}{k-\ell} - \frac{\sin((k+\ell)\pi)}{k+\ell}\right)$$

當 $k \neq \pm\ell$ 時，

$$X[k] = 0 \tag{3.100}$$

當 $k = \ell$ 時，

$$X[\ell] = \frac{1}{j2} \tag{3.101}$$

當 $k = -\ell$ 時，

$$X[-\ell] = \frac{-1}{j2} \tag{3.102}$$

整理後得到以下的連續時間訊號與其傅立葉級數的關係，

$$x(t) = \sin(\ell\omega_0 t) \quad \overset{FS,\omega_0}{\leftrightarrow} \quad X[k] = \begin{cases} 1/j2, & k = \ell \\ -1/j2, & k = -\ell \\ 0, & otherwise \end{cases}, \quad \omega_0 = 2\pi/T$$

這個正弦函數只在頻率為 $\ell\omega_0$ 處有非 0 值，在 $k = -\ell$ 處，是此數學表示法所產的倒反影。

例題 3.13 正弦訊號的連續時間傅立葉級數

一個正弦訊號為

$$x(t) = \sin(\omega_0 t), \quad \omega_0 = 2\pi/T, \quad T = 20$$

計算其傅立葉級數係數，得到

$$X[1] = 1/j2 \quad 與 \quad X[-1] = -1/j2$$

可知它只有一個頻率成分，在頻率 ω_0，$X[-1]$ 是 $X[1]$ 的倒反影，圖 3.11 展示這個結果。

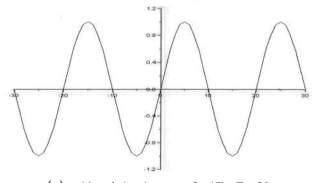

(a) $x(t) = \sin(\omega_0 t), \quad \omega_0 = 2\pi/T \quad T = 20$

圖 3.11 正弦函數

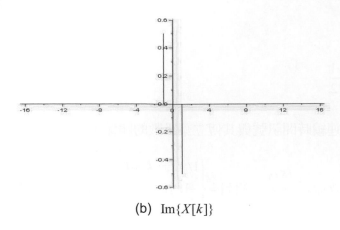

(b) $\text{Im}\{X[k]\}$

圖 3.11　正弦函數(續)

---

(3) 週期性脈衝訊號

如果訊號是個週期性脈衝，

$$x(t) = \sum_{\ell=-\infty}^{\infty} \delta(t - \ell T) \tag{3.103}$$

週期為 T，計算其傅立葉級數係數，

$$X[k] = \frac{1}{T} \int_{-T/2}^{T/2} \left(\sum_{\ell=-\infty}^{\infty} \delta(t - \ell T) \right) e^{-jk\omega_0 t} dt = \frac{1}{T}, \quad \omega_0 = 2\pi/T \tag{3.104}$$

整理後得到以下的連續時間訊號與其傅立葉級數的關係，

$$x(t) = \sum_{\ell=-\infty}^{\infty} \delta(t - \ell T) \overset{DTFS,\Omega_0}{\leftrightarrow} X[k] = \frac{1}{T}, \quad \omega_0 = 2\pi/T$$

週期性脈衝訊號的傅立葉級數係數是一個常數。

表 3.1　基本訊號的傅立葉級數

離散時間傅立葉級數 (DTFS)	連續時間傅立葉級數 (FS)
$x[n] = \sum_{k=0}^{N-1} X[k]e^{jk\frac{2\pi}{N}n}$	$x(t) = \sum_{k=-\infty}^{\infty} X[k]e^{jk\frac{2\pi}{T}t}$
$X[k] = \dfrac{1}{N}\sum_{n=0}^{N-1} x[n]e^{-jk\frac{2\pi}{N}n}, \quad k=0,1,2,...,N-1$	$X[k] = \dfrac{1}{T}\displaystyle\int_{-T/2}^{T/2} x(t)e^{-jk\frac{2\pi}{T}t}dt$
$x[n] \overset{DTFS,\Omega_0}{\longleftrightarrow} X[k], \quad \Omega_0 = 2\pi/N$	$x(t) \overset{FS,\omega_0}{\longleftrightarrow} X[k], \quad \omega_0 = 2\pi/T$
$x[n] = \begin{cases} 1, & \|n\| \le M \\ 0, & M < n < N-M \end{cases} \overset{DTFS,\Omega_0}{\longleftrightarrow}$ $X[k] = \dfrac{\sin(k\Omega_0(2M+1)/2)}{N\sin(k\Omega_0/2)}$	$x(t) = \begin{cases} 1, & \|t\| \le T_1 \\ 0, & T_1 < \|t\| \le T/2 \end{cases} \overset{FS,\omega_0}{\longleftrightarrow}$ $X[k] = \dfrac{\sin(k\omega_0 T_1)}{k\pi}$
$x[n] = e^{j\ell\Omega_0 n} \overset{DTFS,\Omega_0}{\longleftrightarrow}$ $X[k] = \begin{cases} 1, & k=\ell, \ell\pm N, \ell\pm 2N,\cdots \\ 0, & otherwise \end{cases}$	$x(t) = e^{j\ell\omega_0 t} \overset{FS,\omega_0}{\longleftrightarrow} X[k] = \begin{cases} 1, & k=\ell \\ 0, & k\ne\ell \end{cases}$
$x[n] = \cos(\ell\Omega_0 n) \overset{DTFS,\Omega_0}{\longleftrightarrow}$ $X[k] = \begin{cases} 1/2, & k=\ell, \ell\pm N, \ell\pm 2N,\cdots \\ 1/2, & k=-\ell, -\ell\pm N, -\ell\pm 2N,\cdots \\ 0, & otherwise \end{cases}$	$x(t) = \cos(\ell\omega_0 t) \overset{FS,\omega_0}{\longleftrightarrow}$ $X[k] = \begin{cases} 1/2, & k=\ell \\ 1/2, & k=-\ell \\ 0, & otherwise \end{cases}$
$x[n] = \sin(\ell\Omega_0 n) \overset{DTFS,\Omega_0}{\longleftrightarrow}$ $X[k] = \begin{cases} 1/j2, & k=\ell, \ell\pm N, \ell\pm 2N,\cdots \\ -1/j2, & k=-\ell, -\ell\pm N, -\ell\pm 2N,\cdots \\ 0, & otherwise \end{cases}$	$x(t) = \sin(\ell\omega_0 t) \overset{FS,\omega_0}{\longleftrightarrow}$ $X[k] = \begin{cases} 1/j2, & k=\ell \\ -1/j2, & k=-\ell \\ 0, & otherwise \end{cases}$
$x[n] = 1 \overset{DTFS,\Omega_0}{\longleftrightarrow}$ $X[k] = \begin{cases} 1, & k=0, \pm N, \pm 2N,\cdots \\ 0, & otherwise \end{cases}$	
$x[n] = \sum_{\ell=-\infty}^{\infty} \delta[n-\ell N] \overset{DTFS,\Omega_0}{\longleftrightarrow} X[k] = \dfrac{1}{N}$	$x(t) = \sum_{\ell=-\infty}^{\infty} \delta(t-\ell T) \overset{FS,\omega_0}{\longleftrightarrow} X[k] = \dfrac{1}{T}$

▶ 3.6

離散時間傅立葉級數的特性

(1) 線性特性

　　若有兩個離散時間的週期性訊號，$x[n]$ 與 $y[n]$，它們有相同的基本週期 N，分別可以計算其傅立葉級數係數 $X[k]$ 與 $Y[k]$，其相對關係如下，

$$X[k] = \frac{1}{N}\sum_{n=0}^{N-1} x[n]e^{-jk\frac{2\pi}{N}n} \quad 與 \quad Y[k] = \frac{1}{N}\sum_{n=0}^{N-1} y[n]e^{-jk\frac{2\pi}{N}n} \tag{3.105}$$

這兩個訊號以線性組合所組成的新訊號，也是週期性訊號，基本週期仍為 N。

$$w[n] = ax[n] + by[n] \tag{3.106}$$

它的傅立葉級數係數 $W[k]$ 就是 $X[k]$ 與 $Y[k]$ 兩個傅立葉級數係數的線性組合。

$$W[k] = aX[k] + bY[k] \tag{3.107}$$

因此傅立葉級數具有線性特性(linearity)，有如下的離散時間傅立葉級數關係，

$$ax[n] + by[n] \overset{DTFS,\Omega_0}{\longleftrightarrow} aX[k] + bY[k], \quad \Omega_0 = 2\pi/N$$

線性組合所組成的週期性訊號，其離散時間傅立葉級數係數也是原傅立葉級數係數的線性組合。

(2) 對稱特性

　　一個週期性離散時間訊號 $x[n]$，其週期為 N，我們可以求得其傅立葉級數係數

$$X[k] = \frac{1}{N}\sum_{n=0}^{N-1} x[n]e^{-jk\frac{2\pi}{N}n} \tag{3.108}$$

通常 $X[k]$ 是一個複數，若取其共軛複數，就得到

$$X^*[k] = \frac{1}{N} \sum_{n=0}^{N-1} x^*[n] e^{jk\frac{2\pi}{N}n} \tag{3.109}$$

如果 $x[n]$ 是實數，$x^*[n] = x[n]$，因此(3.109)式改爲

$$X^*[k] = \frac{1}{N} \sum_{n=0}^{N-1} x[n] e^{-j(-k)\frac{2\pi}{N}n} = X[-k] \tag{3.110}$$

這個傅立葉級數係數 $X[k]$ 有以下的現象，

$$\operatorname{Re} X[k] = \operatorname{Re} X[-k], \quad \operatorname{Im} X[k] = -\operatorname{Im} X[-k] \tag{3.111}$$

我們稱之爲共軛對稱的(conjugate symmetric)函數。

如果 $x[n]$ 是虛數，$x^*[n] = -x[n]$，則

$$X^*[k] = -\frac{1}{N} \sum_{n=0}^{N-1} x[n] e^{-j(-k)\frac{2\pi}{N}n} = -X[-k] \tag{3.112}$$

也就是

$$\operatorname{Re} X[k] = -\operatorname{Re} X[-k], \quad \operatorname{Im} X[k] = \operatorname{Im} X[-k] \tag{3.113}$$

如果 $x[n]$ 是實數的偶訊號，$x[-n] = x[n]$，(3.110)式可以寫成

$$X^*[k] = \frac{1}{N} \sum_{n=0}^{N-1} x[-n] e^{-j(-k)\frac{2\pi}{N}n} = \frac{1}{N} \sum_{m=0}^{-N+1} x[m] e^{-jk\frac{2\pi}{N}m} = X[k] \tag{3.114}$$

則 $X[k]$ 是實數。

如果 $x[n]$ 是實數的奇訊號，$x[-n] = -x[n]$，(3.110)式可以寫成

$$X^*[k] = \frac{1}{N} \sum_{n=0}^{N-1} -x[-n] e^{-j(-k)\frac{2\pi}{N}n} = -\frac{1}{N} \sum_{m=0}^{-N+1} x[m] e^{-jk\frac{2\pi}{N}m} = -X[k] \tag{3.115}$$

則 $X[k]$ 是虛數。

例題 3.14 週期性方波訊號

週期為 12 的離散時間週期性方波訊號描述如下，

$$x[n] = \begin{cases} 1, & 0 \leq n \leq 5 \\ 0, & 5 < n \leq 11 \end{cases} \qquad N = 12$$

傅立葉級數係數為

$$X[k] = \frac{1}{12} \sum_{n=0}^{11} x[n] e^{-jk\frac{2\pi}{12}n} = \frac{1}{12} \sum_{n=0}^{5} e^{-jk\frac{\pi}{6}n} = \frac{1}{12} \frac{1 - e^{-j6k\frac{\pi}{6}}}{1 - e^{-jk\frac{\pi}{6}}}$$

$$= \frac{1}{12} \frac{e^{-j6k\frac{\pi}{12}}(e^{j6k\frac{\pi}{12}} - e^{-j6k\frac{\pi}{12}})}{e^{-jk\frac{\pi}{12}}(e^{jk\frac{\pi}{12}} - e^{-jk\frac{\pi}{12}})} = \frac{1}{12} e^{-j5k\frac{\pi}{12}} \frac{\sin(k\pi/2)}{\sin(k\pi/12)}$$

取 $X[k]$ 的共軛複數，得出以下結果，

$$X^*[k] = \frac{1}{12} e^{j5k\frac{\pi}{12}} \frac{\sin(k\pi/2)}{\sin(k\pi/12)} = \frac{1}{12} e^{-j5(-k)\frac{\pi}{12}} \frac{\sin(-k\pi/2)}{\sin(-k\pi/12)} = X[-k]$$

因此 $X[k]$ 是共軛對稱的函數。

---

(3) 時間偏移

對一個週期性離散時間訊號 $x[n]$ 作時間偏移(time shifting)，變成 $x_1[n] = x[n-n_1]$，其傅立葉級數係數的計算如下，

$$X_1[k] = \frac{1}{N} \sum_{n=0}^{N-1} x[n-n_1] e^{-jk\frac{2\pi}{N}n} \tag{3.116}$$

令 $m = n - n_1$，(3.116)式改寫成

$$X_1[k] = \frac{1}{N} \sum_{m=-n_1}^{N-1-n_1} x[m] e^{-jk\frac{2\pi}{N}m} \cdot e^{-jk\frac{2\pi}{N}n_1} \tag{3.117}$$

$$= e^{-jk\frac{2\pi}{N}n_1} (\frac{1}{N} \sum_{m=0}^{N-1} x[m] e^{-jk\frac{2\pi}{N}m}) = e^{-jk\Omega_0 n_1} X[k], \qquad \Omega_0 = 2\pi/N$$

整理後得到以下的離散時間傅立葉級數關係，

$$x[n-n_1] \overset{DTFS,\Omega_0}{\longleftrightarrow} e^{-jk\Omega_0 n_1} X[k], \quad \Omega_0 = 2\pi/N$$

離散時間訊號在時間上作偏移，頻域中就造成 $k\Omega_0 n_1$ 的相位改變。

例題 3.15 弦波訊號的傅立葉級數係數

一個週期性脈衝訊號如下式所示，基本週期 $N=8$，

$$x[n] = \sin(\frac{\pi}{4}n)$$

計算其傅立葉級數係數 $X[k]$，得到

$$X[k] = \frac{1}{8} \sum_{n=0}^{7} x[n] e^{-j\frac{2\pi}{8}nk} = \frac{1}{8} \sum_{n=0}^{7} \frac{e^{j\frac{2\pi}{8}n} - e^{-j\frac{2\pi}{8}n}}{j2} e^{-j\frac{2\pi}{8}nk}$$

$$= \frac{1}{8 \times j2} (\sum_{n=0}^{7} e^{-j\frac{2\pi}{8}n(k-1)} - \sum_{n=0}^{7} e^{-j\frac{2\pi}{8}n(k+1)})$$

$$= \frac{1}{8 \times j2} (\frac{1-e^{-j2\pi(k-1)}}{1-e^{-j\frac{2\pi}{8}(k-1)}} - \frac{1-e^{-j2\pi(k+1)}}{1-e^{-j\frac{2\pi}{8}(k+1)}})$$

$$X[k] = \begin{cases} 1/j2, & k = \ldots -15, -7, 1, 9, 17, \ldots \\ -1/j2, & k = \ldots -17, -9, -1, 7, 15, \ldots \\ 0, & otherwise \end{cases}$$

圖 3.12 展示此週期性訊號，及其傅立葉級數係數。

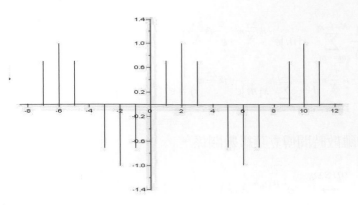

(a) $x[n] = \sin(\frac{\pi}{4}n)$

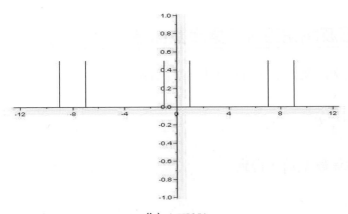

(b) $|X[k]|$

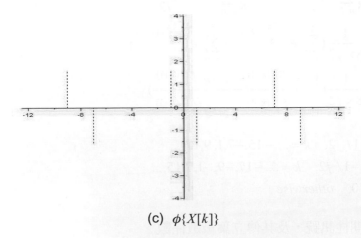

(c) $\phi\{X[k]\}$

圖 3.12 弦波訊號的傅立葉級數係數

將 $x[n]$ 作時間偏移，$x[n]$ 中 n 改為 $n-1$ ，

$$x_1[n] = \sin(\frac{2\pi}{8}(n-1))$$

計算其傅立葉級數係數 $X[k]$ ，得到

$$X_1[k] = \frac{1}{8}\sum_{n=0}^{7} x[n-1]e^{-j\frac{2\pi}{8}nk}$$

令 $m = n-1$ ，上式改寫成

$$X_1[k] = \frac{1}{8}\sum_{m=-1}^{6} x[m]e^{-j\frac{2\pi}{8}(m+1)k} = \frac{1}{8}e^{-j\frac{2\pi}{8}k}\sum_{m=-1}^{6} x[m]e^{-j\frac{2\pi}{8}mk}$$

$$X_1[k] = \begin{cases} e^{-j\frac{2\pi}{8}}/j2, & k = ...,-15,-7,1,9,17,... \\ -e^{j\frac{2\pi}{8}}/j2, & k = ...,-17,-9,-1,7,15,... \\ 0, & otherwise \end{cases}$$

圖 3.13 展示此作了時間偏移的週期性訊號及其傅立葉級數係數。

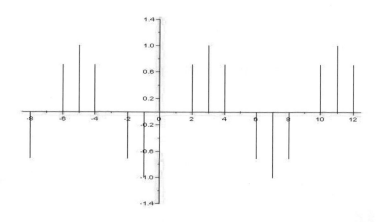

(a) $x_1[n] = \sin(\frac{2\pi}{8}(n-1))$

圖 3.13 時間偏移的影響

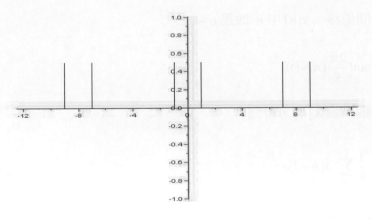

(b) $|X_1[k]|$

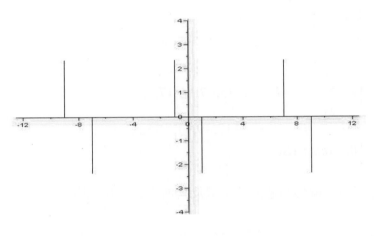

(c) $\phi\{X_1[k]\}$

圖 3.13　時間偏移的影響(續)

仔細比較圖 3.12 與圖 3.13，可以發現絕對值沒有改變，仍是 0.5，但是相位確實有所改變，在 $k=1$ 時相位從原來的 $-\dfrac{\pi}{2}$ 變成 $-\dfrac{3\pi}{4}$，其倒反影則是從原來的 $\dfrac{\pi}{2}$ 變成 $\dfrac{3\pi}{4}$。

(4) 頻率偏移

假設週期性離散時間訊號的傅立葉級數係數 $X[k]$ 作了偏移，變成 $X[k-k_1]$，k 代表諧振頻率，其偏移就表示頻率偏移(frequency shifting)。時域訊號 $x[n]$ 的對應情況可以從計算傅立葉級數係數的演算式探討，傅立葉級數係數 $X[k]$ 的計算如下，

$$X[k] = \frac{1}{N} \sum_{n=0}^{N-1} x[n] e^{-jk\frac{2\pi}{N}n}, \quad \Omega_0 = 2\pi / N \tag{3.118}$$

讓 k 改爲 $k - k_1$，(3.118)式即改寫成

$$X[k-k_1] = \frac{1}{N} \sum_{n=0}^{N-1} x[n] e^{-j(k-k_1)\frac{2\pi}{N}n} = \frac{1}{N} \sum_{n=0}^{N-1} (x[n] e^{jk_1\frac{2\pi}{N}n}) e^{-jk\frac{2\pi}{N}n} \tag{3.119}$$

(3.119)式表示以下的離散時間傅立葉級數關係，

$$e^{jk_1\Omega_0 n} x[n] \quad \overset{DTFS, \Omega_0}{\longleftrightarrow} \quad X[k-k_1], \quad \Omega_0 = 2\pi / N$$

離散時間訊號的傅立葉級數係數作了頻率偏移，其結果就是在時域上乘上一個弦波訊號。

例題 3.16 頻率偏移的影響

一個週期性脈衝訊號如下式所示，基本週期 $N = 8$，

$$x[n] = \sin(\frac{2\pi}{8} n)$$

其傅立葉級數係數 $X[k]$ 爲

$$X[k] = \begin{cases} 1/j2, & k = ... -15, -7, 1, 9, 17, ... \\ -1/j2, & k = ... -17, -9, -1, 7, 15, ... \\ 0, & otherwise \end{cases}$$

讓 k 改爲 $k - 2$，

$$Y[k] = X[k-2] = \begin{cases} 1/j2, & k = ... -13, -5, 3, 11, 19, ... \\ -1/j2, & k = ... -15, -7, 1, 9, 17, ... \\ 0, & otherwise \end{cases}$$

得到的 $y[n]$ 就是 $x[n]$ 被乘上一個弦波訊號，

$$y[n] = e^{j\frac{4\pi}{8}n} x[n] = e^{j\frac{\pi}{2}n} \sin(\frac{\pi}{4} n)$$

(5) 捲迴特性

兩個週期性的離散時間訊號 $x[n]$ 與 $y[n]$，它們的週期都是 N，這兩個訊號作週期性捲加演算(periodic convolution sum)會得到一個週期為 N 的週期性訊號，以符號 $\oplus$ 表示週期性捲加演算，其定義如下，

$$w[n] = x[n] \oplus y[n] = \sum_{m=0}^{N-1} x[m]y[n-m] \tag{3.120}$$

對 $w[n]$ 求其傅立葉級數係數，我們得到

$$W[k] = \frac{1}{N}\sum_{n=0}^{N-1} w[n]e^{-jk\frac{2\pi}{N}n} = \frac{1}{N}\sum_{n=0}^{N-1}(\sum_{m=0}^{N-1} x[m]y[n-m])e^{-jk\frac{2\pi}{N}n} \tag{3.121}$$

$$= \frac{1}{N}\sum_{m=0}^{N-1} x[m]\sum_{n=0}^{N-1} y[n-m]e^{-jk\frac{2\pi}{N}n}$$

令 $\ell = n - m$，

$$W[k] = \frac{1}{N}\sum_{m=0}^{N-1} x[m]\sum_{\ell=-m}^{N-1-m} y[\ell]e^{-jk\frac{2\pi}{N}\ell} \cdot e^{-jk\frac{2\pi}{N}m} \tag{3.122}$$

$$= \sum_{m=0}^{N-1} x[m](\frac{1}{N}\sum_{\ell=-m}^{N-1-m} y[\ell]e^{-jk\frac{2\pi}{N}\ell}) \cdot e^{-jk\frac{2\pi}{N}m}$$

$$= \sum_{m=0}^{N-1} x[m]e^{-jk\frac{2\pi}{N}m}Y[k]$$

$$= N(\frac{1}{N}\sum_{m=0}^{N-1} x[m]e^{-jk\frac{2\pi}{N}m})Y[k] = NX[k]Y[k]$$

整理後得到以下的離散時間傅立葉級數關係，

$$x[n] \oplus y[n] \quad \overset{DTFS,\Omega_0}{\longleftrightarrow} \quad NX[k]Y[k] \qquad \Omega_0 = 2\pi/N$$

這是捲迴特性(convolution property)，在時域中兩個週期相同的週期性訊號作週期性捲加演算，在頻域中則是對應的兩個傅立葉級數係數作相乘。

例題 3.17 離散時間訊號的週期性捲加演算

兩個週期相同的離散時間週期性訊號，其一個週期內的訊號表示如下式，

$$x[n] = \begin{cases} 1, & |n| \le 2 \\ 0, & 2 < n < 6 \end{cases} \qquad N = 8$$

$$y[n] = \begin{cases} -2, & n = -2, -1 \\ 0, & n = 0 \\ 2, & n = 1, 2 \\ 0, & 3 \le n \le 5 \end{cases} \qquad N = 8$$

計算 $x[n]$ 與 $y[n]$ 的離散時間傅立葉級數係數，

$$X[k] = \frac{1}{N} \sum_{n=0}^{N-1} x[n] e^{-jk\frac{2\pi}{N}n} = \frac{1}{8} \sum_{n=-2}^{2} x[n] e^{-jk\frac{\pi}{4}n} = \frac{1}{8}(e^{jk\frac{\pi}{2}} + e^{jk\frac{\pi}{4}} + 1 + e^{-jk\frac{\pi}{4}} + e^{-jk\frac{\pi}{2}})$$

$$= \frac{1}{8}(1 + 2\cos(\frac{k\pi}{2}) + 2\cos(\frac{k\pi}{4}))$$

$$Y[k] = \frac{1}{N} \sum_{n=0}^{N-1} y[n] e^{-jk\frac{2\pi}{N}n} = \frac{1}{8} \sum_{n=-2}^{2} y[n] e^{-jk\frac{\pi}{4}n} = \frac{2}{8}(-e^{jk\frac{\pi}{2}} - e^{jk\frac{\pi}{4}} + e^{-jk\frac{\pi}{4}} + e^{-jk\frac{\pi}{2}})$$

$$= \frac{1}{4}(-j2\sin(\frac{k\pi}{2}) - j2\sin(\frac{k\pi}{4}))$$

在頻域中兩個傅立葉級數係數作相乘，

$$W[k] = NX[k]Y[k] = \frac{-j}{4}(1 + 2\cos(\frac{k\pi}{2}) + 2\cos(\frac{k\pi}{4}))(2\sin(\frac{k\pi}{2}) + 2\sin(\frac{k\pi}{4}))$$

$$= \frac{-j}{2}(\sin(\frac{k\pi}{2}) + \sin(\frac{k\pi}{4}) + 2\cos(\frac{k\pi}{2})\sin(\frac{k\pi}{2}) + 2\cos(\frac{k\pi}{2})\sin(\frac{k\pi}{4})$$

$$+ 2\cos(\frac{k\pi}{4})\sin(\frac{k\pi}{2}) + 2\cos(\frac{k\pi}{4})\sin(\frac{k\pi}{4}))$$

$$= \frac{-j}{2}(\sin(\frac{k\pi}{2}) + \sin(\frac{k\pi}{4}) + \sin(k\pi) + \sin(0) + \sin(\frac{3k\pi}{4}) + \sin(\frac{k\pi}{4})$$

$$+ \sin(\frac{3k\pi}{4}) + \sin(\frac{-k\pi}{4}) + \sin(\frac{k\pi}{2}) + \sin(0))$$

整理之後，

$$W[k] = \frac{-j}{2}(\sin(\frac{k\pi}{4}) + 2\sin(\frac{k\pi}{2}) + 2\sin(\frac{3k\pi}{4}))$$

代入 k 值，即得到一個週期的傅立葉級數係數，

$$W[0] = 0, \quad W[1] = \frac{-j}{2}(2 + \frac{3}{\sqrt{2}}), \quad W[2] = \frac{j}{2}, \quad W[3] = \frac{-j}{2}(-2 + \frac{3}{\sqrt{2}})$$

$$W[4] = 0, \quad W[5] = \frac{-j}{2}(2 - \frac{3}{\sqrt{2}}), \quad W[6] = \frac{-j}{2}, \quad W[7] = \frac{-j}{2}(-2 - \frac{3}{\sqrt{2}})$$

計算 $x[n]$ 與 $y[n]$ 的週期性捲加演算，得到

$$w[n] = x[n] \oplus y[n]$$

$$w[-4] = 0, \quad w[-3] = -4, \quad w[-2] = -4, \quad w[-1] = -2$$

$$w[0] = 0, \quad w[1] = 2, \quad w[2] = 4, \quad w[3] = 4, \quad w[4] = 0$$

圖 3.14 展示此週期性捲加演算的結果。要注意的是只在 $x[k]$ 的一個週期內計算，$y[n-k]$ 則是逐步移入這個週期，為了使繪圖清楚，$x[k]$ 只顯示一個週期。

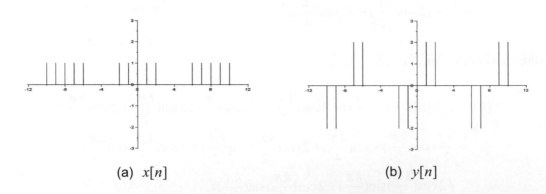

(a) $x[n]$ (b) $y[n]$

圖 3.14 離散時間訊號的週期性捲加演算

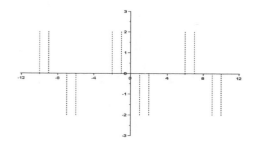

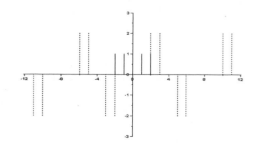

(c) $y[-k]$

(d) $n = -4, \quad \displaystyle\sum_{k=-2}^{5} x[k]y[-4-k] = 0$

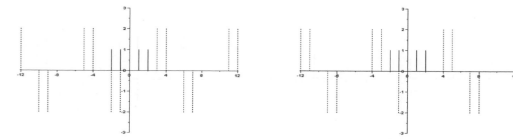

(e) $n = -3, \quad \displaystyle\sum_{k=-2}^{5} x[k]y[-3-k] = -4$

(f) $n = -2, \quad \displaystyle\sum_{k=-2}^{5} x[k]y[-2-k] = -4$

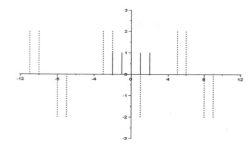

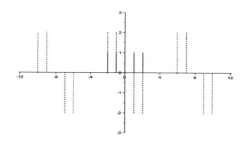

(g) $n = -1, \quad \displaystyle\sum_{k=-2}^{5} x[k]y[-1-k] = -2$

(h) $n = 0, \quad \displaystyle\sum_{k=-2}^{5} x[k]y[0-k] = 0$

圖 3.14　離散時間訊號的週期性捲加演算(續)

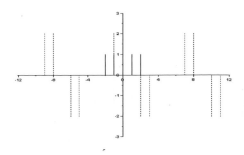

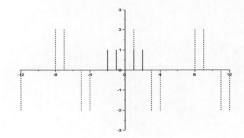

(i) $n = 1$, $\displaystyle\sum_{k=-2}^{5} x[k]y[1-k] = 2$ (j) $n = 2$, $\displaystyle\sum_{k=-2}^{5} x[k]y[2-k] = 4$

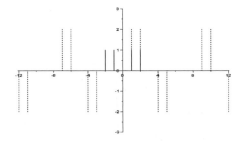

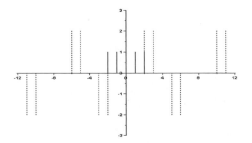

(k) $n = 3$, $\displaystyle\sum_{k=-2}^{5} x[k]y[3-k] = 4$ (l) $n = 4$, $\displaystyle\sum_{k=-2}^{5} x[k]y[4-k] = 0$

圖 3.14　離散時間訊號的週期性捲加演算(續)

針對 $w[n]$ 計算其傅立葉級數係數，

$$W[k] = \frac{1}{N}\sum_{n=0}^{N-1} w[n]e^{-jk\frac{2\pi}{N}n} = \frac{1}{8}\sum_{n=-4}^{3} w[n]e^{-jk\frac{\pi}{4}n}$$

$$= \frac{1}{8}(0 - 4e^{j\frac{3k\pi}{4}} - 4e^{j\frac{k\pi}{2}} - 2e^{j\frac{k\pi}{4}} + 0 + 2e^{-j\frac{k\pi}{4}} + 4e^{-j\frac{k\pi}{2}} + 4e^{-j\frac{3k\pi}{4}})$$

$$= \frac{-j}{2}(\sin(\frac{k\pi}{4}) + 2\sin(\frac{k\pi}{2}) + 2\sin(\frac{3k\pi}{4}))$$

這個結果印證兩個週期性的離散時間訊號的捲迴特性。

(6) 乘法特性

兩個週期性離散時間訊號 $x[n]$ 與 $y[n]$，週期皆為 N，其個別的傅立葉級數係數為 $X[k]$ 與 $Y[k]$，當 $x[n]$ 乘上 $y[n]$，所得到的新訊號為

$$w[n] = x[n]y[n] = \sum_{k=0}^{N-1} X[k]e^{jk\frac{2\pi}{N}n} \cdot \sum_{\ell=0}^{N-1} Y[\ell]e^{j\ell\frac{2\pi}{N}n} \tag{3.123}$$

$$= \sum_{k=0}^{N-1} \sum_{\ell=0}^{N-1} X[k]Y[\ell]e^{j(k+\ell)\frac{2\pi}{N}n}$$

其基本角頻率為 $\Omega_0 = 2\pi/N$。令 $k + \ell = m$，則 $k = m - \ell$，(3.123)式變成

$$w[n] = \sum_{m=\ell}^{N-1+\ell} (\sum_{\ell=0}^{N-1} X[m-\ell]Y[\ell])e^{jm\frac{2\pi}{N}n} \tag{3.124}$$

$$= \sum_{m=0}^{N-1} (\sum_{\ell=0}^{N-1} X[m-\ell]Y[\ell])e^{jm\frac{2\pi}{N}n}$$

(3.124)式表示一個週期性捲加演算，整理後得到以下的離散時間傅立葉級數關係，

$$x[n]y[n] \quad\overset{DTFS,\Omega_0}{\longleftrightarrow}\quad X[k] \oplus Y[k], \quad \Omega_0 = 2\pi/N$$

這是時域中的乘法特性(multiplication property)，在時域中兩個週期相同的週期性訊號相乘的結果，會使得在頻域中對應兩個傅立葉級數係數作週期性捲加演算。

例題 3.18 兩個離散時間週期性訊號的相乘

兩個週期相同的離散時間週期性訊號，其傅立葉級數係數分別是

$$X[k] = \delta[n+1] + \delta[n] + \delta[n-1], \qquad N = 4$$

$$Y[k] = -\delta[n+1] + \delta[n-1], \qquad N = 4$$

因此其離散時間傅立葉級數表示分別是

$$x[n] = \sum_{k=0}^{3} X[k]e^{j\frac{2\pi}{4}kn} = \sum_{k=-1}^{1} X[k]e^{j\frac{\pi}{2}kn} = e^{-j\frac{\pi}{2}n} + 1 + e^{j\frac{\pi}{24}n} = 1 + 2\cos(\frac{n\pi}{2})$$

$$y[n] = \sum_{k=0}^{3} Y[k]e^{j\frac{2\pi}{4}kn} = \sum_{k=-1}^{1} Y[k]e^{j\frac{\pi}{2}kn} = -e^{-j\frac{\pi}{2}n} + e^{j\frac{\pi}{2}n} = j2\sin(\frac{n\pi}{2})$$

計算 $X[k]$ 與 $Y[k]$ 的週期性捲加演算，得到

$$W[k] = X[k] \oplus Y[k] = \sum_{0}^{3} X[k-\ell]Y[\ell] = -\delta[k+1] + \delta[k-1]$$

其對應的離散時間訊號為

$$w[n] = j2\sin(\frac{n\pi}{2})$$

計算 $x[n]$ 與 $y[n]$ 的相乘，

$$w[n] = x[n]y[n] = (1 + 2\cos(\frac{n\pi}{2}))(j2\sin(\frac{n\pi}{2})) = j2(\sin(\frac{n\pi}{2}) + 2\cos(\frac{n\pi}{2})\sin(\frac{n\pi}{2}))$$

$$= j2(\sin(\frac{n\pi}{2}) + \sin(n\pi) - \sin(0)) = j2\sin(\frac{n\pi}{2})$$

這個結果印證兩個週期性的離散時間訊號的乘法特性。

(7) 對時間的差分

$x[n]$ 是一個週期性的離散時間訊號，其週期為 N，以傅立葉級數表示，$x[n]$ 寫成

$$x[n] = \sum_{k=0}^{N-1} X[k]e^{jk\Omega_0 n} , \quad \Omega_0 = 2\pi / N \tag{3.125}$$

將 $x[n]$ 中 n 改為 $n-1$，

$$x[n-1] = \sum_{k=0}^{N-1} X[k]e^{jk\Omega_0(n-1)} \tag{3.126}$$

對 $x[n]$ 作時間差分，得到

$$x[n] - x[n-1] = \sum_{k=0}^{N-1} X[k](1 - e^{-jk\Omega_0})\ e^{jk\Omega_0 n} \tag{3.127}$$

整理後得到以下的離散時間傅立葉級數關係，

$$x[n] - x[n-1] \overset{DTFS,\Omega_0}{\longleftrightarrow} X[k](1 - e^{-jk\Omega_0}), \quad \Omega_0 = 2\pi/N$$

所以在時域中作時間差分(difference in time)的結果，是其傅立葉級數係數減掉偏移相位的傅立葉級數係數。

例題 3.19 對時間的差分

一個離散時間週期性訊號如下式所示，

$$x[n] = \sin(\frac{2\pi}{8}n)$$

其傅立葉級數係數 $X[k]$ 為

$$X[k] = \begin{cases} 1/j2, & k = \ldots -15, -7, 1, 9, 17, \ldots \\ -1/j2, & k = \ldots -17, -9, -1, 7, 15, \ldots \\ 0, & otherwise \end{cases}$$

將 $x[n]$ 中 n 改為 $n-1$，

$$x_1[n] = x[n-1] = \sin(\frac{2\pi}{8}(n-1))$$

其傅立葉級數係數 $X_1[k]$ 為

$$X_1[k] = \begin{cases} e^{-j\frac{2\pi}{8}}/j2, & k = \ldots, -15, -7, 1, 9, 17, \ldots \\ -e^{j\frac{2\pi}{8}}/j2, & k = \ldots, -17, -9, -1, 7, 15, \ldots \\ 0, & otherwise \end{cases}$$

因此 $x[n] - x[n-1]$ 所對應的傅立葉級數係數是 $X[k] - X_1[k]$，也就是

$$X[k] - X_1[k] = \begin{cases} (1 - e^{-j\frac{2\pi}{8}}) / j2, & k = \ldots, -15, -7, 1, 9, 17, \ldots \\ -(1 - e^{j\frac{2\pi}{8}}) / j2, & k = \ldots, -17, -9, -1, 7, 15, \ldots \\ 0, & otherwise \end{cases}$$

---

(8) 時間比例調整

假設週期性離散時間訊號 $x[n]$ 的週期為 N，若有一個離散時間訊號 $x_1[n]$，它與 $x[n]$ 的關係是

$$x_1[n] = \begin{cases} x[n/p], & n = pm, \ m = 0, \ 1, \ 2, \cdots N-1 \\ 0, & otherwise \end{cases} \tag{3.128}$$

也就是在 $n \neq 0, \pm p, \pm 2p, \cdots$ 時，$x_1[n] = 0$。這個新的訊號 $x_1[n]$ 的週期就是 pN，在時間上作時間比例調整(time scaling)，因此其基本角頻率為 $\Omega_1 = \dfrac{2\pi}{pN} = \dfrac{1}{p}\Omega_0$，計算其傅立葉級數係數，

$$X_1[k] = \frac{1}{pN}\sum_{n=0}^{pN-1} x_1[n]e^{-jk\frac{2\pi}{pN}n} = \frac{1}{pN}\sum_{n=0}^{pN-1} x[n/p]e^{-jk\frac{2\pi}{pN}n} \tag{3.129}$$

讓 $n = mp$，(3.129)式改為

$$X_1[k] = \frac{1}{pN}\sum_{m=0}^{N-1} x[m]e^{-jk\frac{2\pi}{pN}mp} = \frac{1}{pN}\sum_{m=0}^{N-1} x[m]e^{-jk\frac{2\pi}{N}m} = \frac{1}{p}X[k] \tag{3.130}$$

整理後得到以下的離散時間傅立葉級數關係，

$$x[n/p] \overset{DTFS,\Omega_1}{\longleftrightarrow} \frac{1}{p}X[k], \quad \Omega_1 = 2\pi/pN$$

這表示對週期性離散時間訊號作時間比例調整的結果，是傅立葉級數係數值也做了比例調整。

例題 3.20 週期性訊號的時間比例調整

一個離散時間週期性訊號表示如下式，

$$x[n] = \cos(\frac{\pi}{4}n), \quad N = 8$$

其傅立葉級數係數為

$$X[k] = \frac{1}{2}\delta[k-1] + \frac{1}{2}\delta[k+1]$$

若是作時間比例調整，

$$x_1[n] = x[n/2] = \cos(\frac{\pi}{4}\frac{n}{2}), \quad n = 2m, \ m = 0, \ 1, \ 2, \cdots N-1$$

訊號 $x_1[n]$ 的週期變成 $2N$ ，計算其傅立葉級數係數，

$$X_1[k] = \frac{1}{2N}\sum_{n=0}^{2N-1} x_1[n]e^{-jk\frac{2\pi}{2N}n} = \frac{1}{16}\sum_{n=0}^{15} x[n/2]e^{-jk\frac{\pi}{8}n}$$

讓 $m = n/2$ ，上式改為

$$X_1[k] = \frac{1}{2}\frac{1}{8}\sum_{m=0}^{7} x[m]e^{-jk\frac{2\pi}{8}m} = \frac{1}{2}X[k]$$

也就是

$$X_1[k] = \frac{1}{4}\delta[k-1] + \frac{1}{4}\delta[k+1]$$

(9) 帕沙夫關係式

帕沙夫關係式(Parseval relationship)說明在時域中訊號的功率與在頻域中表示的功率是相等的，我們可以用傅立葉級數驗證這個關係式。假設週期性離散時間訊號 $x[n]$ 的週期為 N，其傅立葉級數為

$$x[n] = \sum_{k=0}^{N-1} X[k] e^{jk\frac{2\pi}{N}n} \tag{3.131}$$

取共軛複數，

$$x*[n] = \sum_{k=0}^{N-1} X*[k] e^{-jk\frac{2\pi}{N}n} \tag{3.132}$$

計算時域中訊號的平均功率，得到

$$P = \frac{1}{N}\sum_{n=0}^{N-1} |x[n]|^2 = \frac{1}{N}\sum_{n=0}^{N-1} x[n]x*[n] \tag{3.133}$$

將(3.131)式與(3.132)式代入(3.133)式，我們得到

$$P = \frac{1}{N}\sum_{n=0}^{N-1} x[n]\sum_{k=0}^{N-1} X*[k] e^{-jk\frac{2\pi}{N}n} = \sum_{k=0}^{N-1} X*[k]\left(\frac{1}{N}\sum_{n=0}^{N-1} x[n]e^{-jk\frac{2\pi}{N}n}\right) \tag{3.134}$$
$$= \sum_{k=0}^{N-1} X*[k]X[k] = \sum_{k=0}^{N-1} |X[k]|^2$$

從以上的推導，可以確認在時域中計算訊號的平均功率與在頻域中計算的平均功率是相等的。

例題 3.21 訊號功率的計算

一個週期性訊號如下式所示，

$$x[n] = \sin(\frac{\pi}{4}n)$$

其傅立葉級數係數為

$$X[k] = \begin{cases} 1/j2, & k = \ldots-15,-7,1,9,17,\ldots \\ -1/j2, & k = \ldots-17,-9,-1,7,15,\ldots \\ 0, & otherwise \end{cases}$$

計算時域中訊號的平均功率，

$$P = \frac{1}{8}\sum_{n=0}^{7} |x[n]|^2 = \frac{1}{8}(0 + \sin^2(\frac{\pi}{4}) + \sin^2(\frac{2\pi}{4}) + \sin^2(\frac{3\pi}{4})$$
$$+ \sin^2(\frac{4\pi}{4}) + \sin^2(\frac{5\pi}{4}) + \sin^2(\frac{6\pi}{4}) + \sin^2(\frac{7\pi}{4}))$$
$$= \frac{1}{8}(0 + \frac{1}{2} + 1 + \frac{1}{2} + 0 + \frac{1}{2} + 1 + \frac{1}{2}) = \frac{1}{2}$$

頻域中計算的功率是

$$P = \sum_{k=0}^{7} |X[k]|^2 = \sum_{k=-3}^{4} |X[k]|^2 = \frac{1}{4} + \frac{1}{4} = \frac{1}{2}$$

兩個計算的結果相同。

 3.7

連續時間傅立葉級數的特性

(1) 線性特性

連續時間的週期性訊號 $x(t)$ 與 $y(t)$，若它們有相同的基本週期 T，其傅立葉級數係數分別是 $X[k]$ 與 $Y[k]$，

$$X[k] = \frac{1}{T}\int_{-T/2}^{T/2} x(t)e^{-jk\frac{2\pi}{T}t}dt, \qquad Y[k] = \frac{1}{T}\int_{-T/2}^{T/2} y(t)e^{-jk\frac{2\pi}{T}t}dt \tag{3.135}$$

這兩個訊號的線性組合，也是週期為 T 的週期性訊號。

$$w(t) = ax(t) + by(t) \tag{3.136}$$

它的傅立葉級數係數 $W[k]$ 是 $X[k]$ 與 $Y[k]$ 兩個傅立葉級數的線性組合，

$$W[k] = aX[k] + bY[k] \tag{3.137}$$

連續時間傅立葉級數關係如下，

$$ax(t) + by(t) \overset{FS,\omega_0}{\leftrightarrow} aX[k] + bY[k], \quad \omega_0 = 2\pi/T$$

(2) 對稱特性

週期為 T 的週期性連續時間訊號 $x(t)$，其傅立葉級數係數計算如下，

$$X[k] = \frac{1}{T}\int_{-T/2}^{T/2} x(t)e^{-jk\frac{2\pi}{T}t}\,dt \tag{3.138}$$

取其共軛複數，可以得到

$$X^*[k] = \frac{1}{T}\int_{-T/2}^{T/2} x^*(t)e^{jk\frac{2\pi}{T}t}\,dt \tag{3.139}$$

如果 $x(t)$ 是實數，$x^*(t) = x(t)$，我們得到

$$X^*[k] = \frac{1}{T}\int_{-T/2}^{T/2} x(t)e^{-j(-k)\frac{2\pi}{T}t}\,dt = X[-k] \tag{3.140}$$

因此 $X[k]$ 具有共軛對稱的(conjugate symmetric)特性。

$$\operatorname{Re}X[k] = \operatorname{Re}X[-k], \quad \operatorname{Im}X[k] = -\operatorname{Im}X[-k] \tag{3.141}$$

如果 $x(t)$ 是虛數，$x^*(t) = -x(t)$，我們得到

$$X^*[k] = \frac{1}{T}\int_{-T/2}^{T/2} (-x(t))e^{-j(-k)\frac{2\pi}{T}t}\,dt = -X[-k] \tag{3.142}$$

也就是

$$\operatorname{Re}X[k] = -\operatorname{Re}X[-k], \quad \operatorname{Im}X[k] = \operatorname{Im}X[-k] \tag{3.143}$$

3-68

如果 $x(t)$ 是實數的偶訊號， $x(-t) = x(t)$ ，則(3.140)式可以寫成

$$X*[k] = \frac{1}{T}\int_{-T/2}^{T/2} x(-t)e^{-j(-k)\frac{2\pi}{T}t}dt = \frac{1}{T}\int_{T/2}^{-T/2} -x(\tau)e^{-jk\frac{2\pi}{T}\tau}d\tau \tag{3.144}$$

$$= \frac{1}{T}\int_{-T/2}^{T/2} x(\tau)e^{-jk\frac{2\pi}{T}\tau}d\tau = X[k]$$

則 $X[k]$ 是實數。

如果 $x(t)$ 是實數的奇訊號， $x(-t) = -x(t)$ ，(3.140)式寫成

$$X*[k] = \frac{1}{T}\int_{-T/2}^{T/2} -x(-t)e^{-j(-k)\frac{2\pi}{T}t}dt = \frac{1}{T}\int_{T/2}^{-T/2} x(\tau)e^{-jk\frac{2\pi}{T}\tau}d\tau \tag{3.145}$$

$$= \frac{1}{T}\int_{-T/2}^{T/2} x(\tau)e^{-jk\frac{2\pi}{T}\tau}d\tau = -X[k]$$

則 $X[k]$ 是虛數。

(3) 時間偏移

週期性連續時間訊號 $x(t)$ 作時間偏移之後，計算其傅立葉級數係數，

$$X_1[k] = \frac{1}{T}\int_{-T/2}^{T/2} x(t-t_1)e^{-jk\frac{2\pi}{T}t}dt \tag{3.146}$$

令 $\tau = t - t_1$ ，(3.146)式改寫成

$$X_1[k] = \frac{1}{T}\int_{(-T/2)-t_1}^{(T/2)-t_1} x(\tau)e^{-jk\frac{2\pi}{T}\tau}e^{-jk\frac{2\pi}{T}t_1}d\tau \tag{3.147}$$

$$= e^{-jk\frac{2\pi}{T}t_1}(\frac{1}{T}\int_{-T/2}^{T/2} x(\tau)e^{-jk\frac{2\pi}{T}\tau}d\tau) = e^{-jk\omega_0 t_1}X[K], \quad \omega_0 = 2\pi/T$$

整理後得到以下的傅立葉級數關係，

$$x(t-t_1) \overset{FS,\omega_0}{\leftrightarrow} e^{-jk\omega_0 t_1}X[k], \quad \omega_0 = 2\pi/T$$

週期性訊號作時間偏移的結果，在頻域中造成相位改變。

例題 3.22 時間偏移

一個週期 $T = 2$ 的弦波訊號，

$$x(t) = \cos(\pi t), \quad \omega_0 = \pi$$

其傅立葉級數係數為

$$X[k] = \begin{cases} 1/2, & k = 1 \\ 1/2, & k = -1 \\ 0, & otherwise \end{cases}$$

讓 $x(t)$ 作時間偏移，t 改為 $t - 0.25$，

$$y(t) = x(t - 0.25) = \cos(\pi(t - 0.25)) = \cos(\pi t - \frac{1}{4}\pi)$$

計算其傅立葉級數係數，

$$Y[k] = \frac{1}{2}\int_{-1}^{1} y(t)e^{-jk\pi t}dt = \frac{1}{2}\int_{-1}^{1} \cos(\pi t - \frac{1}{4}\pi)e^{-jk\pi t}dt$$

$$= \frac{1}{2}\int_{-1}^{1} \frac{e^{j(\pi t - \frac{1}{4}\pi)} + e^{-j(\pi t - \frac{1}{4}\pi)}}{2}e^{-jk\pi t}dt$$

$$= \frac{1}{4}\int_{-1}^{1} e^{-j\frac{\pi}{4}}e^{-j\pi(k-1)t}dt + \frac{1}{4}\int_{-1}^{1} e^{j\frac{\pi}{4}}e^{-j\pi(k+1)t}dt$$

$$= \frac{e^{-j\frac{\pi}{4}}}{4}\frac{e^{j\pi(k-1)} - e^{-j\pi(k-1)}}{j\pi(k-1)} + \frac{e^{j\frac{\pi}{4}}}{4}\frac{e^{j\pi(k+1)} - e^{-j\pi(k+1)}}{j\pi(k+1)}$$

$$= \frac{e^{-j\frac{\pi}{4}}}{2}\frac{\sin(\pi(k-1))}{\pi(k-1)} + \frac{e^{j\frac{\pi}{4}}}{2}\frac{\sin(\pi(k+1))}{\pi(k+1)}$$

$$Y[k] = \begin{cases} e^{-j\frac{\pi}{4}}/2, & k = 1 \\ e^{j\frac{\pi}{4}}/2, & k = -1 \\ 0, & otherwise \end{cases}$$

比較 $X[k]$ 與 $Y[k]$，可以看到 $Y[k]$ 的相位與 $X[k]$ 的相位不同，相位相差 $\pi/4$。

(4) 頻率偏移

週期為 T 的週期性連續時間訊號 $x(t)$，計算其傅立葉級數係數，

$$X[k] = \frac{1}{T}\int_{-T/2}^{T/2} x(t)e^{-jk\frac{2\pi}{T}t}dt, \quad \omega_0 = 2\pi/T \tag{3.148}$$

讓 k 改為 $k - k_1$，實際上就是做了頻率偏移，(3.148)式變成

$$X[k - k_1] = \frac{1}{T}\int_{-T/2}^{T/2} x(t)e^{-j(k-k_1)\frac{2\pi}{T}t}dt \tag{3.149}$$

$$= \frac{1}{T}\int_{-T/2}^{T/2} (x(t)e^{jk_1\frac{2\pi}{T}t})e^{-jk\frac{2\pi}{T}t}dt$$

整理後得到以下的傅立葉級數關係，

$$e^{jk_1\omega_0 t}x(t) \overset{FS,\omega_0}{\leftrightarrow} X[k - k_1], \quad \omega_0 = 2\pi/T$$

在頻域中作頻率偏移的結果，等於是在時域中乘上一個弦波訊號。

例題 3.23 頻率偏移

同例題 3.22，一個週期 $T = 2$ 的弦波訊號，

$$x(t) = \cos(\pi t), \quad \omega_0 = \pi$$

其傅立葉級數係數為

$$X[k] = \begin{cases} 1/2, & k = 1 \\ 1/2, & k = -1 \\ 0, & otherwise \end{cases}$$

讓 k 改為 $k - 2$，新的傅立葉級數係數為

$$Y[k] = X[k-2] = \begin{cases} 1/2, & k = 3 \\ 1/2, & k = 1 \end{cases}$$

其傅立葉級數變成

$$y(t) = \sum_{k=-\infty}^{\infty} Y[k] e^{jk\frac{2\pi}{T}t} = \frac{1}{2}e^{j3\frac{2\pi}{2}t} + \frac{1}{2}e^{j\frac{2\pi}{2}t} = e^{j2\frac{2\pi}{2}t}(\frac{1}{2}e^{j\frac{2\pi}{2}t} + \frac{1}{2}e^{-j\frac{2\pi}{2}t})$$
$$= e^{j2\pi t}\cos(\pi t)$$

(5) 捲迴特性

兩個週期同為 T 的週期性連續時間訊號 $x(t)$ 與 $y(t)$，它們的週期性捲積演算(periodic convolution integral)會得到一個週期為 T 的週期性訊號，以符號 $\otimes$ 表示週期性捲積演算，其定義如下，

$$w(t) = x(t) \otimes y(t) = \int_0^T x(\tau)y(t-\tau)d\tau \tag{3.150}$$

對 $w(t)$ 求取其傅立葉級數係數，我們得到

$$W[k] = \frac{1}{T}\int_{-T/2}^{T/2} w(t)e^{-jk\frac{2\pi}{T}t}dt \tag{3.151}$$
$$= \frac{1}{T}\int_{-T/2}^{T/2}\int_{-T/2}^{T/2} x(\tau)y(t-\tau)e^{-jk\frac{2\pi}{T}t}d\tau dt$$

令 $\rho = t - \tau$，

$$W[k] = \frac{1}{T}\int_{-T/2}^{T/2} x(\tau)\int_{-T/2}^{T/2} y(\rho)e^{-jk\frac{2\pi}{T}\rho}e^{-jk\frac{2\pi}{T}\tau}d\rho\, d\tau \tag{3.152}$$
$$= \int_{-T/2}^{T/2} x(\tau)(\frac{1}{T}\int_{-T/2}^{T/2} y(\rho)e^{-jk\frac{2\pi}{T}\rho}d\rho\,)e^{-jk\frac{2\pi}{T}\tau}d\tau$$
$$= T(\frac{1}{T}\int_{-T/2}^{T/2} x(\tau)e^{-jk\frac{2\pi}{T}\tau}d\tau)Y[k] = TX[k]Y[k]$$

整理後得到以下的傅立葉級數關係，

$$x(t) \otimes y(t) \overset{FS,\omega_0}{\leftrightarrow} TX[k]Y[k], \qquad \omega_0 = 2\pi/T$$

兩個週期相同的週期性訊號在時域中作週期性捲積演算，在頻域中會得到對應兩個傅立葉級數係數的相乘。

例題 3.24 連續時間訊號的週期性捲積演算

兩個週期相同的連續時間週期性訊號表示如下式，

$$x(t) = \cos(\pi t), \quad T = 2$$

$$y(t) = \sin(\pi t), \quad T = 2$$

依據 3.5 節的推導，這兩個訊號的傅立葉級數係數分別是

$$X[k] = \frac{1}{2}\delta[k-1] + \frac{1}{2}\delta[k+1]$$

$$Y[k] = \frac{1}{j2}\delta[k-1] - \frac{1}{j2}\delta[k+1] = \frac{-j}{2}\delta[k-1] + \frac{j}{2}\delta[k+1]$$

在頻域中兩個傅立葉級數係數相乘，

$$W[k] = TX[k]Y[k] = 2(\frac{1}{2}\delta[k-1] + \frac{1}{2}\delta[k+1])(\frac{-j}{2}\delta[k-1] + \frac{j}{2}\delta[k+1])$$

$$= \frac{-j}{2}\delta[k-1] + \frac{j}{2}\delta[k+1]$$

很明顯的，這個傅立葉級數係數 $W[k]$ 對應的就是

$$w(t) = \sin(\pi t), \quad T = 2$$

從時域中，對 $x(t)$ 與 $y(t)$ 這兩個訊號作週期性捲積演算，我們得到

$$w(t) = x(t) \otimes y(t) = \int_0^T x(\tau)y(t-\tau)d\tau = \int_0^T \cos(\pi\tau)\sin(\pi(t-\tau))d\tau$$

$$= \frac{1}{2}\int_{-1}^1 (\sin(\pi t) - \sin(\pi(2\tau - t)))d\tau = \frac{1}{2}(2\sin(\pi t) + \frac{1}{2}\cos(\pi(2\tau - t))\Big|_{-1}^{1})$$

$$= \sin(\pi t) + \frac{1}{4}(\cos(\pi(2-t)) - \cos(\pi(-2-t)))$$

$$= \sin(\pi t) - \frac{1}{2}(\sin(-\pi t)\sin(2\pi)) = \sin(\pi t)$$

這個結果印證兩個週期性連續時間訊號的捲迴特性。

(6) 乘法特性

兩個週期皆為 T 的週期性連續時間訊號 $x(t)$ 與 $y(t)$，其個別的傅立葉級數係數為 $X[k]$ 與 $Y[k]$，$x(t)$ 與 $y(t)$ 相乘之後的傅立葉級數計算如下，

$$w(t) = x(t)y(t) = \sum_{k=-\infty}^{\infty} X[k]e^{jk\frac{2\pi}{T}t} \cdot \sum_{\ell=-\infty}^{\infty} Y[\ell]e^{j\ell\frac{2\pi}{T}t} \tag{3.153}$$

$$= \sum_{k=-\infty}^{\infty} \sum_{\ell=-\infty}^{\infty} X[k]Y[\ell]e^{j(k+\ell)\frac{2\pi}{T}t}$$

其基本角頻率為 $\omega_0 = 2\pi/T$。令 $k+\ell = m$，則 $k = m - \ell$，

$$w(t) = \sum_{m=-\infty}^{\infty} (\sum_{\ell=-\infty}^{\infty} X[m-\ell]Y[\ell])e^{jm\frac{2\pi}{T}t} \tag{3.154}$$

得到的是一個週期性捲加演算，因此有以下的傅立葉級數關係，

$$x(t)y(t) \overset{FS,\omega_0}{\leftrightarrow} X[k] \oplus Y[k], \quad \omega_0 = 2\pi/T$$

兩個週期相同的週期性訊號在時域中相乘，對應在頻域中是兩個傅立葉級數係數作週期性捲加演算。

例題 3.25 連續時間週期性訊號的相乘

同例題 3.24，兩個週期相同的連續時間週期性訊號表示如下式，

$$x(t) = \cos(\pi t), \quad T = 2$$

$$y(t) = \sin(\pi t), \quad T = 2$$

依據 3.5 節的推導，這兩個訊號的傅立葉級數係數分別是

$$X[k] = \frac{1}{2}\delta[k-1] + \frac{1}{2}\delta[k+1]$$

$$Y[k] = \frac{1}{j2}\delta[k-1] - \frac{1}{j2}\delta[k+1] = \frac{-j}{2}\delta[k-1] + \frac{j}{2}\delta[k+1]$$

在時域中作兩個訊號相乘，

$$w(t) = x(t)y(t) = \cos(\pi t)\sin(\pi t) = \frac{1}{2}\sin(2\pi t)$$

對 $w(t)$ 計算其傅立葉級數係數，

$$\begin{aligned}
W[k] &= \frac{1}{T}\int_{-T/2}^{T/2} w(t)e^{-jk\frac{2\pi}{T}t}dt = \frac{1}{2}\int_{-1}^{1} \frac{1}{2}\sin(2\pi t)e^{-jk\pi t}dt \\
&= \frac{1}{4}\int_{-1}^{1} \frac{e^{j2\pi t} - e^{-j2\pi t}}{j2}e^{-jk\pi t}dt = \frac{1}{j8}\int_{-1}^{1}(e^{-j(k-2)\pi t} - e^{-j(k+2)\pi t})dt \\
&= \frac{1}{j8}(\frac{e^{-j(k-2)\pi} - e^{j(k-2)\pi}}{-j(k-2)\pi} - \frac{e^{-j(k+2)\pi} - e^{j(k+2)\pi}}{-j(k+2)\pi}) \\
&= \frac{1}{j4}(\frac{\sin((k-2)\pi)}{(k-2)\pi} - \frac{\sin((k+2)\pi)}{(k+2)\pi}) = \frac{-j}{4}\delta[k-2] + \frac{j}{4}\delta[k+2]
\end{aligned}$$

在頻域中，兩個訊號的傅立葉級數係數作週期性捲加演算，

$$W[k] = X[k] \oplus Y[k] = \sum_{\ell=-\infty}^{\infty} X[k-\ell]Y[\ell]$$

$$= \sum_{\ell=-\infty}^{\infty} (\frac{1}{2}\delta[k-\ell-1] + \frac{1}{2}\delta[k-\ell+1])(\frac{-j}{2}\delta[\ell-1] + \frac{j}{2}\delta[\ell+1])$$

$$= \frac{-j}{4}\delta[k-2] + \frac{j}{4}\delta[k+2]$$

這個結果印證兩個週期性連續時間訊號的乘法特性。

(7) 對時間的微分

如果 $x(t)$ 是一個週期性的連續時間訊號，其週期為 T，則以傅立葉級數表示，

$x(t)$ 寫成

$$x(t) = \sum_{k=-\infty}^{\infty} X[k]e^{jk\omega_0 t}, \quad \omega_0 = 2\pi/T \tag{3.155}$$

對 $x(t)$ 作時間微分得到

$$\frac{dx(t)}{dt} = \sum_{k=-\infty}^{\infty} (jk\omega_0 X[k])e^{jk\omega_0 t} \tag{3.156}$$

整理後得到以下的傅立葉級數關係，

$$\frac{d}{dt}x(t) \overset{FS,\omega_0}{\leftrightarrow} jk\omega_0 X[k], \quad \omega_0 = 2\pi/T$$

週期性的連續時間訊號作時間微分(differentiation in time)的結果，使得傅立葉級數係數做了相位改變，係數的絕對值也不同。

例題 3.26 時間微分

一個弦波訊號，其週期 $T = 2$

$$x(t) = \cos(\pi t), \quad \omega_0 = \pi$$

其傅立葉級數係數如下，

$$X[k] = \begin{cases} 1/2, & k = 1 \\ 1/2, & k = -1 \\ 0, & otherwise \end{cases}$$

對 $x(t)$ 作時間微分得到

$$y(t) = \frac{dx(t)}{dt} = -\pi \sin(\pi t)$$

計算其傅立葉級數係數如下，

$$\begin{aligned}
Y[k] &= \frac{1}{2} \int_{-1}^{1} y(t) e^{-jk\pi t} dt = \frac{-\pi}{2} \int_{-1}^{1} \sin(\pi t) e^{-jk\pi t} dt \\
&= \frac{-\pi}{2} \int_{-1}^{1} \frac{e^{j\pi t} - e^{-j\pi t}}{j2} e^{-jk\pi t} dt = \frac{-\pi}{j4} \int_{-1}^{1} (e^{j\pi t} e^{-jk\pi t} - e^{-j\pi t} e^{-jk\pi t}) dt \\
&= \frac{-\pi}{j4} \int_{-1}^{1} (e^{-j(k-1)\pi t} - e^{-j(k+1)\pi t}) dt = \frac{\pi}{j4} (\frac{e^{-j(k-1)\pi t}}{j(k-1)\pi} - \frac{e^{-j(k+1)\pi t}}{j(k+1)\pi}) |_{-1}^{1} \\
&= \frac{\pi}{4} (\frac{e^{j(k-1)\pi} - e^{-j(k-1)\pi}}{(k-1)\pi} - \frac{e^{j(k+1)\pi} - e^{-j(k+1)\pi}}{(k+1)\pi}) \\
&= \frac{j}{2} (\frac{\sin((k-1)\pi)}{(k-1)\pi} - \frac{\sin((k+1)\pi)}{(k+1)\pi})
\end{aligned}$$

$$Y[k] = \begin{cases} j\pi/2, & k = 1 \\ -j\pi/2, & k = -1 \\ 0, & otherwise \end{cases}$$

比較 $X[k]$ 與 $Y[k]$，可以看出時間微分的結果讓實數值的 $X[k]$ 變成虛數值的 $Y[k]$，相位上相差 $\pi/2$，係數的絕對值被乘上 π。

(8) 時間的比例調整

週期性連續時間訊號 $x(t)$，其週期為 T，傅立葉級數係數為

$$X[k] = \frac{1}{T} \int_{-T/2}^{T/2} x(t) e^{-jk\frac{2\pi}{T}t} dt \,, \quad \omega_0 = \frac{2\pi}{T} \tag{3.157}$$

若有一個連續時間訊號 $x_1(t)$，它與 $x(t)$ 的關係是 $x_1(t) = x(at)$，$a > 0$，此新訊號的週期變成 T/a，其基本角頻率為

$$\omega_1 = a\frac{2\pi}{T} = a\omega_0 \tag{3.158}$$

計算其傅立葉級數係數，

$$X_1[k] = \frac{a}{T} \int_{-T/2a}^{T/2a} x_1(t) e^{-jk\frac{2\pi a}{T}t} dt = \frac{a}{T} \int_{-T/2a}^{T/2a} x(at) e^{-jk\frac{2\pi a}{T}t} dt \tag{3.159}$$

令 $at = \tau$，則 $adt = d\tau$，(3.159)式改寫成

$$X_1[k] = \frac{a}{T} \int_{-T/2}^{T/2} x(\tau) \frac{1}{a} e^{-jk\frac{2\pi}{T}\tau} d\tau = \frac{1}{T} \int_{-T/2}^{T/2} x(\tau) e^{-jk\frac{2\pi}{T}\tau} d\tau = X[k] \tag{3.160}$$

整理後得到以下的傅立葉級數關係，

$$x(at) \quad \overset{FS, a\omega_0}{\leftrightarrow} \quad X[k], \quad a\omega_0 = 2\pi a/T$$

時域中做時間的比例調整，新訊號的週期跟著改變，但不會改變原來的傅立葉級數係數。

例題 3.27 時間的比例調整

一個週期性訊號，週期 $T = 8$。

$$x(t) = \sin(\frac{\pi}{4}t), \quad \omega_0 = \frac{\pi}{4}$$

$x(t)$ 的傅立葉級數係數是

$$X[k] = \begin{cases} 1/j2, & k=1 \\ -1/j2, & k=-1 \\ 0, & otherwise \end{cases}$$

假設有一個新的訊號 $y(t)$，它與 $x(t)$ 的關係是

$$y(t) = x(4t) = \sin(\pi t), \ \omega_1 = \pi$$

而 $y(t)$ 的傅立葉級數係數計算結果也是

$$Y[k] = \begin{cases} 1/j2, & k=1 \\ -1/j2, & k=-1 \\ 0, & otherwise \end{cases}$$

但其週期是 $T_1 = 2$。

---

(9) 帕沙夫關係式

對於週期性的連續時間訊號 $x(t)$，其週期為 T，寫成傅立葉級數的表示，

$$x(t) = \sum_{k=-\infty}^{\infty} X[k]e^{jk\frac{2\pi}{T}t} \tag{3.161}$$

取其共軛複數，

$$x^*(t) = \sum_{k=-\infty}^{\infty} X^*[k]e^{-jk\frac{2\pi}{T}t} \tag{3.162}$$

計算在時域中的平均功率，我們得到

$$P = \frac{1}{T}\int_{-T/2}^{T/2} |x(t)|^2 \, dt = \frac{1}{T}\int_{-T/2}^{T/2} x(t)x^*(t)dt \tag{3.163}$$

將(3.161)式與(3.162)式代入(3.163)式，即得到

$$P = \frac{1}{T}\int_{-T/2}^{T/2} x(t)x*(t)dt = \frac{1}{T}\int_{-T/2}^{T/2} x(t)\sum_{k=-\infty}^{\infty} X*[k]e^{-jk\frac{2\pi}{T}t}dt \qquad (3.164)$$

$$= \sum_{k=-\infty}^{\infty} X*[k](\frac{1}{T}\int_{-T/2}^{T/2} x(t)e^{-jk\frac{2\pi}{T}t}dt)$$

$$= \sum_{k=-\infty}^{\infty} X*[k]X[k] = \sum_{k=-\infty}^{\infty} |X[k]|^2$$

這個演算結果驗證了帕沙夫關係式,在時域中計算訊號的平均功率與在頻域中計算的平均功率是相等的。

例題 3.28 計算訊號的平均功率

一個週期性訊號如下式所示,

$$x(t) = \cos(\frac{\pi}{6}t), \quad T = 12$$

依據 3.5 節的推導,其傳立葉級數係數為

$$X[k] = \frac{1}{2}(\delta[k-1] + \delta[k+1])$$

計算時域中訊號的平均功率,

$$P = \frac{1}{12}\int_{-6}^{6} |x(t)|^2 \, dt = \frac{1}{12}\int_{-6}^{6} \cos^2(\frac{\pi}{6}t)dt = \frac{1}{12}\int_{-6}^{6} \frac{1+\cos(\frac{\pi}{3}t)}{2}dt$$

$$= \frac{1}{24}(\int_{-6}^{6} dt + \int_{-6}^{6} \cos(\frac{\pi}{3}t)dt = \frac{1}{2} + \frac{1}{24}\frac{3}{\pi}\sin(\frac{\pi}{3}t)\Big|_{-6}^{6} = \frac{1}{2}$$

頻域中計算的功率是

$$P = \sum_{k=-\infty}^{\infty} |X[k]|^2 = \frac{1}{4}(1+1) = \frac{1}{2}$$

兩個計算的結果相同。

表 3.2　傅立葉級數的特性

	離散時間傅立葉級數 (DTFS)	連續時間傅立葉級數 (FS)
	$x[n] = \displaystyle\sum_{k=0}^{N-1} X[k] e^{jk\frac{2\pi}{N}n}$	$x(t) = \displaystyle\sum_{k=-\infty}^{\infty} X[k] e^{jk\frac{2\pi}{T}t}$
	$X[k] = \dfrac{1}{N}\displaystyle\sum_{n=0}^{N-1} x[n] e^{-jk\frac{2\pi}{N}n}, \quad k=0,1,2,...,N-1$	$X[k] = \dfrac{1}{T}\displaystyle\int_{-T/2}^{T/2} x(t) e^{-jk\frac{2\pi}{T}t} dt$
	$x[n] \overset{DTFS,\Omega_0}{\longleftrightarrow} X[k], \quad \Omega_0 = 2\pi/N$	$x(t) \overset{FS,\omega_0}{\longleftrightarrow} X[k], \quad \omega_0 = 2\pi/T$
線性特性	$ax[n]+by[n] \overset{DTFS,\Omega_0}{\longleftrightarrow} aX[k]+bY[k]$	$ax(t)+by(t) \overset{FS,\omega_0}{\longleftrightarrow} aX[k]+bY[k]$
對稱特性	$x[n]$ 是實數，$x^*[n]=x[n]$ 　$X^*[k]=X[-k]$，$X[k]$ 是共軛對稱 $x[n]$ 是虛數，$x^*[n]=-x[n]$ 　$X^*[k]=-X[-k]$ $x[n]$ 是實數的偶訊號，$x[-n]=x[n]$ 　$X^*[k]=X[k]$，$X[k]$ 是實數 $x[n]$ 是實數的奇訊號，$x[-n]=-x[n]$ 　$X^*[k]=-X[k]$，$X[k]$ 是虛數	$x(t)$ 是實數，$x^*(t)=x(t)$ 　$X^*[k]=X[-k]$，$X[k]$ 是共軛對稱 $x(t)$ 是虛數，$x^*(t)=-x(t)$ 　$X^*[k]=-X[-k]$ $x(t)$ 是實數的偶訊號，$x(-t)=x(t)$ 　$X^*[k]=X[k]$，$X[k]$ 是實數 $x(t)$ 是實數的奇訊號，$x(-t)=-x(t)$ 　$X^*[k]=-X[k]$，$X[k]$ 是虛數
時間偏移	$x[n-n_1] \overset{DTFS,\Omega_0}{\longleftrightarrow} e^{-jk\Omega_0 n_1} X[k]$	$x(t-t_1) \overset{FS,\omega_0}{\longleftrightarrow} e^{-jk\omega_0 t_1} X[k]$
頻率偏移	$e^{jk_1\Omega_0 n} x[n] \overset{DTFS,\Omega_0}{\longleftrightarrow} X[k-k_1]$	$e^{jk_1\omega_0 t} x(t) \overset{FS,\omega_0}{\longleftrightarrow} X[k-k_1]$
捲迴特性	$x[n] \oplus y[n] \overset{DTFS,\Omega_0}{\longleftrightarrow} NX[k]Y[k]$	$x(t) \otimes y(t) \overset{FS,\omega_0}{\longleftrightarrow} TX[k]Y[k]$
乘法特性	$x[n]y[n] \overset{DTFS,\Omega_0}{\longleftrightarrow} X[k] \oplus Y[k]$	$x(t)y(t) \overset{FS,\omega_0}{\longleftrightarrow} X[k] \oplus Y[k]$
對時間的微分		$\dfrac{d}{dt}x(t) \overset{FS,\omega_0}{\longleftrightarrow} jk\omega_0 X[k]$

表 3.2   傅立葉級數的特性(續)

對時間的差分	$x[n] - x[n-1] \overset{DTFS,\Omega_0}{\longleftrightarrow} (1 - e^{-jk\Omega_0}) X[k]$	
時間的比例調整	$x[n/p] \overset{DTFS,\Omega_1}{\longleftrightarrow} \dfrac{1}{p} X[k],$ $\Omega_1 = 2\pi / pN$	$x(at) \overset{FS,a\omega_0}{\longleftrightarrow} X[k], \quad a\omega_0 = 2\pi a/T$
帕沙夫關係式	$\dfrac{1}{N} \displaystyle\sum_{n=0}^{N-1} |x[n]|^2 = \sum_{n=0}^{N-1} |X[k]|^2$	$\dfrac{1}{T} \displaystyle\int_0^T |x(t)|^2 \, dt = \sum_{k=-\infty}^{\infty} |X[k]|^2$

習題

1. 以下的離散時間週期性訊號，請計算其離散時間傅立葉級數係數。

   (a) $x[n] = \cos(\dfrac{4\pi}{13}n + \dfrac{\pi}{3})$

   (b) $x[n] = 2\cos(\dfrac{6\pi}{17}n) + \sin(\dfrac{10\pi}{17})$

2. 以下的連續時間週期性訊號，請計算其傅立葉級數係數。

   (a) $x(t) = \sin(3\pi t) + \cos(5\pi t)$

   (b) 一個週期內的訊號：$x(t) = \begin{cases} t, & -1 \le t < 1 \\ 3 - 2t, & 1 \le t < 2 \end{cases} \qquad T = 3$

3. 請判斷以下連續時間訊號的週期與諧振成份，並計算其傅立葉級數係數。

   $x(t) = \sin(4\pi t / 5) + \cos(2\pi t / 3)$

4. 一個弦波訊號如下，

   $x(t) = \cos(0.1\pi t)$

   請計算其傅立葉級數係數。所得到的係數是否與訊號週期有關？

5. 一個方波訊號如下圖，

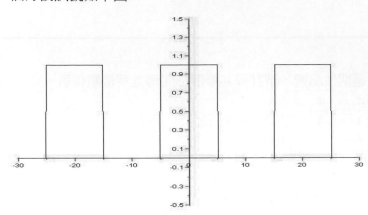

請計算其傅立葉級數係數。

6. 請寫出以下傅立葉級數係數所表示的時間訊號。

(a) $X[k] = j\delta[k-1] - j\delta[k+1] + \delta[k-3] + \delta[k+3]$, $T = 0.25$

(b) 傅立葉級數係數的絕對值與相位如下圖所示，

$|X[k]|$

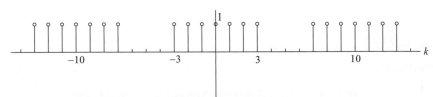

$\phi\{X[k]\}$

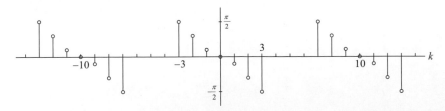

7. 請計算以下訊號的傅立葉級數係數。

   (a) $x(t) = 2\cos(\frac{\pi}{4} + 4\pi t) + \cos(\frac{\pi}{4} - 3\pi t)$

   (b) $x[n] = \cos(\frac{6\pi}{11}n + \frac{\pi}{3})$

8. 請計算以下訊號的三角函數傅立葉級數係數，

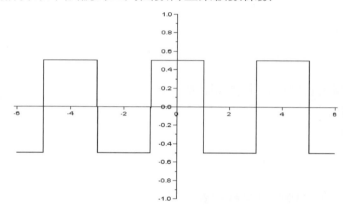

   週期為 $T = 4$。

9. 兩個週期為 $N = 8$ 的離散時間訊號如下，

   $$x[n] = \sin(\frac{2\pi}{8}n) \qquad y[n] = \begin{cases} 1, & |n| \le 2 \\ 0, & 3 \le n \le 5 \end{cases}$$

   兩個訊號作週期性捲加演算，得到 $w[n]$，請計算 $w[n]$ 的傅立葉級數係數。

10. 一個週期性連續時間訊號的傅立葉級數係數如下，

   $$X[k] = (-\frac{1}{2})^{|k|}, \quad \omega_0 = 1$$

   請決定其時域的訊號。

11. 一個週期性離散時間訊號的傅立葉級數係數如下，

$X[k] = \cos(10\pi k / 21)$

請決定其時域的訊號。

12. 一個週期性訊號如下，

$x(t) = \cos(4\pi t)\sin(3\pi t)$

請計算其傅立葉級數係數。

13. 利用週期性帕沙夫關係式計算以下演算結果。

$$E = \sum_{k=0}^{9} \frac{\sin^2(9\pi k / 10)}{\sin^2(\pi k / 10)}$$

14. 一個週期性訊號以三角函數傅立葉級數表示如下，

$$x(t) = B[0] + \sum_{n=1}^{\infty} B[n]\cos(n\omega_0 t + \theta_n)$$

請計算其平均功率。

4

傅立葉轉換

▶▶▶▶

將傅立葉級數表示週期性訊號頻率成分的觀念,延伸到表示一個非週期性訊號的頻譜,就得到傅立葉轉換(Fourier transform)。這個數學表示方法讓我們看到訊號在時域與頻域的對應關係,也就是說,一個訊號會有時域與頻域兩個面向。本章先推導出傅立葉轉換的演算公式,並用於基本訊號的傅立葉轉換,然後說明傅立葉轉換的特性。事實上週期性訊號不只是可以用傅立葉級數表示,因此推導出週期性訊號的傅立葉轉換與其傅立葉級數係數之間的關係。另外也陳述傅立葉轉換公式的對偶性,運用對偶性可以方便一些數學演算。最後是說明週期性訊號與非週期性訊號的捲迴與相乘演算,這樣的演算會應用在對週期性訊號作濾波或加視窗的處理。

4.1
非週期性離散時間訊號的傅立葉轉換

在 3.1 節中的(3.4)式，是描述 LTI 系統的脈衝響應 $h[n]$ 與頻率響應 $H(e^{j\Omega})$ 的關係，我們將這個演算延伸到任意一個離散時間訊號 $x[n]$，得到以下演算式，

$$X(e^{j\Omega}) = \sum_{n=-\infty}^{\infty} x[n]e^{-j\Omega n} \tag{4.1}$$

角頻率 Ω 可以是任意值。$X(e^{j\Omega})$ 是一個以角頻率 Ω 為變數的函數，它表示在某一個角頻率 Ω 的頻率成分，因此我們說 $X(e^{j\Omega})$ 是訊號 $x[n]$ 的頻譜。(4.1)式的等號右邊加總運算必須要收斂，才能得到有意義的結果。

令基礎函數為 $\phi_n(e^{j\Omega}) = e^{j\Omega n}$，它有以下的特性：

(1) 對 Ω 這個變數而言，$\phi_n(e^{j\Omega})$ 是週期為 2π 的週期性函數

將 $\phi_n(e^{j\Omega})$ 中的 Ω 改為 $\Omega + 2\pi$，可以得到

$$\phi_n(e^{j(\Omega+2\pi)}) = e^{j(\Omega+2\pi)n} = e^{j\Omega n} = \phi_n(e^{j\Omega}) \tag{4.2}$$

(2) $\phi_n(e^{j\Omega})$ 在一個週期內($-\pi$ 到 $+\pi$)的積分具有正交特性

計算以下的積分，

$$\int_{-\pi}^{\pi} \phi_n(e^{j\Omega})\phi_{-m}(e^{j\Omega})d\Omega = \int_{-\pi}^{\pi} e^{j\Omega(n-m)}d\Omega = \frac{1}{j(n-m)}e^{j\Omega(n-m)}\Big|_{-\pi}^{\pi} \tag{4.3}$$

$$= \frac{e^{j\pi(n-m)} - e^{-j\pi(n-m)}}{j(n-m)} = \frac{2\sin((n-m)\pi)}{n-m} = \begin{cases} 2\pi, & n=m \\ 0, & otherwise \end{cases}$$

其結果只在 $n=m$ 時才得到非 0 值。

將 $X(e^{j\Omega})$ 乘上基礎函數 $\phi_n(e^{j\Omega})$ 之後，作頻域的積分會得到

$$\int_{-\pi}^{\pi} X(e^{j\Omega})\phi_m(e^{j\Omega})d\Omega = \int_{-\pi}^{\pi} \sum_{n=-\infty}^{\infty} x[n]e^{-j\Omega n}e^{j\Omega m}d\Omega \tag{4.4}$$

$$= \sum_{n=-\infty}^{\infty} x[n]\int_{-\pi}^{\pi} e^{j\Omega(m-n)}d\Omega = \sum_{n=-\infty}^{\infty} x[n]\cdot 2\pi\delta[n-m]$$

$$= 2\pi x[m]$$

整理(4.4)式，我們得到

$$x[m] = \frac{1}{2\pi}\int_{-\pi}^{\pi} X(e^{j\Omega})e^{j\Omega m}d\Omega \tag{4.5}$$

將(4.5)式中的 m 改為 n，

$$x[n] = \frac{1}{2\pi}\int_{-\pi}^{\pi} X(e^{j\Omega})e^{j\Omega n}d\Omega \tag{4.6}$$

(4.6)式表示一個離散時間訊號 $x[n]$ 是由所有頻率成分作線性組合而成。

(4.1)式與(4.6)式一起組成一對離散時間傅立葉轉換(discrete-time Fourier transform, DTFT)公式，(4.1)式是對 $x[n]$ 作傅立葉轉換，而(4.6)式則是逆向傅立葉轉換(inverse Fourier transform)。在時域中的離散時間訊號 $x[n]$ 可以經由(4.1)式的傅立葉轉換得到其在頻域中的頻譜 $X(e^{j\Omega})$，(4.6)式則是將離散時間訊號的頻譜 $X(e^{j\Omega})$ 轉換回時域的波形訊號 $x[n]$。這一對 $x[n]$ 與 $X(e^{j\Omega})$ 的離散時間傅立葉轉換關係表示如下，

$$x[n] = \frac{1}{2\pi}\int_{-\pi}^{\pi} X(e^{j\Omega})e^{j\Omega n}d\Omega \overset{DTFT}{\leftrightarrow} X(e^{j\Omega}) = \sum_{n=-\infty}^{\infty} x[n]e^{-j\Omega n}$$

$x[n]$ 可以是任意一個離散時間訊號，如果 $x[n]$ 只是有限值，而且是有限項的序列，則(4.1)式一定會收斂。如果 $x[n]$ 是無限多項的序列，其收斂條件就是

$$\sum_{k=-\infty}^{\infty} |x[n]| < \infty \tag{4.7}$$

這表示 $x[n]$ 具有絕對可加性的(absolutely summable)，則 $X(e^{j\Omega})$ 會均勻地(uniformly)收斂到一個Ω的連續函數。但是有一些訊號如果無法滿足(4.7)式，但能滿足

$$\sum_{k=-\infty}^{\infty} |x[n]|^2 < \infty \tag{4.8}$$

我們說它是在均方誤差(mean-square error)情況下的收斂。

如果將 $e^{-j\Omega n}$ 中的 Ω 改為$\Omega+2\pi$，其結果仍是 $e^{-j\Omega n}$，將這個特性代入(4.1)式，可以明顯看出 $X(e^{j\Omega})$ 必然是週期為 2π 的週期性函數。

 4.2

基本離散時間訊號的傅立葉轉換

(1) 矩形脈波

離散時間的矩形脈波(rectangular pulse)描述如下，

$$x[n] = \begin{cases} 1, & |n| \le M \\ 0, & otherwise \end{cases} \tag{4.9}$$

計算其傅立葉轉換得到

$$X(e^{j\Omega}) = \sum_{n=-\infty}^{\infty} x[n]e^{-j\Omega n} = \sum_{n=-M}^{M} e^{-j\Omega n} \tag{4.10}$$

令 $m = n + M$，(4.10)式改寫成

$$X(e^{j\Omega}) = \sum_{m=0}^{2M} e^{-j\Omega(m-M)} = e^{j\Omega M} \sum_{m=0}^{2M} e^{-j\Omega m} = e^{j\Omega M} \frac{1 - e^{-j\Omega(2M+1)}}{1 - e^{-j\Omega}} \tag{4.11}$$

$$= e^{j\Omega M} \frac{e^{-j\Omega(2M+1)/2} \sin(\Omega(2M+1)/2)}{e^{-j\Omega/2} \sin(\Omega/2)} = \frac{\sin(\Omega(2M+1)/2)}{\sin(\Omega/2)}$$

整理後得到以下的離散時間傅立葉轉換關係，

$$x[n] = \begin{cases} 1, & |n| \le M \\ 0, & otherwise \end{cases} \quad \overset{DTFT}{\leftrightarrow} \quad X(e^{j\Omega}) = \frac{\sin(\Omega(2M+1)/2)}{\sin(\Omega/2)}$$

例題 4.1 矩形視窗及其頻譜

在作離散時間訊號處理時，常用矩形視窗(rectangular window)乘上訊號，將一段離散時間訊號截取出來。假設這個矩形視窗表示如下，

$$w[n] = \begin{cases} 1, & |n| \le 3 \\ 0, & otherwise \end{cases}$$

依據(4.11)式的計算結果，其頻譜是

$$W(e^{j\Omega}) = \frac{\sin(7\Omega/2)}{\sin(\Omega/2)}$$

圖 4.1 繪出矩形視窗的傅立葉轉換。

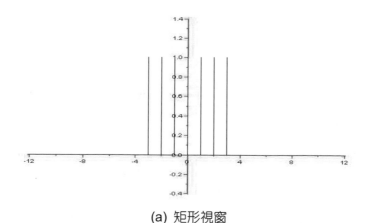

(a) 矩形視窗

圖 4.1　矩形視窗的傅立葉轉換

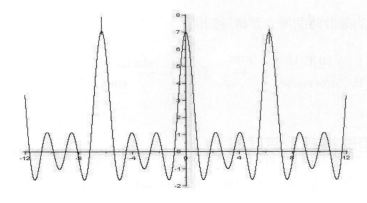

(b) 矩形視窗的頻譜

圖 4.1　矩形視窗的傅立葉轉換(續)

(2) 矩形頻譜

矩形頻譜(rectangular spectrum)在頻域中表示成

$$X(e^{j\Omega}) = \begin{cases} 1, & 0 \leq |\Omega| \leq W \\ 0, & W < |\Omega| \leq \pi \end{cases} \tag{4.12}$$

作逆向傅立葉轉換計算，就得到它在時域中的訊號，

$$x[n] = \frac{1}{2\pi} \int_{-\pi}^{\pi} X(e^{j\Omega}) e^{j\Omega n} d\Omega = \frac{1}{2\pi} \int_{-W}^{W} e^{j\Omega n} d\Omega \tag{4.13}$$

$$= \frac{1}{2\pi} \frac{e^{jWn} - e^{-jWn}}{jn} = \frac{1}{\pi n} \sin(Wn)$$

整理後得到以下的離散時間傅立葉轉換關係，

$$x[n] = \frac{\sin(Wn)}{\pi n} \quad \overset{DTFT}{\leftrightarrow} \quad X(e^{j\Omega}) = \begin{cases} 1, & |\Omega| \leq W \\ 0, & W < |\Omega| \leq \pi \end{cases}$$

$X(e^{j\Omega})$ 是一個低通濾波器(low pass filter)的頻率響應，$x[n]$ 就是它在時域中的脈衝響應。

例題 4.2 低通濾波器及其脈衝響應

一個低通濾波器的頻率響應如下，

$$G(e^{j\Omega}) = \begin{cases} 1, & 0 \le |\Omega| \le 2 \\ 0, & 2 < |\Omega| \le \pi \end{cases}$$

這是週期為 2π 的函數。依據(4.13)式的計算，就得到脈衝響應，

$$g[n] = \frac{\sin(2n)}{\pi n}$$

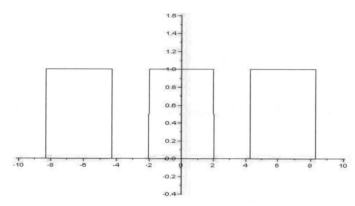

(a) 低通濾波器的頻率響應 $G(e^{j\Omega})$

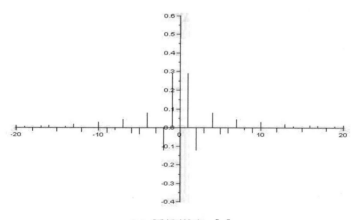

(b) 脈衝響應 $g[n]$

圖 4.2　低通濾波器

圖 4.2 顯示 $G(e^{j\Omega})$ 是一個週期為 2π 的函數，我們只觀察 $G(e^{j\Omega})$ 在 0 到 $+\pi$ 這個半週期內的性質，可以知道它是低通濾波器。

(3) 指數函數

離散時間的指數函數寫成

$$x[n] = a^n u[n], \quad |a| < 1 \tag{4.14}$$

傅立葉轉換計算得到

$$X(e^{j\Omega}) = \sum_{n=0}^{\infty} a^n e^{-j\Omega n} = \sum_{n=0}^{\infty} (ae^{-j\Omega})^n = \frac{1}{1 - ae^{-j\Omega}} \tag{4.15}$$

整理後得到以下的離散時間傅立葉轉換關係，

$$x[n] = a^n u[n] \quad \overset{DTFT}{\leftrightarrow} \quad X(e^{j\Omega}) = \frac{1}{1 - ae^{-j\Omega}}, \quad |a| < 1$$

例題 4.3 離散時間指數函數

一個離散時間指數函數如下，

$$x[n] = (0.7)^n u[n]$$

計算其傅立葉轉換得到

$$X(e^{j\Omega}) = \frac{1}{1 - 0.7e^{-j\Omega}}$$

圖 4.3 展示其傅立葉轉換的絕對值與相位，可以看到 $X(e^{j\Omega})$ 的絕對值與相位都是週期為 2π 的函數。

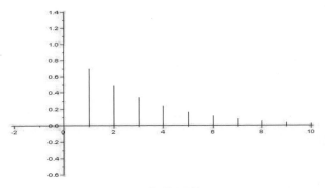

(a) 指數函數

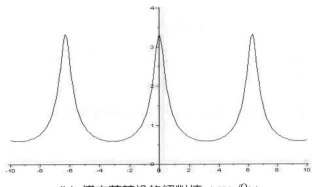

(b) 傅立葉轉換的絕對值 $|X(e^{j\Omega})|$

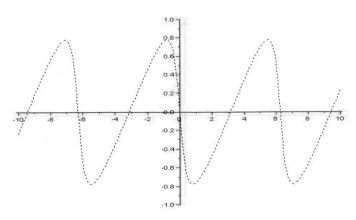

(c) 傅立葉轉換的相位 $\phi\{X(e^{j\Omega})\}$

圖 4.3　離散時間指數函數的傅立葉轉換

(4) 脈衝函數

離散時間的脈衝函數為

$$x[n] = \delta[n] \tag{4.16}$$

其傅立葉轉換計算如下，

$$X(e^{j\Omega}) = \sum_{n=-\infty}^{\infty} \delta[n]e^{-j\Omega n} = 1 \tag{4.17}$$

整理後得到以下的離散時間傅立葉轉換關係，

$$x[n] = \delta[n] \quad \overset{DTFT}{\leftrightarrow} \quad X(e^{j\Omega}) = 1$$

在時域中的單位脈衝函數，對應在頻域中，就是一個常數 1。

(5) 常數

我們從以下的傅立葉轉換看起，如果在頻域中有一個脈衝函數，

$$X(e^{j\Omega}) = \delta(\Omega) \tag{4.18}$$

計算其逆向傅立葉轉換，得到

$$x[n] = \frac{1}{2\pi} \int_{-\pi}^{\pi} \delta(\Omega)e^{j\Omega n}d\Omega = \frac{1}{2\pi} \tag{4.19}$$

整理(4.19)式

$$1 = \frac{1}{2\pi} \int_{-\pi}^{\pi} 2\pi\delta(\Omega)e^{j\Omega n}d\Omega \tag{4.20}$$

所以得到離散時間傅立葉轉換的關係如下，

$$x[n] = 1 \quad \overset{DTFT}{\leftrightarrow} \quad X(e^{j\Omega}) = 2\pi\delta(\Omega)$$

在時域中的常數，對應在頻域中就是一個脈衝函數。但是 $X(e^{j\Omega})$ 應該是一個週期 2π 的函數，因此離散時間傅立葉轉換關係必須修正為

$$x[n] = 1 \quad \overset{DTFT}{\leftrightarrow} \quad X(e^{j\Omega}) = 2\pi \sum_{p=-\infty}^{\infty} \delta(\Omega - 2\pi p)$$

(6) 步進函數

離散時間的步進函數定義成

$$u[n] = \begin{cases} 1, & n \geq 0 \\ 0, & n < 0 \end{cases} \tag{4.21}$$

若是 $x[n] = u[n]$，套(4.1)式的演算，得到

$$X(e^{j\Omega}) = \sum_{n=0}^{\infty} e^{-j\Omega n} = \frac{1}{1 - e^{-j\Omega}} \tag{4.22}$$

但是這個結果並不完全，我們把 $u[n]$ 視為 $\delta[n]$ 的累加演算

$$u[n] = \sum_{k=-\infty}^{n} \delta[k] \tag{4.23}$$

依據離散時間傅立葉轉換對時間累加的特性，(4.22)式並不完全，需要加上對應在 $\Omega = 0$ 的常數項，以反應 $u[n]$ 的平均值不等於 0。考慮整個時域範圍，$u[n]$ 的平均值是 $1/2$，計算 $1/2$ 這個常數的離散時間傅立葉轉換，得到的是 $\pi\delta(\Omega)$。因為 $X(e^{j\Omega})$ 是週期 2π 的函數，在 Ω 為 2π 整數倍時也要出現這個常數項，所以 $x[n]$ 與 $X(e^{j\Omega})$ 的離散時間傅立葉轉換關係是

$$x[n] = u[n] \quad \overset{DTFT}{\leftrightarrow} \quad X(e^{j\Omega}) = \frac{1}{1 - e^{-j\Omega}} + \pi \sum_{p=-\infty}^{\infty} \delta(\Omega - 2\pi p)$$

關於離散時間傅立葉轉換對時間累加的特性，在 4.5 節中會有詳細說明。

▶ 4.3
非週期性連續時間訊號的傅立葉轉換

一個連續時間的週期性訊號 $x(t)$，其週期為 T，我們可以用傅立葉級數來表示，

$$x(t) = \sum_{k=-\infty}^{\infty} X[k]e^{jkw_0 t}, \quad \omega_0 = 2\pi / T \tag{4.24}$$

$$X[k] = \frac{1}{T}\int_{-T/2}^{T/2} x(t)e^{-jk\omega_0 t}dt \tag{4.25}$$

其中 $[-\frac{T}{2}, \frac{T}{2}]$ 範圍內的訊號會以 T 的間隔在時軸上重複出現。假設我們讓 $[-\frac{T}{2}, \frac{T}{2}]$ 範圍內的一個週期訊號保留，將週期延長為 T_1，週期範圍變成 $[-\frac{T_1}{2}, \frac{T_1}{2}]$，超出 $[-\frac{T}{2}, \frac{T}{2}]$ 部分補 0，然後以 T_1 的間隔在時軸上重複出現，它仍然是一個週期性訊號，但週期改為 T_1，於是(4.24)式與(4.25)式變成

$$x(t) = \sum_{k=-\infty}^{\infty} \alpha_k e^{jk\omega_1 t}, \quad \omega_1 = 2\pi / T_1 \tag{4.26}$$

$$\alpha_k = \frac{1}{T_1}\int_{-T_1/2}^{T_1/2} x(t)e^{-jk\omega_1 t}dt \tag{4.27}$$

如果 T_1 趨近於 ∞，ω_1 就趨近於 0。以 $\Delta\omega$ 代表趨近於 0 的 ω_1，令 $k\omega_1 = k\Delta\omega = \omega$，(4.27)式中積分的部分可以相當於是 3.1 節中(3.10)式的延伸，寫成

$$X(j\omega) = \int_{-\infty}^{\infty} x(t)e^{-j\omega t}dt \tag{4.28}$$

這就是傅立葉轉換(Fourier transform, FT)的演算式。套用(4.28)式，(4.27)式就改成

$$\alpha_k = \frac{1}{T_1}X(jk\Delta\omega) \tag{4.29}$$

將(4.29)式代入(4.26)式，讓 $T_1 \rightarrow \infty$，可以得到

$$x(t) = \lim_{T_1 \rightarrow \infty} \frac{1}{T_1} \sum_{k=-\infty}^{\infty} X(jk\Delta\omega)e^{jk\Delta\omega t} = \lim_{\Delta\omega \rightarrow 0} \frac{\Delta\omega}{2\pi} \sum_{k=-\infty}^{\infty} X(jk\Delta\omega)e^{jk\Delta\omega t}$$

$$= \frac{1}{2\pi} \lim_{\Delta\omega \rightarrow 0} \sum_{k=-\infty}^{\infty} X(jk\Delta\omega)e^{jk\Delta\omega t}\Delta\omega \tag{4.30}$$

事實上最後等號的右邊，就是逼近一個積分演算，可以改寫成

$$x(t) = \frac{1}{2\pi} \int_{-\infty}^{\infty} X(j\omega)e^{j\omega t}d\omega \tag{4.31}$$

於是我們可以從 $X(j\omega)$ 計算 $x(t)$，這就是逆向傅立葉轉換(inverse Fourier transform)，我們將 $X(j\omega)$ 與 $x(t)$ 的傅立葉轉換關係表示成

$$x(t) = \frac{1}{2\pi} \int_{-\infty}^{\infty} X(j\omega)e^{j\omega t}d\omega \overset{FT}{\leftrightarrow} X(j\omega) = \int_{-\infty}^{\infty} x(t)e^{-j\omega t}dt$$

(4.31)式等號右邊的積分範圍是無限大，它的積分演算必須收斂才能得到有意義的結果。收斂條件就是

$$\int_{-\infty}^{\infty} |x(t)|dt < \infty \tag{4.32}$$

這個條件稱為絕對可積分性的(absolutely integrable)收斂，如果不能滿足(4.32)式，但能滿足

$$\int_{-\infty}^{\infty} |x(t)|^2 dt < \infty \tag{4.33}$$

也算是收斂，這稱為平方可積分性的(square integrable)收斂。

▶ 4.4
基本連續時間訊號的傅立葉轉換

(1) 矩形脈波

連續時間的矩形脈波描述如下，

$$x(t) = \begin{cases} 1, & |t| \le T_1 \\ 0, & otherwise \end{cases} \tag{4.34}$$

計算其傅立葉轉換得到

$$X(j\omega) = \int_{-\infty}^{\infty} x(t)e^{-j\omega t}dt = \int_{-T_1}^{T_1} e^{-j\omega t}dt = \frac{e^{-j\omega T_1} - e^{j\omega T_1}}{-j\omega} \tag{4.35}$$
$$= \frac{2}{\omega}\sin(\omega T_1)$$

整理後得到以下的傅立葉轉換關係，

$$x(t) = \begin{cases} 1, & |t| \le T_1 \\ 0, & otherwise \end{cases} \quad \overset{FT}{\leftrightarrow} \quad X(j\omega) = \frac{2\sin(\omega T_1)}{\omega}$$

例題 4.4 連續時間的矩形脈波

一個矩形脈波定義如下，

$$x(t) = \begin{cases} 1, & |t| \le 5 \\ 0, & otherwise \end{cases}$$

依據(4.35)式的計算，其對應的頻譜為

$$X(j\omega) = \frac{2\sin(5\omega)}{\omega}$$

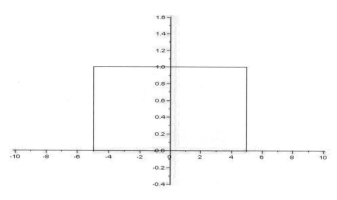

(a) 矩形脈波

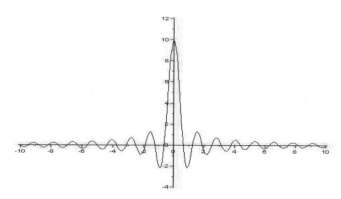

(b) 矩形脈波的頻譜

圖 4.4　矩形脈波及其頻譜

(2) 矩形頻譜

頻域上的矩形頻譜表示成

$$X(j\omega) = \begin{cases} 1, & |\omega| \le W \\ 0, & otherwise \end{cases} \tag{4.36}$$

這是一個低通濾波器，其逆向傅立葉轉換計算如下，

$$x(t) = \frac{1}{2\pi} \int_{-\infty}^{\infty} X(j\omega)e^{j\omega t}d\omega = \frac{1}{2\pi} \int_{-W}^{W} e^{j\omega t}d\omega \tag{4.37}$$

$$= \frac{1}{2\pi} \frac{e^{jWt} - e^{-jWt}}{jt} = \frac{1}{\pi t}\sin(Wt)$$

整理後得到以下的傅立葉轉換關係，

$$x(t) = \frac{\sin(Wt)}{\pi t} \quad \overset{FT}{\leftrightarrow} \quad X(j\omega) = \begin{cases} 1, & |\omega| \le W \\ 0, & otherwise \end{cases}$$

例題 4.5 連續時間的低通濾波器

一個低通濾波器定義如下，

$$G(j\omega) = \begin{cases} 1, & |\omega| \le 4 \\ 0, & otherwise \end{cases}$$

依據(4.37)式，其對應的脈衝響應為

$$g(t) = \frac{\sin(4t)}{\pi t}$$

圖 4.5 展示一個低通濾波器在時域與頻域中的函數。

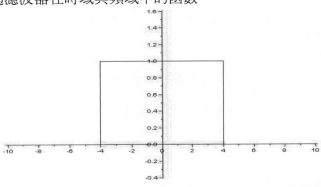

(a) 低通濾波器

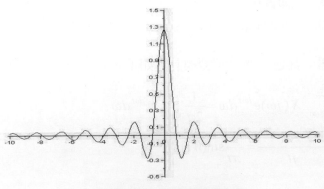

(b) 低通濾波器的脈衝響應

圖 4.5 低通濾波器

(3) 指數函數

一個連續時間的指數函數描述如下，

$$x(t) = e^{-at}u(t), \quad \text{Re}\{a\} > 0 \tag{4.38}$$

計算其傅立葉轉換，得到

$$X(j\omega) = \int_0^\infty e^{-at}e^{-j\omega t}\,dt = \int_0^\infty e^{-(a+j\omega)t}\,dt \tag{4.39}$$

$$= -\frac{e^{-(a+j\omega)t}}{a+j\omega}\Big|_0^\infty = \frac{1}{a+j\omega}$$

整理後得到以下的傅立葉轉換關係，

$$x(t) = e^{-at}u(t) \overset{FT}{\leftrightarrow} X(j\omega) = \frac{1}{a+j\omega}, \quad \text{Re}\{a\} > 0$$

例題 4.6 指數函數

一個連續時間訊號描述如下，

$$x(t) = e^{-0.8t}u(t)$$

依據(4.39)式，其傅立葉轉換為

$$X(j\omega) = \frac{1}{0.8+j\omega}$$

圖 4.6 展示其頻譜的絕對值與相位。

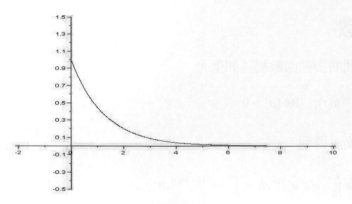

(a) 指數函數

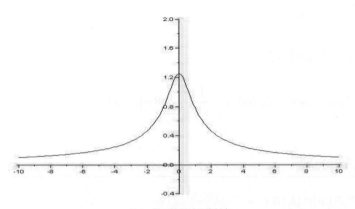

(b) 頻譜的絕對值

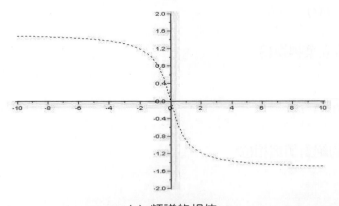

(c) 頻譜的相位

圖 4.6　指數函數

(4) 脈衝函數

連續時間的脈衝函數為

$$x(t) = \delta(t) \qquad (4.40)$$

其傅立葉轉換計算如下，

$$X(j\omega) = \int_{-\infty}^{\infty} \delta(t)e^{-j\omega t}dt = 1 \qquad (4.41)$$

整理後得到以下的傅立葉轉換關係，

$$x(t) = \delta(t) \overset{FT}{\leftrightarrow} X(j\omega) = 1$$

這個結果表示在時域上的單位脈衝訊號，對應在頻域是一個常數。

(5) 常數

從以下的傅立葉轉換看起，如果在頻域中有一個脈衝函數，

$$X(j\omega) = 2\pi\delta(\omega) \qquad (4.42)$$

計算其逆向傅立葉轉換，

$$\text{sgn}[n] \overset{DTFT}{\leftrightarrow} SGN(e^{j\Omega}) = \frac{2}{1 - e^{-j\Omega}} \qquad (4.43)$$

因此得到以下的傅立葉轉換關係，

$$x(t) = 1 \overset{FT}{\leftrightarrow} X(j\omega) = 2\pi\delta(\omega)$$

這個結果表示在時域上的常數，對應在頻域是一個脈衝函數。

(6) 步進函數

連續時間的步進函數定義是

$$u(t) = \begin{cases} 1, & t > 0 \\ 0, & t < 0 \end{cases} \tag{4.44}$$

如果 $x(t) = u(t)$，套用(4.28)式的演算，得到 $x(t)$ 的傅立葉轉換，

$$X(j\omega) = \int_0^\infty e^{-j\omega t} dt = \frac{1}{j\omega} \tag{4.45}$$

但是這個結果並不完全，當我們把 $u(t)$ 看成是 $\delta(t)$ 積分，

$$u(t) = \int_{-\infty}^t \delta(\tau) d\tau \tag{4.46}$$

依據連續時間傅立葉轉換對時間積分的特性，(4.45)式還得要加上對應在 $\omega = 0$ 的常數項，這個常數項在 $x(t)$ 平均值不為 0 時會存在。考慮整個時間範圍，$u(t)$ 的平均值是 1/2，計算 1/2 這個常數的傅立葉轉換，得到的是 $\pi\delta(\omega)$。因此 $x(t)$ 與 $X(j\omega)$ 的傅立葉轉換關係是

$$x(t) = u(t) \overset{FT}{\leftrightarrow} X(j\omega) = \frac{1}{j\omega} + \pi\delta(\omega)$$

關於連續時間傅立葉轉換的對時間積分，在 4.6 節中會有詳細說明。

表 4.1　基本訊號的傅立葉轉換

離散時間傅立葉轉換 (DTFT)	連續時間傅立葉轉換 (FT)
$x[n] = \dfrac{1}{2\pi} \int_{-\pi}^{\pi} X(e^{j\Omega}) e^{j\Omega n} d\Omega$	$x(t) = \dfrac{1}{2\pi} \int_{-\infty}^{\infty} X(j\omega) e^{j\omega t} d\omega$
$X(e^{j\Omega}) = \displaystyle\sum_{n=-\infty}^{\infty} x[n] e^{-j\Omega n}$	$X(j\omega) = \displaystyle\int_{-\infty}^{\infty} x(t) e^{-j\omega t} dt$
$x[n] \overset{DTFT}{\leftrightarrow} X(e^{j\Omega})$	$x(t) \overset{FT}{\leftrightarrow} X(j\omega)$

表 4.1　基本訊號的傅立葉轉換(續)

$x[n] = \begin{cases} 1, & \|n\| \leq M \\ 0, & otherwise \end{cases} \overset{DTFT}{\leftrightarrow}$ $X(e^{j\Omega}) = \dfrac{\sin(\Omega(2M+1)/2)}{\sin(\Omega/2)}$	$x(t) = \begin{cases} 1, & \|t\| \leq T_1 \\ 0, & otherwise \end{cases} \overset{FT}{\leftrightarrow} X(j\omega) = \dfrac{2\sin(\omega T_1)}{\omega}$
$x[n] = \dfrac{\sin(Wn)}{\pi n} \overset{DTFT}{\leftrightarrow} X(e^{j\Omega}) = \begin{cases} 1, & \|\Omega\| \leq W \\ 0, & W < \|\Omega\| \leq \pi \end{cases}$	$x(t) = \dfrac{\sin(Wt)}{\pi t} \overset{FT}{\leftrightarrow} X(j\omega) = \begin{cases} 1, & \|\omega\| \leq W \\ 0, & otherwise \end{cases}$
$x[n] = a^n u[n] \overset{DTFT}{\leftrightarrow} X(e^{j\Omega}) = \dfrac{1}{1 - ae^{-j\Omega}}, \quad \|a\| < 1$	$x(t) = e^{-at}u(t) \overset{FT}{\leftrightarrow} X(j\omega) = \dfrac{1}{a + j\omega}, \quad \mathrm{Re}\{a\} > 0$
$x[n] = \delta[n] \overset{DTFT}{\leftrightarrow} X(e^{j\Omega}) = 1$	$x(t) = \delta(t) \overset{FT}{\leftrightarrow} X(j\omega) = 1$
$x[n] = 1 \overset{DTFT}{\leftrightarrow} X(e^{j\Omega}) = 2\pi \displaystyle\sum_{p=-\infty}^{\infty} \delta(\Omega - 2\pi p)$	$x(t) = 1 \overset{FT}{\leftrightarrow} X(j\omega) = 2\pi\delta(\omega)$
$x[n] = u[n] \overset{DTFT}{\leftrightarrow}$ $X(e^{j\Omega}) = \dfrac{1}{1 - e^{-j\Omega}} + \pi \displaystyle\sum_{p=-\infty}^{\infty} \delta(\Omega - 2\pi p)$	$x(t) = u(t) \overset{FT}{\leftrightarrow} X(j\omega) = \dfrac{1}{j\omega} + \pi\delta(\omega)$

▶ **4.5**

離散時間傅立葉轉換的特性

(1) 線性特性

兩個離散時間訊號 $x[n]$ 與 $y[n]$，其傅立葉轉換分別是 $X(e^{j\Omega})$ 與 $Y(e^{j\Omega})$，以線性組合成新的訊號 $w[n]$，這個新訊號的傅立葉轉換 $W(e^{j\Omega})$ 就等於 $X(e^{j\Omega})$ 與 $Y(e^{j\Omega})$ 的線性組合。也就是

$$ax[n] + by[n] \overset{DTFT}{\leftrightarrow} aX(e^{j\Omega}) + bY(e^{j\Omega})$$

這說明離散時間傅立葉轉換具有線性特性(linearity)。

(2) 對稱特性

離散時間訊號 $x[n]$ 的傅立葉轉換為 $X(e^{j\Omega})$，

$$X(e^{j\Omega}) = \sum_{n=-\infty}^{\infty} x[n]e^{-j\Omega n} \tag{4.47}$$

若取其共軛複數，我們得到

$$X^*(e^{j\Omega}) = \sum_{n=-\infty}^{\infty} x^*[n]e^{j\Omega n} \tag{4.48}$$

如果 $x[n]$ 為實數，$x^*[n] = x[n]$，則(4.48)式變成

$$X^*(e^{j\Omega}) = \sum_{n=-\infty}^{\infty} x[n]e^{-j(-\Omega)n} = X(e^{-j\Omega}) \tag{4.49}$$

因為有以下的現象，

$$\operatorname{Re} X(e^{j\Omega}) = \operatorname{Re} X(e^{-j\Omega})$$
$$\operatorname{Im} X(e^{j\Omega}) = -\operatorname{Im} X(e^{-j\Omega}) \tag{4.50}$$

所以這個傅立葉轉換 $X(e^{j\Omega})$ 具有共軛對稱的(conjugate symmetric)特性。

如果 $x[n]$ 為虛數，$x^*[n] = -x[n]$，則(4.48)式變成

$$X^*(e^{j\Omega}) = -\sum_{n=-\infty}^{\infty} x[n]e^{-j(-\Omega)n} = -X(e^{-j\Omega}) \tag{4.51}$$

也就是

$$\operatorname{Re} X(e^{j\Omega}) = -\operatorname{Re} X(e^{-j\Omega})$$
$$\operatorname{Im} X(e^{j\Omega}) = \operatorname{Im} X(e^{-j\Omega}) \tag{4.52}$$

如果 $x[n]$ 為實數的偶訊號，$x[n] = x[-n]$，則(4.48)式變成

$$X^*(e^{j\Omega}) = \sum_{n=-\infty}^{\infty} x[-n]e^{j\Omega n} = \sum_{m=\infty}^{-\infty} x[m]e^{j(-\Omega)m} = \sum_{m=-\infty}^{\infty} x[m]e^{-j\Omega m} \qquad (4.53)$$
$$= X(e^{j\Omega})$$

則 $X(e^{j\Omega})$ 是實數。

如果 $x[n]$ 為實數的奇訊號，$x[n] = -x[-n]$，則(4.48)式變成

$$X^*(e^{j\Omega}) = -\sum_{n=-\infty}^{\infty} x[-n]e^{-j(-\Omega)n} = -\sum_{m=\infty}^{-\infty} x[m]e^{-j\Omega m} = -X(e^{j\Omega}) \qquad (4.54)$$

則 $X(e^{j\Omega})$ 是虛數。

(3) 時間偏移

離散時間訊號 $x[n]$ 的序號 n 改為 $n-n_1$，得到新的訊號 $x_1[n] = x[n-n_1]$，計算其傅立葉轉換如下，

$$X_1(e^{j\Omega}) = \sum_{n=-\infty}^{\infty} x_1[n]e^{-j\Omega n} = \sum_{n=-\infty}^{\infty} x[n-n_1]e^{-j\Omega n} \qquad (4.55)$$

令 $n-n_1 = m$，(4.55)式改寫成

$$X_1(e^{j\Omega}) = \sum_{m=-\infty}^{\infty} x[m]e^{-j\Omega m} \cdot e^{-j\Omega n_1} = e^{-j\Omega n_1} X(e^{j\Omega}) \qquad (4.56)$$

整理後得到以下的離散時間傅立葉轉換關係，

$$x[n-n_1] \overset{DTFT}{\leftrightarrow} e^{-j\Omega n_1} X(e^{j\Omega})$$

這個結果表示在時域上的時間偏移，對應在頻域上造成頻譜的相位改變。

例題 4.7 離散時間訊號的時間提前

一個離散時間訊號表示如下，

$$x[n] = (0.8)^n u[n]$$

其傅立葉轉換計算如下，

$$X(e^{j\Omega}) = \sum_{n=-\infty}^{\infty} x[n]e^{-j\Omega n} = \sum_{n=0}^{\infty} (0.8)^n e^{-j\Omega n} = \sum_{n=0}^{\infty} (0.8e^{-j\Omega})^n = \frac{1}{1-0.8e^{-j\Omega}}$$

當此訊號作了偏移，變成

$$y[n] = x[n+2] = (0.8)^{n+2} u[n+2]$$

離散時間訊號 $y[n]$ 的傅立葉轉換為

$$Y(e^{j\Omega}) = \sum_{n=-\infty}^{\infty} y[n]e^{-j\Omega n} = \sum_{n=-2}^{\infty} (0.8)^{n+2} e^{-j\Omega n}$$

令 $m = n+2$，上式改寫成

$$Y(e^{j\Omega}) = \sum_{n=-2}^{\infty} (0.8)^{n+2} e^{-j\Omega n} = \sum_{m=0}^{\infty} (0.8)^m e^{-j\Omega(m-2)}$$

$$= e^{j2\Omega} \sum_{m=0}^{\infty} (0.8)^m e^{-j\Omega m} = e^{j2\Omega} \frac{1}{1-0.8e^{-j\Omega}} = e^{j2\Omega} X(e^{j\Omega})$$

得到的結果是在頻域上造成頻譜的相位改變，圖 4.7 說明這個現象。

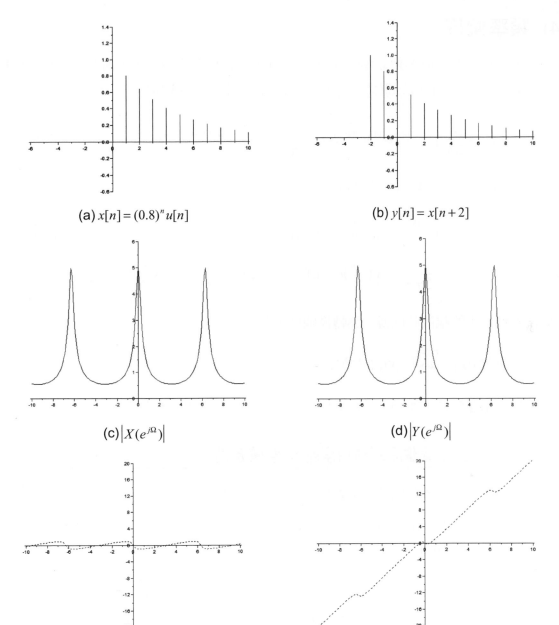

(a) $x[n] = (0.8)^n u[n]$

(b) $y[n] = x[n+2]$

(c) $\left| X(e^{j\Omega}) \right|$

(d) $\left| Y(e^{j\Omega}) \right|$

(e) $\phi\{X(e^{j\Omega})\}$

(f) $\phi\{Y(e^{j\Omega})\}$

圖 4.7　離散時間訊號的時間提前

(4) 頻率偏移

離散時間訊號 $x[n]$ 的傅立葉轉換為 $X(e^{j\Omega})$，若將 Ω 改為 $\Omega - \Omega_1$，新的傅立葉轉換為 $X_1(e^{j\Omega}) = X(e^{j(\Omega - \Omega_1)})$，我們作逆向傅立葉轉換的演算，求得 $x_1[n]$。

$$x_1[n] = \frac{1}{2\pi} \int_{-\pi}^{\pi} X_1(e^{j\Omega}) e^{j\Omega n} d\Omega = \frac{1}{2\pi} \int_{-\pi}^{\pi} X(e^{j(\Omega - \Omega_1)}) e^{j\Omega n} d\Omega \tag{4.57}$$

令 $\Gamma = \Omega - \Omega_1, \quad d\Gamma = d\Omega$，(4.57)式改為

$$x_1[n] = \frac{1}{2\pi} \int_{-\pi - \Omega_1}^{\pi - \Omega_1} X(e^{j\Gamma}) e^{j\Gamma n} e^{j\Omega_1 n} d\Gamma \tag{4.58}$$

$$= e^{j\Omega_1 n} \frac{1}{2\pi} \int_{-\pi}^{\pi} X(e^{j\Gamma}) e^{j\Gamma n} d\Gamma = e^{j\Omega_1 n} x[n]$$

整理後得到以下的離散時間傅立葉轉換關係，

$$e^{j\Omega_1 n} x[n] \quad \overset{DTFT}{\leftrightarrow} \quad X(e^{j(\Omega - \Omega_1)})$$

這個結果表示在頻域上作頻譜相位偏移，即造成時域上的波形乘上弦波函數。

例題 4.8 以頻率偏移方式得到高通濾波器

一個離散時間系統在頻域中定義為

$$H(e^{j\Omega}) = \begin{cases} 1, & 0 < |\Omega| \leq 1.5 \\ 0, & 1.5 < |\Omega| < \pi \end{cases}$$

$H(e^{j\Omega})$ 這個頻率響應是週期 2π 的函數，在 0 到 $+\pi$ 這個半週期內觀察，這是一個低通濾波器。如果將頻率作偏移，Ω 變成 $\Omega - \pi$，新的頻率響應 $H_1(e^{j\Omega})$ 表示如下式，

$$H_1(e^{j\Omega}) = H(e^{j(\Omega - \pi)}) = \begin{cases} 1, & -\pi \leq \Omega \leq -\pi + 1.5 \\ 0, & -\pi + 1.5 < \Omega < \pi - 1.5 \\ 1, & \pi - 1.5 \leq \Omega < \pi \end{cases}$$

在 0 到 $+\pi$ 這個半週期內觀察，$H_1(e^{j\Omega})$ 是一個高通濾波器。

低通濾波器在時域中的脈衝響應計算如下，

$$h[n] = \frac{1}{2\pi}\int_{-1.5}^{1.5} e^{j\Omega n} d\Omega = \frac{1}{2\pi}\frac{e^{j\Omega n}}{jn}\Big|_{-1.5}^{1.5} = \frac{1}{2\pi}\frac{e^{j1.5n} - e^{-j1.5n}}{jn}$$

$$= \frac{\sin(1.5n)}{\pi n}$$

而高通濾波器的脈衝響應為

$$h_1[n] = \frac{1}{2\pi}(\int_{-\pi}^{-\pi+1.5} e^{j\Omega n} d\Omega + \int_{\pi-1.5}^{\pi} e^{j\Omega n} d\Omega)$$

$$= \frac{1}{2\pi}(\frac{e^{j\Omega n}}{jn}|_{-\pi}^{-\pi+1.5} + \frac{e^{j\Omega n}}{jn}|_{\pi-1.5}^{\pi})$$

$$= \frac{1}{2\pi}(\frac{e^{-j\pi n} \cdot e^{j1.5n} - e^{-j\pi n}}{jn} + \frac{e^{j\pi n} - e^{j\pi n} \cdot e^{-j1.5n}}{jn})$$

$$= \frac{1}{2\pi}\frac{(-1)^n e^{j1.5n} - (-1)^n + (-1)^n - (-1)^n e^{-j1.5n}}{jn}$$

$$= (-1)^n \frac{\sin(1.5n)}{\pi n} = e^{j\pi n}\frac{\sin(1.5n)}{\pi n}$$

圖 4.8 中可以看到對低通濾波器作頻率偏移的結果，得到的是一個高通濾波器。

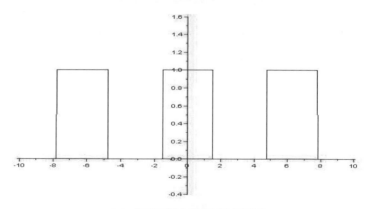

(a) 低通濾波器的頻率響應

圖 4.8　頻率偏移

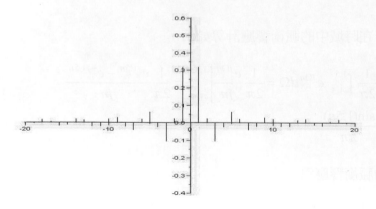

(b) 低通濾波器的脈衝響應

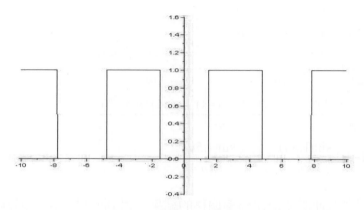

(c) 高通濾波器的頻率響應

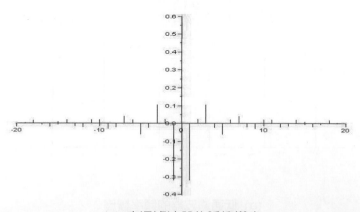

(d) 高通濾波器的脈衝響應

圖 4.8　頻率偏移(續)

(5) 捲迴特性

兩個離散時間訊號 $x[n]$ 與 $y[n]$，其傅立葉轉換分別是 $X(e^{j\Omega})$ 與 $Y(e^{j\Omega})$，若 $x[n]$ 與 $y[n]$ 作捲加演算得到新的訊號 $w[n]$，

$$w[n] = \sum_{\ell=-\infty}^{\infty} x[\ell]y[n-\ell] \tag{4.59}$$

則 $w[n]$ 的傅立葉轉換計算如下，

$$W(e^{j\Omega}) = \sum_{n=-\infty}^{\infty} w[n]e^{-j\Omega n} = \sum_{n=-\infty}^{\infty} \sum_{\ell=-\infty}^{\infty} x[\ell]y[n-\ell]e^{-j\Omega n} \tag{4.60}$$

令 $n-\ell=m$，(4.60)式改寫為

$$W(e^{j\Omega}) = \sum_{\ell=-\infty}^{\infty} x[\ell](\sum_{m=-\infty}^{\infty} y[m]e^{-j\Omega m})e^{-j\Omega \ell} = \sum_{\ell=-\infty}^{\infty} x[\ell]Y(e^{j\Omega})e^{-j\Omega \ell} \tag{4.61}$$
$$= X(e^{j\Omega})Y(e^{j\Omega})$$

整理後得到以下的離散時間傅立葉轉換關係，

$$x[n] * y[n] \overset{DTFT}{\leftrightarrow} X(e^{j\Omega})Y(e^{j\Omega})$$

這個捲迴特性(convolution property)說明在時域中兩個訊號作捲加演算，在頻域中就是兩個傅立葉轉換相乘。

例題 4.9 兩個離散時間訊號作捲加演算

兩個離散時間訊號表示如下，

$$x[n]=\begin{cases} 1, & |n| \le 2 \\ 0, & otherwise \end{cases}$$

$$y[n]=\begin{cases} -2, & n=-2,-1 \\ 2, & n=1,2 \\ 0, & otherwise \end{cases}$$

這兩訊號與例題 3.17 的訊號類似，但不是週期性訊號。個計算 $x[n]$ 與 $y[n]$ 的離散時間傅立葉轉換，

$$X(e^{j\Omega}) = \sum_{n=-\infty}^{\infty} x[n]e^{-j\Omega n} = e^{j2\Omega} + e^{j\Omega} + 1 + e^{-j\Omega} + e^{-j2\Omega} = 1 + 2\cos(\Omega) + 2\cos(2\Omega)$$

$$Y(e^{j\Omega}) = \sum_{n=-\infty}^{\infty} y[n]e^{-j\Omega n} = -2e^{j2\Omega} - 2e^{j\Omega} + 2e^{-j\Omega} + 2e^{-j2\Omega} = -j4\sin(\Omega) - j4\sin(2\Omega)$$

在頻域中兩個傅立葉轉換作相乘，

$$\begin{aligned}
W(e^{j\Omega}) &= X(e^{j\Omega})Y(e^{j\Omega}) = -j4(1 + 2\cos(\Omega) + 2\cos(2\Omega))(\sin(\Omega) + \sin(2\Omega)) \\
&= -4(\sin(\Omega) + \sin(2\Omega) + 2\cos(\Omega)\sin(\Omega) + 2\cos(\Omega)\sin(2\Omega) + 2\cos(2\Omega)\sin(\Omega) \\
&\quad + 2\cos(2\Omega)\sin(2\Omega)) \\
&= -j4(\sin(\Omega) + \sin(2\Omega) + \sin(2\Omega) + \sin(3\Omega) + \sin(\Omega) + \sin(3\Omega) - \sin(\Omega) + \sin(4\Omega)) \\
&= -j4(\sin(\Omega) + 2\sin(2\Omega) + 2\sin(3\Omega) + \sin(4\Omega))
\end{aligned}$$

在時域中計算 $x[n]$ 與 $y[n]$ 的捲加演算，注意它的結果與例題 3.17 不同。

$$w[n] = \sum_{\ell=-\infty}^{\infty} x[\ell]y[n-\ell]$$

$$w[-5] = 0, \quad w[-4] = -2, \quad w[-3] = -4, \quad w[-2] = -4, \quad w[-1] = -2$$

$$w[0] = 0, \quad w[1] = 2, \quad w[2] = 4, \quad w[3] = 4 \quad w[4] = 2, \quad w[5] = 0$$

計算 $w[n]$ 的離散時間傅立葉轉換，

$$\begin{aligned}
W(e^{j\Omega}) &= \sum_{n=-\infty}^{\infty} w[n]e^{-j\Omega n} \\
&= -2e^{j4\Omega} - 4e^{j3\Omega} - 4e^{j2\Omega} - 2e^{j\Omega} + 2e^{-j\Omega} + 4e^{-j2\Omega} + 4e^{-j3\Omega} + 2e^{-j4\Omega} \\
&= (-2e^{j\Omega} + 2e^{-j\Omega}) + (-4e^{j2\Omega} + 4e^{-j2\Omega}) + (-4e^{j3\Omega} + 4e^{-j3\Omega}) + (-2e^{j4\Omega} + 2e^{-j4\Omega}) \\
&= -j4(\sin(\Omega) + 2\sin(2\Omega) + 2\sin(3\Omega) + \sin(4\Omega))
\end{aligned}$$

這個結果印證兩個離散時間訊號的捲迴特性。

(6) 乘法特性

假設有離散時間訊號 $x[n]$ 與 $y[n]$，其傅立葉轉換分別是 $X(e^{j\Omega})$ 與 $Y(e^{j\Omega})$，若 $x[n]$ 與 $y[n]$ 相乘，成為新的訊號 $w[n]$，

$$w[n] = x[n]y[n] = (\frac{1}{2\pi}\int_{-\pi}^{\pi} X(e^{jV})e^{jVn}dV)(\frac{1}{2\pi}\int_{-\pi}^{\pi} Y(e^{j\Gamma})e^{j\Gamma n}d\Gamma) \qquad (4.62)$$

$$= (\frac{1}{2\pi})^2 \int_{-\pi}^{\pi} \int_{-\pi}^{\pi} X(e^{jV})Y(e^{j\Gamma})e^{j(V+\Gamma)n}dVd\Gamma$$

令 $\Omega = V + \Gamma$，(4.62)式改寫成

$$w[n] = (\frac{1}{2\pi})^2 \int_{-\pi+V}^{\pi+V} \int_{-\pi}^{\pi} X(e^{jV})Y(e^{j(\Omega-V)})dVe^{j\Omega n}d\Omega \qquad (4.63)$$

$$= \frac{1}{2\pi}\int_{-\pi}^{\pi} (\frac{1}{2\pi}\int_{-\pi}^{\pi} X(e^{jV})Y(e^{j(\Omega-V)})dV)e^{j\Omega n}d\Omega$$

$$= \frac{1}{2\pi}\int_{-\pi}^{\pi} W(e^{j\Omega})e^{j\Omega n}d\Omega$$

整理後得到以下的離散時間傅立葉轉換關係，

$$x[n]y[n] \overset{DTFT}{\leftrightarrow} \frac{1}{2\pi}X(e^{j\Omega}) * Y(e^{j\Omega})$$

表示兩個訊號在時域中相乘，對應在頻域中是兩個傅立葉轉換作捲積演算。

(7) 對時間的差分

離散時間訊號 $x[n]$ 的傅立葉轉換為 $X(e^{j\Omega})$，兩者關係如下，

$$x[n] = \frac{1}{2\pi}\int_{-\pi}^{\pi} X(e^{j\Omega})e^{j\Omega n} d\Omega \qquad (4.64)$$

讓 n 改為 $n-1$，(4.64)式變成

$$x[n-1] = \frac{1}{2\pi}\int_{-\pi}^{\pi} X(e^{j\Omega})e^{j\Omega(n-1)} d\Omega \qquad (4.65)$$

計算 $x[n]$ 的差分，可以得到

$$x[n] - x[n-1] = \frac{1}{2\pi} \int_{-\pi}^{\pi} (1 - e^{-j\Omega}) X(e^{j\Omega}) e^{j\Omega n} \, d\Omega \tag{4.66}$$

(4.65)式表示

$$x[n] - x[n-1] \overset{DTFT}{\leftrightarrow} (1 - e^{-j\Omega}) X(e^{j\Omega})$$

例題 4.10 時間的差分

一個離散時間訊號如下，

$$x[n] = a^n u[n], \quad a = 0.7$$

其傅立葉轉換為

$$X(e^{j\Omega}) = \frac{1}{1 - ae^{-j\Omega}}$$

作時間偏移之後為

$$x[n-1] = a^{n-1} u[n-1]$$

作時間的差分，

$$y[n] = x[n] - x[n-1] = a^n u[n] - a^{n-1} u[n-1]$$

計算差分的傅立葉轉換，得到

$$Y(e^{j\Omega}) = (1 - e^{-j\Omega}) \frac{1}{1 - ae^{-j\Omega}}$$

(8) 對時間的累加

若 $y[n]$ 是 $x[m]$ 的累加，

$$y[n] = \sum_{m=-\infty}^{n} x[m] \tag{4.67}$$

則 $y[n]$ 的差分就是 $x[n]$，

$$y[n] - y[n-1] = x[n] \tag{4.68}$$

對(4.68)式作傅立葉轉換，就得到

$$(1 - e^{-j\Omega})Y(e^{j\Omega}) = X(e^{j\Omega}) \tag{4.69}$$

改寫(4.69)式，我們得到

$$Y(e^{j\Omega}) = \frac{X(e^{j\Omega})}{1 - e^{-j\Omega}} \tag{4.70}$$

(4.70)式並不完全，因爲(4.68)式的差分演算，會讓 $y[n]$ 所含有的常數項被消掉，這個時域中的常數項對應在頻域中 $\Omega = 0$ 的位置，其值爲 $\pi X(e^{j0})$。因爲 $X(e^{j\Omega})$ 與 $Y(e^{j\Omega})$ 是週期爲 2π 的函數，時域中的常數項也對應在頻域中 $\Omega = 2\pi k$ 的位置上，因此(4.70)式應該修改成

$$Y(e^{j\Omega}) = \frac{X(e^{j\Omega})}{1 - e^{-j\Omega}} + \pi X(e^{j0}) \sum_{k=-\infty}^{\infty} \delta(\Omega - 2\pi k) \tag{4.71}$$

也就是 $y[n]$ 與 $Y(e^{j\Omega})$ 表示成以下的離散時間傅立葉轉換關係，

$$\sum_{m=-\infty}^{n} x[m] \overset{DTFT}{\leftrightarrow} \frac{X(e^{j\Omega})}{1 - e^{-j\Omega}} + \pi X(e^{j0}) \sum_{k=-\infty}^{\infty} \delta(\Omega - 2\pi k)$$

例題 4.11 驗證步進函數的傅立葉轉換

離散時間的步進函數 $u[n]$ 可視為 $\delta[n]$ 的累加結果，

$$u[n] = \sum_{k=-\infty}^{n} \delta[k]$$

$\delta[n]$ 的傅立葉轉換為 1。套用(4.71)式的演算就得到以下的離散時間傅立葉轉換關係，

$$x[n] = u[n] \quad \overset{DTFT}{\leftrightarrow} \quad X(e^{j\Omega}) = \frac{1}{1-e^{-j\Omega}} + \pi \sum_{p=-\infty}^{\infty} \delta(\Omega - 2\pi p)$$

另一個做法是定義一個符號函數(sign function) $\mathrm{sgn}[n]$，

$$\mathrm{sgn}[n] = \begin{cases} 1, & n \geq 0 \\ -1, & n < 0 \end{cases}$$

它的平均值等於 0，$u[n]$ 可以用 $\mathrm{sgn}[n]$ 加上一個常數表示

$$u[n] = \frac{1}{2} + \frac{1}{2}\mathrm{sgn}[n]$$

$\mathrm{sgn}[n]$ 的傅立葉轉換計算如下，

$$SGN(e^{j\Omega}) = \sum_{n=-\infty}^{\infty} \mathrm{sgn}[n]e^{-j\Omega n} = \sum_{n=0}^{\infty} e^{-j\Omega n} - \sum_{n=-\infty}^{-1} e^{-j\Omega n}$$

$$= \frac{1}{1-e^{-j\Omega}} - \sum_{n=-\infty}^{0} e^{-j\Omega n} + 1 = \frac{1}{1-e^{-j\Omega}} + 1 - \sum_{m=0}^{\infty} e^{j\Omega m}$$

$$= \frac{1}{1-e^{-j\Omega}} + (1 - \frac{1}{1-e^{j\Omega}}) = \frac{1}{1-e^{-j\Omega}} + \frac{-e^{j\Omega}}{1-e^{j\Omega}} = \frac{2}{1-e^{-j\Omega}}$$

利用常數 1 的離散時間傅立葉轉換，

$$x[n] = 1 \quad \overset{DTFT}{\leftrightarrow} \quad X(e^{j\Omega}) = 2\pi \sum_{p=-\infty}^{\infty} \delta(\Omega - 2\pi p)$$

與 sgn[n] 的離散時間傅立葉轉換，

$$\text{sgn}[n] \overset{DTFT}{\leftrightarrow} SGN(e^{j\Omega}) = \frac{2}{1-e^{-j\Omega}}$$

我們得到 $u[n]$ 的離散時間傅立葉轉換為

$$x[n] = u[n] \overset{DTFT}{\leftrightarrow} X(e^{j\Omega}) = \frac{1}{1-e^{-j\Omega}} + \pi \sum_{p=-\infty}^{\infty} \delta(\Omega - 2\pi p)$$

(9) 對頻率的微分

離散時間訊號 $x[n]$ 的傅立葉轉換為

$$X(e^{j\Omega}) = \sum_{n=-\infty}^{\infty} x[n]e^{-j\Omega n} \tag{4.72}$$

對 $X(e^{j\Omega})$ 作頻率微分(differentiation in frequency)，得到

$$\frac{d}{d\Omega}X(e^{j\Omega}) = \sum_{n=-\infty}^{\infty} (-jnx[n])e^{-j\Omega n} \tag{4.73}$$

整理後得到以下的離散時間傅立葉轉換關係，

$$-jnx[n] \overset{DTFT}{\leftrightarrow} \frac{d}{d\Omega}X(e^{j\Omega})$$

例題 4.12 應用頻率微分作傅立葉轉換

想要計算以下訊號的傅立葉轉換，

$$x[n] = na^n u[n], \quad |a| < 1$$

先考慮一個離散時間訊號如下，

$$y[n] = a^n u[n], \quad |a| < 1$$

其傅立葉轉換為

$$Y(e^{j\Omega}) = \frac{1}{1 - ae^{-j\Omega}}$$

對頻率的微分，

$$\frac{d}{d\Omega} Y(e^{j\Omega}) = \frac{-jae^{-j\Omega}}{(1 - ae^{-j\Omega})^2}$$

因為

$$-jny[n] \quad \overset{DTFT}{\longleftrightarrow} \quad \frac{d}{d\Omega} Y(e^{j\Omega})$$

整理上述的討論，得到以下的離散時間傅立葉轉換，

$$na^n u[n] \quad \overset{DTFT}{\longleftrightarrow} \quad \frac{ae^{-j\Omega}}{(1 - ae^{-j\Omega})^2}$$

---

(10) 時間比例調整

離散時間訊號 $x[n]$ 的傅立葉轉換為 $X(e^{j\Omega})$，若有訊號 $x_1[n]$，它與 $x[n]$ 的關係是

$$x_1[n] = \begin{cases} x[n/p], \ n = pm, \ m = 0, \ 1, \ 2, \cdots \\ 0, \ otherwise \end{cases} \tag{4.74}$$

也就是在 $n \neq 0, \ \pm p, \ \pm 2p, \ \cdots$ 時 $x_1[n] = 0$。這個訊號 $x_1[n]$ 等於是將原訊號 $x[n]$ 在時間軸拉開，訊號點中間插入 $p - 1$ 個 0。訊號 $x_1[n]$ 的傅立葉轉換為

$$X_1(e^{j\Omega}) = \sum_{n=\infty}^{\infty} x_1[n]e^{-j\Omega n} = \sum_{n=-\infty}^{\infty} x[n/p]e^{-j\Omega n} \tag{4.75}$$

讓 $n = pm$，(4.75)式改寫成

$$X_1(e^{j\Omega}) = \sum_{m=-\infty}^{\infty} x[m]e^{-j\Omega pm} = X(e^{j\Omega p})$$ (4.76)

比對(4.75)式與(4.76)式，得到以下的離散時間傅立葉轉換關係，

$$x[n/p] \overset{DTFT}{\leftrightarrow} X(e^{j\Omega p})$$

這說明在時域中序號 n 除以 p，即造成頻域中的角頻率 Ω 乘上 p，也就是說將時間軸拉開 p 倍，就使得頻率軸壓縮 p 倍。

例題 4.13 時間比例調整

針對例 4.3 的離散時間訊號 $x[n]$，

$$x[n] = (0.7)^n u[n]$$

其傅立葉轉換為

$$X(e^{j\Omega}) = \frac{1}{1 - 0.7e^{-j\Omega}}$$

若 $y[n]$ 定義如下，

$$y[n] = \begin{cases} x[n/2], n = 2m, m = 0, 1, 2, \cdots \\ 0, \ otherwise \end{cases}$$

讓 $n = 2m$，$y[n]$ 的傅立葉轉換為

$$Y(e^{j\Omega}) = \sum_{m=-\infty}^{\infty} x[m]e^{-j\Omega 2m} = X(e^{j\Omega 2}) = \frac{1}{1 - 0.7e^{-j2\Omega}}$$

圖 4.9 可以看到，$y[n] = x[n/2]$ 的取樣間隔變大，而在頻域中的週期變短。

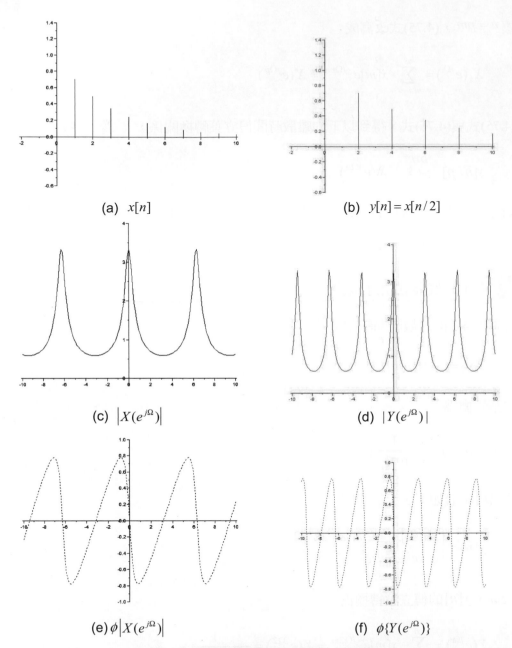

(a) $x[n]$

(b) $y[n] = x[n/2]$

(c) $\left| X(e^{j\Omega}) \right|$

(d) $\left| Y(e^{j\Omega}) \right|$

(e) $\phi \left| X(e^{j\Omega}) \right|$

(f) $\phi\{Y(e^{j\Omega})\}$

圖 4.9　離散時間訊號的時間比例調整

(11) 帕沙夫關係式

假設離散時間訊號 $x[n]$ 的傅立葉轉換為 $X(e^{j\Omega})$ ，

$$x[n] = \frac{1}{2\pi} \int_{-\pi}^{\pi} X(e^{j\Omega}) e^{j\Omega n} d\Omega \qquad (4.77)$$

取其共軛複數，

$$x^*[n] = \frac{1}{2\pi} \int_{-\pi}^{\pi} X^*(e^{j\Omega}) e^{-j\Omega n} d\Omega \qquad (4.78)$$

計算時域中的訊號平均功率，

$$P = \sum_{n=-\infty}^{\infty} |x[n]|^2 = \sum_{n=-\infty}^{\infty} x[n] x^*[n] \qquad (4.79)$$

$$= \sum_{n=-\infty}^{\infty} x[n] \cdot \frac{1}{2\pi} \int_{-\pi}^{\pi} X^*(e^{j\Omega}) e^{-j\Omega n} d\Omega$$

$$= \frac{1}{2\pi} \int_{-\pi}^{\pi} X^*(e^{j\Omega}) \sum_{n=-\infty}^{\infty} x[n] e^{-j\Omega n} d\Omega$$

$$= \frac{1}{2\pi} \int_{-\pi}^{\pi} X^*(e^{j\Omega}) X(e^{j\Omega}) d\Omega = \frac{1}{2\pi} \int_{-\pi}^{\pi} \left| X(e^{j\Omega}) \right|^2 d\Omega$$

這結果顯示在時域中計算的訊號平均功率等於在頻域中計算的訊號平均功率。

例題 4.14 帕沙夫關係式的應用

想要計算以下訊號的能量，

$$x[n] = \frac{\sin(Wn)}{\pi n}$$

此訊號的傅立葉轉換為

$$X(e^{j\Omega}) = \begin{cases} 1, & |\Omega| \leq W \\ 0, & W < |\Omega| \leq \pi \end{cases}$$

利用帕沙夫關係式，

$$P = \sum_{n=-\infty}^{\infty} |x[n]|^2 = \frac{1}{2\pi} \int_{-\pi}^{\pi} \left| X(e^{j\Omega}) \right|^2 d\Omega = \frac{1}{2\pi} \int_{-W}^{W} d\Omega = \frac{W}{\pi}$$

▶ 4.6

連續時間傅立葉轉換的特性

(1) 線性特性

兩個連續時間訊號，$x(t)$ 與 $y(t)$，其傅立葉轉換分別是 $X(j\omega)$ 與 $Y(j\omega)$，以線性組合成新的訊號 $w(t)$，這個新訊號的傅立葉轉換 $W(j\omega)$ 等於 $X(j\omega)$ 與 $Y(j\omega)$ 的線性組合。也就是

$$ax(t) + by(t) \overset{FT}{\leftrightarrow} aX(j\omega) + bY(j\omega)$$

這說明傅立葉轉換具有線性特性。

(2) 對稱特性

對於連續時間訊號 $x(t)$ 的傅立葉轉換為 $X(j\omega)$，

$$X(j\omega) = \int_{-\infty}^{\infty} x(t)e^{-j\omega t}dt \tag{4.80}$$

取其共軛複數，

$$X^*(j\omega) = \int_{-\infty}^{\infty} x^*(t)e^{j\omega t}dt \tag{4.81}$$

如果 $x(t)$ 為實數，$x^*(t) = x(t)$，則(4.81)式變成

$$X^*(j\omega) = \int_{-\infty}^{\infty} x(t)e^{-j(-\omega)t}dt = X(-j\omega) \tag{4.82}$$

因為

$$\text{Re}\,X(j\omega) = \text{Re}\,X(-j\omega), \qquad \text{Im}\,X(j\omega) = -\text{Im}\,X(-j\omega) \tag{4.83}$$

所以傅立葉轉換 $X(j\omega)$ 是共軛對稱的(conjugate symmetric)函數。

如果 $x(t)$ 爲虛數，$x*(t) = -x(t)$，則(4.81)式變成

$$X*(j\omega) = \int_{-\infty}^{\infty} -x(t)e^{-j(-\omega)t} dt = -X(-j\omega) \tag{4.84}$$

也就是

$$\text{Re}\, X(j\omega) = -\text{Re}\, X(-j\omega), \qquad \text{Im}\, X(j\omega) = \text{Im}\, X(-j\omega) \tag{4.85}$$

如果 $x(t)$ 爲實數的偶訊號，$x(t) = x(-t)$，則(4.81)式變成

$$X*(j\omega) = \int_{-\infty}^{\infty} x(-t)e^{-j(-\omega)t} dt = \int_{-\infty}^{\infty} x(\tau)e^{j(-\omega)\tau} d\tau = X(j\omega) \tag{4.86}$$

則 $X(j\omega)$ 是實數。

如果 $x(t)$ 爲實數的奇訊號，$x(t) = -x(-t)$，則(4.81)式變成

$$X*(j\omega) = -\int_{-\infty}^{\infty} x(-t)e^{-j(-\omega)t} dt = -X(j\omega) \tag{4.87}$$

則 $X(j\omega)$ 是虛數。

(3) 時間偏移

若有連續時間訊號 $x(t)$，其時間 t 改爲 $t - t_1$，新的訊號 $x_1(t) = x(t - t_1)$，其傅立葉轉換的計算如下，

$$X_1(j\omega) = \int_{-\infty}^{\infty} x_1(t)e^{-j\omega t} dt = \int_{-\infty}^{\infty} x(t - t_1)e^{-j\omega t} dt \tag{4.88}$$

令 $t - t_1 = \tau$，(4.88)式改寫成

$$X_1(j\omega) = \int_{-\infty}^{\infty} x(\tau)e^{-j\omega\tau} e^{-j\omega t_1} d\tau = e^{-j\omega t_1} X(j\omega) \tag{4.89}$$

這個結果表示以下的傅立葉轉換關係，

$$x(t - t_1) \overset{FT}{\leftrightarrow} e^{-j\omega t_1} X(j\omega)$$

在時域上的時間偏移，對應在頻域上造成頻譜的相位改變。

例題 4.15 連續時間訊號的時間延遲

一個連續時間訊號如下，

$$x(t) = e^{-0.5t}u(t)$$

依據(4.39)式，其傅立葉轉換為

$$X(j\omega) = \frac{1}{0.5 + j\omega}$$

若是作了時間延遲，變成

$$x_1(t) = x(t-2) = e^{-0.5(t-2)}u(t-2)$$

計算其傅立葉轉換，

$$X_1(j\omega) = \int_{-\infty}^{\infty} x_1(t)e^{-j\omega t}dt = \int_{-\infty}^{\infty} x(t-2)e^{-j\omega t}dt = \int_{2}^{\infty} e^{-0.5(t-2)}e^{-j\omega t}dt$$

令 $t-2 = \tau$ ，上式改為

$$X_1(j\omega) = \int_{2}^{\infty} e^{-0.5(t-2)}e^{-j\omega t}dt = \int_{0}^{\infty} e^{-0.5\tau}e^{-j\omega(\tau+2)}d\tau = e^{-j2\omega}\int_{0}^{\infty} e^{-0.5\tau}e^{-j\omega\tau}d\tau$$

$$= e^{-j2\omega}\frac{1}{0.5 + j\omega} = e^{-j2\omega}X(j\omega)$$

圖 4.10 展示連續時間訊號的時間延遲所造成頻譜的影響。

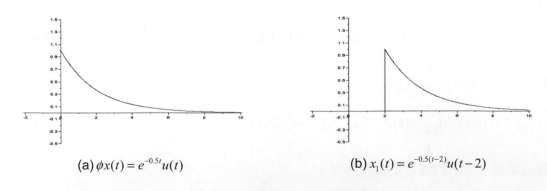

(a) $\phi x(t) = e^{-0.5t}u(t)$ (b) $x_1(t) = e^{-0.5(t-2)}u(t-2)$

圖 4.10　連續時間訊號的時間延遲

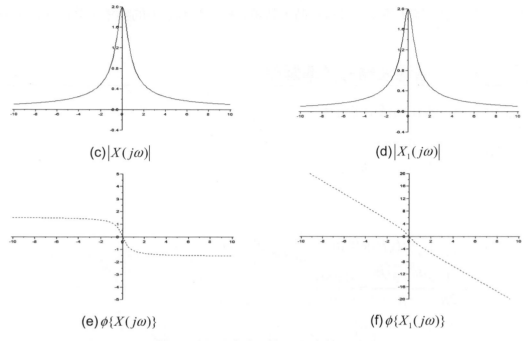

(c)$\left|X(j\omega)\right|$

(d)$\left|X_1(j\omega)\right|$

(e)$\phi\{X(j\omega)\}$

(f)$\phi\{X_1(j\omega)\}$

圖 4.10　連續時間訊號的時間延遲(續)

---

(4)　頻率偏移

對於連續時間訊號 $x(t)$，其傅立葉轉換為 $X(j\omega)$，若將 ω 改為 $\omega - \omega_1$，新的傅立葉轉換為 $X_1(j\omega) = X(j(\omega - \omega_1))$，計算 $X_1(j\omega)$ 的逆向傅立葉轉換，得到

$$x_1(t) = \frac{1}{2\pi} \int_{-\infty}^{\infty} X_1(j\omega)e^{j\omega t}d\omega = \frac{1}{2\pi} \int_{-\infty}^{\infty} X(j(\omega - \omega_1))e^{j\omega t}d\omega \tag{4.90}$$

令 $\gamma = \omega - \omega_1$，$d\gamma = d\omega$，(4.90)式改寫成

$$x_1(t) = \frac{1}{2\pi} \int_{-\infty}^{\infty} X(j\gamma)e^{j\gamma t} \cdot e^{j\omega_1 t}d\gamma = e^{j\omega_1 t} \frac{1}{2\pi} \int_{-\infty}^{\infty} X(j\gamma)e^{j\gamma t}d\gamma \tag{4.91}$$
$$= e^{j\omega_1 t}x(t)$$

整理後得到以下的傅立葉轉換關係，

$$e^{j\omega_1 t}x(t) \quad \overset{FT}{\leftrightarrow} \quad X(j(\omega - \omega_1))$$

可以看出，當一個訊號被乘上弦波函數時，其頻譜會被移到弦波的頻率，這也就是訊號調變(modulation)的原理。

例題 4.16 低通濾波器的頻率偏移

一個低通濾波器在頻域中定義為

$$H(j\omega) = \begin{cases} 1, & 0 < |\omega| \le 5 \\ 0, & otherwise \end{cases}$$

在時域中的脈衝響應表示成

$$h(t) = \frac{1}{2\pi} \int_{-\infty}^{\infty} H(j\omega)e^{j\omega t} d\omega = \frac{1}{2\pi} \int_{-5}^{5} e^{j\omega t} d\omega$$

$$= \frac{1}{2\pi} \frac{e^{j5t} - e^{-j5t}}{jt} = \frac{\sin(5t)}{\pi t}$$

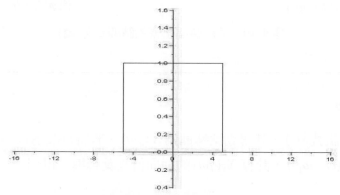

(a) 低通濾波器的頻率響應 $H(j\omega)$

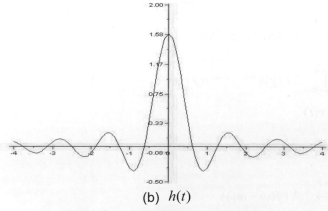

(b) $h(t)$

圖 4.11 低通濾波器的脈衝響應

如果將頻率作偏移，變成如下所示，

$$H_1(j\omega) = H(j(\omega - 16)) = \begin{cases} 1, & 11 \le \omega \le 21 \\ 0, & otherwise \end{cases}$$

在時域中的脈衝響應計算如下，

$$h_1(t) = \frac{1}{2\pi} \int_{-\infty}^{\infty} H_1(j\omega)e^{j\omega t} d\omega = \frac{1}{2\pi} \int_{11}^{21} e^{j\omega t} d\omega$$

$$= \frac{1}{2\pi} \frac{e^{j21t} - e^{j11t}}{jt} = \frac{e^{j16t}}{2\pi} \frac{e^{j5t} - e^{-j5t}}{jt} = e^{j16t} \frac{\sin(5t)}{\pi t}$$

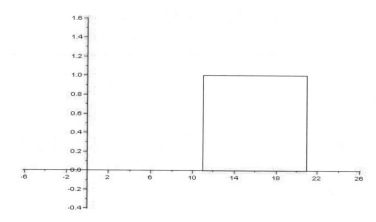

(a) 頻率偏移後的頻譜 $|H_1(j\omega)|$

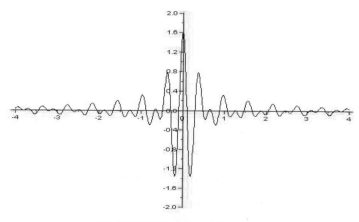

(b) 頻率偏移在時域的影響　Re$\{h_1(t)\}$

圖 4.12　頻率偏移的影響

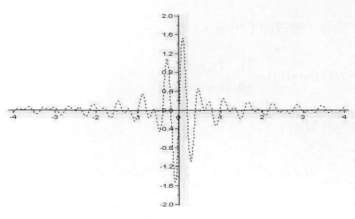

(c) 頻率偏移在時域的影響　$\mathrm{Im}\{h_1(t)\}$

圖 4.12　頻率偏移的影響(續)

---

(5) 捲迴特性

兩個連續時間訊號 $x(t)$ 與 $y(t)$，其傅立葉轉換分別是 $X(j\omega)$ 與 $Y(j\omega)$，作 $x(t)$ 與 $y(t)$ 的捲積演算，即得到

$$w(t) = \int_{-\infty}^{\infty} x(\tau)y(t-\tau)d\tau \tag{4.92}$$

計算 $w(t)$ 的傅立葉轉換，得到

$$W(j\omega) = \int_{-\infty}^{\infty} w(t)e^{-j\omega t}dt = \int_{-\infty}^{\infty} \int_{-\infty}^{\infty} x(\tau)y(t-\tau)e^{-j\omega t}d\tau\ dt \tag{4.93}$$

令 $t - \tau = \rho$，(4.93)改為

$$W(j\omega) = \int_{-\infty}^{\infty} x(\tau)(\int_{-\infty}^{\infty} y(\rho)e^{-j\omega\rho}d\rho)e^{-j\omega\tau}d\tau \tag{4.94}$$

$$= \int_{-\infty}^{\infty} x(\tau)Y(j\omega)e^{-j\omega\tau}d\tau = X(j\omega)Y(j\omega)$$

整理後得到以下的傅立葉轉換關係，

$$x(t) * y(t) \overset{FT}{\leftrightarrow} X(j\omega)Y(j\omega)$$

這個捲迴特性說明在時域中兩個訊號作捲積演算，在頻域中就是兩個傅立葉轉換相乘。

(6) 乘法特性

若有連續時間訊號 $x(t)$ 與 $y(t)$，其傅立葉轉換分別是 $X(j\omega)$ 與 $Y(j\omega)$，將 $x(t)$ 與 $y(t)$ 相乘，得到新的訊號 $w(t)$，

$$\begin{align} w(t) = x(t)y(t) &= (\frac{1}{2\pi} \int_{-\infty}^{\infty} X(j\rho)e^{j\rho t}d\rho)(\frac{1}{2\pi} \int_{-\infty}^{\infty} Y(j\gamma)e^{j\gamma t}d\gamma) \tag{4.95} \\ &= (\frac{1}{2\pi})^2 \int_{-\infty}^{\infty} \int_{-\infty}^{\infty} X(j\rho)Y(j\gamma)e^{j(\rho+\gamma)t}d\rho d\gamma \end{align}$$

令 $\omega = \rho + \gamma$，(4.95)式改寫成

$$\begin{align} w(t) &= (\frac{1}{2\pi})^2 \int_{-\infty}^{\infty} \int_{-\infty}^{\infty} X(j\rho)Y(j(\omega-\rho))d\rho e^{j\omega t}d\omega \tag{4.96} \\ &= \frac{1}{2\pi} \int_{-\infty}^{\infty} (\frac{1}{2\pi} \int_{-\infty}^{\infty} X(j\rho)Y(j(\omega-\rho)d\rho)e^{j\omega t}d\omega \\ &= \frac{1}{2\pi} \int_{-\infty}^{\infty} W(j\omega)e^{j\omega t}d\omega \end{align}$$

整理後得到以下的傅立葉轉換關係，

$$x(t)y(t) \overset{FT}{\leftrightarrow} \frac{1}{2\pi}X(j\omega) * Y(j\omega)$$

兩個訊號在時域中相乘，對應在頻域中是兩個傅立葉轉換作捲積演算。

(7) 對時間的微分

連續時間訊號 $x(t)$ 的傅立葉轉換為 $X(j\omega)$，

$$x(t) = \frac{1}{2\pi} \int_{-\infty}^{\infty} X(j\omega)e^{j\omega t}d\omega \tag{4.97}$$

對 $x(t)$ 作時間微分，可以得到

$$\frac{d}{dt}x(t) = \frac{1}{2\pi}\int_{-\infty}^{\infty} j\omega X(j\omega)e^{j\omega t}d\omega \tag{4.98}$$

整理後得到以下的傅立葉轉換關係，

$$\frac{d}{dt}x(t) \overset{FT}{\leftrightarrow} j\omega X(j\omega)$$

例題 4.17 對時間的微分

一個連續時間指數訊號，

$$x(t) = e^{-at}u(t), \quad a = 0.8$$

其傅立葉轉換如下，

$$X(j\omega) = \frac{1}{a + j\omega}$$

對 $x(t)$ 作時間微分，可以得到

$$y(t) = \frac{d}{dt}x(t) = \delta(t) - ae^{-at}u(t)$$

計算其傅立葉轉換，

$$Y(j\omega) = \int_{-\infty}^{\infty} (\delta(t) - ae^{-at}u(t))e^{-j\omega t}dt = 1 - a \times \int_{0}^{\infty} e^{-(a+j\omega)t}dt$$

$$= 1 - \frac{a}{a + j\omega} = \frac{j\omega}{a + j\omega}$$

絕對值為

$$|Y(j\omega)| = \sqrt{\frac{\omega^2}{a^2 + \omega^2}}$$

相位為

$$\phi\{Y(j\omega)\} = \frac{\pi}{2} - \tan^{-1}(\omega/a)$$

圖 4.13 展示連續時間訊號微分的結果

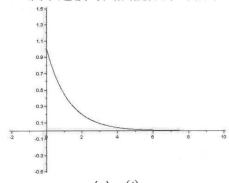

(a) $x(t)$

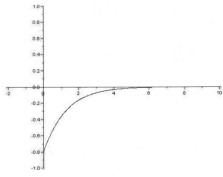

(b) $y(t)$

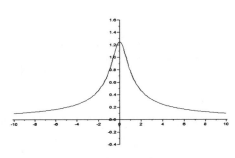

(c) $|X(j\omega)|$

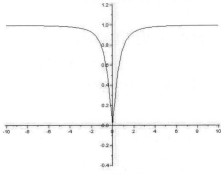

(d) $|Y(j\omega)|$

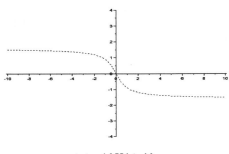

(e) $\phi\{X(j\omega)\}$

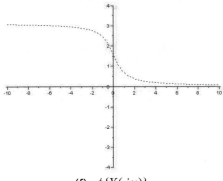

(f) $\phi\{Y(j\omega)\}$

圖 4.13　連續時間指數訊號的微分

(8) 對時間的積分

連續時間訊號 $x(t)$ 的傅立葉轉換為 $X(j\omega)$，若 $y(t)$ 是 $x(t)$ 的積分，

$$y(t) = \int_{-\infty}^{t} x(\tau)d\tau \tag{4.99}$$

則 $y(t)$ 的微分就是 $x(t)$，

$$\frac{d}{dt}y(t) = x(t) \tag{4.100}$$

依據對時間微分的特性，對(4.100)式作傅立葉轉換，就得到

$$j\omega Y(j\omega) = X(j\omega) \tag{4.101}$$

改寫(4.101)式，我們得到的是

$$Y(j\omega) = \frac{1}{j\omega}X(j\omega) \tag{4.102}$$

但是(4.101)式並不完全，因為在(4.100)式的微分演算中，原來 $y(t)$ 所含有的常數項被消掉了，這個時域中的常數項對應在頻域中 $\omega = 0$ 的位置，當 $y(t)$ 的平均值不是 0 時，這個常數項就存在，其值為 $\pi X(j0)$。因此(4.102)式應該修改成

$$Y(j\omega) = \frac{1}{j\omega}X(j\omega) + \pi X(j0)\delta(\omega) \tag{4.103}$$

整理後得到以下的傅立葉轉換關係，

$$\int_{-\infty}^{t} x(\tau)d\tau \quad \overset{FT}{\leftrightarrow} \quad \frac{X(j\omega)}{j\omega} + \pi X(j0)\delta(\omega)$$

例題 4.18 驗證步進函數的傅立葉轉換

連續時間的步進函數 $u(t)$ 可視為 $\delta(t)$ 的積分結果，

$$u(t) = \int_{-\infty}^{t} \delta(\tau)d\tau$$

$\delta(t)$ 的傅立葉轉換為 1。套用(4.103)式的演算就得到

$$x(t) = u(t) \overset{FT}{\leftrightarrow} X(j\omega) = \frac{1}{j\omega} + \pi\delta(\omega)$$

我們也可以定義一個符號函數 $\mathrm{sgn}(t)$，

$$\mathrm{sgn}(t) = \begin{cases} 1, & t > 0 \\ 0, & t = 0 \\ -1, & t < 0 \end{cases}$$

讓

$$u(t) = \frac{1}{2} + \frac{1}{2}\mathrm{sgn}(t)$$

$\mathrm{sgn}(t)$ 的平均為 0。對其微分得到

$$\frac{d}{dt}\mathrm{sgn}(t) = 2\delta(t)$$

依據對時間微分的特性，其傅立葉轉換得到

$$SGN(j\omega) = \frac{2}{j\omega}$$

因為

$$x(t) = 1 \overset{FT}{\leftrightarrow} X(j\omega) = 2\pi\delta(\omega)$$

代入上述的結果，我們得到 $u(t)$ 的傅立葉轉換，

$$x(t) = u(t) \overset{FT}{\leftrightarrow} X(j\omega) = \frac{1}{j\omega} + \pi\delta(\omega)$$

(9) 對頻率的微分

連續時間訊號 $x(t)$ 的傅立葉轉換爲

$$X(j\omega) = \int_{-\infty}^{\infty} x(t)e^{-j\omega t}dt \tag{4.104}$$

對 $X(j\omega)$ 作頻率微分，得到

$$\frac{d}{d\omega}X(j\omega) = \int_{-\infty}^{\infty} (-jtx(t))e^{-j\omega t}dt \tag{4.105}$$

整理後得到以下的傅立葉轉換關係，

$$-jtx(t) \overset{FT}{\leftrightarrow} \frac{d}{d\omega}X(j\omega)$$

例題 4.19 使用頻率微分作逆向傅立葉轉換

一個連續時間訊號的頻譜爲

$$X(j\omega) = \frac{1}{(\alpha + j\omega)^2}$$

要計算其對應的連續時間訊號。先假設

$$y(t) = e^{-\alpha t}u(t), \quad \alpha > 0$$

其傅立葉轉換如下

$$Y(j\omega) = \frac{1}{\alpha + j\omega}$$

對 $Y(j\omega)$ 作頻率微分，得到

$$\frac{d}{d\omega}Y(j\omega) = \frac{-j}{(\alpha + j\omega)^2}$$

其對應的連續時間訊號是

$$-jty(t) = -jte^{-\alpha t}u(t), \quad \alpha > 0$$

整理上述的討論，得到對應的連續時間訊號 $x(t)$ 是

$$x(t) = te^{-\alpha t}u(t), \quad \alpha > 0$$

---

(10) 時間比例調整

連續時間訊號 $x(t)$ 的傅立葉轉換為 $X(j\omega)$，若有一個訊號 $x_1(t)$，它與 $x(t)$ 的關係是

$$x_1(t) = x(at) \tag{4.106}$$

當 $a > 0$ 時，令 $at = \tau$，計算其傅立葉轉換得到

$$
\begin{aligned}
X_1(j\omega) &= \int_{-\infty}^{\infty} x_1(t)e^{-j\omega t}dt = \int_{-\infty}^{\infty} x(at)e^{-j\omega t}dt \\
&= \int_{-\infty}^{\infty} x(\tau)e^{-j(\omega/a)\tau}\frac{1}{a}d\tau = \frac{1}{a}X(j\frac{\omega}{a})
\end{aligned}
\tag{4.107}
$$

(4.107)式的結果表示

$$x(at) \quad \overset{FT}{\leftrightarrow} \quad \frac{1}{a}X(j\frac{\omega}{a})$$

當 $a < 0$ 時，令 $b = -a$，

$$x_1(t) = x(at) = x(-bt) \tag{4.108}$$

這時候 $b > 0$，計算其傅立葉轉換得到

$$X_1(j\omega) = \int_{-\infty}^{\infty} x_1(t)e^{-j\omega t}dt = \int_{-\infty}^{\infty} x(-bt)e^{-j\omega t}dt \tag{4.109}$$

令 $bt = -\tau$，$dt = -\dfrac{1}{b}d\tau$，(4.109)式變成

$$\int_{-\infty}^{\infty} x(-bt)e^{-j\omega t}dt = \int_{\infty}^{-\infty} x(\tau)e^{j(\omega/b)\tau}\frac{-1}{b}d\tau \tag{4.110}$$

$$= \int_{-\infty}^{\infty} x(\tau)e^{-j(-\omega/b)\tau}\frac{1}{b}d\tau = \frac{1}{b}X(j\frac{\omega}{-b}) = \frac{1}{-a}X(j\frac{\omega}{a})$$

(4.110)式的結果表示

$$x(at) \overset{FT}{\leftrightarrow} \frac{1}{-a}X(j\frac{\omega}{a})$$

合併(4.107)式與(4.110)式的結果，得到以下的傅立葉轉換關係，

$$x(at) \overset{FT}{\leftrightarrow} \frac{1}{|a|}X(j\frac{\omega}{a})$$

例題 4.20 時間比例調整的結果

一個連續時間的矩形脈波，

$$x(t) = \begin{cases} 1, & |t| \leq 5 \\ 0, & otherwise \end{cases}$$

其傅立葉轉換為

$$X(j\omega) = \int_{-\infty}^{\infty} x(t)e^{-j\omega t}dt = \int_{-5}^{5} e^{-j\omega t}dt = \frac{e^{-j\omega 5} - e^{j\omega 5}}{-j\omega} = \frac{2}{\omega}\sin(5\omega)$$

如果有一個函數如下，

$$y(t) = x(2t) = \begin{cases} 1, & |t| \leq 5/2 \\ 0, & otherwise \end{cases}$$

則其傅立葉轉換為

$$Y(j\omega) = \int_{-\infty}^{\infty} y(t)e^{-j\omega t}dt = \int_{-5/2}^{5/2} x(2t)e^{-j\omega t}dt$$

令 $2t = \tau$，

$$Y(j\omega) = \int_{-5/2}^{5/2} x(2t)e^{-j\omega t}dt = \int_{-5}^{5} x(\tau)e^{-j\omega\tau/2}\frac{1}{2}d\tau = \frac{1}{2}\int_{-5}^{5} e^{-j\omega\tau/2}d\tau$$

$$= \frac{1}{2}\frac{e^{-j5\omega/2} - e^{j5\omega/2}}{-j\omega/2} = \frac{1}{2}\frac{2\sin(5\omega/2)}{\omega/2} = \frac{1}{2}X(j\frac{\omega}{2})$$

在圖 4.14 中可以看到，作了時間比例調整之後，在時域中矩形脈波在時間上縮短一半，則在頻域中頻寬增加一倍，頻譜高度縮減一半。

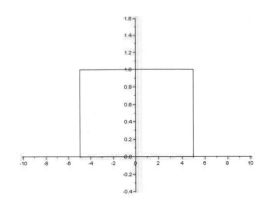

(a) 矩形脈波 $x(t)$

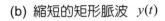

(b) 縮短的矩形脈波 $y(t)$

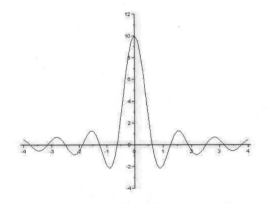

(c) 矩形脈波的頻譜 $X(j\omega)$

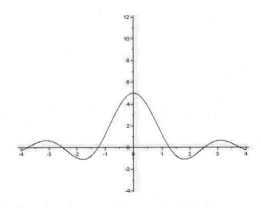

(d) 矩形脈波縮短之後的頻譜 $Y(j\omega)$

圖 4.14 時間比例調整的結果

(11) 帕沙夫關係式

對於連續時間訊號 $x(t)$，其傅立葉轉換為 $X(j\omega)$，

$$x(t) = \frac{1}{2\pi} \int_{-\infty}^{\infty} X(j\omega) e^{j\omega t} d\omega \qquad (4.111)$$

取其共軛複數，

$$x^*(t) = \frac{1}{2\pi} \int_{-\infty}^{\infty} X^*(j\omega) e^{-j\omega t} d\omega \qquad (4.112)$$

計算時域中的訊號平均功率，

$$P = \int_{-\infty}^{\infty} |x(t)|^2 dt = \int_{-\infty}^{\infty} x(t) x^*(t) dt \qquad (4.113)$$

$$= \int_{-\infty}^{\infty} x(t) \frac{1}{2\pi} \int_{-\infty}^{\infty} X^*(j\omega) e^{-j\omega t} d\omega \, dt$$

$$= \frac{1}{2\pi} \int_{-\infty}^{\infty} X^*(j\omega) \int_{-\infty}^{\infty} x(t) e^{-j\omega t} dt \, d\omega$$

$$= \frac{1}{2\pi} \int_{-\infty}^{\infty} X^*(j\omega) X(j\omega) d\omega = \frac{1}{2\pi} \int_{-\infty}^{\infty} |X(j\omega)|^2 d\omega$$

這結果顯示在時域中計算的訊號平均功率等於在頻域中計算的訊號平均功率。

表 4.2　傅立葉轉換的特性

	離散時間傅立葉轉換 (DTFT)	連續時間傅立葉轉換 (FT)
	$x[n] = \dfrac{1}{2\pi} \int_{-\pi}^{\pi} X(e^{j\Omega}) e^{j\Omega n} d\Omega$ $X(e^{j\Omega}) = \displaystyle\sum_{n=-\infty}^{\infty} x[n] e^{-j\Omega n}$ $x[n] \overset{DTFT}{\leftrightarrow} X(e^{j\Omega})$	$x(t) = \dfrac{1}{2\pi} \int_{-\infty}^{\infty} X(j\omega) e^{j\omega t} d\omega$ $X(j\omega) = \displaystyle\int_{-\infty}^{\infty} x(t) e^{-j\omega t} dt$ $x(t) \overset{FT}{\leftrightarrow} X(j\omega)$
線性特性	$ax[n] + by[n] \overset{DTFT}{\leftrightarrow} aX(e^{j\Omega}) + bY(e^{j\Omega})$	$ax(t) + by(t) \overset{FT}{\leftrightarrow} aX(j\omega) + bY(j\omega)$

表 4.2　傅立葉轉換的特性(續)

對稱特性	$x[n]$ 是實數，$x*[n]=x[n]$ $X*(e^{j\Omega})=X(e^{-j\Omega})$ ， $X(e^{j\Omega})$ 是共軛對稱 $x[n]$ 是虛數，$x*[n]=-x[n]$ $X*(e^{j\Omega})=-X(e^{-j\Omega})$	$x(t)$ 是實數，$x*(t)=x(t)$ $X*(j\omega)=X(-j\omega)$ ， $X(j\omega)$ 是共軛對稱 $x(t)$ 是虛數，$x*(t)=-x(t)$ $X*(j\omega)=X(-j\omega)$
對稱特性	$x[n]$ 是實數的偶訊號，$x[-n]=x[n]$ $X*(e^{j\Omega})=X(e^{j\Omega})$ ， $X(e^{j\Omega})$ 是實數 $x[n]$ 是實數的奇訊號，$x[-n]=-x[n]$ $X*(e^{j\Omega})=-X(e^{j\Omega})$ ， $X(e^{j\Omega})$ 是虛數	$x(t)$ 是實數的偶訊號，$x(-t)=x(t)$ $X*(j\omega)=X(j\omega)$ ， $X(j\omega)$ 是實數 $x(t)$ 是實數的奇訊號，$x(-t)=-x(t)$ $X*(j\omega)=-X(j\omega)$ ， $X(j\omega)$ 是虛數
時間偏移	$x[n-n_1] \overset{DTFT}{\leftrightarrow} e^{-j\Omega n_1}X(e^{j\Omega})$	$x(t-t_1) \overset{FT}{\leftrightarrow} e^{-j\omega t_1}X(j\omega)$
頻率偏移	$e^{j\Omega_1 n}x[n] \overset{DTFT}{\leftrightarrow} X(e^{j(\Omega-\Omega_1)})$	$e^{j\omega_1 t}x(t) \overset{FT}{\leftrightarrow} X(j(\omega-\omega_1))$
捲迴特性	$x[n]*y[n] \overset{DTFT}{\leftrightarrow} X(e^{j\Omega})Y(e^{j\Omega})$	$x(t)*y(t) \overset{FT}{\leftrightarrow} X(j\omega)Y(j\omega)$
乘法特性	$x[n]y[n] \overset{DTFT}{\leftrightarrow} \dfrac{1}{2\pi}X(e^{j\Omega})*Y(e^{j\Omega})$	$x(t)y(t) \overset{FT}{\leftrightarrow} \dfrac{1}{2\pi}X(j\omega)*Y(j\omega)$
對時間的微分		$\dfrac{d}{dt}x(t) \overset{FT}{\leftrightarrow} j\omega X(j\omega)$
對時間的差分	$x[n]-x[n-1] \overset{DTFT}{\leftrightarrow} (1-e^{-j\Omega})X(e^{j\Omega})$	
對時間的積分		$\displaystyle\int_{-\infty}^{t}x(\tau)d\tau \overset{FT}{\leftrightarrow} \dfrac{X(j\omega)}{j\omega}+\pi X(j0)\delta(\omega)$
對時間的累積	$\displaystyle\sum_{m=-\infty}^{n} y[m] \overset{DTFT}{\leftrightarrow}$ $\dfrac{X(e^{j\Omega})}{1-e^{-j\Omega}}+\pi X(e^{j0})\displaystyle\sum_{k=-\infty}^{\infty}\delta(\Omega-2\pi k)$	

表 4.2　傅立葉轉換的特性(續)

對頻率的微分	$-jnx[n] \overset{DTFT}{\leftrightarrow} \dfrac{d}{d\Omega}X(e^{j\Omega})$	$-jtx(t) \overset{FT}{\leftrightarrow} \dfrac{d}{d\omega}X(j\omega)$
時間的比例調整	$x[n/p] \overset{DTFT}{\leftrightarrow} X(e^{j\Omega p})$	$x(at) \overset{FT}{\leftrightarrow} \dfrac{1}{|a|}X(j\dfrac{\omega}{a})$
帕沙夫關係式	$\displaystyle\sum_{n=-\infty}^{\infty}|x[n]|^2 = \dfrac{1}{2\pi}\int_{-\pi}^{\pi}\left|X(e^{j\Omega})\right|^2 d\Omega$	$\displaystyle\int_{-\infty}^{\infty}|x(t)|^2\,dt = \dfrac{1}{2\pi}\int_{-\infty}^{\infty}|X(j\omega)|^2\,d\omega$

 4.7

逆向傅立葉轉換的計算

在許多情況下，已知傅立葉轉換是一個分數多項式，我們可以用部份分式展開的方法來計算出時域中的訊號。例如一個離散時間訊號的傅立葉轉換表達成以下的分數多項式，

$$X(e^{j\Omega}) = \frac{b_0 + b_1 e^{-j\Omega} + b_2 e^{-j\Omega 2} + \cdots + b_M e^{-j\Omega M}}{1 + a_1 e^{-j\Omega} + a_2 e^{-j\Omega 2} + \cdots + a_N e^{-j\Omega N}} \tag{4.114}$$

先解出分母多項式的根 $\{p_k\}, k=1,2,\cdots,N$ ，分母改寫成

$$1 + a_1 e^{-j\Omega} + a_2 e^{-j\Omega 2} + \cdots + a_N e^{-j\Omega N} = \prod_{k=1}^{N}(1 - p_k e^{-j\Omega}) \tag{4.115}$$

假設 $N>M$ ，將(4.115)式套入(4.114)式，(4.114)式改寫成

$$X(e^{j\Omega}) = \frac{b_0 + b_1 e^{-j\Omega} + b_2 e^{-j\Omega 2} + \cdots + b_M e^{-j\Omega M}}{(1 - p_1 e^{-j\Omega})(1 - p_2 e^{-j\Omega})\cdots(1 - p_N e^{-j\Omega})} \tag{4.116}$$

於是部份分式分解就得到

$$X(e^{j\Omega}) = \sum_{k=1}^{N}\frac{C_k}{1 - p_k e^{-j\Omega}} \tag{4.117}$$

若是能作各分式的逆向傅立葉轉換，就可以求得時域中的訊號 $x[n]$。

假設一個離散時間訊號爲

$$y[n] = p^n u[n] \tag{4.118}$$

對這個訊號計算其傅立葉轉換，得到

$$Y(e^{j\Omega}) = \sum_{n=-\infty}^{\infty} y[n]e^{-j\Omega n} = \sum_{n=0}^{\infty} p^n e^{-j\Omega n} = \sum_{n=0}^{\infty} (pe^{-j\Omega})^n = \frac{1}{1-pe^{-j\Omega}} \tag{4.119}$$

因此 $\dfrac{1}{1-pe^{-j\Omega}}$ 的逆向傅立葉轉換就是 $p^n u[n]$。傅立葉轉換是線性演算，對應(4.117)式，在時域中就是

$$x[n] = \sum_{k=1}^{N} C_k (p_k)^n u[n] \tag{4.120}$$

例題 4.21 從系統的頻率響應計算系統的脈衝響應

一個離散時間系統表示成如下的差分方程式，

$$y[n] - \frac{5}{6}y[n-1] + \frac{1}{6}y[n-2] = 5x[n] - 2x[n-1]$$

對這個差分方程式作離散時間傅立葉轉換，依據時間偏移的特性，可以得到

$$Y(e^{j\Omega}) - \frac{5}{6}e^{-j\Omega}Y(e^{j\Omega}) + \frac{1}{6}e^{-j2\Omega}Y(e^{j\Omega}) = 5X(e^{j\Omega}) - 2e^{-j\Omega}X(e^{j\Omega})$$

分別將等號左右兩邊的 $Y(e^{j\Omega})$ 與 $X(e^{j\Omega})$ 提出，就變成

$$Y(e^{j\Omega})(1 - \frac{5}{6}e^{-j\Omega} + \frac{1}{6}e^{-j2\Omega}) = X(e^{j\Omega})(5 - 2e^{-j\Omega})$$

系統的頻率響應為

$$H(e^{j\Omega}) = \frac{5 - 2e^{-j\Omega}}{1 - \frac{5}{6}e^{-j\Omega} + \frac{1}{6}e^{-j\Omega 2}} = \frac{3}{1 - \frac{1}{2}e^{-j\Omega}} + \frac{2}{1 - \frac{1}{3}e^{-j\Omega}}$$

套用(4.117)式與(4.120)式的關係，我們就可以得到系統的脈衝響應，

$$h[n] = 3(\frac{1}{2})^n u[n] + 2(\frac{1}{3})^n u[n]$$

如果是一個連續時間訊號的傅立葉轉換，其分數多項式為

$$X(j\omega) = \frac{b_0 + b_1(j\omega) + b_2(j\omega)^2 + \cdots + b_M(j\omega)^M}{a_0 + a_1(j\omega) + a_2(j\omega)^2 + \cdots + a_N(j\omega)^N} \tag{4.121}$$

以$(j\omega)$為變數，對分母部分的多項式解根$\{p_k\}, k = 1, 2, \cdots, N$，然後改寫成

$$a_0 + a_1(j\omega) + a_2(j\omega)^2 + \cdots + a_N(j\omega)^N = a_N \prod_{k=1}^{N} (j\omega - p_k) \tag{4.122}$$

假設$N > M$，將(4.122)式套入(4.121)式，(4.121)式改寫成

$$X(j\omega) = \frac{b_0 + b_1(j\omega) + b_2(j\omega)^2 + \cdots + b_M(j\omega)^M}{a_N(j\omega - p_1)(j\omega - p_2)\cdots(j\omega - p_N)} \tag{4.123}$$

分解(4.123)式，就得到

$$X(j\omega) = \sum_{k=1}^{N} \frac{C_k}{(j\omega - p_k)} \tag{4.124}$$

若是能作各分式的逆向傅立葉轉換，就可以求得時域中的訊號 $x(t)$。假設一個連續時間訊號為

$$y(t) = e^{pt}u(t) \tag{4.125}$$

計算這個訊號的傅立葉轉換，得到

$$Y(j\omega) = \int_{-\infty}^{\infty} y(t)e^{-j\omega t}dt = \int_0^{\infty} e^{pt}e^{-j\omega t}dt = \int_0^{\infty} e^{(p-j\omega)t}dt \qquad (4.126)$$
$$= \frac{e^{(p-j\omega)t}}{p-j\omega}\bigg|_0^{\infty}$$

假設 $p < 0$，(4.126)式可以有以下結果

$$Y(j\omega) = \frac{1}{j\omega - p} \qquad (4.127)$$

利用(4.125)式與(4.127)式的結果，可以代入(4.124)式計算其逆向傅立葉轉換，得到

$$x(t) = \sum_{k=1}^{N} C_k e^{p_k t}u(t) \qquad (4.128)$$

例題 4.22 逆向傅立葉轉換

一個連續時間訊號的傅立葉轉換為，

$$X(j\omega) = \frac{-j\omega}{2 + 3(j\omega) + (j\omega)^2}$$

將分母作分解，得到

$$X(j\omega) = \frac{-j\omega}{(2+j\omega)(1+j\omega)} = \frac{-2}{2+j\omega} + \frac{1}{1+j\omega}$$

套用(4.124)式與(4.128)式的關係，我們就可以得到連續時間訊號，

$$x(t) = -2e^{-2t}u(t) + e^{-t}u(t)$$

▷ **4.8**

傅立葉轉換與傅立葉級數的對偶性

回顧傅立葉轉換與傅立葉級數的演算式，可以看到許多相似之處，據此我們可以歸納出它們之間的對偶性(duality)，利用對偶性我們可以簡化某些運算。

❖ 傅立葉轉換之對偶性

已知傅立葉轉換的一對數學式為

$$x(t) = \frac{1}{2\pi} \int_{-\infty}^{\infty} X(j\omega) e^{j\omega t} d\omega \tag{4.129}$$

與

$$X(j\omega) = \int_{-\infty}^{\infty} x(t) e^{-j\omega t} dt \tag{4.130}$$

這一對數學式的積分運算中都有相同的基礎函數 $e^{j\omega t}$，只是指數差一個負號，其實是可以看成相同的演算式。

我們用另外兩個函數 $w(p)$ 與 $v(\gamma)$ 取代 $x(t)$ 與 $X(j\omega)$，重寫(4.129)式與(4.130)式，可以歸納出一條通式，

$$w(p) = \frac{1}{2\pi} \int_{-\infty}^{\infty} v(\gamma) e^{j\gamma p} d\gamma \tag{4.131}$$

以下我們就以(4.131)式這一個通式來看待傅立葉轉換與逆向傅立葉轉換。

當 $p = t, \ \gamma = \omega$，我們得到

$$w(t) = \frac{1}{2\pi} \int_{-\infty}^{\infty} v(\omega) e^{j\omega t} d\omega \tag{4.132}$$

這是相當於(4.129)式的逆向傅立葉轉換，$w(t)$ 與 $v(\omega)$ 具有傅立葉轉換的關係，

$$w(t) \overset{FT}{\leftrightarrow} v(\omega)$$

若是互換時間與頻率的角色，$p = -\omega$，$\gamma = t$，(4.131)式變成

$$w(-\omega) = \frac{1}{2\pi} \int_{-\infty}^{\infty} v(t) e^{-j\omega t} dt \qquad (4.133)$$

整理(4.133)式就變成

$$2\pi w(-\omega) = \int_{-\infty}^{\infty} v(t) e^{-j\omega t} dt \qquad (4.134)$$

這是相當於(4.130)式的傅立葉轉換，$v(t)$ 與 $2\pi w(-\omega)$ 具有傅立葉轉換的關係，

$$v(t) \overset{FT}{\leftrightarrow} 2\pi w(-\omega)$$

整理上述說明，我們得到傅立葉轉換的對偶性如下，

$$x(t) \overset{FT}{\leftrightarrow} X(j\omega)$$

與

$$X(jt) \overset{FT}{\leftrightarrow} 2\pi x(-\omega)$$

也就是說，已知有 $x(t)$ 與 $X(j\omega)$ 這對傅立葉轉換關係，若是在時域中有相同於 $X(j\omega)$ 函數的波形 $X(jt)$，則其頻域就有相同於 $x(t)$ 函數的頻譜 $2\pi x(-\omega)$。

例題 4.23 利用對偶性計算傅立葉轉換

要計算以下連續時間訊號的傅立葉轉換，

$$x(t) = \frac{2}{1+jt}$$

因為已知如下的傅立葉轉換關係，

$$g(t) = e^{-t}u(t) \quad \overset{FT}{\leftrightarrow} \quad G(j\omega) = \frac{1}{1+j\omega}$$

利用傅立葉轉換的對偶性，可以得到以下的關係，

$$G(jt) = \frac{1}{1+jt} \quad \overset{FT}{\leftrightarrow} \quad 2\pi g(-\omega) = 2\pi\, e^{\omega}u(-\omega)$$

帶入 $x(t)$，就得到傅立葉轉換為 $X(j\omega) = 4\pi\, e^{\omega}u(-\omega)$。我們寫出以下的傅立葉轉換關係，

$$x(t) = \frac{2}{1+jt} \quad \overset{FT}{\leftrightarrow} \quad X(j\omega) = 4\pi \times e^{\omega}u(-\omega)$$

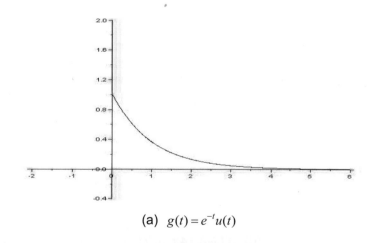

(a) $g(t) = e^{-t}u(t)$

圖 4.15　連續時間傅立葉轉換的對偶性

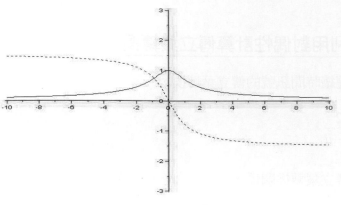

(b) $G(j\omega) = \dfrac{1}{1+j\omega}$

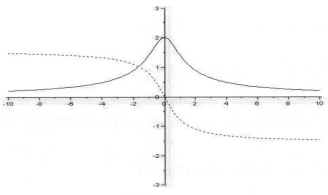

(c) $x(t) = \dfrac{2}{1+jt}$

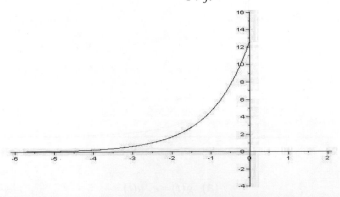

(d) $X(j\omega) = 4\pi \times e^{\omega}u(-\omega)$

圖 4.15 連續時間傅立葉轉換的對偶性(續)

❖ 離散時間傅立葉級數之對偶性

離散時間傅立葉級數的一對演算式為

$$x[n] = \sum_{k=0}^{N-1} X[k]e^{jk\Omega_0 n}, \quad \Omega_0 = 2\pi/N \tag{4.135}$$

與

$$X[k] = \frac{1}{N}\sum_{n=0}^{N-1} x[n]e^{-jk\Omega_0 n} \tag{4.136}$$

這一對演算式具有相同的運算，我們歸納出一條通式，

$$w[\ell] = \sum_{m=0}^{N-1} v[m]e^{jm\Omega_0 \ell} \tag{4.137}$$

當 $\ell = n$，$m = k$，(4.137)式寫成

$$w[n] = \sum_{k=0}^{N-1} v[k]e^{jk\Omega_0 n} \tag{4.138}$$

這是相當於(4.135)式所表示的傅立葉級數，$w[n]$ 與 $v[k]$ 具有離散時間傅立葉級數的關係，

$$w[n] \quad \overset{DTFS, \Omega_0}{\longleftrightarrow} \quad v[k]$$

若是互換時間與頻率的角色，$\ell = -k$, $m = n$，(4.137)式改寫成

$$w[-k] = \sum_{n=0}^{N-1} v[n]e^{-jk\Omega_0 n} \tag{4.139}$$

將(4.139)式乘上 $1/N$，得到

$$\frac{1}{N}w[-k] = \frac{1}{N}\sum_{n=0}^{N-1} v[n]e^{-jk\Omega_0 n} \tag{4.140}$$

這是相當於(4.136)式的傅立葉級數係數計算，$w[-k]/N$ 與 $v[n]$ 具有如下的離散時間傅立葉級數的關係，

$$v[n] \overset{DTFS,\Omega_0}{\leftrightarrow} \frac{1}{N}w[-k]$$

整理上述說明，我們得到離散時間傅立葉級數的對偶性如下，

$$x[n] \overset{DTFS,\Omega_0}{\leftrightarrow} X[k]$$

與

$$X[n] \overset{DTFS,\Omega_0}{\leftrightarrow} \frac{1}{N}x[-k]$$

如果已知有 $x[n]$ 與 $X[k]$ 這對傅立葉級數關係，若是在時域中有相同於 $X[k]$ 函數的波形 $X[n]$，則其頻域就有相同於 $x[n]$ 函數的頻譜 $x[-k]/N$ 。

例題 4.24 利用對偶性計算傅立葉級數係數

要計算以下離散時間週期性訊號的傅立葉級數係數，週期 $N = 9$ 。

$$x[n] = \frac{\sin(5\pi n/9)}{\sin(\pi n/9)}$$

這個週期性離散時間訊號的形式與 3.3 節所說的週期性方波訊號的傅立葉級數係數相似，所以我們先假設一個週期 $N = 9$ 的離散時間週期性訊號，

$$g[n] = \begin{cases} 1, & |n| \le 2 \\ 0, & 3 \le |n| \le 4 \end{cases}$$

計算其傅立葉級數係數，

$$G[k] = \frac{1}{9} \sum_{n=-4}^{4} g[n] e^{-jk\frac{2\pi}{9}n} = \frac{1}{9} \sum_{n=-2}^{2} e^{-jk\frac{2\pi}{9}n} = \frac{1}{9} \sum_{m=0}^{4} e^{-jk\frac{2\pi}{9}(m-2)}$$

$$= \frac{1}{9} e^{jk\frac{4\pi}{9}} \sum_{m=0}^{4} e^{-jk\frac{2\pi}{9}m} = \frac{1}{9} e^{jk\frac{4\pi}{9}} \frac{1 - e^{-jk\frac{2\pi}{9}5}}{1 - e^{-jk\frac{2\pi}{9}}}$$

$$= \frac{1}{9} e^{jk\frac{4\pi}{9}} \frac{e^{-jk\frac{\pi}{9}5}}{e^{-jk\frac{\pi}{9}}} \frac{(e^{jk\frac{\pi}{9}5} - e^{-jk\frac{\pi}{9}5})}{(e^{jk\frac{\pi}{9}} - e^{-jk\frac{\pi}{9}})} = \frac{1}{9} \frac{\sin(5\pi k/9)}{\sin(\pi k/9)}$$

整理以上的演算，$g[n]$ 與 $G[k]$ 的離散時間傅立葉級數如下，

$$g[n] = \begin{cases} 1, & |n| \le 2 \\ 0, & 3 \le |n| \le 4 \end{cases} \xleftrightarrow{DTFS, 2\pi/9} \frac{1}{9} \frac{\sin(5\pi k/9)}{\sin(\pi k/9)}$$

利用離散時間傅立葉級數的對偶性，可以得到以下關係，

$$G[n] = \frac{1}{9} \frac{\sin(5\pi n/9)}{\sin(\pi n/9)} \xleftrightarrow{DTFS, 2\pi/9} \frac{1}{9} g[-k] = \begin{cases} 1/9, & |k| \le 2 \\ 0, & 3 \le |k| \le 4 \end{cases}$$

因此 $x[n]$ 的離散時間傅立葉級數係數為

$$X[k] = \begin{cases} 1, & |k| \le 2 \\ 0, & 3 \le |k| \le 4 \end{cases}$$

❖ 離散時間傅立葉轉換與傅立葉級數之對偶性

已知離散時間傅立葉轉換的演算式是

$$X(e^{j\Omega}) = \sum_{n=-\infty}^{\infty} x[n] e^{-j\Omega n} \tag{4.141}$$

週期性連續時間訊號的傅立葉級數為

$$x(t) = \sum_{k=-\infty}^{\infty} X[k] e^{jk\omega_0 t}, \quad \omega_0 = 2\pi/T \tag{4.142}$$

這兩個演算式中的運算相似，我們可以換另外的函數符號，寫出一條通式如下，

$$w(\tau) = \sum_{\ell=-\infty}^{\infty} v[\ell]e^{j\ell\tau} \tag{4.143}$$

當 $\tau = t$，$\ell = k$，(4.143)式變成

$$w(t) = \sum_{k=-\infty}^{\infty} v[k]e^{jkt} \tag{4.144}$$

讓(4.142)式中 $\omega_0 = 1$，(4.144)式相當於(4.142)式的傅立葉級數。

當 $\tau = \Omega, \ell = -n$，(4.143)式變成

$$w(\Omega) = \sum_{n=-\infty}^{\infty} v[-n]e^{-j\Omega n} \tag{4.145}$$

將 $w(\Omega)$ 改寫成 $w(e^{j\Omega})$，(4.145)式相當於(4.141)式的離散時間傅立葉轉換。

整理上述說明，我們歸納出離散間傅立葉轉換與連續時間傅立葉級數的對偶性，

$$x[n] \overset{DTFT}{\longleftrightarrow} X(e^{j\Omega})$$

與

$$X(e^{jt}) \overset{FS,1}{\longleftrightarrow} x[-k]$$

如果已知有 $x[n]$ 與 $X(e^{j\Omega})$ 這對離散時間傅立葉轉換關係，若是在時域中有相同於 $X(e^{j\Omega})$ 函數的波形 $X(e^{jt})$，則其頻域就有相同於 $x[n]$ 函數的傅立葉級數係數 $x[-k]$。

例題 4.25 對偶性的應用
_____

要計算以下連續時間訊號的傅立葉級數係數，

$$x(t) = \frac{1}{1 - 0.7e^{-jt}}$$

例題 4.3 曾經計算離散時間指數函數傳立葉轉換的結果,其離散時間傳立葉轉換的關係如下,

$$x[n] = (0.7)^n u[n] \overset{DTFT}{\leftrightarrow} X(e^{j\Omega}) = \frac{1}{1 - 0.7e^{-j\Omega}}$$

我們利用離散間傳立葉轉換與連續時間傳立葉級數的對偶性,可以得到

$$X[k] = (0.7)^{-k} u[-k]$$

4.9

週期性訊號的傳立葉轉換

對於離散時間週期性訊號 $x[n]$,其週期為 N ,我們可以用傳立葉級數來表示,

$$x[n] = \sum_{k=0}^{N-1} X[k]e^{jk\Omega_0 n}, \quad \Omega_0 = 2\pi / N \tag{4.146}$$

已知常數 1 的離散時間傳立葉轉換是一個脈衝函數 $2\pi\delta(\Omega)$,

$$1 \overset{DTFT}{\leftrightarrow} 2\pi\delta(\Omega)$$

(4.146)式中的 $e^{jk\Omega_0 n}$,可以看成是常數 1 的離散時間傳立葉轉換在頻域中作了頻率偏移,

$$e^{jk\Omega_0 n} \overset{DTFT}{\leftrightarrow} 2\pi\delta(\Omega - k\Omega_0)$$

(4.146)式是一組 $e^{jk\Omega_0 n}$ 的線性組合，組合係數是 $X[k]$，因此它的傅立葉轉換也是以 $X[k]$ 爲組合係數的一組 $2\pi\delta(\Omega - k\Omega_0)$ 作線性組合，

$$X(e^{j\Omega}) = \sum_{k=0}^{N-1} X[k]2\pi\delta(\Omega - k\Omega_0), \quad \Omega_0 = 2\pi/N \tag{4.147}$$

因爲 $X(e^{j\Omega})$ 是週期爲 2π 的週期性函數，所以 $2\pi\delta(\Omega - k\Omega_0)$ 也會以 2π 的間隔在頻域中重複出現，(4.147)式要改寫成

$$X(e^{j\Omega}) = 2\pi\sum_{k=0}^{N-1} X[k] \sum_{m=-\infty}^{\infty} \delta(\Omega - k\Omega_0 - 2\pi m), \quad \Omega_0 = 2\pi/N \tag{4.148}$$

由於 $X[k]$ 本身是週期爲 N 的函數，$\Omega_0 N = 2\pi$，在(4.148)式中兩層的加法演算可以合併簡化成

$$X(e^{j\Omega}) = \sum_{k=-\infty}^{\infty} 2\pi X[k]\delta(\Omega - k\Omega_0) \tag{4.149}$$

這表示對週期性訊號 $x[n]$ 作傅立葉轉換，其在頻域中是一個週期爲 2π 的函數 $X(e^{j\Omega})$，在 $k\Omega_0$ 點上的值，就是 $2\pi X[k]$，整理後得到以下的離散時間傅立葉轉換關係，

$$x[n] = \sum_{k=0}^{N-1} X[k]e^{jk\Omega_0 n} \quad \overset{DTFT}{\leftrightarrow} \quad X(e^{j\Omega}) = 2\pi \sum_{k=-\infty}^{\infty} X[k]\delta(\Omega - k\Omega_0)$$

例題 4.26 週期性訊號的傅立葉轉換

一個週期 $N = 8$ 的週期性訊號如下，基週頻率 $\Omega_0 = \pi/4$。

$$x[n] = (\frac{3}{4})^n, \quad n = 0,1,...7$$

計算其傅立葉級數係數，

$$X[k] = \frac{1}{8}\sum_{n=0}^{7} x[n]e^{-jk\frac{2\pi}{8}n} = \frac{1}{8}\sum_{n=0}^{7} (0.75)^n e^{-jk\frac{2\pi}{8}n}$$

$$= \frac{1}{8}\sum_{n=0}^{7} (0.75e^{-jk\frac{2\pi}{8}})^n = \frac{1}{8}\frac{1-(0.75e^{-jk\frac{2\pi}{8}})^8}{1-(0.75e^{-jk\frac{2\pi}{8}})} = \frac{1}{8}\frac{1-(0.75)^8}{1-(0.75e^{-jk\frac{2\pi}{8}})}$$

$$\approx \frac{1}{8}\frac{0.9}{1-(0.75e^{-jk\pi/4})}$$

其傅立葉轉換為

$$X(e^{j\Omega}) = \frac{\pi}{4}\sum_{k=-\infty}^{\infty} [\frac{0.9}{1-0.75e^{-jk\pi/4}}]\delta(\Omega - k\pi/4)$$

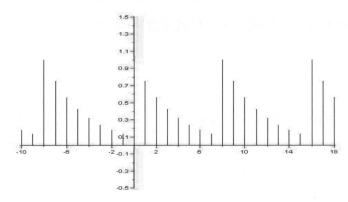

(a) $x[n] = (\frac{3}{4})^n, \quad n = 0,1,...7$

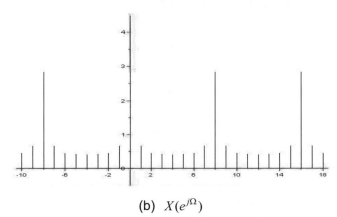

(b) $X(e^{j\Omega})$

圖 4.16 週期性訊號的傅立葉轉換

離散時間弦波訊號 $x[n] = e^{j\Omega_1 n}$ 是一個週期性訊號,對應常數 1 的傅立葉轉換是 $2\pi\delta(\Omega)$, $e^{j\Omega_1 n}$ 等於是 $2\pi\delta(\Omega)$ 在頻域中作了頻率偏移,

$$x[n] = e^{j\Omega_1 n} \overset{DTFT}{\leftrightarrow} \quad X(e^{j\Omega}) = 2\pi\delta(\Omega - \Omega_1)$$

$X(e^{j\Omega})$ 會以 2π 的間隔在頻域中重複出現,所以 DTFT 演算結果應修改成

$$x[n] = e^{j\Omega_1 n} \overset{DTFT}{\leftrightarrow} \quad X(e^{j\Omega}) = 2\pi \sum_{k=-\infty}^{\infty} \delta(\Omega - \Omega_1 - k2\pi)$$

例題 4.27 餘弦訊號的傅立葉轉換

對於 $x[n] = \cos(\Omega_1 n)$ 的弦波訊號,可以將它改寫成

$$\cos(\Omega_1 n) = \frac{e^{j\Omega_1 n} + e^{-j\Omega_1 n}}{2}$$

利用 $x[n] = e^{j\Omega_1 n}$ 的 DTFT 推導,可以得到,

$$\frac{1}{2}e^{j\Omega_1 n} \overset{DTFT}{\leftrightarrow} \quad \pi \sum_{k=-\infty}^{\infty} \delta(\Omega - \Omega_1 - k2\pi)$$

$$\frac{1}{2}e^{-j\Omega_1 n} \overset{DTFT}{\leftrightarrow} \quad \pi \sum_{k=-\infty}^{\infty} \delta(\Omega + \Omega_1 - k2\pi)$$

合併以上的結果,得到

$$x[n] = \cos(\Omega_1 n) \overset{DTFT}{\leftrightarrow}$$

$$X(e^{j\Omega}) = \pi \sum_{k=-\infty}^{\infty} (\delta(\Omega - \Omega_1 - k2\pi) + \delta(\Omega + \Omega_1 - k2\pi))$$

例題 4.28 正弦訊號的傅立葉轉換

對於 $x[n] = \sin(\Omega_1 n)$ 的弦波訊號，可以將它改寫成

$$\sin(\Omega_1 n) = \frac{e^{j\Omega_1 n} - e^{-j\Omega_1 n}}{j2}$$

利用 $x[n] = e^{j\Omega_1 n}$ 的 DTFT 推導，可以得到，

$$\frac{1}{j2} e^{j\Omega_1 n} \overset{DTFT}{\longleftrightarrow} \frac{\pi}{j} \sum_{k=-\infty}^{\infty} \delta(\Omega - \Omega_1 - k2\pi)$$

$$\frac{1}{j2} e^{-j\Omega_1 n} \overset{DTFT}{\longleftrightarrow} \frac{\pi}{j} \sum_{k=-\infty}^{\infty} \delta(\Omega + \Omega_1 - k2\pi)$$

合併以上的結果，得到

$$x[n] = \sin(\Omega_1 n) \overset{DTFT}{\longleftrightarrow}$$

$$X(e^{j\Omega}) = \frac{\pi}{j} \sum_{k=-\infty}^{\infty} (\delta(\Omega - \Omega_1 - k2\pi) - \delta(\Omega + \Omega_1 - k2\pi))$$

再看連續時間週期性訊號 $x(t)$，其週期為 T，以傅立葉級數表示成

$$x(t) = \sum_{k=-\infty}^{\infty} X[k] e^{jk\omega_0 t}, \quad \omega_0 = 2\pi / T \tag{4.150}$$

因為常數 1 的傅立葉轉換是一個脈衝函數 $2\pi\delta(\omega)$，

$$1 \overset{FT}{\longleftrightarrow} 2\pi\delta(\omega)$$

$e^{jk\omega_0 t}$ 對應常數 1 的傅立葉轉換 $2\pi\delta(\omega)$，等於是在頻域中作了頻率偏移，

$$e^{jk\omega_0 t} \overset{FT}{\longleftrightarrow} 2\pi\delta(\omega - k\omega_0)$$

(4.150)式表示 $x(t)$ 是 $e^{jk\omega_0 t}$ 的線性組合，因此其傅立葉轉換也是 $2\pi\delta(\omega-k\omega_0)$ 的線性組合，

$$X(j\omega) = 2\pi \sum_{k=-\infty}^{\infty} X[k]\delta(\omega-k\omega_0) \tag{4.151}$$

(4.151)式表示對週期性訊號 $x(t)$ 作傅立葉轉換，其在頻域中 $k\omega_0$ 點上的值為 $2\pi X[k]$，整理後得到以下的傅立葉轉換關係，

$$x(t) = \sum_{k=-\infty}^{\infty} X[k]e^{jk\omega_0 t} \overset{FT}{\leftrightarrow} X(j\omega) = 2\pi \sum_{k=-\infty}^{\infty} X[k]\delta(\omega-k\omega_0)$$

對連續時間的週期性訊號 $x(t) = e^{j\omega_1 t}$ 作傅立葉轉換，也是相似的結果，

$$x(t) = e^{j\omega_1 t} \overset{FT}{\leftrightarrow} X(j\omega) = 2\pi\delta(\omega-\omega_1)$$

將此結果延伸到弦波訊號，可以得到

$$x(t) = \cos(\omega_1 t) \overset{FT}{\leftrightarrow} X(j\omega) = \pi\delta(\omega-\omega_1) + \pi\delta(\omega+\omega_1)$$

與

$$x(t) = \sin(\omega_1 t) \overset{FT}{\leftrightarrow} X(j\omega) = \frac{\pi}{j}\delta(\omega-\omega_1) - \frac{\pi}{j}\delta(\omega+\omega_1)$$

例題 4.29 對弦波訊號作傅立葉轉換

一個弦波訊號，其週期 $T = 2$

$$x(t) = \cos(\pi t)$$

計算其傅立葉級數係數如下，

$$X[k] = \begin{cases} 1/2, & k=1 \\ 1/2, & k=-1 \\ 0, & otherwise \end{cases}$$

則其傅立葉轉換爲

$$X(j\omega) = 2\pi \sum_{k=-\infty}^{\infty} X[k]\delta(\omega - k\pi) = \pi\delta(\omega - \pi) + \pi\delta(\omega + \pi)$$

例題 4.30 對週期性脈衝訊號作傅立葉轉換

一個週期性脈衝訊號如下，

$$x(t) = \sum_{m=-\infty}^{\infty} \delta(t - mT)$$

計算其傅立葉級數係數，得到

$$X[k] = \frac{1}{T} \int_{-T/2}^{T/2} (\sum_{m=-\infty}^{\infty} \delta(t - mT))e^{-jk\omega_0 t} dt = \frac{1}{T}, \quad \omega_0 = 2\pi/T$$

利用(4.151)式，即得到

$$X(j\omega) = 2\pi \sum_{k=-\infty}^{\infty} X[k]\delta(\omega - k\omega_0) = \frac{2\pi}{T} \sum_{k=-\infty}^{\infty} \delta(\omega - k\omega_0)$$

$$= \omega_0 \sum_{k=-\infty}^{\infty} \delta(\omega - k\omega_0)$$

▶ 4.10

對離散時間訊號作連續時間傅立葉轉換

若有一個離散時間訊號 $x[n]$，它是連續時間訊號上時間點在 nT_s 的值 $x(nT_s)$，T_s 是取樣週期

$$x[n] = x(nT_s) \tag{4.152}$$

如果只在時間 $t = nT_s$ 時 $x(t)$ 才有值，這個訊號可以改寫成以脈衝訊號表示，

$$x_\Delta(t) = \sum_{n=-\infty}^{\infty} x(t)\delta(t-nT_s) = \sum_{n=-\infty}^{\infty} x(nT_s)\delta(t-nT_s) \tag{4.153}$$

$$= \sum_{n=-\infty}^{\infty} x[n]\delta(t-nT_s)$$

這就是取樣訊號，關於取樣(sampling)的問題，會在第六章做深入的討論。

對 $x_\Delta(t)$ 作連續時間傅立葉轉換，得到的是

$$X_\Delta(j\omega) = \int_{-\infty}^{\infty} x_\Delta(t)e^{-j\omega t}dt = \sum_{n=-\infty}^{\infty} x[n]\int_{-\infty}^{\infty} \delta(t-nT_s)e^{-j\omega t}dt \tag{4.154}$$

$$= \sum_{n=-\infty}^{\infty} x[n]e^{-j\omega nT_s}$$

所以得到如下的傅立葉轉換關係，

$$x_\Delta(t) = \sum_{n=-\infty}^{\infty} x[n]\delta(t-nT_s) \overset{FT}{\leftrightarrow} X_\Delta(j\omega) = \sum_{n=-\infty}^{\infty} x[n]e^{-j\omega nT_s}$$

回顧(4.149)式，一個週期性離散時間訊號 $x[n]$ 的傅立葉級數係數為 $X[k]$，在 $x[n]$ 作傅立葉轉換時，$2\pi X[k]$ 就是 Ω 取樣在 $k\Omega_0$ 上的值，

$$X(e^{j\Omega}) = 2\pi \sum_{k=-\infty}^{\infty} X[k]\delta(\Omega - k\Omega_0) \tag{4.155}$$

將 $\Omega = \omega T_s$ 代入(4.155)式，可以得到

$$X(e^{j\omega T_s}) = 2\pi \sum_{k=-\infty}^{\infty} X[k]\delta(\omega T_s - k\Omega_0) \tag{4.156}$$

$$= 2\pi \sum_{k=-\infty}^{\infty} X[k]\delta(T_s(\omega - k\Omega_0/T_s))$$

(4.156)式等號右邊的脈衝函數顯示，頻率 ω 作了比例調整(scaling)，被乘上 T_s。

脈衝函數的定義為

$$\int_{-\infty}^{\infty} \delta(\tau)d\tau = 1 \tag{4.157}$$

假設一個脈衝函數的變數作了比例調整，變成 $\delta(a\tau)$。令 $a\tau = \rho$，$d\tau = \frac{1}{a}d\rho$，則其積分結果得到

$$\int_{-\infty}^{\infty} \delta(a\tau)d\tau = \int_{-\infty}^{\infty} \delta(\rho)\frac{1}{a}d\rho = \frac{1}{a} \tag{4.158}$$

依據脈衝函數的定義，積分結果要等於 1，則等於是要求

$$a\delta(a\tau) = \delta(\tau) \tag{4.159}$$

將(4.159)式的結果代入(4.156)式，可以得到

$$X(e^{j\omega T_s}) = \frac{2\pi}{T_s} \sum_{k=-\infty}^{\infty} X[k]\delta(\omega - k\Omega_0/T_s) \tag{4.160}$$

以 $X_\Delta(j\omega)$ 來表示，(4.160)式改為

$$X_\Delta(j\omega) = X(e^{j\omega T_s}) = \frac{2\pi}{T_s} \sum_{k=-\infty}^{\infty} X[k]\delta(\omega - k\Omega_0/T_s) \tag{4.161}$$

整理上述討論，得到以下的傅立葉轉換關係，

$$x_\Delta(t) = \sum_{n=-\infty}^{\infty} x[n]\delta(t - nT_s) \quad \overset{FT}{\leftrightarrow} \quad X_\Delta(j\omega) = X(e^{j\omega T_s}) = \frac{2\pi}{T_s} \sum_{k=-\infty}^{\infty} X[k]\delta(\omega - k\Omega_0/T_s)$$

例題 4.31 對離散時間訊號作傅立葉轉換

一個弦波訊號，其週期 $T = 2$，

$$x(t) = \cos(\pi t)$$

以取樣週期 $T_s = 1/4$ 進行取樣，得到離散時間訊號 $x[n]$，

$$x[n] = x(nT_s) = \cos(\pi nT_s)$$

這個週期性離散時間訊號的週期是 $N = 2/T_s = 8$，其傅立葉級數係數如下，

$$X[k] = \begin{cases} 1/2, & k = 1 \\ 1/2, & k = -1 \\ 0, & otherwise \end{cases}$$

這個訊號改寫成以脈衝函數表示，

$$x_\Delta(t) = \sum_{n=-\infty}^{\infty} \cos(\pi nT_s)\delta(t - nT_s)$$

$x_\Delta(t)$ 作連續時間傅立葉轉換，得到

$$X_\Delta(j\omega) = \sum_{n=-\infty}^{\infty} \cos(\pi nT_s)e^{-j\omega nT_s}$$

若 $x[n]$ 被表示成傅立葉級數 $X[k]$，$\Omega_0 = 2\pi/N = \pi/4$，其傅立葉轉換為

$$X(e^{j\Omega}) = 2\pi \sum_{k=-\infty}^{\infty} X[k]\delta(\Omega - k\Omega_0) = \pi(\delta(\Omega - \pi/4) + \delta(\Omega + \pi/4))$$

則 $x_\Delta(t)$ 的傅立葉轉換為

$$X_\Delta(j\omega) = X(e^{j\omega T_s}) = \frac{2\pi}{T_s}(X[1]\delta(\omega - \Omega_0/T_s) + X[-1]\delta(\omega + \Omega_0/T_s))$$

$$= 4\pi(\delta(\omega - \pi) + \delta(\omega + \pi))$$

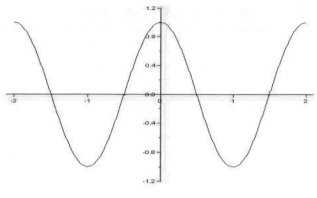

(a) $x(t) = \cos(\pi t)$

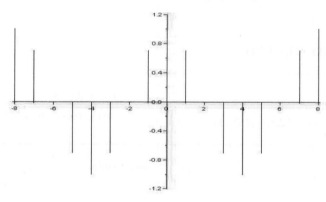

(b) $x_\Delta(t) = \sum\limits_{n=-\infty}^{\infty} \cos(\pi n / 4)\delta(t - nT_s)$

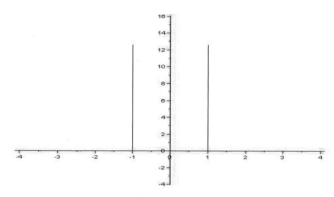

(c) $X_\Delta(j\omega) = 4\pi(\delta(\omega - \pi) + \delta(\omega + \pi))$

圖 4.17　離散時間訊號的傳立葉轉換

表 4.3　其他特殊的傅立葉轉換

離散時間訊號	連續時間訊號
$x[n] = \dfrac{1}{2\pi} \displaystyle\int_{-\pi}^{\pi} X(e^{j\Omega}) e^{j\Omega n} d\Omega$ $X(e^{j\Omega}) = \displaystyle\sum_{n=-\infty}^{\infty} x[n] e^{-j\Omega n}$	$x(t) = \dfrac{1}{2\pi} \displaystyle\int_{-\infty}^{\infty} X(j\omega) e^{j\omega t} d\omega$ $X(j\omega) = \displaystyle\int_{-\infty}^{\infty} x(t) e^{-j\omega t} dt$
$x[n] = \displaystyle\sum_{k=0}^{N-1} X[k] e^{jk\Omega_0 n} \overset{DTFT}{\leftrightarrow}$ $X(e^{j\Omega}) = 2\pi \displaystyle\sum_{k=-\infty}^{\infty} X[k]\delta(\Omega - k\Omega_0)$	$x(t) = \displaystyle\sum_{k=-\infty}^{\infty} X[k] e^{jk\omega_0 t} \overset{FT}{\leftrightarrow}$ $X(j\omega) = 2\pi \displaystyle\sum_{k=-\infty}^{\infty} X[k]\delta(\omega - k\omega_0)$
$x[n] = e^{j\Omega_1 n} \overset{DTFT}{\leftrightarrow}$ $X(e^{j\Omega}) = 2\pi \displaystyle\sum_{k=-\infty}^{\infty} \delta(\Omega - \Omega_1 - k2\pi)$	$x(t) = e^{j\omega_1 t} \overset{FT}{\leftrightarrow} X(j\omega) = 2\pi\delta(\omega - \omega_1)$
$x[n] = \cos(\Omega_1 n) \overset{DTFT}{\leftrightarrow}$ $X(e^{j\Omega}) = \pi \displaystyle\sum_{k=-\infty}^{\infty} (\delta(\Omega - \Omega_1 - k2\pi) + \delta(\Omega + \Omega_1 - k2\pi))$	$x(t) = \cos(\omega_1 t) \overset{FT}{\leftrightarrow}$ $X(j\omega) = \pi\delta(\omega - \omega_1) + \pi\delta(\omega + \omega_1)$
$x[n] = \sin(\Omega_1 n) \overset{DTFT}{\leftrightarrow}$ $X(e^{j\Omega}) = \dfrac{\pi}{j} \displaystyle\sum_{k=-\infty}^{\infty} (\delta(\Omega - \Omega_1 - k2\pi) - \delta(\Omega + \Omega_1 - k2\pi))$	$x(t) = \sin(\omega_1 t) \overset{FT}{\leftrightarrow}$ $X(j\omega) = \dfrac{\pi}{j}\delta(\omega - \omega_1) - \dfrac{\pi}{j}\delta(\omega + \omega_1)$
	$x(t) = \displaystyle\sum_{m=-\infty}^{\infty} \delta(t - mT) \overset{FT}{\leftrightarrow}$ $X(j\omega) = \omega_0 \displaystyle\sum_{k=-\infty}^{\infty} \delta(\omega - k\omega_0), \quad \omega_0 = \dfrac{2\pi}{T}$
	$x_\Delta(t) = \displaystyle\sum_{n=-\infty}^{\infty} x[n]\delta(t - nT_s) \overset{FT}{\leftrightarrow}$ $X_\Delta(j\omega) = \displaystyle\sum_{n=-\infty}^{\infty} x[n] e^{-j\omega nT_s}$
	$x_\Delta(t) = \displaystyle\sum_{n=-\infty}^{\infty} x[n]\delta(t - nT_s) \overset{FT}{\leftrightarrow}$ $X_\Delta(j\omega) = X(e^{j\omega T_s}) = \dfrac{2\pi}{T_s} \displaystyle\sum_{k=-\infty}^{\infty} X[k]\delta(\omega - k\Omega_0/T_s)$

4.11

週期性訊號與非週期性訊號的混合演算

❖ 捲加演算與捲積演算

如果一個離散時間系統的輸入 $x[n]$ 是週期性訊號，$X[k]$ 是其傅立葉級數係數，依據 (4.155)式，$x[n]$ 的離散時間傅立葉轉換是

$$X(e^{j\Omega}) = 2\pi \sum_{k=-\infty}^{\infty} X[k]\delta(\Omega - k\Omega_0), \quad \Omega_0 = 2\pi/N \tag{4.162}$$

系統的脈衝響應 $h[n]$ 看成是一個非週期性訊號，它的傅立葉轉換是 $H(e^{j\Omega})$。在時域中，系統的輸出就是 $x[n]$ 與 $h[n]$ 的捲加演算

$$y[n] = x[n] * h[n] = \sum_{\ell=-\infty}^{\infty} x[\ell]h[n-\ell] \tag{4.163}$$

依據 4.5 節推導的迴旋特性，對 $y[n]$ 作傅立葉轉換，其結果是

$$Y(e^{j\Omega}) = X(e^{j\Omega})H(e^{j\Omega}) = 2\pi \sum_{k=-\infty}^{\infty} X[k]\delta(\Omega - k\Omega_0)H(e^{j\Omega}) \tag{4.164}$$

$$= 2\pi \sum_{k=-\infty}^{\infty} H(e^{jk\Omega_0})X[k]\delta(\Omega - k\Omega_0)$$

同樣的，如果週期性訊號 $x(t)$ 是連續時間系統的輸入，其傅立葉級數係數為 $X[k]$，對 $x(t)$ 取傅立葉轉換，得到

$$X(j\omega) = 2\pi \sum_{k=-\infty}^{\infty} X[k]\delta(\omega - k\omega_0), \quad \omega_0 = 2\pi/T \tag{4.165}$$

系統的脈衝響應 $h(t)$ 是非週期性訊號，其傅立葉轉換為 $H(j\omega)$，在時域中系統的輸出就是 $x(t)$ 與 $h(t)$ 的捲積演算

$$y(t) = \int_{-\infty}^{\infty} x(\tau)h(t-\tau)d\tau \tag{4.166}$$

依據 4.6 節推導的迴旋特性，對 $y(t)$ 作傅立葉轉換，其結果是

$$Y(j\omega) = X(j\omega)H(j\omega) = 2\pi \sum_{k=-\infty}^{\infty} X[k]\delta(\omega - k\omega_0)H(j\omega) \tag{4.167}$$

$$= 2\pi \sum_{k=-\infty}^{\infty} H(jk\omega_0)X[k]\delta(\omega - k\omega_0)$$

❖ 乘法演算

以視窗取出一段週期性訊號，在時域中就是將週期性訊號 $x[n]$ 乘上非週期性的視窗訊號 $w[n]$，則在頻域中是其傅立葉轉換 $X(e^{j\Omega})$ 與 $W(e^{j\Omega})$ 的捲積演算，

$$Y(e^{j\Omega}) = \frac{1}{2\pi}\int_{-\pi}^{\pi} X(e^{jV})W(e^{j(\Omega-V)})dV \tag{4.168}$$

將(4.165)式代入(4.168)式，可以得到

$$Y(e^{j\Omega}) = \frac{1}{2\pi}\int_{-\pi}^{\pi} (2\pi \sum_{k=-\infty}^{\infty} X[k]\delta(V - k\Omega_0)W(e^{j(\Omega-V)})dV \tag{4.169}$$

$$= \sum_{k=-\infty}^{\infty} X[k]\int_{-\pi}^{\pi} \delta(V - k\Omega_0)W(e^{j(\Omega-V)})dV$$

因為 $N\Omega_0 = 2\pi$，(4.169)式中 $\delta(V - k\Omega_0)$ 在 $[-\pi, \pi]$ 的範圍內只有 N 個脈衝，所以(4.169)式改寫成

$$Y(e^{j\Omega}) = \sum_{k=0}^{N-1} X[k]\int_{-\pi}^{\pi} \delta(V - k\Omega_0)W(e^{j(\Omega-V)})dV \tag{4.170}$$

$$= \sum_{k=0}^{N-1} X[k]W(e^{j(\Omega-k\Omega_0)})$$

　　同理，週期性連續時間訊號 $x(t)$ 被乘上一個非週期性的視窗訊號 $w(t)$，在頻域中是傅立葉轉換 $X(j\omega)$ 與 $W(j\omega)$ 的捲積演算

$$Y(j\omega) = \frac{1}{2\pi} \int_{-\pi}^{\pi} X(j\rho)W(j(\omega - \rho))d\rho \qquad (4.171)$$

將(4.165)式代入(4.171)式，即得到

$$Y(j\omega) = \int_{-\pi}^{\pi} \sum_{k=-\infty}^{\infty} X[k]\delta(\rho - k\omega_0)W(j(\omega - \rho))d\rho \qquad (4.172)$$

$$= \sum_{k=-\infty}^{\infty} X[k]W(j(\omega - k\omega_0))$$

習題

1. 請計算以下訊號的傅立葉轉換。

   (a) $x[n] = (\frac{3}{4})^n u[n-4]$

   (b) $x(t) = e^{-t} \sin(\pi t) u(t)$

   (c) $x[n] = (n-2)(u[n+3] - u[n-4])$

   (d) $x(t) = 2\cos(\pi t) + 3\sin(2\pi t)$

2. 請計算以下的傅立葉轉換所對應的時間訊號。

   (a) $X(e^{j\Omega}) = \begin{cases} e^{-j4\Omega}, & \dfrac{\pi}{4} < |\Omega| < \dfrac{3\pi}{4} \\ 0, & 0 \leq |\Omega| \leq \dfrac{\pi}{4}, \ \dfrac{3\pi}{4} \leq |\Omega| \leq \pi \end{cases}$

   (b) $X(j\omega) = \dfrac{18 - 3\omega^2 + j17\omega}{5 - \omega^2 + j6\omega}$

3. 請利用帕沙夫關係計算以下的演算結果。

   (a) $\int_{-\pi}^{\pi} \dfrac{\sin^2(\pi t)}{t^2} dt$

   (b) $\sum_{n=-\infty}^{\infty} (\dfrac{\sin(2n)}{\pi n})^2$

4. 請利用對偶關係，作以下的演算。

   (a) $x(t) = \dfrac{1}{1 + j2t}$ ，求其傅立葉轉換。

   (b) $X(e^{j\Omega})$ 表示如下圖，

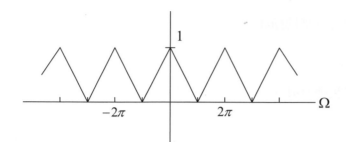

求其時間訊號 $x[n]$ 。

5. 請計算一個高斯脈波的傅立葉轉換。

$$g(t) = \frac{1}{\sqrt{2\pi}} e^{-\frac{t^2}{2}}$$

6. 一個系統表示成

$$y[n] = \frac{1}{3}\{x[n-1] + x[n] + x[n+1]\}$$

這是作移動平均(moving average)的演算，請找其脈衝響應與頻率響應。

7. 一個系統表示成

$$\frac{d^2}{dt^2}y(t) + 5\frac{d}{dt}y(t) + 6y(t) = \frac{d^2}{dt^2}x(t) + 2\frac{d}{dt}x(t) + 2x(t)$$

請找其脈衝響應與頻率響應。

8. 請作以下的捲積演算。

$$\frac{\sin 4\pi t}{\pi t} * \frac{\sin 8\pi t}{\pi t}$$

9. 請以捲積演算方法來計算下式的逆向傅立葉轉換。

$$X(j\omega) = \frac{9}{\omega^2}\sin^2(2\omega)$$

10. 一個離散時間訊號的傅立葉轉換如下，

$$X(e^{j\Omega}) = \frac{e^{-j2\Omega}}{1 - 0.7e^{-j\Omega}}$$

請計算這個離散時間訊號 $x[n]$。

11. 一個 LTI 系統的脈衝響應是

$$h[n] = a^n u[n], \quad |a| < 1$$

輸入訊號是

$$x[n] = \begin{cases} 1, & 0 \le n \le M \\ 0, & otherwise \end{cases}$$

請計算其輸出。

12. 一個離散時間訊號如下，

$$x[n] = a^n u[n], \quad |a| < 1$$

定義一個時間累加函數，

$$y[n] = \sum_{m=-\infty}^{n} x[m]$$

請計算其傅立葉轉換。

13. 一個連續時間指數訊號，

$$y(t) = e^{-0.8 \times (t-3)} u(t-3)$$

請計算其傅立葉轉換。

14. 一個連續時間訊號的傅立葉轉換為，

$$X(j\omega) = j\frac{d}{d\omega}\{\frac{e^{j2\omega}}{1 + j\omega/2}\}$$

請利用傅立葉轉換的特性，計算其逆向傅立葉轉換。

15. 一個離散時間訊號為，

$$x[n] = ne^{j\frac{\pi}{6}n}\alpha^{n-2}u[n-2]$$

請利用離散時間傅立葉轉換的特性，計算離散時間傅立葉轉換的結果。

16. 一個方波訊號，其週期 $T = 4$ ，基週頻率 $\omega_0 = \pi / 2$ ，

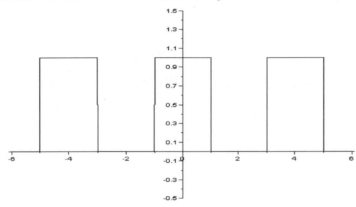

請計算其傅立葉級數係數。

17. 請計算以下演算的結果。

$$\sum_{n=-\infty}^{\infty} \frac{\sin^2(\frac{\pi}{3}n)}{(\pi n)^2}$$

18. 請應用帕沙夫關係式計算以下的積分。

$$E = \int_{-\infty}^{\infty} \frac{2}{|2 + j\omega|^2} d\omega$$

19. 請應用對偶性計算以下連續時間週期性訊號的傅立葉級數係數，其週期 $T = 4\pi / 7$ 。

$$x(e^{jt}) = \frac{\sin(5t / 2)}{\sin(t / 2)}$$

20. 請應用對偶性計算以下連續時間訊號的傅立葉轉換。

$$x(t) = \frac{1}{1+t^2}$$

21. 這是另一個方法計算步進函數的傅立葉轉換。假設

$$x(t) = e^{-at}, \quad t > 0$$

$$u(t) = \lim_{a \to 0} x(t), \quad t > 0$$

先計算 $x(t)$ 的傅立葉轉換,將其結果分成實數項與虛數項,再讓 $a \to 0$,就可以得到步進函數的傅立葉轉換。(提示:應用實數項一如脈衝函數的特性。)

系統的時域與頻域特性

▶▶▶▶

利用傅立葉轉換可以在頻域中觀察線性非時變系統的頻率響應，有助於線性非時變系統的分析與設計。本章將先討論訊號經過傅立葉轉換之後得到的絕對值頻譜與相位頻譜，再延伸到系統的脈衝響應，將脈衝響應作傅立葉轉換之後，得到系統的頻率響應。典型的系統就是濾波器，本章以理想濾波器說明系統的頻率響應，然後以一階與二階的線性非時變系統為例，展示其頻域的特性。波德繪圖(Bode plot)是探討連續時間線性非時變系統頻域特性的工具，其繪圖方法也一併介紹。在實際應用上常常是從步進響應來了解系統的特性，本章說明了線性非時變系統步進響應的計算方法。

▶ 5.1

傅立葉轉換中的絕對值與相位

對連續時間訊號 $x(t)$ 作傅立葉轉換，得到的 $X(j\omega)$ 通常是一個複數，可以寫成實數項與虛數項，

$$X(j\omega) = \text{Re}\{X(j\omega)\} + j\,\text{Im}\{X(j\omega)\} \tag{5.1}$$

也可以表示成絕對值與相位，

$$X(j\omega) = |X(j\omega)|\, e^{j\phi\{X(j\omega)\}} \tag{5.2}$$

其中絕對值項為

$$|X(j\omega)| = \sqrt{(\text{Re}\{X(j\omega)\})^2 + (\text{Im}\{X(j\omega)\})^2} \tag{5.3}$$

它是 ω 的函數，以 ω 為橫軸繪圖，我們稱之為訊號 $x(t)$ 的絕對值頻譜(magnitude spectrum)。相位則是

$$\phi\{X(j\omega)\} = \tan^{-1}\left(\frac{\text{Im}\{X(j\omega)\}}{\text{Re}\{X(j\omega)\}}\right) \tag{5.4}$$

它也是 ω 的函數，以 ω 為橫軸繪圖，我們稱之為訊號 $x(t)$ 的相位頻譜(phase spectrum)。

同理，離散時間訊號 $x[n]$ 的傅立葉轉換 $X(e^{j\Omega})$ 也會是一個複數，我們可以表示成

$$X(e^{j\Omega}) = \text{Re}\{X(e^{j\Omega})\} + j\,\text{Im}\{X(e^{j\Omega})\} \tag{5.5}$$

當然，也可以用絕對值與相位來表示，

$$X(e^{j\Omega}) = |X(e^{j\Omega})|\, e^{j\phi\{X(e^{j\Omega})\}} \tag{5.6}$$

其中絕對值項為

$$|X(e^{j\Omega})| = \sqrt{(\text{Re}\{X(e^{j\Omega})\})^2 + (\text{Im}\{X(e^{j\Omega})\})^2} \tag{5.7}$$

相位則是

$$\phi\{X(e^{j\Omega})\} = \tan^{-1}(\frac{\text{Im}\{X(e^{j\Omega})\}}{\text{Re}\{X(e^{j\Omega})\}}) \qquad\qquad (5.8)$$

如果線性非時變系統的脈衝響應為 $h(t)$，$x(t)$ 是輸入，則其輸出 $y(t)$ 是 $h(t)$ 與 $x(t)$ 作捲積演算的結果，

$$y(t) = \int_{-\infty}^{\infty} h(\tau)x(t-\tau)d\tau \qquad\qquad (5.9)$$

依據 4.6 節所推導的傅立葉轉換捲迴特性，對(5.9)式作傅立葉轉換的結果，得到

$$Y(j\omega) = H(j\omega)X(j\omega) \qquad\qquad (5.10)$$

$H(j\omega)$ 是系統脈衝響應 $h(t)$ 的傅立葉轉換，稱為系統的頻率響應(frequency response)，它同樣可以用絕對值與相位表示，

$$H(j\omega) = |H(j\omega)| e^{j\phi\{H(j\omega)\}} \qquad\qquad (5.11)$$

如果 $Y(j\omega)$ 也以絕對值與相位表示，我們得到

$$|Y(j\omega)| = |H(j\omega)||X(j\omega)| \qquad\qquad (5.12)$$

$$\phi\{Y(j\omega)\} = \phi\{H(j\omega)\} + \phi\{X(j\omega)\} \qquad\qquad (5.13)$$

如果 $|H(j\omega)|$ 在 $|\omega| \le \omega_c$ 時其值為 1，而在 $|\omega| > \omega_c$ 時，$|H(j\omega)|$ 的值為 0，(5.12)式表示輸入訊號 $x(t)$ 經過這個系統 $H(j\omega)$ 之後，在 $\omega > \omega_c$ 的頻率成分，就會被消除掉，所以 $H(j\omega)$ 的角色是一個濾波器(filter)，其輸出訊號 $Y(j\omega)$ 不再會有 $\omega > \omega_c$ 的頻率成分。

至於相位部份，(5.13)式表示輸出訊號 $y(t)$ 的相位受到 $h(t)$ 這個系統的相位所影響。例如系統的頻率響應為

$$H(j\omega) = e^{-j\omega t_0} \tag{5.14}$$

它的絕對值是 1，相位是

$$\phi\{H(j\omega)\} = -\omega t_0 \tag{5.15}$$

隨著 ω 增加，其相位以 $-t_0$ 的斜率改變，呈一條直線，我們說 $H(j\omega)$ 是具有線性相位的系統(linear phase system)。如果對(5.15)式作頻率的微分，就得到一個常數

$$\frac{d}{d\omega}\phi\{H(j\omega)\} = -t_0 \tag{5.16}$$

當 $X(j\omega)$ 為輸入時，這個系統的輸出就是

$$Y(j\omega) = X(j\omega)e^{-j\omega t_0} \tag{5.17}$$

計算其逆向傅立葉轉換，得到在時域中的輸出訊號為

$$y(t) = x(t - t_0) \tag{5.18}$$

從這個結果可以看出，這個線性相位系統的作用，會造成輸入訊號的時間延遲(delay)。

如果 LTI 系統的頻率響應 $H(j\omega)$ 具有線性相位，而且絕對值是一個與頻率 ω 不相關的常數，這個系統就只會造成整個輸入訊號的時間延遲，訊號的絕對值頻譜不變，所有頻率成分的時間延遲都一樣，則輸出訊號波形維持與輸入訊號一樣，只是作了時間延遲。

假設輸入訊號 $x(t)$ 是個窄頻訊號(narrow-band signal)，只存在於頻率 $\omega = \omega_0$ 附近 $[\omega_0 - \Delta\omega, \omega_0 + \Delta\omega]$ 的範圍內，它的絕對值頻譜 $|X(j\omega)|$ 只在 $\omega = \omega_0$ 的附近為非 0 值，超出 $[\omega_0 - \Delta\omega, \omega_0 + \Delta\omega]$ 的範圍時，其值為 0。這樣的輸入訊號經過 LTI 系統之後，在 $[\omega_0 - \Delta\omega, \omega_0 + \Delta\omega]$ 範圍內的頻率成分受 $H(j\omega)$ 的影響，如果 $H(j\omega)$ 在 $[\omega_0 - \Delta\omega, \omega_0 + \Delta\omega]$ 的範圍內的絕對值幾乎固定，

$$|H(j\omega)| \approx |H(j\omega_0)| \tag{5.19}$$

在這個小範圍內，相位可以作線性的近似，則它的微分接近於一個常數。

$$\frac{d}{d\omega}\phi\{H(j\omega)\} \approx -\tau_0, \quad \omega \in [\omega_0 - \Delta\omega, \ \omega_0 + \Delta\omega] \tag{5.20}$$

這時候 $H(j\omega)$ 的作用就與(5.14)式所表示系統特性一樣，只會造成輸入訊號的時間延遲，而不改變絕對值頻譜的形狀，其延遲為 τ_0。在不同 ω_0 的 $[\omega_0 - \Delta\omega, \ \omega_0 + \Delta\omega]$ 範圍會是不同的時間延遲，所以我們把時間延遲 τ_0 看成是隨著 ω_0 改變的函數，(5.20)式改寫為

$$\tau(\omega_0) = -\frac{d}{d\omega}\phi\{H(j\omega)\}\bigg|_{\omega=\omega_0} \tag{5.21}$$

這表示在 $[\omega_0 - \Delta\omega, \ \omega_0 + \Delta\omega]$ 的窄頻寬內，其所有頻率成分產生的時間延遲皆近似於 $\tau(\omega_0)$，這個延遲稱為群體時間延遲(group delay)。在另一個窄頻寬範圍內，它是另一個群體時間延遲，因此寫成一個計算群體時間延遲的通式，就是

$$\tau(\omega) = -\frac{d}{d\omega}\phi\{H(j\omega)\} \tag{5.22}$$

從以上的討論，我們知道一般不是線性相位的系統，其絕對值頻譜不是常數，不同頻率成分的時間延遲也不相同。一個訊號通過系統時，如果不同頻率成分有不同的增益值(gain)與時間延遲，在時域中觀察到的波形就完全改變了。

例題 5.1 連續時間 LTI 系統的頻率響應

一個連續時間 LTI 系統的脈衝響應如下，

$$h(t) = e^{-(2+j\pi)t}u(t)$$

經由傅立葉轉換，就得到此系統的頻率響應，

$$H(j\omega) = \int_0^\infty e^{-(2+j\pi)t}e^{-j\omega t}dt = \int_0^\infty e^{-(2+j(\omega+\pi))t}dt$$
$$= -\frac{e^{-(2+j(\omega+\pi))t}}{2+j(\omega+\pi)}\bigg|_0^\infty = \frac{1}{2+j(\omega+\pi)}$$

其絕對值與相位如下,

$$|H(j\omega)| = \sqrt{\frac{1}{4+(\omega+\pi)^2}}$$

$$\varphi\{H(j\omega)\} = -\tan^{-1}(\frac{\omega+\pi}{2})$$

計算其群體時間延遲,得到

$$\tau(\omega) = -\frac{d}{d\omega}\varphi\{H(j\omega)\} = \frac{d}{d\omega}\tan^{-1}(\frac{\omega+\pi}{2})$$

$$= \frac{1}{2}\frac{1}{1+(\frac{\omega+\pi}{2})^2} = \frac{2}{4+(\omega+\pi)^2}$$

圖 5.1 展示一個連續時間 LTI 系統的頻率響應。

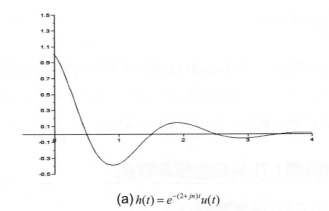

(a) $h(t) = e^{-(2+jn)t}u(t)$

圖 5.1 連續時間 LTI 系統的頻率響應

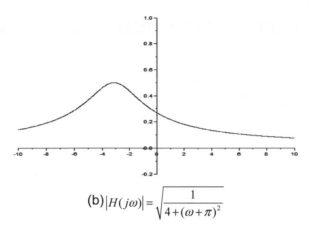

$$(b) |H(j\omega)| = \sqrt{\frac{1}{4+(\omega+\pi)^2}}$$

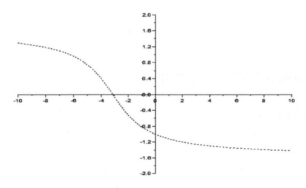

$$(c) \phi|H(j\omega)| = -\tan^{-1}(\frac{\omega+\pi}{2})$$

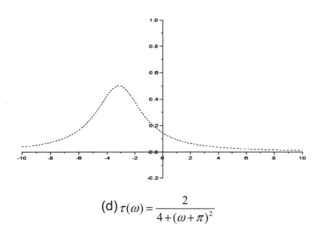

$$(d) \tau(\omega) = \frac{2}{4+(\omega+\pi)^2}$$

圖 5.1　連續時間 LTI 系統的頻率響應(續)

對於離散時間的線性非時變系統，其脈衝響應為 $h[n]$，若輸入為 $x[n]$，輸出為 $y[n]$，在時域中是捲加演算，

$$y[n] = \sum_{\ell=-\infty}^{\infty} h[\ell]x[n-\ell] \tag{5.23}$$

在頻域中則是相乘，

$$Y(e^{j\Omega}) = H(e^{j\Omega})X(e^{j\Omega}) \tag{5.24}$$

以絕對值與相位表示，可得到

$$|Y(e^{j\Omega})| = |H(e^{j\Omega})||X(e^{j\Omega})| \tag{5.25}$$

$$\phi\{Y(e^{j\Omega})\} = \phi\{H(e^{j\Omega})\} + \phi\{X(e^{j\Omega})\} \tag{5.26}$$

如果有一個系統的頻率響應為

$$H(e^{j\Omega}) = e^{-j\Omega n_0} \tag{5.27}$$

它具有線性相位的特性。若輸入為 $X(e^{j\Omega})$，輸出就是

$$Y(e^{j\Omega}) = X(e^{j\Omega})e^{-j\Omega n_0} \tag{5.28}$$

在時域中呈現的關係是時間延遲，

$$y[n] = x[n-n_0] \tag{5.29}$$

其群體時間延遲的計算，與(5.22)式相似，

$$\tau(\Omega) = -\frac{d}{d\Omega}\phi\{H(e^{j\Omega})\} \tag{5.30}$$

例題 5.2 離散時間 LTI 系統的頻率響應

一個離散時間 LTI 系統的脈衝響應如下，

$$h[n] = (\frac{1}{2})^n u[n]$$

經由離散時間傅立葉轉換，就得到此系統的頻率響應，

$$H(e^{j\Omega}) = \sum_{n=0}^{\infty} (\frac{1}{2})^n e^{-j\Omega n} = \sum_{n=0}^{\infty} (\frac{1}{2} e^{-j\Omega})^n = \frac{1}{1 - \frac{1}{2} e^{-j\Omega}} = \frac{1}{1 - \frac{1}{2}\cos(\Omega) + j\frac{1}{2}\sin(\Omega)}$$

其絕對值與相位如下，

$$|H(e^{j\Omega})| = \sqrt{\frac{1}{(1 - \frac{1}{2}\cos(\Omega))^2 + (\frac{1}{2}\sin(\Omega))^2}}$$

$$= \sqrt{\frac{1}{1 - \cos(\Omega) + (\frac{1}{2}\sin(\Omega))^2 + (\frac{1}{2}\sin(\Omega))^2}} = \sqrt{\frac{1}{\frac{5}{4} - \cos(\Omega)}} = \sqrt{\frac{4}{5 - 4\cos(\Omega)}}$$

$$\varphi\{H(e^{j\Omega})\} = -\tan^{-1}(\frac{\sin(\Omega)}{2 - \cos(\Omega)})$$

計算其群體時間延遲，得到

$$\tau(\Omega) = -\frac{d}{d\Omega} \varphi\{H(e^{j\Omega})\} = \frac{d}{d\Omega} \tan^{-1}(\frac{\sin(\Omega)}{2 - \cos(\Omega)})$$

$$= (\frac{d}{d\Omega} \frac{\sin(\Omega)}{2 - \cos(\Omega)})(\frac{1}{1 + (\frac{\sin(\Omega)}{2 - \cos(\Omega)})^2})$$

$$= \frac{-\sin(\Omega)\sin(\Omega) + \cos(\Omega)(2 - \cos(\Omega))}{(2 - \cos(\Omega))^2} \times \frac{(2 - \cos(\Omega))^2}{(2 - \cos(\Omega))^2 + \sin^2(\Omega)}$$

$$= \frac{-\sin^2(\Omega) + 2\cos(\Omega) - \cos^2(\Omega)}{(2 - \cos(\Omega))^2 + \sin^2(\Omega)} = \frac{2\cos(\Omega) - 1}{5 - 4\cos(\Omega)}$$

圖 5.2 展示一個離散時間 LTI 系統的頻率響應。

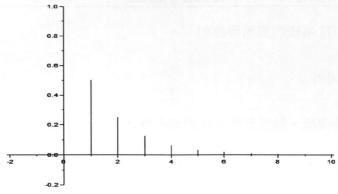

(a) $h[n] = (\frac{1}{2})^n u[n]$

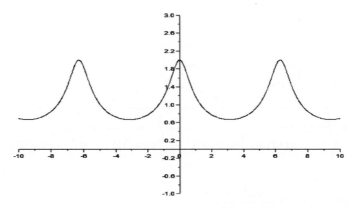

(b) $\left|H(e^{j\Omega})\right| = \sqrt{\dfrac{4}{5 - 4\cos(\Omega)}}$

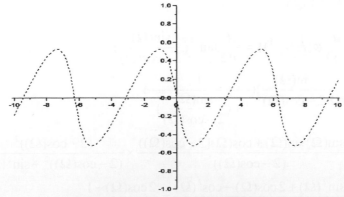

(c) $\phi\{H(e^{j\Omega})\} = -\tan^{-1}(\dfrac{\sin(\Omega)}{2 - \cos(\Omega)})$

圖 5.2　離散時間 LTI 系統的頻率響應

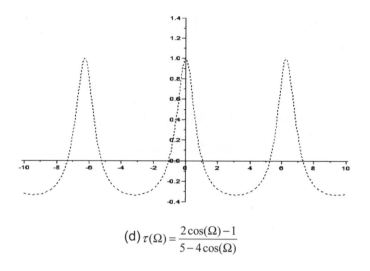

$$(d)\, \tau(\Omega) = \frac{2\cos(\Omega) - 1}{5 - 4\cos(\Omega)}$$

圖 5.2 　離散時間 LTI 系統的頻率響應(續)

 5.2

理想濾波器

　　一個連續時間 LTI 系統可以讓輸入訊號某些頻率成分通過，某些頻率成分不通過，這個系統就是濾波器。以低通濾波器(low-pass filter)為例，它設定一個截止頻率(cutoff frequency)，讓在截止頻率以下的頻率成分通過，超過截止頻率的頻率成分不通過。理論上的低通濾波器在頻域中可以定義成如下的矩形頻譜，

$$H(j\omega) = \begin{cases} 1, & |\omega| \le \omega_c \\ 0, & |\omega| > \omega_c \end{cases} \tag{5.31}$$

ω_c 是截止頻率。這是數學上的表達方式，包含頻率為負值的反影。對應在時域中的脈衝響應計算如下，

$$h(t) = \frac{1}{2\pi} \int_{-\infty}^{\infty} H(j\omega)e^{j\omega t}d\omega = \frac{1}{2\pi} \int_{-\omega_c}^{\omega_c} e^{j\omega t}d\omega \tag{5.32}$$

$$= \frac{1}{2\pi} \frac{e^{j\omega_c t} - e^{-\omega_c t}}{jt} = \frac{\sin(\omega_c t)}{\pi t}$$

(5.32)式所表示的脈衝響應存在於整個時域，顯示這是不符合因果律(non causal)的系統，我們讓(5.32)式作時間延遲，在時間軸上將脈衝響應向右移到 t_0，

$$h_d(t) = h(t - t_0) = \frac{\sin(\omega_c(t - t_0))}{\pi(t - t_0)} \tag{5.33}$$

在頻域中變成

$$H_d(j\omega) = \begin{cases} e^{-j\omega t_0}, & |\omega| \leq \omega_c \\ 0, & |\omega| > \omega_c \end{cases} \tag{5.34}$$

刪去 $t = 0$ 之前的脈衝響應，它就變成一個符合因果律的系統

$$h_{LP}(t) = h(t - t_0)u(t) = \frac{\sin(\omega_c(t - t_0))}{\pi(t - t_0)}u(t) \tag{5.35}$$

這是假設當 t_0 選擇夠大時，$t < 0$ 的部份可以被忽略掉，於是我們就得到一個接近於理想化的低通濾波器。

例題 5.3 理想的低通濾波器

一個低通濾波器定義如下

$$H_o(j\omega) = \begin{cases} 1, & |\omega| \leq 120 \\ 0, & otherwise \end{cases}$$

在時域中，其脈衝響應為

$$h_o(t) = \frac{1}{2\pi} \int_{-\infty}^{\infty} H(j\omega)e^{j\omega t}d\omega = \frac{1}{2\pi} \int_{-120}^{120} e^{j\omega t}d\omega$$

$$= \frac{1}{2\pi} \frac{e^{j120t} - e^{-j120t}}{jt} = \frac{\sin(120t)}{\pi t}$$

圖 5.3 展示此低通濾波器的頻率響應與脈衝響應。

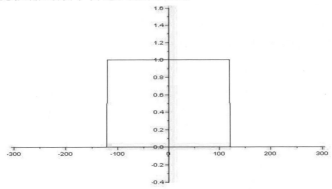

(a) 低通濾波器 $H_o(j\omega)$

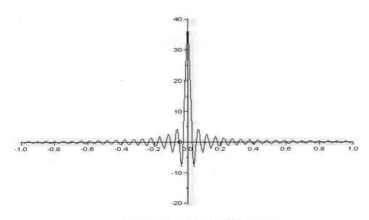

(b) 低通濾波器的脈衝響應 $h_o(t)$

圖 5.3　低通濾波器

這個脈衝響應是偶函數,不符合因果律,如果做時間延遲,變成

$$h_d(t) = h_o(t - 0.5) = \frac{\sin(120(t - 0.5))}{\pi(t - 0.5)}$$

在頻域中,其頻率響應變成

$$H_d(j\omega) = \begin{cases} e^{-j0.5\omega}, & |\omega| \le 120 \\ 0, & otherwise \end{cases}$$

忽略掉 $t < 0$ 的部份,它就是一個符合因果律的低通濾波器,

$$h_{LP}(t) = \frac{\sin(120(t-0.5))}{\pi(t-0.5)} u(t)$$

圖 5.4 說明如何得到符合因果律的低通濾波器。

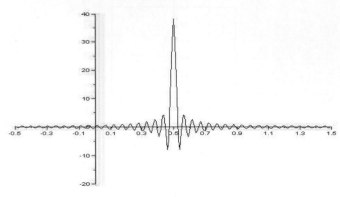

(a) 時間延遲後的脈衝響應 $h_d(t)$

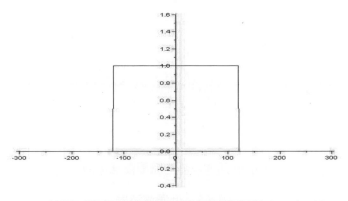

(b) 時間延遲後的低通濾波器絕對值頻譜 $|H_d(j\omega)|$

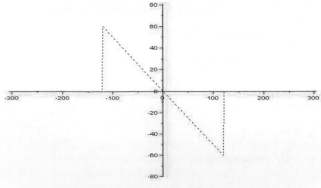

(c) 時間延遲後的低通濾波器相位頻譜 $\phi\{H_d(j\omega)\}$

圖 5.4　符合因果律的低通濾波器

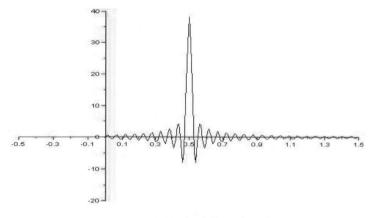

(d) 作時間延遲之後捨去 $t < 0$ 部分

圖 5.4　符合因果律的低通濾波器(續)

例 題 5.4 低通濾波器的作用

假設輸入訊號為指數訊號，

$$x(t) = e^{-20t}u(t)$$

其傅立葉轉換得到

$$X(j\omega) = \frac{20}{20 + j\omega}$$

其絕對值頻譜與相位頻譜如下，

$$|X(j\omega)| = \frac{20}{\sqrt{400 + \omega^2}}$$

與

$$\phi\{X(j\omega)\} = -\tan^{-1}(\frac{\omega}{20})$$

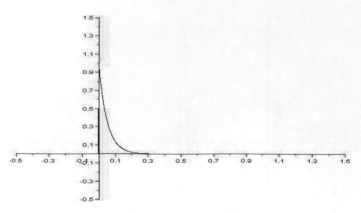

(a) 輸入訊號 $x(t) = e^{-20t}u(t)$

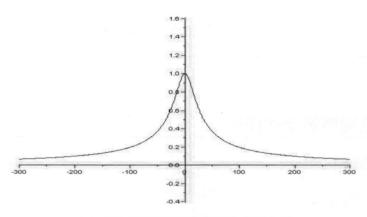

(b) 輸入訊號的絕對值頻譜 $|X(j\omega)|$

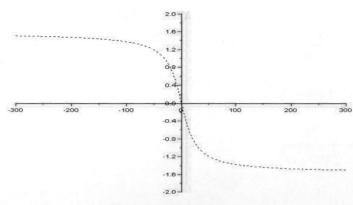

(c) 輸入訊號的相位頻譜 $\phi\{X(j\omega)\}$

圖 5.5 輸入訊號

輸入訊號 $x(t)$ 經過例題 5.3 所定義的低通濾波器之後，其頻率響應為

$$Y(j\omega) = H_{LP}(j\omega)X(j\omega) = \begin{cases} \dfrac{20}{20+j\omega}e^{-j0.5\omega}, & |\omega| \leq 120 \\ 0, & otherwise \end{cases}$$

其絕對值頻譜與相位頻譜如下

$$|Y(j\omega)| = \begin{cases} \dfrac{20}{\sqrt{400+\omega^2}}, & |\omega| \leq 120 \\ 0, & otherwise \end{cases}$$

與

$$\phi\{Y(j\omega)\} = -\tan^{-1}(\frac{\omega}{20}) - 0.5\omega$$

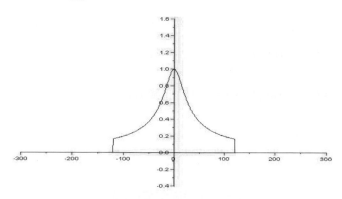

(a) 輸出訊號絕對值頻譜 $|Y(j\omega)|$

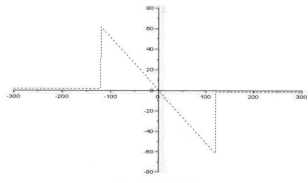

(b) 輸出訊號相位頻譜 $\phi\{Y(j\omega)\}$

圖 5.6　輸出訊號

至於離散時間的低通濾波器，其頻率響應寫成

$$H(e^{j\Omega}) = \begin{cases} 1, & 0 \leq |\Omega| \leq \Omega_c \\ 0, & \Omega_c < |\Omega| \leq \pi \end{cases} \tag{5.36}$$

記得 $H(e^{j\Omega})$ 是一個週期性函數，在時域中的脈衝響應是

$$h[n] = \frac{1}{2\pi} \int_{-\pi}^{\pi} H(e^{j\Omega}) e^{j\Omega n} d\Omega = \frac{1}{2\pi} \int_{-\Omega_c}^{\Omega_c} e^{j\Omega n} d\Omega = \frac{\sin(\Omega_c n)}{\pi n} \tag{5.37}$$

同樣的，作時間的延遲之後

$$h_d[n] = h[n-n_0] = \frac{\sin(\Omega_c(n-n_0))}{\pi(n-n_0)} \tag{5.38}$$

其頻率響應為

$$H_d(e^{j\Omega}) = e^{-j\Omega n_0} H(e^{j\Omega}) \tag{5.39}$$

捨去 $n < 0$ 部分，就得到一個符合因果律的低通濾波器

$$h_{LP}[n] = h[n-n_0]u[n] = \frac{\sin(\Omega_c(n-n_0))}{\pi(n-n_0)}u[n] \tag{5.40}$$

例題 5.5 符合因果律的理想化低通濾波器

一個理論上的低通濾波器定義如下，

$$H(e^{j\Omega}) = \begin{cases} 1, & 0 \leq |\Omega| \leq 2 \\ 0, & 2 < |\Omega| \leq \pi \end{cases}$$

在時域中的脈衝響應是

$$h[n] = \frac{\sin(2n)}{\pi n}$$

作時間的延遲之後，

$$h_d[n] = h[n-10] = \frac{\sin(2(n-10))}{\pi(n-10)}$$

在頻域中，此延遲濾波器為

$$H_d(e^{j\Omega}) = \begin{cases} e^{-j10\Omega}, & 0 \le |\Omega| \le 2 \\ 0, & 2 < |\Omega| \le \pi \end{cases}$$

捨去 $n < 0$ 部分，就得到一個符合因果律的低通濾波器，

$$h_{LP}[n] = \frac{\sin(2(n-10))}{\pi(n-10)} u[n]$$

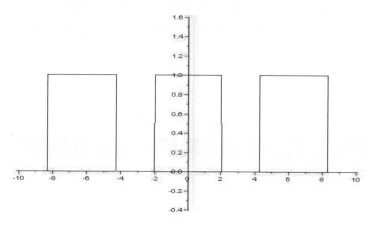

(a) 理論上的低通濾波器 $H(e^{j\Omega})$

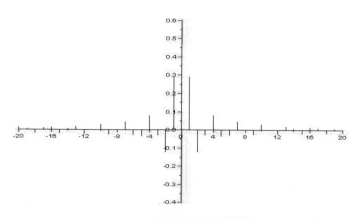

(b) 低通濾波器的脈衝響應 $h[n]$

圖 5.7　符合因果律的理想低通濾波器

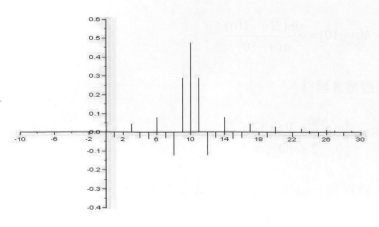

(c) 作時間延遲之後捨去 $n<0$ 部分

圖 5.7　符合因果律的理想低通濾波器(續)

5.3

一階與二階的連續時間線性非時變系統

一階的連續時間 LTI 系統，可以用一次微分方程式表示，

$$a\frac{d}{dt}y(t)+y(t)=x(t) \tag{5.41}$$

作傅立葉轉換之後得到

$$a(j\omega Y(j\omega))+Y(j\omega)=X(j\omega) \tag{5.42}$$

因此它的頻率響應是

$$H(j\omega)=\frac{Y(j\omega)}{X(j\omega)}=\frac{1}{1+ja\omega}=\frac{1/a}{1/a+j\omega} \tag{5.43}$$

令 $\alpha=1/a$，(5.43)式改寫成

$$H(j\omega) = \frac{Y(j\omega)}{X(j\omega)} = \frac{\alpha}{\alpha + j\omega} = \frac{1}{1 + j(\omega/\alpha)} \tag{5.44}$$

作逆向傅立葉轉換就得到時域中的脈衝響應，

$$h(t) = \alpha e^{-\alpha t} u(t) \tag{5.45}$$

在頻域中觀察系統的頻率響應，其絕對值是

$$|H(j\omega)| = \frac{1}{\sqrt{1 + (\omega/\alpha)^2}} \tag{5.46}$$

其相位是

$$\phi\{H(j\omega)\} = -\tan^{-1}(\omega/\alpha) \tag{5.47}$$

例題 5.6 一階連續時間 LTI 系統的頻率響應

一階連續時間 LTI 系統的頻率響應如下，

$$H(j\omega) = \frac{10}{10 + j\omega} = \frac{1}{1 + (j\omega/10)}$$

則其絕對值與相位為

$$|H(j\omega)| = \frac{1}{\sqrt{1 + (\omega/10)^2}}$$

與

$$\phi\{H(j\omega)\} = -\tan^{-1}(\omega/10)$$

圖 5.8 展示其絕對值與相位隨頻率的改變情形。

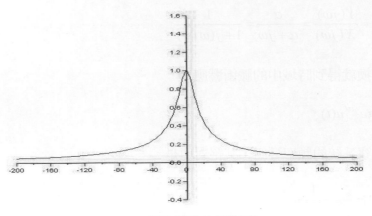

(a) 頻率響應的絕對值

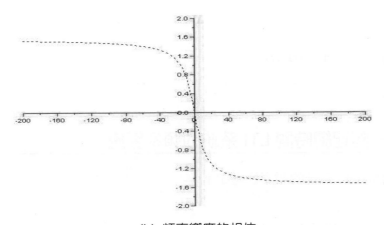

(b) 頻率響應的相位

圖 5.8　一階連續時間 LTI 系統的頻率響應

假設一個二階的連續時間 LTI 系統，表示成為二次微分方程式如下，

$$a_2 \frac{d^2}{dt^2} y(t) + a_1 \frac{d}{dt} y(t) + y(t) = x(t) \tag{5.48}$$

作傅立葉轉換之後得到

$$a_2 (j\omega)^2 Y(j\omega) + a_1 (j\omega) Y(j\omega) + Y(j\omega) = X(j\omega) \tag{5.49}$$

因此這個系統的頻率響應是

$$H(j\omega) = \frac{1}{a_2(j\omega)^2 + a_1(j\omega) + 1} = \frac{1/a_2}{(j\omega)^2 + (a_1/a_2)(j\omega) + 1/a_2} \tag{5.50}$$

我們令 $\frac{1}{a_2} = \omega_n{}^2$ ， $\frac{a_1}{a_2} = 2\zeta\omega_n$ ，

(5.50)式就改寫成

$$H(j\omega) = \frac{\omega_n{}^2}{(j\omega)^2 + 2\zeta\omega_n(j\omega) + \omega_n{}^2} \tag{5.51}$$

這是一個典型的二階 LTI 系統。

在頻域中觀察，絕對值部份是

$$|H(j\omega)| = \frac{\omega_n{}^2}{\sqrt{(\omega_n{}^2 - \omega^2)^2 + (2\zeta\omega_n\omega)^2}} \tag{5.52}$$

其相位是

$$\phi\{H(j\omega)\} = -\tan^{-1}(\frac{2\zeta\omega_n\omega}{\omega_n{}^2 - \omega^2}) \tag{5.53}$$

例題 5.7 二階連續時間 LTI 系統的頻率響應

二階的連續時間 LTI 系統頻率響應如下，

$$H(j\omega) = \frac{100}{(j\omega)^2 + 2\zeta(j10\omega) + 100}$$

其絕對值與相位是

$$|H(j\omega)| = \frac{100}{\sqrt{(100 - \omega^2)^2 + (20\zeta\omega)^2}}$$

與

$$\phi\{H(j\omega)\} = -\tan^{-1}\left(\frac{20\zeta\omega}{100 - \omega^2}\right)$$

圖 5.9 展示不同 ζ 值下的二階連續時間 LTI 系統頻率響應。

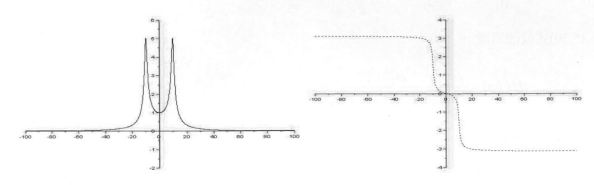

(a)　ζ = 0.1

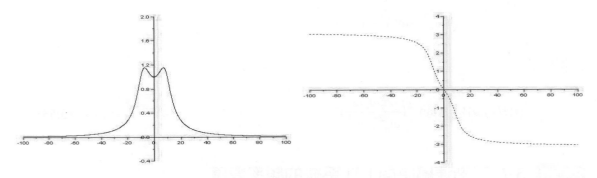

(b)　ζ = 0.5

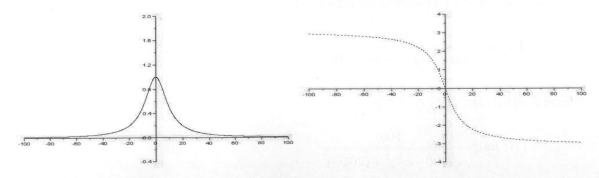

(c)　ζ = 1

圖 5.9　二階連續時間 LTI 系統的頻率響應

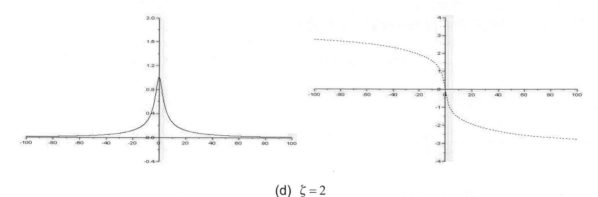

(d) $\zeta = 2$

圖 5.9　二階連續時間 LTI 系統的頻率響應(續)

對(5.51)式解其分母多項式的根，我們得到

$$p_1 = -\zeta\omega_n + \omega_n\sqrt{\zeta^2 - 1} \ , \ \ p_2 = -\zeta\omega_n - \omega_n\sqrt{\zeta^2 - 1} \tag{5.54}$$

因此分解 $H(j\omega)$ 可以得到

$$H(j\omega) = \frac{C_1}{j\omega - p_1} + \frac{C_2}{j\omega - p_2} \tag{5.55}$$

對應在時域中的脈衝響應是

$$h(t) = C_1 e^{p_1 t}u(t) + C_2 e^{p_2 t}u(t) \tag{5.56}$$

(5.55)式可以改寫成

$$H(j\omega) = \frac{C_1(j\omega - p_2) + C_2(j\omega - p_1)}{(j\omega - p_1)(j\omega - p_2)} \tag{5.57}$$

比對(5.51)式，得到分子部分的等式，

$$C_1(j\omega - p_2) + C_2(j\omega - p_1) = \omega_n^{\ 2} \tag{5.58}$$

對照等號兩邊的係數，得到一組聯立方程式，

$$C_1 + C_2 = 0, \qquad -C_1 p_2 - C_2 p_1 = \omega_n^2 \tag{5.59}$$

解聯立方程式，就得到

$$C_1 = -C_2 = \frac{\omega_n}{2\sqrt{\zeta^2 - 1}} \tag{5.60}$$

將(5.60)式的結果代入(5.56)式，得到

$$h(t) = \frac{\omega_n}{2\sqrt{\zeta^2 - 1}} e^{-(\zeta\omega_n)t} (e^{(\omega_n\sqrt{\zeta^2-1})t} - e^{-(\omega_n\sqrt{\zeta^2-1})t}) u(t) \tag{5.61}$$

(5.61)式有三種可能性：

(1) $\zeta^2 < 1$

$$h(t) = \frac{\omega_n}{j2\sqrt{1-\zeta^2}} e^{-(\zeta\omega_n)t} (e^{j(\omega_n\sqrt{1-\zeta^2})t} - e^{-j(\omega_n\sqrt{1-\zeta^2})t}) u(t) \tag{5.62}$$

$$\frac{\omega_n}{\sqrt{1-\zeta^2}} e^{-(\zeta\omega_n)t} \sin(\omega_n\sqrt{1-\zeta^2}\, t) u(t)$$

這是一個隨著時間衰減的弦波函數。

(2) $\zeta^2 > 1$

$$h(t) = \frac{\omega_n}{2\sqrt{\zeta^2 - 1}} (e^{(-\zeta+\sqrt{\zeta^2-1})\omega_n t} - e^{(-\zeta-\sqrt{\zeta^2-1})\omega_n t}) u(t) \tag{5.63}$$

這是兩個不同指數衰減函數的組合。

(3) $\zeta^2 = 1$

(5.51)式改寫成

$$H(j\omega) = \frac{\omega_n^2}{(j\omega + \omega_n)^2} \tag{5.64}$$

其對應在時域中的脈衝響應是

$$h(t) = \omega_n^2 t e^{-\omega_n t} u(t) \tag{5.65}$$

這是一個隨著時間衰減的函數。

例題 5.8 二階連續時間 LTI 系統的脈衝響應

二階的連續時間 LTI 系統

$$H(j\omega) = \frac{100}{(j\omega)^2 + 2\zeta(j10\omega) + 100}$$

在時域中的脈衝響應是

$$h(t) = \frac{10}{2\sqrt{\zeta^2 - 1}} e^{-(10\zeta)t} (e^{(10\sqrt{\zeta^2-1})t} - e^{-(10\sqrt{\zeta^2-1})t}) u(t)$$

$\zeta = 0.1$

$$h(t) = \frac{5}{\sqrt{0.99}} e^{-t} \sin(9.9\,t) u(t) = 5.025 e^{-t} \sin(9.9\,t) u(t)$$

$\zeta = 0.5$

$$h(t) = \frac{5}{\sqrt{0.75}} e^{-5t} \sin(7.5\,t) u(t) = 5.774 e^{-5t} \sin(7.5\,t) u(t)$$

$\zeta = 1$

$$h(t) = 100 t e^{-10t} u(t)$$

$\zeta = 2$

$$h(t) = \frac{5}{\sqrt{3}} (e^{(-2+\sqrt{3})10t} - e^{(-2-\sqrt{3})10t}) u(t) = 2.887 (e^{-2.68t} - e^{-37.32t}) u(t)$$

圖 5.10 展示在不同 ζ 值下的二階連續時間 LTI 系統脈衝響應。

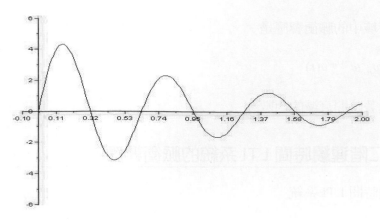

(a) $\zeta = 0.1$

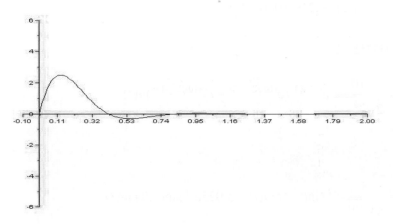

(b) $\zeta = 0.5$

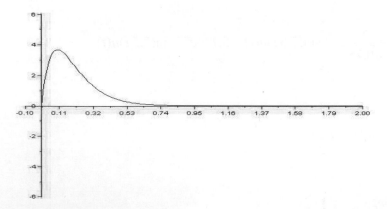

(c) $\zeta = 1$

圖 5.10 二階連續時間 LTI 系統的脈衝響應

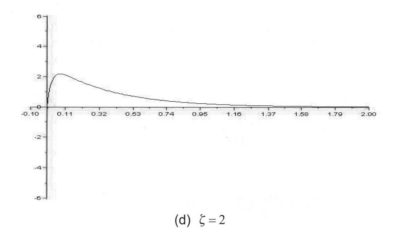

(d) $\zeta = 2$

圖 5.10　二階連續時間 LTI 系統的脈衝響應(續)

 5.4

一階與二階的離散時間線性非時變系統

一階的離散時間 LTI 系統可以用差分方程式表示如下，

$$y[n] - ay[n-1] = x[n] \quad , \quad |a| < 1 \tag{5.66}$$

作離散時間傅立葉轉換之後是

$$Y(e^{j\Omega}) - ae^{j\Omega}Y(e^{j\Omega}) = X(e^{j\Omega}) \tag{5.67}$$

因此可以求得 LTI 系統的頻率響應，

$$H(e^{j\Omega}) = \frac{1}{1 - ae^{-j\Omega}} \tag{5.68}$$

對應在時域中的脈衝響應是

$$h[n] = a^n u[n] \quad , \quad |a| < 1 \tag{5.69}$$

系統頻率響應的絕對值與相位如下，

$$|H(e^{j\Omega})|=|\frac{1}{1-a\cos(\Omega)+ja\sin(\Omega)}|=\frac{1}{\sqrt{1+a^2-2a\cos(\Omega)}} \qquad (5.70)$$

與

$$\phi\{H(e^{j\Omega})\}=-\tan^{-1}(\frac{a\sin(\Omega)}{1-a\cos(\Omega)}) \qquad (5.71)$$

例題 5.9 一階的離散時間 LTI 系統

一個離散時間 LTI 系統的頻率響應如下，

$$H(e^{j\Omega})=\frac{1}{1-0.8e^{-j\Omega}}$$

其絕對值與相位如下

$$|H(e^{j\Omega})|=\frac{1}{\sqrt{1.64-1.6\cos(\Omega)}}$$

與

$$\phi\{H(e^{j\Omega})\}=-\tan^{-1}(\frac{0.8\sin(\Omega)}{1-0.8\cos(\Omega)})$$

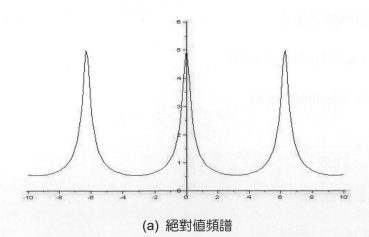

(a) 絕對值頻譜

圖 5.11　離散時間一階 LTI 系統的頻率響應

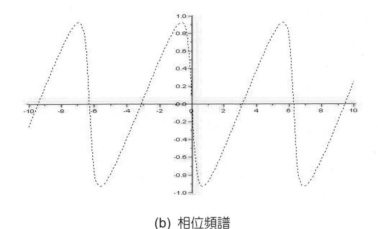

(b) 相位頻譜

圖 5.11　離散時間一階 LTI 系統的頻率響應(續)

假設二階的離散時間 LTI 系統可以寫成以下的差分方程式，

$$y[n] - 2r\cos\theta y[n-1] + r^2 y[n-2] = x[n], \quad 0 < r < 1, \quad 0 \leq \theta \leq \pi \tag{5.72}$$

則傅立葉轉換之後是

$$Y(e^{j\Omega}) - 2r\cos\theta e^{-j\Omega}Y(e^{j\Omega}) + r^2 e^{-j2\Omega}Y(e^{j\Omega}) = X(e^{j\Omega}) \tag{5.73}$$

因此其頻率響應為

$$H(e^{j\Omega}) = \frac{1}{1 - 2r\cos\theta e^{-j\Omega} + r^2 e^{-j2\Omega}} \tag{5.74}$$

對分母的多項式做分解，可以得到

$$H(e^{j\Omega}) = \frac{1}{(1 - re^{j\theta}e^{-j\Omega})(1 - re^{-j\theta}e^{-j\Omega})} \tag{5.75}$$

$$= \frac{C_1}{1 - re^{j\theta}e^{-j\Omega}} + \frac{C_2}{1 - re^{-j\theta}e^{-j\Omega}}$$

我們可以解得常數值，

$$C_1 = \frac{e^{j\theta}}{2j\sin\theta}, \qquad\qquad C_2 = \frac{-e^{-j\theta}}{2j\sin\theta} \tag{5.76}$$

因此其對應時域中的脈衝響應是

$$h[n] = (C_1(re^{j\theta})^n + C_2(re^{-j\theta})^n)u[n] = \frac{\sin((n+1)\theta)}{\sin\theta}r^n u[n] \tag{5.77}$$

在(5.76)式中若 $\sin\theta = 0$，這個解不成立，因此我們回到(5.72)式，考慮兩種情況。

當 $\theta = 0$ 時，(5.74)式改寫成

$$H(e^{j\Omega}) = \frac{1}{(1-re^{-j\Omega})^2} \tag{5.78}$$

對應的脈衝響應為

$$h[n] = (n+1)r^n u[n] \tag{5.79}$$

當 $\theta = \pi$ 時，(5.74)式改寫成

$$H(e^{j\Omega}) = \frac{1}{(1+re^{-j\Omega})^2} \tag{5.80}$$

對應的脈衝響應為

$$h[n] = (n+1)(-r)^n u[n] \tag{5.81}$$

例題 5.10 二階離散時間 LTI 系統

一個二階離散時間 LTI 系統的頻率響應如下，

$$H(e^{j\Omega}) = \frac{1}{1 - 0.5e^{-j\Omega} + 0.25e^{-j2\Omega}}$$

其頻率響應的絕對值與相位為

$$|H(e^{j\Omega})| = |\frac{1}{(1-0.5\cos(\Omega)+0.25\cos(2\Omega)+j(0.5\sin(\Omega)-0.25\sin(2\Omega))}|$$

$$= \frac{1}{\sqrt{(1-0.5\cos(\Omega)+0.25\cos(2\Omega))^2+(0.5\sin(\Omega)-0.25\sin(2\Omega))^2}}$$

與

$$\phi\{H(j\omega)\} = -\tan^{-1}(\frac{0.5\sin(\Omega)-0.25\sin(2\Omega)}{1-0.5\cos(\Omega)+0.25\cos(2\Omega)})$$

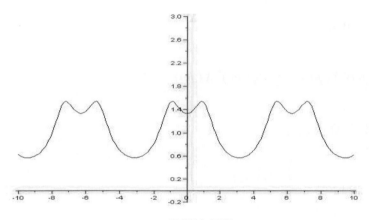

(a) 絕對值頻譜

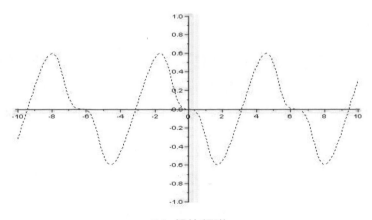

(b) 相位頻譜

圖 5.12　離散時間二階 LTI 系統的頻率響應

5.5

連續時間線性非時變系統的波德繪圖

一個連續時間的 LTI 系統可以用微分方程式來描述，假設其方程式如下，

$$\sum_{k=0}^{N} a_k \frac{d^k}{dt^k} y(t) = \sum_{k=0}^{M} b_k \frac{d^k}{dt^k} x(t) \tag{5.82}$$

作傅立葉轉換的結果得到

$$\sum_{k=0}^{N} a_k (j\omega)^k Y(j\omega) = \sum_{k=0}^{M} b_k (j\omega)^k X(j\omega) \tag{5.83}$$

這個 LTI 系統的轉移函數就是

$$H(j\omega) = \frac{Y(j\omega)}{X(j\omega)} = \frac{\displaystyle\sum_{k=0}^{M} b_k (j\omega)^k}{\displaystyle\sum_{k=0}^{N} a_k (j\omega)^k} \tag{5.84}$$

也就是 LTI 系統的頻率響應。

5.3 節的系統頻率響應繪圖還不太理想，工程上我們會對頻率響應的絕對值取其 *dB* 值，在只看 $\omega > 0$ 的情況下，頻率改為以 $\log_{10}(\omega)$ 表示，這樣的繪圖稱為波德繪圖(Bode plot)，以下就來討論波德繪圖的方法。

(5.83)式的分子與分母都是以 $j\omega$ 為變數的多項式，對兩個多項式分別求其根，分子多項式的根稱為零點(zero)，分母多項式的根稱為極點(pole)，於是(5.84)式改為連乘項的表示方式，

$$H(j\omega) = \frac{\tilde{b} \displaystyle\prod_{k=1}^{M} (j\omega + c_k)}{\displaystyle\prod_{k=1}^{N} (j\omega + d_k)}, \qquad \tilde{b} = \frac{b_M}{a_N} \tag{5.85}$$

或是寫成

$$H(j\omega) = \frac{K\displaystyle\prod_{k=1}^{M}\left(1+\frac{j\omega}{c_k}\right)}{\displaystyle\prod_{k=1}^{N}\left(1+\frac{j\omega}{d_k}\right)} \tag{5.86}$$

其中

$$K = \frac{\tilde{b}\displaystyle\prod_{k=1}^{M} c_k}{\displaystyle\prod_{k=1}^{N} d_k} \tag{5.87}$$

假設這些根都是實數根,對(5.86)式取絕對值,得到

$$\left|H(j\omega)\right| = \frac{K\displaystyle\prod_{k=1}^{M}\left|1+\frac{j\omega}{c_k}\right|}{\displaystyle\prod_{k=1}^{N}\left|1+\frac{j\omega}{d_k}\right|} \tag{5.88}$$

我們先針對其中一個極點項 $\dfrac{1}{1+j\omega/d_k}$ 作討論,其絕對值取 dB 值的結果,

$$-20\log_{10}|1+\frac{j\omega}{d_k}| = -10\log_{10}(1+\frac{\omega^2}{d_k^{\,2}}) \tag{5.89}$$

只考慮 $\omega > 0$,以 $\log_{10}(\omega)$ 為橫座標,以 $0dB$ 橫線作為基準橫軸,作絕對值的繪圖,這會有以下的現象。

(1) 當 $\omega \ll d_k$ 時,絕對值趨近於 $0dB$

$$-20\log_{10}|1+\frac{j\omega}{d_k}| \cong -10\log_{10}(1) = 0 \quad (dB) \tag{5.90}$$

也就是說, $\omega \to 0$ 時,它趨近於一條橫線,位置在 $0\,dB$ 。

(2) 當 $\omega \gg d_k$ 時，絕對值趨近於斜率為 $-20dB\,/\,decade$ 的直線

$$-20\log_{10}|1+\frac{j\omega}{d_k}| \cong -10\log_{10}(\frac{\omega^2}{d_k{}^2}) \tag{5.91}$$
$$= -20\log_{10}(\omega) + 20\log_{10}(d_k) \quad (dB)$$

也就是說，$\omega \to \infty$ 時，它趨近於一條向下斜的直線，ω 每增加十倍，絕對值下降 $20\,dB$，也就是一條斜率為 $-20dB\,/\,decade$ 的直線，這條直線與基準橫軸相交在 $\omega = d_k$ 處。

(3) 當 $\omega = d_k$ 時，絕對值為 $-3\,dB$

$$-20\log_{10}|1+\frac{j\omega}{d_k}| = -10\log_{10}(2) = -3 \quad (dB) \tag{5.92}$$

如此我們可以歸納出繪圖的原則，將 $\log_{10}(\omega)$ 作為橫座標，我們從 $\omega = d_k$ 這個位置開始，向左繪出一條斜率為 0 的近似直線，用以近似 $\omega \ll d_k$ 時的絕對值，向右繪出一條斜率為 $-20dB\,/\,decade$ 的近似直線，用以近似 $\omega \gg d_k$ 時的絕對值，而在 $\omega = d_k$ 給予 $-3\,dB$，這就是波德繪圖的近似法。圖 5.13 描述以近似直線法作一個實數極點項的絕對值繪圖。

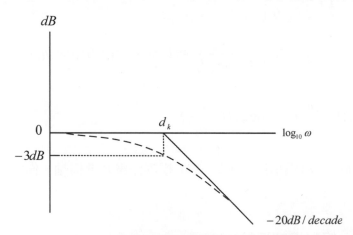

圖 5.13　極點項的波德繪圖 – 絕對值部分

實數極點項 $\dfrac{1}{1+j\omega/d_k}$ 的相位為

$$-\phi\{1+\frac{j\omega}{d_k}\} = -\arctan(\frac{\omega}{d_k}) \qquad (5.93)$$

當 $\omega << d_k$ 時，這個相位接近於 $0°$，當 $\omega >> d_k$ 時，這個相位接近於 $-90°$，當 $\omega = d_k$ 時，相位為 $-45°$，圖 5.14 描述一個實數極點項的相位繪圖。

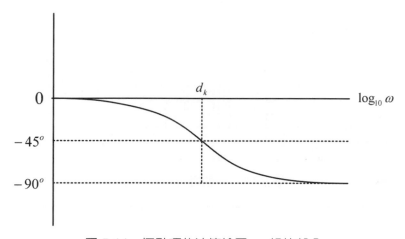

圖 5.14　極點項的波德繪圖 – 相位部分

例題 5.11 一個極點項的波德繪圖

一個極點項的頻率響應如下

$$H(j\omega) = \frac{1}{1+j2\omega}$$

其極點 $-d = -1/2$，圖 5.15 是波德繪圖的結果。這個繪圖的橫座標是以 Hz 為單位，對應 d 的值是 $f_d = \dfrac{d}{2\pi} = 0.0796$，也就是圖上斜率為 $-20dB/decade$ 近似直線與基準橫軸的交點。

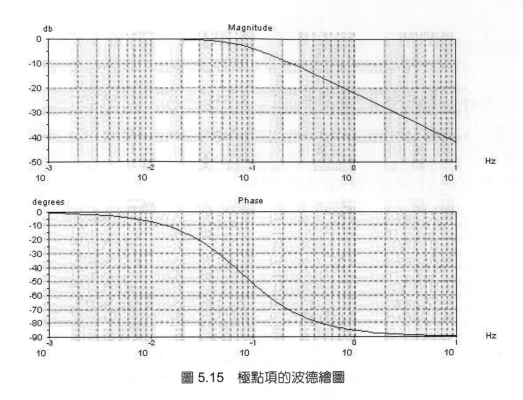

圖 5.15　極點項的波德繪圖

如果是針對一個實數零點項 $(1 + j\omega / c_k)$，我們可以發現：

(1) 當 $\omega \ll c_k$ 時，絕對值趨近於 $0dB$

$$20\log_{10} |1 + \frac{j\omega}{c_k}| \cong 10\log_{10}(1) = 0 \quad (dB) \tag{5.94}$$

它趨近於一條橫線，位置在 $0\,dB$。

(2) 當 $\omega \gg c_k$ 時，絕對值趨近於斜率為 $+20dB\,/\,decade$ 的直線

$$20\log_{10} |1 + \frac{j\omega}{c_k}| \cong 10\log_{10}(\frac{\omega^2}{c_k^2}) \tag{5.95}$$

$$= 20\log_{10}(\omega) - 20\log_{10}(c_k) \quad (dB)$$

它趨近於一條直線，ω 每增加十倍，上升 $20\,dB$，也就是一條斜率為 $+20dB/decade$ 的直線，這條直線與 $0\,dB$ 的橫線相交在 $\omega = c_k$ 處。

(3) 當 $\omega = c_k$ 時，絕對值為 $+3dB$

$$20\log_{10}|1+\frac{j\omega}{c_k}|=10\log_{10}(2)=3\quad(dB)\tag{5.96}$$

我們從 $\omega = c_k$ 這個位置開始，向左繪出一條斜率為 0 的近似直線，用以近似 $\omega \ll c_k$ 時的絕對值，向右繪出一條斜率為 $+20dB/decade$ 的近似直線，用以近似 $\omega \gg c_k$ 時的絕對值，而在 $\omega = c_k$ 給予 $+3\,dB$。

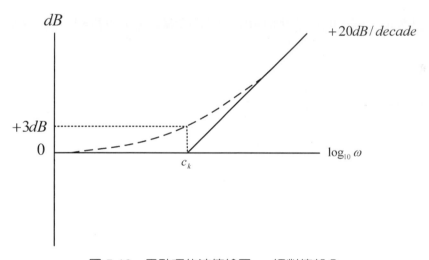

圖 5.16　零點項的波德繪圖 – 絕對值部分

實數零點項 $(1+j\omega/c_k)$ 的相位為

$$\phi\{1+\frac{j\omega}{c_k}\}=\arctan(\frac{\omega}{c_k})\tag{5.97}$$

在 $\omega \ll c_k$ 時，這個相位接近於 $0°$，在 $\omega \gg c_k$ 時，這個相位接近於 $90°$，在 $\omega = c_k$ 時，相位為 $45°$。

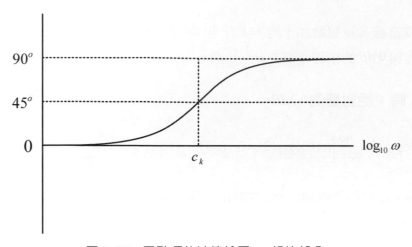

圖 5.17　零點項的波德繪圖 – 相位部分

　　如果分母多項式解出的根是共軛複數，因式分解之後可以找到一個二階的系統，在頻域中表示成

$$H_{2p}(j\omega) = \frac{\omega_n^2}{(j\omega)^2 + 2\zeta\omega_n(j\omega) + \omega_n^2} \tag{5.98}$$

它的兩個根分別是

$$s_1 = -\zeta\omega_n + j\omega_n\sqrt{1-\zeta^2}, \qquad s_2 = -\zeta\omega_n - j\omega_n\sqrt{1-\zeta^2} \tag{5.99}$$

我們將(5.98)式改寫成

$$H_{2p}(j\omega) = \frac{1}{1-(\frac{\omega}{\omega_n})^2 + j2\zeta(\frac{\omega}{\omega_n})} \tag{5.100}$$

其絕對值以 dB 值表示，得到

$$\left|H_{2p}(j\omega)\right|_{dB} = -10\log_{10}\{(1-(\frac{\omega}{\omega_n})^2)^2 + 4\zeta^2(\frac{\omega}{\omega_n})^2\} \tag{5.101}$$

只考慮 $\omega > 0$，我們以 $\log_{10}\omega$ 為橫座標，作絕對值的 dB 值繪圖，會有以下狀況，

(1) 當 $\omega \ll \omega_n$ 時，絕對值趨近於 $0dB$

$$\left|H_{2p}(j\omega)\right|_{dB} \cong -10\log_{10}(1) = 0 \qquad (dB) \tag{5.102}$$

它趨近於一條橫線，位置在 $0\ dB$。

(2) 當 $\omega \gg \omega_n$ 時，絕對值趨近於斜率為 $-40dB\ /\ decade$ 的直線，

$$\left|H_{2p}(j\omega)\right|_{dB} \cong -10\log_{10}\{(\frac{\omega}{\omega_n})^4\} = -40\log_{10}(\frac{\omega}{\omega_n}) \tag{5.103}$$

$$= -40\log_{10}(\omega) + 40\log_{10}(\omega_n)$$

它趨近於一條直線，ω 每增加十倍，絕對值下降 $40\ dB$，也就是一條斜率為 $-40dB\ /\ decade$ 的直線，這條直線與 $0\ dB$ 的橫線相交在 $\omega = \omega_n$ 處。

(3) 當 $\omega = \omega_n$ 時，絕對值由 ζ 決定

$$\left|H_{2p}(j\omega)\right|_{dB} = -10\log_{10}\{4\zeta^2\} = -20\log_{10}\{2\zeta\} \tag{5.104}$$

繪圖時以 $\log_{10}(\omega)$ 作為橫座標，從 $\omega = \omega_n$ 這個位置開始，向左繪出一條斜率為 0 的近似直線，用以近似於 $\omega \ll \omega_n$ 時的絕對值，向右繪出一條斜率為 $-40dB\ /\ decade$ 的直線，用以近似於 $\omega \gg \omega_n$ 時的絕對值。在 $\omega = \omega_n$ 時，絕對值由 ζ 決定。

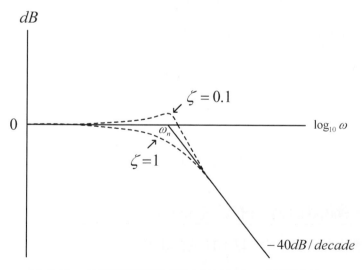

圖 5.18　共軛複數極點項的波德繪圖 － 絕對值部分

其相位則是

$$\phi\{H_{2p}(j\omega)\} = -\arctan(\frac{2\zeta(\frac{\omega}{\omega_n})}{1-(\frac{\omega}{\omega_n})^2}) \tag{5.105}$$

當 $\omega << \omega_n$ 時，相位接近於 $0°$

$$\phi\{H_{2p}(j\omega)\} \cong -\arctan(0) = 0 \tag{5.106}$$

當 $\omega >> \omega_n$ 時，相位接近於 $-180°$

$$\phi\{H_{2p}(j\omega)\} \cong -\arctan(-\frac{\omega}{\omega_n})\big|_{\omega \to \infty} = -180° \tag{5.107}$$

當 $\omega = \omega_n$ 時，相位為 $-90°$

$$\phi\{H_{2p}(j\omega)\} \cong -\arctan(\frac{2\zeta}{0}) = -90° \tag{5.108}$$

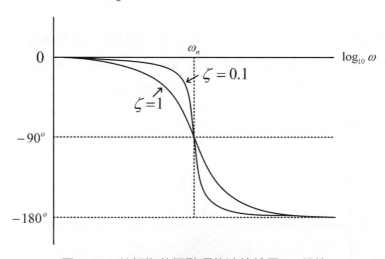

圖 5.19 共軛複數極點項的波德繪圖 – 相位

例題 5.12 共軛複數極點的波德繪圖

一個共軛複數極點所表示的二階 LTI 系統如下，

$$H_{2p}(s) = \frac{100}{s^2 + 20\zeta s + 100}$$

　　圖 5.20 是在不同 ζ 的波德繪圖，這個繪圖的橫座標是以 Hz 為單位，對應 ω_n 的值是

$$f_n = \frac{10}{2\pi} = 1.592 \text{ 。}$$

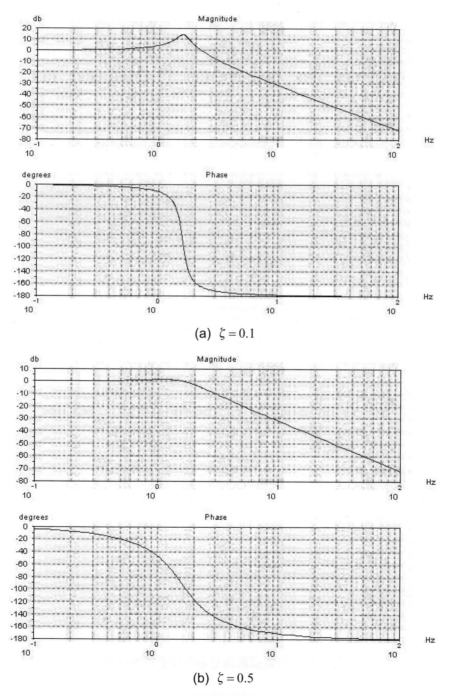

(a)　$\zeta = 0.1$

(b)　$\zeta = 0.5$

圖 5.20　共軛複數極點項的波德繪圖

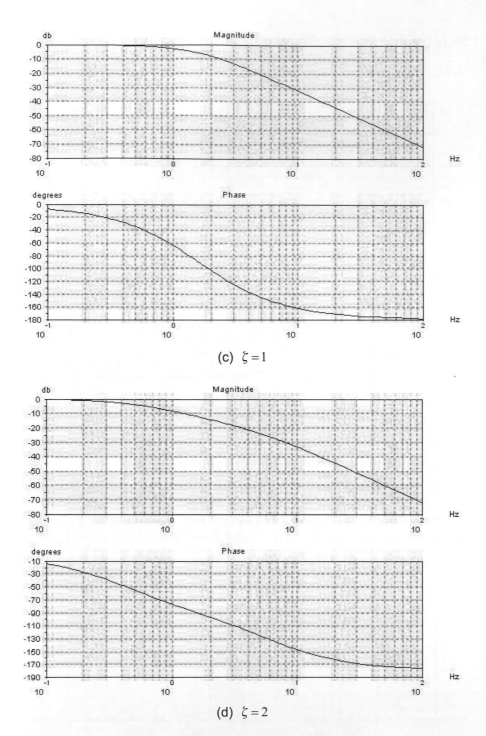

(c) $\zeta = 1$

(d) $\zeta = 2$

圖 5.20　共軛複數極點項的波德繪圖(續)

如果一組零點是共軛複數，寫成以下的系統函式

$$H_{2z}(s) = \frac{s^2 + 2\zeta\omega_n s + \omega_n{}^2}{\omega_n{}^2} \tag{5.109}$$

其波德繪圖與共軛複數極點項的波德繪圖相似，從 $\omega = \omega_n$ 這個位置開始，向左繪出一條斜率為 0 的近似直線，用以近似於 $\omega \ll \omega_n$ 時的絕對值，但是用以近似 $\omega \gg \omega_n$ 時的絕對值的直線，變成是向右繪出一條斜率為 $+40dB / decade$ 的直線，在 $\omega = \omega_n$ 時，絕對值由 ζ 決定。

在相位的繪圖，變成當 $\omega \gg \omega_n$ 時，相位接近於 $+180°$，當 $\omega = \omega_n$ 時，相位為 $+90°$。

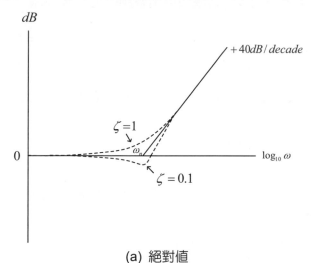

(a) 絕對值

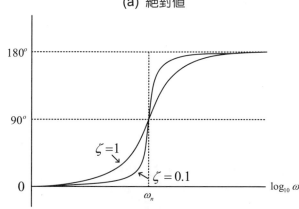

(b) 相位

圖 5.21 共軛複數零點項的波德繪圖

5.6

線性非時變系統的步進響應

當線性非時變系統的輸入訊號爲單位步進函數(unit step function)時，其輸出稱爲步進響應(step response)，步進響應常常用來描述 LTI 系統的基本特性。如果一個連續時間 LTI 系統的脈衝響應是 $h(t)$，輸入爲單位步進函數 $u(t)$，則其步進響應就計算如下式，

$$s(t) = h(t) * u(t) = \int_{-\infty}^{\infty} h(\tau)u(t-\tau)d\tau = \int_{-\infty}^{t} h(\tau)d\tau \tag{5.110}$$

對(5.110)式作微分運算，得到步進響應與脈衝響應的另一個關係，

$$\frac{d}{dt}s(t) = h(t) \tag{5.111}$$

回顧 4.6 節，依據傅立葉轉換對時間積分的特性，在頻域中的步進響應表示成

$$S(j\omega) = \frac{1}{j\omega}H(j\omega) + \pi H(j0)\delta(\omega) \tag{5.112}$$

如果是一個離散時間 LTI 系統，其輸入爲 $u[n]$，則輸出就是

$$s[n] = \sum_{\ell=-\infty}^{\infty} h[\ell]u[n-\ell] = \sum_{\ell=-\infty}^{n} h[\ell] \tag{5.113}$$

對(5.113)式作差分運算，得到步進響應與脈衝響應的另一個關係，

$$s[n] - s[n-1] = h[n] \tag{5.114}$$

回顧 4.5 節，依據離散時間傅立葉轉換對時間累加的特性，在頻域中的步進響應寫成

$$S(e^{j\Omega}) = \frac{1}{1-e^{j\Omega}}H(e^{j\Omega}) + \pi H(e^{j0})\sum_{k=-\infty}^{\infty} \delta(\Omega - 2\pi k) \tag{5.115}$$

例題 5.13 一階連續時間 LTI 系統的步進響應

對於一階的連續時間 LTI 系統，其脈衝響應如下，

$$h(t) = \frac{1}{a} e^{-t/a} u(t)$$

其傅立葉轉換為

$$H(j\omega) = \frac{1}{ja\omega + 1}$$

在時域中，

$$s(t) = \int_{-\infty}^{t} h(\tau)d\tau = \int_{-\infty}^{t} \frac{1}{a} e^{-t/a} d\tau$$

依據(5.112)式的結果，其頻域中的步進響應表示成

$$S(j\omega) = \frac{1}{j\omega} \frac{1}{ja\omega + 1} + \pi\delta(\omega)$$

$$= \frac{1}{j\omega} + \pi\delta(\omega) + \frac{-a}{1 + ja\omega}$$

對應在時域中，其步進響應為

$$s(t) = 1 - e^{-t/a}, \quad t > 0$$

例題 5.14 一階離散時間 LTI 系統的步進響應

對於一階的離散時間系統，其脈衝響應如下，

$$h[n] = a^n u[n]$$

其傅立葉轉換為

$$H(e^{j\Omega}) = \frac{1}{1 - ae^{-j\Omega}}$$

在時域中，

$$s[n] = \sum_{\ell=-\infty}^{n} h[\ell] = \sum_{\ell=0}^{n} a^{\ell}$$

依據(5.115)式的結果，其頻域中的步進響應表示成

$$S(e^{j\Omega}) = \frac{1}{1 - e^{-j\Omega}} \times \frac{1}{1 - ae^{-j\Omega}} + \pi \frac{1}{1-a} \sum_{k=-\infty}^{\infty} \delta(\Omega - 2\pi k)$$

對應在時域中，其步進響應為

$$s[n] = \frac{1 - a^{n+1}}{1 - a}, \quad n \geq 0$$

例題 5.15 一個連續時間 LTI 系統的步進響應

一個二階連續時間 LTI 系統的微分方程式如下，

$$y(t) + 3\frac{d}{dt}y(t) + 2\frac{d^2}{dt^2}y(t) = x(t) + 0.2\frac{d}{dt}x(t), \quad t > 0$$

作傅立葉轉換得到

$$Y(j\omega) + 3(j\omega)Y(j\omega) + 2(j\omega)^2 Y(j\omega) = X(j\omega) + 0.2(j\omega)X(j\omega)$$

整理後得到系統的頻率響應，

$$H(j\omega) = \frac{Y(j\omega)}{X(j\omega)} = \frac{1 + 0.2(j\omega)}{1 + 3(j\omega) + 2(j\omega)^2}$$

對分母作因式分解，$H(j\omega)$ 改寫成

$$H(j\omega) = \frac{1+0.2(j\omega)}{(1+j\omega)(1+j2\omega)} = \frac{-0.8}{1+j\omega} + \frac{1.8}{1+j2\omega} = \frac{-0.8}{1+j\omega} + \frac{0.9}{\frac{1}{2}+j\omega}$$

依據(5.112)式的結果，其頻域中的步進響應表示成

$$S(j\omega) = \frac{1}{j\omega}\frac{1+0.2(j\omega)}{(1+j\omega)(1+j2\omega)} + \pi H(j0)\delta(\omega)$$

$$= \frac{1}{j\omega} + \pi\delta(\omega) + \frac{0.8}{1+j\omega} + \frac{-3.6}{1+j2\omega}$$

在時域中的步進響應，

$$s(t) = 1 + 0.8e^{-t} - 1.8e^{-\frac{1}{2}t}, \quad t > 0$$

例題 5.16 一個離散時間 LTI 系統的步進響應

一個二階離散時間 LTI 系統的差分方程式如下，

$$y[n] + \frac{1}{6}y[n-1] - \frac{1}{6}y[n-2] = x[n], \qquad n \geq 0$$

作離散時間傅立葉轉換得到

$$Y(e^{j\Omega}) + \frac{1}{6}e^{-j\Omega}Y(e^{j\Omega}) - \frac{1}{6}e^{-j2\Omega}Y(e^{j\Omega}) = X(e^{j\Omega})$$

整理後得到系統的頻率響應，

$$H(e^{j\Omega}) = \frac{Y(e^{j\Omega})}{X(e^{j\Omega})} = \frac{1}{1+\frac{1}{6}e^{j\Omega}-\frac{1}{6}e^{j2\Omega}} = \frac{1}{(1-\frac{1}{3}e^{j\Omega})(1+\frac{1}{2}e^{j\Omega})}$$

$$= \frac{2/5}{1-\frac{1}{3}e^{j\Omega}} + \frac{3/5}{1+\frac{1}{2}e^{j\Omega}}$$

依據(5.115)式的結果，其頻域中的步進響應表示成

$$S(e^{j\Omega}) = \frac{1}{1-e^{j\Omega}} \frac{1}{(1-\frac{1}{3}e^{j\Omega})(1+\frac{1}{2}e^{j\Omega})} + \pi H(e^{j0}) \sum_{k=-\infty}^{\infty} \delta(\Omega - 2\pi k)$$

$$= \frac{1}{1-e^{j\Omega}} + \pi \sum_{k=-\infty}^{\infty} \delta(\Omega - 2\pi k) - \frac{1/5}{1-\frac{1}{3}e^{j\Omega}} + \frac{1/5}{1+\frac{1}{2}e^{j\Omega}}$$

在時域中的步進響應，

$$s[n] = 1 - \frac{1}{5}(\frac{1}{3})^n + \frac{1}{5}(-\frac{1}{2})^n, \quad n \geq 0$$

習題

1. 請計算出以下系統的頻率響應與脈衝響應。

    (a) $x[n] = (\frac{1}{2})^n u[n]$, $y[n] = (\frac{1}{2})^n u[n] - (\frac{1}{2})^{n-2} u[n-2]$

    (b) $x(t) = e^{-t}u(t)$, $y(t) = 2te^{-2t}u(t) + e^{-3t}u(t)$

2. 一個離散時間系統的脈衝響應為

    $$h[n] = (-1)^n \frac{\sin(\frac{\pi}{2}n)}{\pi n}$$

    如果輸入為

    $$x[n] = \cos(\frac{\pi}{16}n) + \sin(\frac{5\pi}{8}n)$$

    請計算其輸出的結果。

3. 一個系統表示成以下的差分方程式，

    $$y[n] - \frac{1}{6}y[n-1] - \frac{1}{6}y[n-2] = x[n] - \frac{1}{4}x[n-1]$$

    請找出其脈衝響應與頻率響應。

4. 一個系統的脈衝響應如下，

    $$h(t) = 2e^{-2t}u(t) - te^{-3t}u(t)$$

    請寫出此系統的微分方程式。

5. 一個連續時間系統的脈衝響應為

    $$h(t) = e^{-at}u(t), \qquad \text{Re}|a| > 0$$

    請找出系統的步進響應。

6. 一個離散時間系統的頻率響應為

$$H(e^{j\Omega}) = \frac{e^{-j\Omega} - \frac{1}{2}}{1 - \frac{1}{2}e^{-j\Omega}}$$

請驗證此系統是一個全通濾波器(all-pass filter)，並說明其對於輸入訊號相位的影響。

7. 一個系統的輸入為 $x(t)$ 時，

$$x(t) = e^{-4t}u(t)$$

其輸出為 $y(t)$，

$$y(t) = 2te^{-4t}u(t)$$

請找出其頻率響應與脈衝響應。

8. 請找出以下移動平均濾波器(moving average filter)的頻率響應。

$$y[n] = \frac{1}{N+M+1}\sum_{K=-N}^{M} x[n-k]$$

9. 一個連續時間 LTI 系統定義如下，

$$H(j\omega) = \frac{10(j\omega) + 1000}{(j\omega)^3 + 1002(j\omega)^2 + 2004(j\omega) + 4000}$$

請作其 Bode 繪圖。

10. 一個低通濾波器的頻率響應如下。

$|H(j\omega)|$

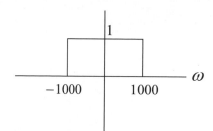

$\phi\{H(j\omega)\}$

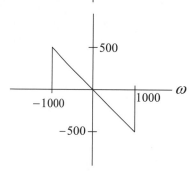

如果一個輸入訊號為

$x(t) = 2\sin(100\pi t) + \cos(400\pi t)$

請計算其輸出訊號。

CHAPTER 6

取樣與離散時間處理

▶▶▶▶

對一個連續時間訊號作取樣，就得到一個序列的數值，用以代表這個訊號的波形，變成是離散時間訊號之後，頻譜會呈現週期性。若要從取樣後的離散時間訊號重建原來的連續時間訊號，則取樣之後這些週期性頻譜就不能夠重疊，也就是要符合取樣理論(sampling theorem)的條件。本章先推導出取樣理論，然後說明重建連續時間訊號的方法。許多應用中需要在數位系統上處理連續時間訊號，這就是對連續時間訊號作離散時間處理，這個過程中會將頻譜以離散頻率方式來表示，因此需要以傅立葉級數來表示一個有限長度非週期性訊號。最後介紹一個加速傅立葉級數係數運算的方法，也就是快速傅立葉轉換(fast Fourier transform)。

▶ 6.1

取樣理論

對一個連續時間訊號 $x(t)$ 進行取樣(sampling)，是指以一個固定的時間間距 T_s，對 $x(t)$ 只看在 $t = nT_s$ 時間點上的值，於是連續時間訊號 $x(t)$ 就變成一序列的數值 $x(nT_s)$，以一序列的數值來代表原來的訊號，就是離散時間訊號，這個固定的時間間距就稱為取樣週期 (sampling period)。但是給一個序列的數值，以及當時的取樣間距 T_s，卻不見得可以重建原來的連續時間訊號。看圖 6.1 的例子，它顯示兩個不同的連續時間訊號，一個是週期性的弦波訊號，一個是週期性的方波訊號，取樣之後卻有相同的取樣結果，因此從取樣之後的離散時間訊號，不能確認原來的連續時間訊號應該是那一個。

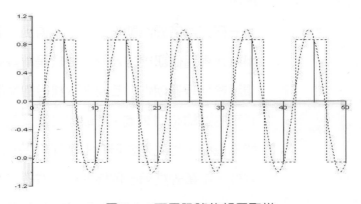

圖 6.1　不同訊號的相同取樣

連續時間訊號與取樣後的離散時間訊號並不是一對一的關係，以下我們要討論的就是在什麼條件下，取樣後的離散時間訊號可以重建原來的連續時間訊號。

我們將取樣的過程看成是將連續時間訊號乘上一個週期為 T_s 的單位脈衝訊號，

$$x_p(t) = x(t)p(t) \tag{6.1}$$

$p(t)$ 是週期為 T_s 的單位脈衝訊號，

$$p(t) = \sum_{n=-\infty}^{\infty} \delta(t - nT_s) \tag{6.2}$$

因此得到的結果是

$$x_p(t) = x(t) \cdot \sum_{n=-\infty}^{\infty} \delta(t - nT_s) = \sum_{n=-\infty}^{\infty} x(nT_s)\delta(t - nT_s) \tag{6.3}$$

$x(t)$ 的傅立葉轉換是 $X(j\omega)$，參考例題 4.28，$p(t)$ 的傅立葉轉換是

$$P(j\omega) = \omega_s \sum_{k=-\infty}^{\infty} \delta(\omega - k\omega_s) \quad , \quad \omega_s = \frac{2\pi}{T_s} \tag{6.4}$$

ω_s 就是取樣頻率(sampling frequency)。

根據時域中兩個函數相乘的特性，在頻域中是其傅立葉轉換的捲積演算，於是得到以下的結果，

$$X_p(j\omega) = \frac{1}{2\pi} \int_{-\infty}^{\infty} X(j\gamma)P(j(\omega - \gamma))d\gamma \tag{6.5}$$

$$= \frac{1}{2\pi} \int_{-\infty}^{\infty} X(j\gamma)(\omega_s \sum_{k=-\infty}^{\infty} \delta(\omega - \gamma - k\omega_s))d\gamma$$

$$= \frac{1}{T_s} \sum_{k=-\infty}^{\infty} X(j(\omega - k\omega_s))$$

這個結果表示 $x(t)$ 的傅立葉轉換 $X(j\omega)$ 在頻域中以 ω_s 為間隔重覆出現，增益值則是被除以 T_s。

例題 6.1 連續時間訊號的取樣結果

一個連續時間訊號，

$$x(t) = e^{-0.3t} \sin(\pi t) u(t)$$

計算其傅立葉轉換 $X(j\omega)$ ，

$$X(j\omega) = \int_{-\infty}^{\infty} x(t)e^{-j\omega t} dt = \int_0^{\infty} e^{-0.3t} \sin(\pi t) e^{-j\omega t} dt$$

$$= \int_0^{\infty} e^{-0.3t} \frac{e^{j\pi t} - e^{-j\pi t}}{j2} e^{-j\omega t} dt = \int_0^{\infty} \frac{e^{-(0.3 - j\pi + j\omega)t} - e^{-(0.3 + j\pi + j\omega)t}}{j2} dt$$

$$= \frac{1}{j2} \left(\frac{1}{0.3 + j(\omega - \pi)} - \frac{1}{0.3 + j(\omega + \pi)} \right) = \frac{\pi}{(\pi^2 - \omega^2 + 0.09) + j0.6\omega}$$

其絕對值頻譜與相位頻譜如下，

$$|X(j\omega)| = \frac{\pi}{\sqrt{(\pi^2 - \omega^2 + 0.09)^2 + (0.6\omega)^2}}$$

與

$$\phi\{X(j\omega)\} = -\tan^{-1}\left(\frac{0.6\omega}{\pi^2 - \omega^2 + 0.09} \right)$$

圖 6.2 展示連續時間訊號 $x(t) = e^{-0.3t} \sin(\pi t) u(t)$ ，及其絕對值頻譜 $|X(j\omega)|$ 。

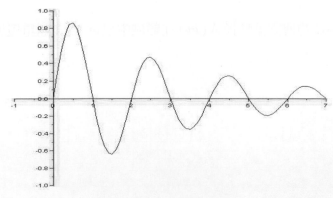

(a) $x(t) = e^{-0.3t} \sin(\pi t) u(t)$

圖 6.2 連續時間訊號

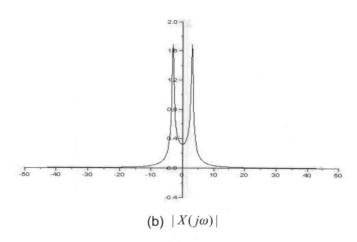

(b) $|X(j\omega)|$

圖 6.2　連續時間訊號(續)

假設 $p(t)$ 是週期為 $T_s = 0.2$ 的單位脈衝訊號，

$$p(t) = \sum_{n=-\infty}^{\infty} \delta(t - nT_s) = \sum_{n=-\infty}^{\infty} \delta(t - 0.2n)$$

其傅立葉轉換是

$$P(j\omega) = \omega_s \sum_{k=-\infty}^{\infty} \delta(\omega - k\omega_s) = 10\pi \sum_{k=-\infty}^{\infty} \delta(\omega - 10k\pi) \quad, \quad \omega_s = 10\pi$$

$P(j\omega)$ 也是一個週期性脈衝函數，週期為 $\omega_s = 10\pi$ 。

圖 6.3 展示週期性單位脈衝訊號 $p(t)$ ，及其傅立葉轉換得到的頻譜 $P(j\omega)$ 。

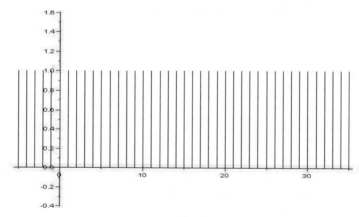

(a) $p(t) = \sum_{n=-\infty}^{\infty} \delta(t - 0.2n)$

圖 6.3　脈衝序列訊號

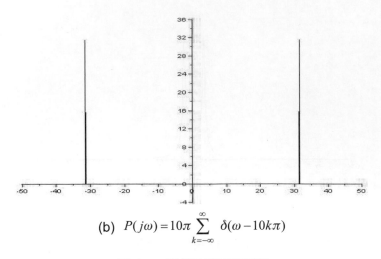

(b) $P(j\omega) = 10\pi \sum_{k=-\infty}^{\infty} \delta(\omega - 10k\pi)$

圖 6.3 脈衝序列訊號(續)

以固定的時間間距 $T_s = 0.2$ 對 $x(t)$ 取樣之後得到

$$x_p(t) = \sum_{n=-\infty}^{\infty} x(nT_s)\delta(t - nT_s) = \sum_{n=0}^{\infty} e^{-0.3n/5} \sin(\pi n/5)\delta(t - n/5)$$

其傅立葉轉換是

$$X_p(j\omega) = \frac{1}{T_s} \sum_{k=-\infty}^{\infty} X(j(\omega - k\omega_s)) = 5 \sum_{k=-\infty}^{\infty} X(j(\omega - 10k\pi))$$

圖 6.4 展示取樣之後的訊號 $x_p(t)$ 及其絕對值頻譜 $|X_p(j\omega)|$，可以看到它原來訊號的頻譜 $|X(j\omega)|$ 是週期性出現，間隔是 $\omega_s = 10\pi$ 。

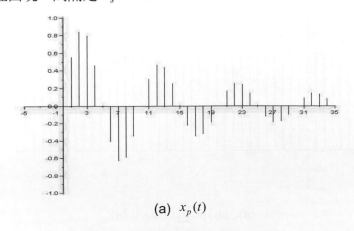

(a) $x_p(t)$

圖 6.4 取樣之後的訊號及其頻譜

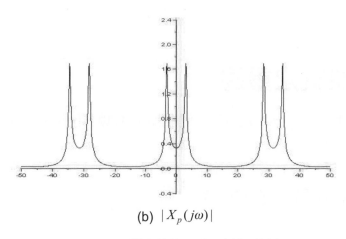

(b) $|X_p(j\omega)|$

圖 6.4 取樣之後的訊號及其頻譜(續)

如果 $X(j\omega)$ 是一個有限頻寬的訊號，其頻寬為 ω_M，這表示訊號的頻譜只存在一個有限的頻率範圍內，也就是

$$X(j\omega) = 0, \quad |\omega| > \omega_M \tag{6.6}$$

如果 $\omega_M < \dfrac{1}{2}\omega_s$，則在頻域上 $X(j\omega)$ 會以 ω_s 為間隔出現，相鄰兩個頻譜不會重疊。如果 $\omega_M > \dfrac{1}{2}\omega_s$，則有重疊現象發生，這種重疊的發生，稱為疊假(aliasing)的現象。因此，當我們取樣時要讓取樣頻率大於訊號頻寬的兩倍，$\omega_s > 2\omega_M$，在頻域上原訊號的頻譜才不會因為疊假而受到破壞。我們使用一個低通濾波器，其截止頻率 ω_c 訂在 ω_M 與 $\omega_s - \omega_M$ 之間，理論上就可以取出原來沒受破壞的頻譜，還原連續時間訊號。$\omega_s > 2\omega_M$ 這個條件，就是可以重建原來連續時間訊號的保證，這叫做取樣理論(sampling Theorem)。一個訊號的取樣頻率正好是訊號頻寬的兩倍 $\omega_{ny} = 2\omega_M$，符合取樣理論的條件，這個頻率 ω_{ny} 就稱為該訊號的奈奎斯特頻率(Nyquist rate)。

▶ 6.2

連續時間訊號之重建

對連續時間訊號取樣之後，就得到一個離散時間訊號 $x[n] = x(nT_s)$，這是一序列的訊號振幅(amplitude)。

例題 6.2 連續時間訊號的取樣

一個連續時間訊號，

$$x(t) = e^{-0.1t} \sin((\pi/5)t)u(t)$$

計算其傅立葉轉換 $X(j\omega)$，

$$X(j\omega) = \int_{-\infty}^{\infty} x(t)e^{-j\omega t} dt = \int_{0}^{\infty} e^{-0.1t} \sin((\pi/5)t)e^{-j\omega t} dt$$

$$= \int_{0}^{\infty} e^{-0.1t} \frac{e^{j(\pi/5)t} - e^{-j(\pi/5)t}}{j2} e^{-j\omega t} dt$$

$$= \int_{0}^{\infty} \frac{e^{-(0.1-j\pi/5+j\omega)t} - e^{-(0.1+j\pi/5+j\omega)t}}{j2} dt$$

$$= \frac{1}{j2}(\frac{1}{0.1+j(\omega-\pi/5)} - \frac{1}{0.1+j(\omega+\pi/5)})$$

$$= \frac{\pi/5}{((\pi/5)^2 - \omega^2 + (0.1)^2) + j0.2\omega}$$

以取樣週期 $T_s = 1$ 取樣之後變成

$$x_p(t) = \sum_{n=0}^{\infty} e^{-0.1nT_s} \sin(\frac{\pi}{5}nT_s)\delta(t-nT_s), \quad T_s = 1$$

其頻譜為

$$X_p(j\omega) = \frac{1}{T_s} \sum_{k=-\infty}^{\infty} X(j(\omega-k\omega_s)) = \sum_{k=-\infty}^{\infty} X(j(\omega-2k\pi))$$

圖 6.5 展示訊號 $x(t)$ 取樣之後的波形與頻譜，取樣週期 $T_s = 1$。

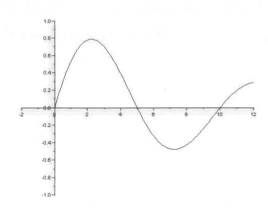

(a) $x(t)$

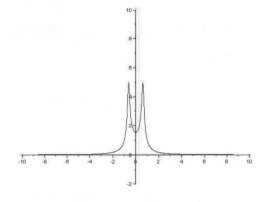

(b) $|X(j\omega)|$

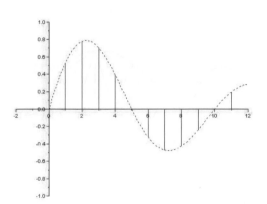

(c) $x_p(t)$

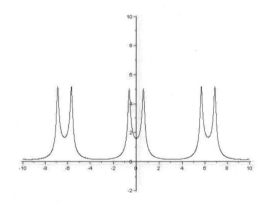

(d) $|X_p(j\omega)|$

圖 6.5　取樣之後的訊號

想要從一序列的訊號振幅還原成連續時間訊號，最簡單的做法就是在取樣點之間以內插的方式，補回連續時間的訊號振幅。線性內插(linear interpolation)的做法就是把相鄰兩個取樣點的振幅之間拉一條直線，補回連續時間的訊號振幅。以數學表示，線性內插系統的脈衝響應如下，

$$h_{lin}(t) = \begin{cases} 1 + \dfrac{t}{T_s}, & -T_s \le t < 0 \\[2mm] 1 - \dfrac{t}{T_s}, & 0 \le t \le T_s \end{cases} \tag{6.7}$$

取樣後的訊號 $x_p(t)$ 通過線性內插系統，就是作如圖 6.6 的操作。

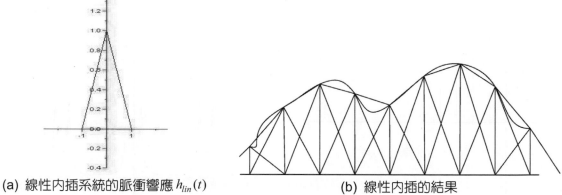

(a) 線性內插系統的脈衝響應 $h_{lin}(t)$ (b) 線性內插的結果

圖 6.6 線性內插的操作

例題 6.3 以線性內插法重建連續時間的訊號

對例題 6.2 中的取樣訊號作線性內插，以重建原來的訊號。$x_p(t)$ 經過線性內插系統之後即產生如圖 6.7 的輸出波形。

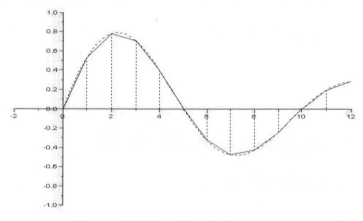

圖 6.7　線性內插作連續時間訊號重建

很明顯的，線性內插法會有誤差，T_s 越大，誤差也會越大。

在 6.1 節中曾提到說，用低通濾波器在頻域中把不重疊的頻譜取出，理論上就可以還原連續時間訊號。假設在頻域中的理想低通濾波器表示成

$$H_{LP}(j\omega) = \begin{cases} T_s, & |\omega| < \omega_c \\ 0, & otherwise \end{cases} \tag{6.8}$$

截止頻率 ω_c 訂在 ω_M 與 $\omega_s - \omega_M$ 之間。這個濾波器在時域中的脈衝響應如下，

$$h_{LP}(t) = \frac{1}{2\pi} \int_{-\infty}^{\infty} H_{LP}(j\omega) e^{j\omega t} d\omega = \frac{T_s}{2\pi} \int_{-\omega_c}^{\omega_c} e^{j\omega t} d\omega \tag{6.9}$$

$$= \frac{T_s}{2\pi} \frac{e^{j\omega_c t} - e^{-j\omega_c t}}{jt} = \frac{T_s}{\pi t} \sin(\omega_c t)$$

$x_p(t)$ 通過理想低通濾波器等於是在頻域中將 $X_p(j\omega)$ 乘上 $H_{LP}(j\omega)$，

$$Y(j\omega) = H_{LP}(j\omega) X_p(j\omega) \tag{6.10}$$

在時域中則是做 $x_p(t)$ 與 $h_{LP}(t)$ 的捲積演算，得到如下的結果，

$$y(t) = \int_{-\infty}^{\infty} h_{LP}(\tau) x_p(t-\tau) d\tau = \int_{-\infty}^{\infty} h_{LP}(\tau) \sum_{n=-\infty}^{\infty} x(nT_s) \delta(t-\tau-nT_s) d\tau \qquad (6.11)$$

$$= \sum_{n=-\infty}^{\infty} x(nT_s) \int_{-\infty}^{\infty} h_{LP}(\tau) \delta(t-\tau-nT_s) d\tau = \sum_{n=-\infty}^{\infty} x(nT_s) h_{LP}(t-nT_s)$$

$$= \sum_{n=-\infty}^{\infty} x(nT_s) \frac{T_s \sin(\omega_c(t-nT_s))}{\pi(t-nT_s)}$$

理論上這就是重建的連續時間訊號，它是無限多個函數的線性組合。

例題 6.4 以低通濾波作連續時間訊號的重建

針對例題 6.2 的連續時間訊號，取樣之後頻譜為

$$X_p(j\omega) = \frac{1}{T_s} \sum_{k=-\infty}^{\infty} X(j(\omega - k\omega_s))$$

如果理想低通濾波器的頻率響應是

$$H_{LP}(j\omega) = \begin{cases} T_s, & |\omega| < \pi \\ 0, & otherwise \end{cases}$$

這個濾波器在時域中的脈衝響應就是

$$h_{LP}(t) = \frac{1}{2\pi} \int_{-\infty}^{\infty} H_{LP}(j\omega) e^{j\omega t} d\omega = \frac{T_s}{2\pi} \int_{-\pi}^{\pi} e^{j\omega t} d\omega = \frac{T_s}{\pi t} \sin(\pi t)$$

圖 6.8 是理想低通濾波器的頻率響應與脈衝響應，取樣週期 $T_s = 1$。

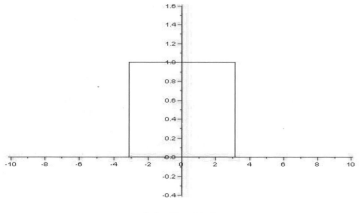

(a) $H_{LP}(j\omega)$

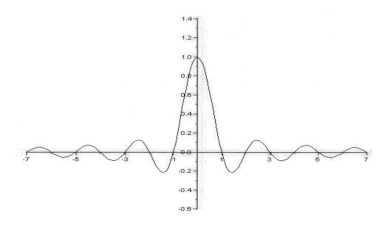

(b) $h_{LP}(t)$

圖 6.8 低通濾波器

在頻域中將理想低通濾波器的頻率響應乘上取樣訊號頻譜，就等於是將取樣後訊號頻譜 $X_p(j\omega)$ 取出一個週期，

$$Y(j\omega) = H_{LP}(j\omega)X_p(j\omega)$$

此頻譜 $Y(j\omega)$ 正是原來訊號的頻譜 $X(j\omega)$，因此得回原來的訊號。在時域中，重建的訊號就是

$$y(t) = \sum_{n=-\infty}^{\infty} x(nT_s)\frac{T_s \sin(\pi(t-nT_s))}{\pi(t-nT_s)}$$

圖 6.9 展示以理想低通濾波作連續時間訊號的重建過程。

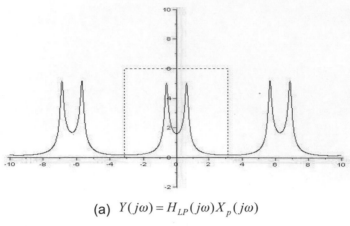

(a) $Y(j\omega) = H_{LP}(j\omega)X_p(j\omega)$

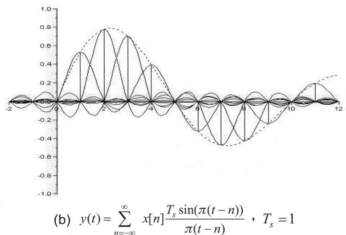

(b) $y(t) = \sum_{n=-\infty}^{\infty} x[n]\frac{T_s \sin(\pi(t-n))}{\pi(t-n)}$, $T_s = 1$

圖 6.9　以理想低通濾波作連續時間訊號的重建

在實際情形中，取樣的時候並不是真的產生脈衝序列來乘上連續時間訊號，而是實作一個電路，它在每個間隔 T_s 時間內取入連續時間訊號的振幅，然後就保持此振幅值，直到下一個取樣時間才換成新的振幅值，這個做法稱為取樣與保持(sampling and hold)，也叫做零階保持(zero-order hold)。在保持定值的這段時間內，一個叫作類比到數位轉換器(analog-to-digital converter)的轉換電路會把振幅變成以一組位元表示，成為一個二進位數值，存入記憶體中，於是得到離散時間訊號。我們想像有一個系統，它的脈衝響應是一個保持定值在一個間隔 T_s 時間內的波形，可以用理想的矩形函數描述此零階保持的脈衝響應，數學式如下，

$$h_0(t) = \begin{cases} 1, & 0 < t < T_s \\ 0, & otherwise \end{cases} \tag{6.12}$$

這個脈衝響應的傅立葉轉換是

$$H_0(j\omega) = \int_{-\infty}^{\infty} h_0(t)e^{-j\omega t}dt = \int_0^{T_s} e^{-j\omega t}dt = \frac{e^{-j\omega T_s} - 1}{-j\omega} \tag{6.13}$$

$$= e^{-j\omega T_s/2}\frac{(e^{j\omega T_s/2} - e^{-j\omega T_s/2})}{j\omega} = 2e^{-j\omega T_s/2}\frac{\sin(\omega T_s/2)}{\omega}$$

圖 6.10 展示零階保持的脈衝響應 $h_0(t)$ 與頻率響應 $H_0(j\omega)$，取樣週期 $T_s = 1$。

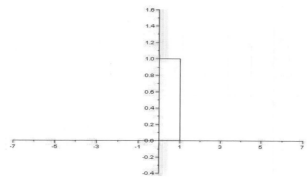

(a) $h_0(t) = \begin{cases} 1, & 0 < t < T_s \\ 0, & otherwise \end{cases}$

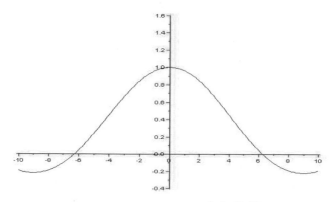

(b) $H_0(j\omega) = 2e^{-j\omega T_s/2}\dfrac{\sin(\omega T_s/2)}{\omega}$

圖 6.10 零階保持的脈衝響應與頻率響應

$x_p(t)$ 經過 $h_0(t)$ 之後，產生一個階梯狀的輸出波形，

$$x_0(t) = h_0(t)*x_p(t) = \int_{-\infty}^{\infty} h_0(\tau) \sum_{n=-\infty}^{\infty} x(nT_s)\delta(t-\tau-nT_s)d\tau \tag{6.14}$$

$$= \sum_{n=-\infty}^{\infty} x(nT_s) \int_{-\infty}^{\infty} h_0(\tau)\delta(t-\tau-nT_s)d\tau = \sum_{n=-\infty}^{\infty} x(nT_s)h_0(t-nT_s)$$

圖 6.11 展示通過 $h_0(t)$ 的取樣後訊號，在頻域上 $X_p(j\omega)$ 被乘上 $H_0(j\omega)$ 這個頻率響應，得出 $X_0(j\omega)$。因為 $H_0(j\omega)$ 的絕對值響應不是一個定值，圖 6.11(c)顯示在第一個週期內的 $X_p(j\omega)$ 頻譜會被變形，而且在整數倍取樣頻率 ω_s 間距上有虛像。

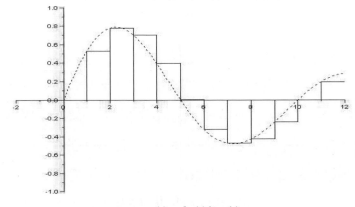

(a) $x_0(t) = h_0(t)*x_p(t)$

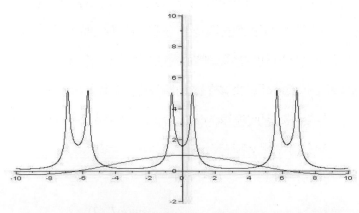

(b) $H_0(j\omega)$ 乘上 $X_p(j\omega)$

圖 6.11 經過 $h_0(t)$ 的訊號

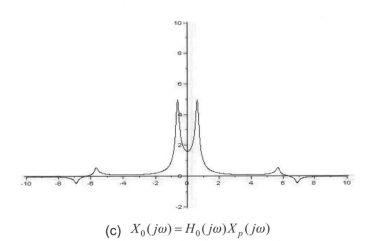

(c) $X_0(j\omega) = H_0(j\omega)X_p(j\omega)$

圖 6.11　經過 $h_0(t)$ 的訊號(續)

如果要重建 $x(t)$ 訊號，我們必須設計一個低通的重建濾波器(reconstruction filter)，它能去除高頻的虛像成分，同時抵消 $H_0(j\omega)$ 所造成的效應。如果 ω_M 是原訊號的頻寬，或是我們所要截取的頻寬，ω_s 是取樣頻率，這個濾波器應有如下的頻率響應，

$$H_c(j\omega) = \begin{cases} \dfrac{\omega T_s}{2\sin(\omega T_s/2)}, & |\omega| < \omega_M \\[2mm] 0, & |\omega| > \omega_s - \omega_M \end{cases} \qquad (6.15)$$

$H_c(j\omega)$ 是 $H_0(j\omega)$ 絕對值的倒數，多乘上 T_s 是為了回復訊號的增益值。因為 $H_0(j\omega)$ 是線性相位，相位部份不必補償，　所以 $H_c(j\omega)$ 是 0 相位的濾波器。

一個在 $|\omega| = \omega_M$ 處作俐落截取的濾波器其實是理想的設計，實際上做不到，一般的設計是定義通過頻帶與截止頻帶的範圍，如(6.15)式定義的通過頻帶 $|\omega| < \omega_M$ 與截止頻帶 $|\omega| > \omega_s - \omega_M$ ，通過頻帶到截止頻帶之間有一個過渡區，此區間也留作為設計濾波器的彈性，因此反虛像的重建濾波器(anti-imaging reconstruction filter)設計如圖 6.12，其中虛線所表示的是設計濾波器的過渡區，假設 $\omega_s = 6$ 與 $\omega_M = 2$，過渡區就是位於角頻率 2 到 4 之間以及角頻率 −2 到 −4 之間。

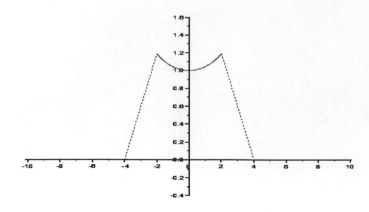

圖 6.12　反虛像的重建濾波器的設計

最後得到的重建訊號是

$$Y(j\omega) = H_c(j\omega)X_0(j\omega) \tag{6.16}$$

比對圖 6.12 與圖 6.11(c)，就可以看出在角頻率 −2 到 +2 之間的 $X_0(j\omega)$ 被取出還原，在整數倍取樣頻率 ω_s 間距上的虛像已被濾掉。

例題 6.5 以反虛像的重建濾波器作連續時間訊號的重建

一個連續時間訊號，

$$x(t) = e^{-0.3t}\sin(\pi t)u(t)$$

其頻譜為

$$X(j\omega) = \frac{\pi}{(\pi^2 - \omega^2 + 0.09) + j0.6\omega}$$

以 T_s 週期取樣，得到

$$X_p(j\omega) = \frac{1}{T_s}\sum_{k=-\infty}^{\infty} X(j(\omega - k\omega_s))$$

經由零階保持處理之後，變成

$$x_0(t) = \sum_{n=-\infty}^{\infty} x(nT_s)h_0(t - nT_s)$$

其頻譜為，

$$X_0(j\omega) = H_0(j\omega)X_p(j\omega)$$

其中

$$H_0(j\omega) = 2e^{-j\omega T_s/2}\frac{\sin(\omega T_s/2)}{\omega}, \quad |\omega| < \omega_M$$

重建的訊號是

$$Y(j\omega) = H_c(j\omega)X_0(j\omega) = \frac{\omega T_s}{2\sin(\omega T_s/2)}H_0(j\omega)X_p(j\omega)$$

$$= \frac{\omega T_s}{2\sin(\omega T_s/2)}2e^{-j\omega T_s/2}\frac{\sin(\omega T_s/2)}{\omega}X_p(j\omega)$$

$$= T_s e^{-j\omega T_s/2}\frac{1}{T_s}\sum_{k=-\infty}^{\infty}X(j(\omega - k\omega_s))$$

$H_c(j\omega)$ 的通過頻帶在 $|\omega| < \omega_M$ ，因此上式變成

$$Y(j\omega) = e^{-j\omega T_s/2}X(j\omega)$$

還原的訊號多了一個相位偏移，是 $H_0(j\omega)$ 造成的，也就是時間上延遲 $T_s/2$ 。假設 $T_s = 0.2$ ，還原的訊號在時域中為

$$y(t) = e^{-0.3(t-0.1)}\sin(\pi(t-0.1))u(t-0.1)$$

▶ 6.3
取樣點之跳選與內插

跳選取樣點

在某些應用中，我們需要刪減取樣點以降低資料量，而刪減的方式就是每間隔若干取樣點只留一點，這就是跳選取樣點(decimation)。對於被取樣的訊號而言，跳選的結果等於取樣間隔作整數倍增，或是說取樣頻率下降，以下就來探討這個操作所產生的結果。

假設一個連續時間訊號 $x_a(t)$，在頻域中的頻譜為 $X_a(j\omega)$，如圖 6.13 所示，

$X_a(j\omega)$

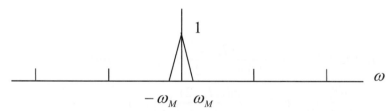

圖 6.13　連續時間訊號的頻譜

經過取樣之後變成 $x[n] = x_a(nT_s)$，比對(4.152)式，回顧 4.10 節，重寫(4.154)式，

$$X_\Delta(j\omega) = \sum_{n=-\infty}^{\infty} x[n]e^{-j\omega nT_s} \tag{6.17}$$

因此取樣後訊號之頻譜為

$$X(j\omega) = \frac{1}{T_s} \sum_{k=-\infty}^{\infty} X_a(j(\omega - k\omega_s)) = \sum_{n=-\infty}^{\infty} x[n]e^{-j\omega nT_s} \tag{6.18}$$

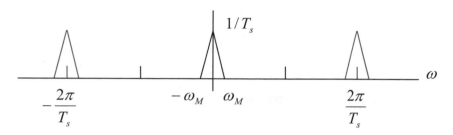

圖 6.14　連續時間訊號取樣之後的頻譜，$\omega_s = 2\pi / T_s$

其實 $x[n]$ 是一個離散時間訊號，它對應的離散時間傅立葉轉換應該是 $X(e^{j\Omega})$，

$$X(e^{j\Omega}) = \sum_{n=-\infty}^{\infty} x[n]e^{-j\Omega n} \tag{6.19}$$

讓 $\Omega = \omega T_s$，就得到頻譜 $X(e^{j\omega T_s}) = X(j\omega)$，因此 $x[n]$ 的傅立葉轉換可以寫成

$$X(e^{j\Omega}) = \frac{1}{T_s} \sum_{k=-\infty}^{\infty} X_a(j(\frac{\Omega}{T_s} - \frac{2\pi k}{T_s})) \tag{6.20}$$

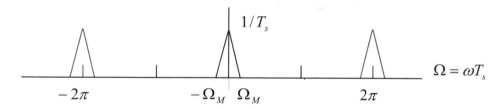

圖 6.15　對應到離散時間訊號的頻譜

如果取樣週期改為原來的 q 倍，即 $T_q = qT_s$，於是新的取樣數據就是

$$x_d[n] = x[qn] = x_a(qnT_s) \tag{6.21}$$

對 $x_d[n]$ 作離散時間傅立葉轉換，其結果是

$$X_d(e^{j\Omega}) = \frac{1}{qT_s} \sum_{r=-\infty}^{\infty} X_a(j(\frac{\Omega}{qT_s} - \frac{2\pi r}{qT_s})) \tag{6.22}$$

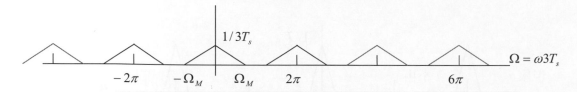

圖 6.16　跳選取樣點後的頻譜（$q = 3$）

轉回 ω 座標，讓 $\Omega = \omega T_s$，得到

$$X_d(e^{j\omega T_s}) = \frac{1}{qT_s} \sum_{r=-\infty}^{\infty} X_a(j(\frac{\omega}{q} - \frac{2\pi r}{qT_s})) \tag{6.23}$$

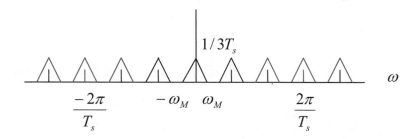

圖 6.17　跳選取樣點後的 ω 座標頻譜（$q = 3$）

觀察 $X_d(e^{j\Omega})$ 與 $X(e^{j\Omega})$ 之間的關係，我們作以下的推算。令 $r = i + kq$，

$$\begin{aligned}
X_d(e^{j\Omega}) &= \frac{1}{q} \sum_{i=0}^{q-1} (\frac{1}{T_s} \sum_{k=-\infty}^{\infty} X_a(j(\frac{\Omega}{qT_s} - \frac{2\pi k}{T_s} - \frac{2\pi i}{qT_s}))) \tag{6.24}\\
&= \frac{1}{q} \sum_{i=0}^{q-1} (\frac{1}{T_s} \sum_{k=-\infty}^{\infty} X_a(j(\frac{\Omega - 2\pi i}{qT_s} - \frac{2\pi k}{T_s})))\\
&= \frac{1}{q} \sum_{i=0}^{q-1} \frac{1}{T_s} \sum_{k=-\infty}^{\infty} X_a(j(\frac{\Omega'}{T_s} - \frac{2\pi k}{T_s})) = \frac{1}{q} \sum_{i=0}^{q-1} X(e^{j\Omega'})
\end{aligned}$$

其中 $\Omega' = \dfrac{\Omega - 2\pi i}{q}$，所以我們得到如下的結果，

$$X_d(e^{j\Omega}) = \frac{1}{q} \sum_{i=0}^{q-1} X(e^{j(\Omega - 2\pi i)/q}) \tag{6.25}$$

(6.25)式所表示的,是原來取樣週期T_s所呈現的頻譜$X(e^{j\Omega})$,作取樣點刪減之後相當於取樣頻率下降為ω_s / q,因此頻譜之間的間隔變小。比較圖 6.14 與圖 6.17,就可以看到這個現象,如果ω_s / q不再是訊號頻寬的兩倍以上,就會發生疊假的失真。

例題 6.6 跳選取樣點的結果

一個連續時間訊號$x_a(t)$,其頻譜為$X_a(j\omega)$。以T_s週期取樣,取樣後的訊號若以離散時間訊號表示,

$$x[n] = x_a(nT_s)$$

讓$\Omega = \omega T_s$,就得到頻譜

$$X(e^{j\Omega}) = \frac{1}{T_s} \sum_{k=-\infty}^{\infty} X_a(j(\frac{\Omega}{T_s} - \frac{2\pi k}{T_s}))$$

取樣週期改為原來的 4 倍,即$T_q = 4T_s$,於是新的取樣數據就是

$$x_d[n] = x[4n] = x_a(4nT_s)$$

對$x_d[n]$作離散時間傅立葉轉換,其結果是

$$X_d(e^{j\Omega}) = \frac{1}{4T_s} \sum_{r=-\infty}^{\infty} X_a(j(\frac{\Omega}{4T_s} - \frac{2\pi r}{4T_s}))$$

依據(6.23)式、(6.24)式與(6.25)式的推算,可以得到

$$X_d(e^{j\Omega}) = \frac{1}{4} \sum_{i=0}^{3} X(e^{j(\Omega-2\pi)/4})$$

訊號$x_a(t)$的頻寬必須小於$\pi / (4T_s)$才能免於疊假現象的發生。

內插取樣點

另一個情形是想要提高取樣頻率，即增加取樣點。一個合理的做法是用原來的取樣訊號重建其連續時間訊號，然後用較高的取樣頻率重新取樣。但是也可以用插入取樣點(interpolation)的方式來達到提高取樣頻率的目的，以下說明它的做法。

假設一個連續時間訊號 $x_a(t)$ 的頻譜 $X_a(j\omega)$，

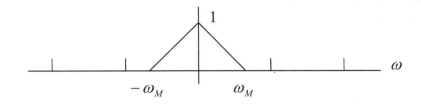

圖 6.18　連續時間訊號的頻譜

經過取樣之後變成

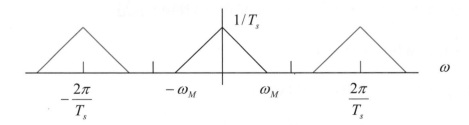

圖 6.19　訊號取樣後的頻譜

對應到離散時間訊號的傅立葉轉換是 $X(e^{j\Omega})$

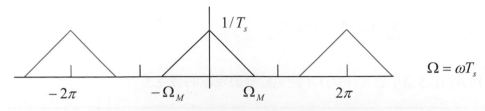

圖 6.20　對應到離散時間訊號的頻譜

假設在原取樣點之間插入 $L-1$ 個取樣點，這些插入的點都是 0 值，所以我們得到這樣的訊號，

$$x_e[n] = \begin{cases} x[n/L], & n = 0, \pm L, \pm 2L, \cdots \\ 0, & otherwise \end{cases} \tag{6.26}$$

$$= \sum_{k=-\infty}^{\infty} x[k]\delta[n-kL]$$

在頻域中，這個訊號的頻譜是

$$X_e(e^{j\Omega}) = \sum_{n=-\infty}^{\infty} (\sum_{k=-\infty}^{\infty} x[k]\delta[n-kL])e^{-j\Omega n} = \sum_{k=-\infty}^{\infty} x[k]e^{-j\Omega Lk} \tag{6.27}$$

$$= X(e^{j\Omega L})$$

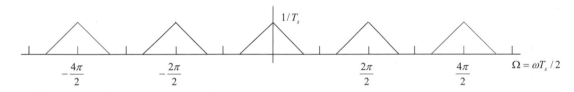

圖 6.21　間插取樣點後的頻譜（$L=2$）

接著我們定義一個低通濾波器，

$$H_i(e^{j\Omega}) = \begin{cases} L, & |\Omega| \le \pi/L \\ 0, & \pi/L < |\Omega| \le \pi \end{cases} \tag{6.28}$$

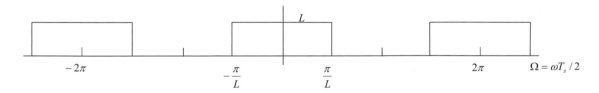

圖 6.22　定義一個低通濾波器

其脈衝響應是

$$h_i[n] = \frac{\sin(\pi n/L)}{\pi n/L} \tag{6.29}$$

讓訊號 $x_e[n]$ 通過這個低通濾波器，得到

$$x_i[n] = \sum_{k=-\infty}^{\infty} x_e[k]h_i[n-k] = \sum_{k=-\infty}^{\infty} x[k]\frac{\sin(\pi(n-kL)/L)}{\pi(n-kL)/L} \qquad (6.30)$$

在頻域中就是 $H_i(e^{j\Omega})X_e(e^{j\Omega})$，

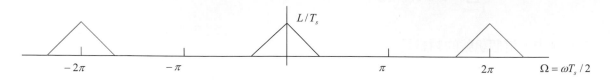

圖 6.23　以低通濾波器取出訊號

轉回 ω 座標，得到下圖，

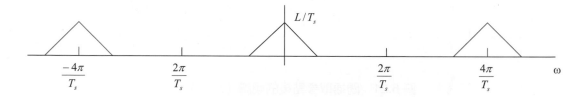

圖 6.24　間插取樣點後的 ω 座標頻譜，$L=2$

比較圖 6.19 與圖 6.24 可以看出，將一個離散時間訊號提高其取樣頻率，表示在頻域中的週期變長，原來訊號的頻譜會相距更遠，不必擔心會有疊假的失真。

▶ 6.4
對連續時間訊號作離散時間處理

在自然界中的訊號絕大多數是連續時間訊號，處理訊號的系統也多數是連續時間系統。但是在數位電子被廣泛使用之後，我們常用電腦來處理訊號，也就是用離散時間系統來處理連續時間訊號。因此我們以取樣的方式將連續時間訊號轉換成離散時間訊號輸入電腦中，在電腦中執行程式，對取樣後的離散時間訊號進行演算處理，產生新的離散時間訊號，然後重建其連續時間訊號輸出。這個過程中，如果電腦程式所執行的是做了低通濾波

的演算，這演算程序就是一個低通濾波器。從最外層的連續時間訊號輸入輸出來看，離散時間處理的程序替代了一個連續時間系統的低通濾波器，這是典型的數位訊號處理(digital signal processing)模式。圖 6.25 是對連續時間訊號作離散時間處理的示意圖。

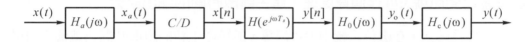

圖 6.25　對連續時間訊號作離散時間處理的程序

對連續時間訊號作離散時間處理的程序說明如下：

(1) 連續時間訊號 $x(t)$ 先經過一個反疊假濾波器(anti-aliasing filter) $H_a(j\omega)$

這是要把輸入的連續時間訊號做頻寬的限制，如果系統的取樣頻率是 $\omega_s = 2\pi f_s$，它能保證訊號頻譜不被破壞的條件就是訊號頻寬須小於 $\frac{1}{2}\omega_s$。因此輸入連續時間訊號 $x(t)$ 先經過反疊假濾波器，變成頻寬小於 $\frac{1}{2}\omega_s$ 的訊號 $x_a(t)$，這個訊號可以適合後續的取樣程序。反疊假濾波器就是一個低通濾波器，其定義如下，

$$H_a(j\omega) = \begin{cases} 1, & |\omega| < \omega_c \\ 0, & otherwise \end{cases}, \qquad \omega_c < \frac{1}{2}\omega_s \tag{6.31}$$

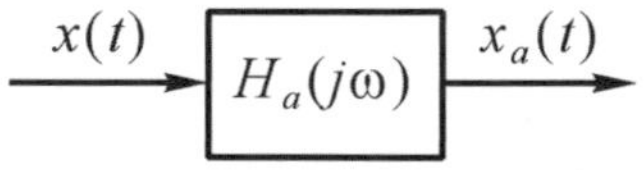

$$\xrightarrow{x(t)} \boxed{H_a(j\omega)} \xrightarrow{x_a(t)}$$

圖 6.26　反疊假濾波器

(2) 將限制頻寬(band-limited)的訊號 $x_a(t)$ 作取樣與類比轉數位的轉換

以連續時間變離散時間訊號轉換器(continuous-to-discrete time converter)作取樣，變成離散時間訊號。這個轉換器通常包含了類比到數位轉換器與編碼器。

$$x[n] = x_a(nT_s) \tag{6.32}$$

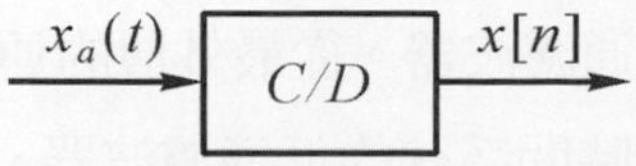

圖 6.27　連續時間變離散時間訊號轉換器

(3) 對離散時間訊號 $x[n]$ 作演算處理，產生離散時間的輸出訊號

以 $x[n]$ 作為輸入，在數位系統中進行演算，最後產生新的離散時間訊號輸出 $y[n]$。我們可以把取樣之後的離散時間訊號，以脈衝訊號表示，寫成

$$x_\Delta(t) = \sum_{n=-\infty}^{\infty} x[n]\delta(t - nT_s) \tag{6.33}$$

作連續時間傅立葉轉換之後得到

$$X_\Delta(j\omega) = \sum_{n=-\infty}^{\infty} x[n]e^{-j\omega T_s} \tag{6.34}$$

同理，輸出訊號 $y[n]$ 也可以算出其連續時間傅立葉轉換，

$$Y_\Delta(j\omega) = \sum_{n=-\infty}^{\infty} y[n]e^{-j\omega T_s} \tag{6.35}$$

因此這個數位系統的演算程序，相當於是一個連續時間系統的轉移函數(transfer function)，我們寫成

$$H(e^{j\omega T_s}) = \frac{Y_\Delta(j\omega)}{X_\Delta(j\omega)} \tag{6.36}$$

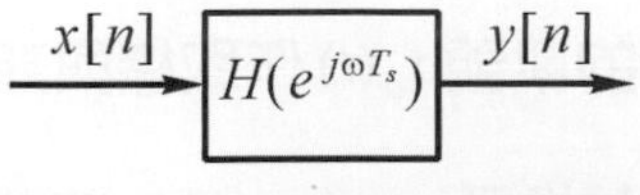

圖 6.28　離散時間訊號處理

(4) 將 $y[n]$ 以零階保持的方式轉換成梯型的連續時間訊號

零階保持的頻率響應如下，

$$H_0(j\omega) = 2e^{-j\omega T_s/2}\frac{\sin(\omega T_s/2)}{\omega}$$ (6.37)

其產生的梯型連續時間訊號為 $y_0(t)$。

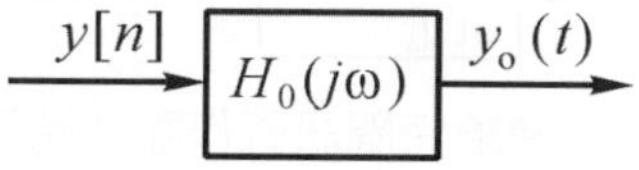

圖 6.29 零階保持

(5) 重建輸出的連續時間訊號 $y(t)$

讓 $y_0(t)$ 經過一個反虛像的重建濾波器(anti-imaging reconstruction filter)，重建連續時間訊號 $y(t)$。

$$H_c(j\omega) = \begin{cases} \dfrac{\omega T_s}{2\sin(\omega T_s/2)}, & |\omega| < \omega_m \\ 0, & |\omega| > \omega_s - \omega_m \end{cases}$$ (6.38)

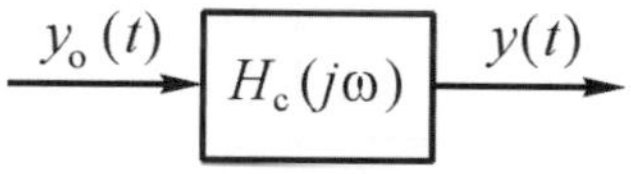

圖 6.30 反虛像的重建濾波器

將上述五個步驟合併起來看，這個離散時間處理程序可以看成是等效於一個連續時間系統，它的頻率響應是

$$G(j\omega) = \frac{1}{T_s}H_0(j\omega)H_c(j\omega)H(e^{j\omega T_s})H_a(j\omega)$$ (6.39)

例題 6.7 決定取樣頻率與反疊假濾波器的頻寬

要設計以下的系統，將連續時間訊號轉換成離散時間訊號，然後作離散時間處理。

圖 6.31　連續時間訊號作離散時間處理

輸入訊號頻譜如下，

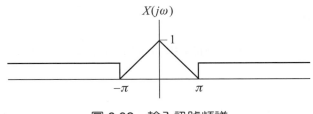

圖 6.32　輸入訊號頻譜

離散時間處理程序是做低通濾波，處理後輸出訊號的頻譜如圖 6.33 所示，

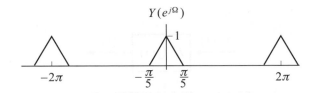

圖 6.33　離散時間處理後輸出訊號的頻譜

首先要思考的是 $Y(e^{j\Omega})$ 的頻寬與取樣頻率，從圖 6.32 可以知道反疊假濾波器的截止頻率必須是在 $\omega = \pi$。從圖 6.33 可以看出，其取樣頻率是訊號頻寬的 10 倍，所以得知 $\omega_s = 10\pi$，取樣週期為 $T_s = 2\pi / \omega_s = 1/5$，因此反疊假濾波器的設計如下，

$$H_a(j\omega) = \begin{cases} 1/5, & |\omega| < \pi \\ 0, & otherwise \end{cases}$$

6.5

以傅立葉級數表示有限長度的非週期性訊號

離散時間訊號處理常常是在電腦中進行，當我們要將任意一個離散時間訊號 $x[n]$ 轉到頻域時，其傅立葉轉換是 $X(e^{j\Omega})$，Ω 是連續的角頻率，我們還是要將 Ω 取樣，變成離散頻率來表示，才能在電腦中運算。

假設 $x[n]$ 是有限長度的訊號，長度為 M，也就是只在 $[0, M-1]$ 的序數上是非零值，在 $[0, M-1]$ 範圍外 $x[n] = 0$，因此作離散時間傅立葉轉換就得到

$$X(e^{j\Omega}) = \sum_{n=0}^{M-1} x[n]e^{-j\Omega n} \tag{6.40}$$

如果讓這個有限長度訊號 $x[n]$ 以固定間隔 N 重覆出現，它就變成一個週期性訊號 $\tilde{x}[n]$，其週期為 N。如果 $N > M$，這個週期性訊號的每一個週期內，就是 $x[n]$ 這一段訊號，超過有限長度 M 的取樣點補 0，於是我們寫成

$$\tilde{x}[n] = \sum_{i=-\infty}^{\infty} x[n+iN] \tag{6.41}$$

$\tilde{x}[n]$ 的傅立葉級數係數計算如下，

$$\tilde{X}[k] = \frac{1}{N}\sum_{n=0}^{N-1} \tilde{x}[n]e^{-jk\Omega_0 n} = \frac{1}{N}\sum_{n=0}^{M-1} x[n]e^{-jk\Omega_0 n}, \qquad \Omega_0 = 2\pi/N \tag{6.42}$$

比較(6.40)式與(6.42)式，可以看出所得到的傅立葉級數係數 $\tilde{X}[k]$ 是當 $X(e^{j\Omega})$ 取樣在 $\Omega = k\Omega_0$ 時的 $\frac{1}{N}$ 倍，

$$\tilde{X}[k] = \frac{1}{N}X(e^{j\Omega})\bigg|_{\Omega = k\Omega_0} = \frac{1}{N}X(e^{jk\Omega_0}) \tag{6.43}$$

依據以上的分析，我們是可以用傅立葉級數係數來表示一個有限長度離散時間訊號的頻譜，

$$X[k] = \frac{1}{N} \sum_{n=0}^{N-1} x[n] e^{-jk\frac{2\pi}{N}n}$$ (6.44)

它只描述 $X(e^{j\Omega})$ 在 $\Omega = k\frac{2\pi}{N}$ 時候的值，等於是以 $2\pi/N$ 為間隔對 $X(e^{j\Omega})$ 作頻率上的取樣。

例題 6.8 一個非週期性離散時間訊號的傅立葉級數表示

一個非週期性離散時間訊號如下

$$x[n] = \begin{cases} (0.8)^n, & n = 0, 1, \ldots, 7 \\ 0, & otherwise \end{cases}$$

其傅立葉轉換是

$$X(e^{j\Omega}) = \sum_{n=0}^{7} (0.8)^n e^{-j\Omega n} = \sum_{n=0}^{7} (0.8 e^{-j\Omega})^n = \frac{1 - (0.8 e^{-j\Omega})^8}{1 - 0.8 e^{-j\Omega}}$$

$$= \frac{1 - (0.8)^8 e^{-j8\Omega}}{1 - 0.8 e^{-j\Omega}} = \frac{(1 - (0.8)^8 \cos(8\Omega)) + j(0.8)^8 \sin(8\Omega)}{(1 - 0.8\cos(\Omega)) + j0.8\sin(\Omega)}$$

絕對值與相位為

$$|X(e^{j\Omega})| = \frac{\sqrt{(1 - (0.8)^8 \cos(8\Omega))^2 + ((0.8)^8 \sin(8\Omega))^2}}{\sqrt{(1 - 0.8\cos(\Omega))^2 + (0.8\sin(\Omega))^2}}$$

與

$$\phi\{X(e^{j\Omega})\} = \tan^{-1}\{((0.8)^8 \sin(8\Omega))/(1 - (0.8)^8 \cos(8\Omega))\}$$
$$- \tan^{-1}\{(0.8\sin(\Omega))/(1 - 0.8\cos(\Omega))\}$$

若是將有限長度的訊號 $x[n]$ 以週期長度為 $N = 10$ 重複出現，其傅立葉級數係數計算如下，

$$\tilde{X}[k] = \frac{1}{N}\sum_{n=0}^{N-1} x[n]e^{-jk\Omega_0 n} = \frac{1}{10}\sum_{n=0}^{7} (0.8)^n e^{-jk\frac{2\pi}{10}n}$$

$$= \frac{1}{10}\sum_{n=0}^{7} (0.8e^{-jk\frac{2\pi}{10}})^n = \frac{1}{10}\frac{1-(0.8e^{-jk2\pi/10})^8}{1-(0.8e^{-jk2\pi/10})}$$

$$= \frac{1}{10}\frac{1-(0.8)^8 e^{-jk8\pi/5}}{1-(0.8)e^{-jk\pi/5}} = \frac{1}{10}\frac{(1-(0.8)^8 \cos(k8\pi/5))+j(0.8)^n \sin(k8\pi/5)}{(1-0.8\cos(k\pi/5))+j0.8\sin(k\pi/5)}$$

絕對值與相位為

$$|\tilde{X}[k]| = \frac{1}{10}\frac{\sqrt{(1-(0.8)^8 \cos(k8\pi/5))^2 + ((0.8)^8 \sin(k8\pi/5))^2}}{\sqrt{(1-0.8\cos(k\pi/5))^2 + (0.8\sin(k\pi/5))^2}}$$

與

$$\phi\{\tilde{X}[k]\} = \tan^{-1}\{((0.8)^8 \sin(k8\pi/5))/(1-(0.8)^8 \cos(k8\pi/5))\}$$
$$- \tan^{-1}\{(0.8\sin(k\pi/5))/(1-0.8\cos(k\pi/5))\}$$

圖 6.34 解釋以傅立葉級數表示有限長度的非週期性訊號的結果。

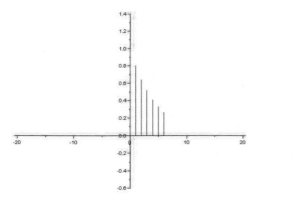

(a) 非週期性離散時間訊號 $x[n]$

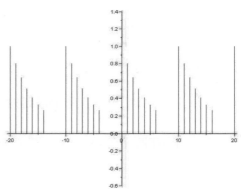

(b) 延伸成為週期性訊號 $\tilde{x}[n]$

圖 6.34　以傅立葉級數表示有限長度的非週期性訊號

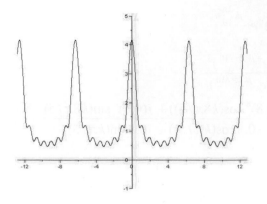

(c) 傅立葉轉換的絕對值 $|X(e^{j\Omega})|$

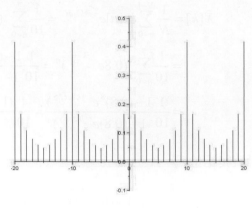

(d) 傅立葉級數係數的絕對值 $|\tilde{X}[k]|$

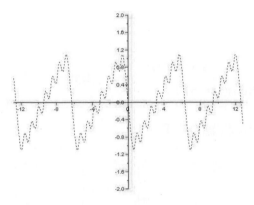

(e) 傅立葉轉換的相位 $\phi\{X(e^{j\Omega})\}$

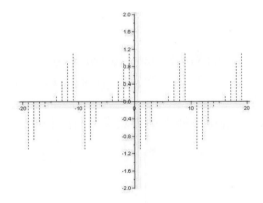

(f) 傅立葉級數係數的相位 $\phi\{\tilde{X}[k]\}$

圖 6.34　以傅立葉級數表示有限長度的非週期性訊號(續)

　　將圖 6.34(c)與圖 6.34(e)拿來與圖 6.34(d)與圖 6.34(f)比較，可以看出它是在頻率上取樣，其頻譜絕對值比是 10，正是週期的值，符合(6.44)式的結果。

　　同樣的做法，我們也可以讓一個有限長度的連續時間訊號 $x(t)$，它只存在於 $[0, T_1]$ 的範圍內，以 T 的間隔重覆出現，而 $T > T_1$，這就變成一個週期性的訊號，

$$\tilde{x}(t) = \sum_{i=-\infty}^{\infty} x(t + iT) \tag{6.45}$$

對 $\tilde{x}(t)$ 計算其傅立葉級數係數，

$$\tilde{X}[k] = \frac{1}{T}\int_0^T \tilde{x}(t)e^{-jk\omega_0 t}dt = \frac{1}{T}\int_0^{T_1} x(t)e^{-jk\omega_0 t}dt , \qquad \omega_0 = 2\pi/T \qquad (6.46)$$

原來 $x(t)$ 的傅立葉轉換是由以下演算得到，

$$X(j\omega) = \int_{-\infty}^{\infty} x(t)e^{-j\omega t}dt = \int_0^{T_1} x(t)e^{-j\omega t}dt \qquad (6.47)$$

比較(6.46)式與(6.47)式，可以得到

$$\tilde{X}[k] = \frac{1}{T}X(j\omega)\Big|_{\omega = k2\pi/T} \qquad (6.48)$$

這表示 $X(j\omega)$ 作了頻率取樣，變成離散頻率的頻譜，取樣點上的值除以 T，就是傅立葉級數係數，所以我們可以用傅立葉級數係數來描述一個有限長度的非週期性連續時間訊號的頻譜。

例題 6.9 一個非週期性連續時間訊號的傅立葉級數表示

一個非週期性連續時間訊號如下，

$$x(t) = \begin{cases} 1, & |t| \le 6 \\ 0, & otherwise \end{cases}$$

其傅立葉轉換為

$$X(j\omega) = \frac{2}{\omega}\sin(6\omega)$$

以 $T = 40$ 的間隔重覆出現，就變成一個週期性的訊號，

$$\tilde{x}(t) = \sum_{i=-\infty}^{\infty} x(t + 40i)$$

對 $\tilde{x}(t)$ 計算其傅立葉級數係數，$\omega_0 = 2\pi/40 = \pi/20$ 。

$$\tilde{X}[k] = \frac{1}{40}\int_{-20}^{20}\tilde{x}(t)e^{-jk\omega_0 t}dt = \frac{1}{40}\int_{-6}^{6}e^{-jk\omega_0 t}dt$$

$$= \frac{1}{40}\frac{e^{-jk\omega_0 t}}{-jk\omega_0}\Big|_{-6}^{6} = \frac{1}{40}\frac{e^{jk\omega_0 6}-e^{-jk\omega_0 6}}{jk\omega_0} = \frac{1}{20k\omega_0}\sin(6k\omega_0)$$

$$= \frac{1}{k\pi}\sin(0.3k\pi)$$

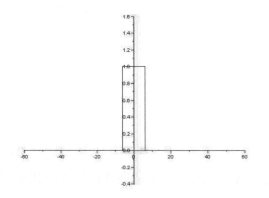

(a) 非週期性連續時間訊號 $x(t)$

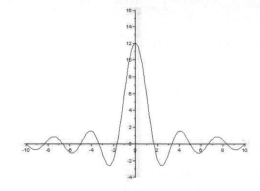

(b) 傅立葉轉換 $X(j\omega)$

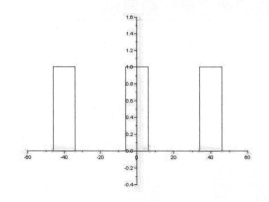

(c) 延伸成為週期性訊號 $\tilde{x}(t)$

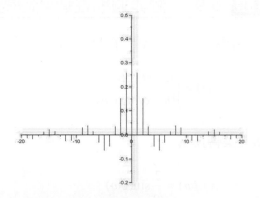

(d) 傅立葉級數係數 $\tilde{X}[k]$

圖 6.35 以傅立葉級數表示定長度的非週期性訊號

比較圖 6.35(b)與圖 6.35(d)，可以看出圖 6.35(d)是圖 6.35(b)的頻率取樣，圖 6.35(b)與圖 6.35(d)的頻譜值比是 40，就是週期的值，符合(6.48)式的結果。

從以上的討論可以知道一個現象，在時域中的週期性訊號，對應到頻域中的頻譜，可以計算其傅立葉級數係數，以對應頻域中的頻譜取樣。而頻域中的頻譜取樣，則會讓訊號波形在時域上作週期性重現。對於離散時間訊號的頻譜作間隔 Ω_0 的取樣，時域上就是週期為 $2\pi/\Omega_0$ 的週期性訊號。對於連續時間訊號的頻譜作間隔 ω_0 的取樣，時域上就是週期為 $2\pi/\omega_0$ 的週期性訊號。

在許多訊號處理的實際操作中，常常都是用一個視窗把取樣後的訊號取一段下來，也就是取一段離散時間訊號，將它轉換到頻域，計算頻率取樣點上的頻譜值。這時候就想像成這段離散時間訊號是週期性訊號中的一個週期，對它作離散時間傅立葉級數係數的計算，得到的係數就視為頻譜的取樣值。

6.6
快速傅立葉轉換

在 6.5 節中，我們以傅立葉級數來表示有限長度的非週期性訊號，其結果是一個如下的演算，

$$X[k] = \frac{1}{N}\sum_{n=0}^{N-1} x[n]e^{-jk\Omega_0 n}, \quad \Omega_0 = 2\pi/N \tag{6.49}$$

它是在頻域中描述 $X(e^{j\Omega})$，但是只呈現在 $\Omega = k\Omega_0$ 時候的值，也就是在 Ω 軸上的取樣值。對應的，我們可以寫出 $x[n]$ 的表示法，

$$x[n] = \sum_{k=0}^{N-1} X[k]e^{jk\Omega_0 n} \tag{6.50}$$

(6.49)式與(6.50)式的兩個演算基本上是相同的，可以設計一個程式同時用來計算傅立葉級數係數，以及從傅立葉級數係數重建離散時間訊號。

在(6.50)式中，我們將 $X[k]$ 分成偶數引數與奇數引數兩部份，

$$X_e[k] = X[2k] \qquad X_o[k] = X[2k+1], \qquad 0 \le k \le N'-1 \tag{6.51}$$

其中 $N' = N/2$，因此 $x[n]$ 的計算就變成

$$x[n] = \sum_{k=0}^{N'-1} X[2k] e^{j2k\Omega_0 n} + \sum_{k=0}^{N'-1} X[2k+1] e^{j(2k+1)\Omega_0 n} \tag{6.52}$$

$$= \sum_{k=0}^{N'-1} X_e[k] e^{jk\Omega'_0 n} + e^{j\Omega_0 n} \sum_{k=0}^{N'-1} X_o[k] e^{jk\Omega'_0 n}$$

$$= x_e^{(N')}[n] + e^{j\Omega_0 n} x_o^{(N')}[n], \qquad \Omega'_0 = 2\pi / N' = 2\Omega_0$$

以上的演算，我們得到兩組點數為 $N' = N/2$ 的傅立葉級數，

$$x_e^{(N')}[n] \stackrel{DTFS}{\leftrightarrow} X_e[k], \qquad x_o^{(N')}[n] \stackrel{DTFS}{\leftrightarrow} X_o[k]$$

因為週期為 N'，所以有如下的結果，

$$x_e^{(N')}[n+N'] = x_e^{(N')}[n], \qquad x_o^{(N')}[n+N'] = x_o^{(N')}[n] \tag{6.53}$$

因為 $e^{j\Omega_0(n+N')} = -e^{j\Omega_0 n}$，前 N' 個 $x[n]$ 的值是

$$x[n] = x_e^{(N')}[n] + e^{j\Omega_0 n} x_o^{(N')}[n] \ , \qquad 0 \le n \le N'-1 \tag{6.54}$$

後 N' 個 $x[n]$ 的值是

$$x[n+N'] = x_e^{(N')}[n] - e^{j\Omega_0 n} x_o^{(N')}[n] \ , \qquad 0 \le n \le N'-1 \tag{6.55}$$

只要 N 取為 2 的指數值，N' 也是 2 的指數值。讓 $N'' = N'/2$，我們可以將 $x_e^{(N')}[n]$ 再分解下去，得到前 N'' 個 $x_e^{(N')}[n]$，

$$x_e^{(N')}[n] = x_{ee}^{(N'')}[n] + e^{j\Omega'_0 n} x_{eo}^{(N'')}[n] \ , \qquad 0 \le n \le N''-1 \tag{6.56}$$

與後 N'' 個 $x_e^{(N')}[n]$，

$$x_e^{(N')}[n+N''] = x_{ee}^{(N'')}[n] - e^{j\Omega'_0 n} x_{eo}^{(N'')}[n] \ , \qquad 0 \le n \le N''-1 \tag{6.57}$$

同理，$x_o^{(N')}[n]$ 分解下去，得到前 N'' 個 $x_o^{(N')}[n]$，

$$x_o^{(N')}[n] = x_{oe}^{(N'')}[n] + e^{j\Omega'_0 n} x_{oo}^{(N'')}[n] \ , \qquad 0 \le n \le N''-1 \tag{6.58}$$

與後 N'' 個 $x_o^{(N')}[n]$ ，

$$x_o^{(N')}[n+N''] = x_{oe}^{(N'')}[n] - e^{j\Omega'_0 n} x_{oo}^{(N'')}[n] \ , \qquad 0 \le n \le N''-1 \tag{6.59}$$

如此分解下去，最後的基礎運算是如下的一組演算式，

$$x^{(2)}[0] = x^{(1)}[0] + x^{(1)}[1] \tag{6.60}$$

與

$$x^{(2)}[1] = x^{(1)}[0] - x^{(1)}[1] \tag{6.61}$$

(6.60)式與(6.61)式可以繪圖成一個蝴蝶形狀的訊號流程圖。

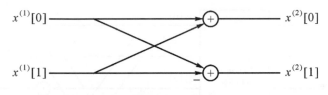

圖 6.36　蝴蝶形狀的訊號流程圖

例題 6.10 $N=8$ 快速傅立葉轉換

$N=8$ 的傅立葉級數表示如下，

$$x[n] = \sum_{k=0}^{7} X[k] e^{jk\frac{2\pi}{8}n} = \sum_{k=0}^{7} X[k] e^{jkn\pi/4}$$

分成偶數引數與奇數引數兩部份，

$$\begin{aligned}
x[n] &= \sum_{k=0}^{3} X[2k] e^{jkn\pi/4} + \sum_{k=0}^{3} X[2k+1] e^{j(2k+1)n\pi/4} \\
&= \sum_{k=0}^{3} X_e[k] e^{jkn\pi/2} + e^{jn\pi/4} \sum_{k=0}^{N'-1} X_o[k] e^{jkn\pi/2} \\
&= x_e^{(4)}[n] + e^{jn\pi/4} x_o^{(4)}[n]
\end{aligned}$$

我們得到一組點數為 $N'=4$ 的傅立葉級數，

$$x_e^{(4)}[n] \quad \overset{DTFS}{\leftrightarrow} \quad X_e[k], \qquad x_o^{(4)}[n] \quad \overset{DTFS}{\leftrightarrow} \quad X_o[k]$$

因為週期為 4，所以有如下的結果，

$$x_e^{(4)}[n+4] = x_e^{(4)}[n], \qquad x_o^{(4)}[n+4] = x_o^{(4)}[n]$$

$e^{j(n+4)\pi/4} = -e^{jn\pi/4}$，因此前 4 個 $x[n]$ 的值是

$$x[n] = x_e^{(4)}[n] + e^{jn\pi/4} x_o^{(4)}[n] \;, \qquad 0 \le n \le 3$$

後 4 個 $x[n]$ 的值是

$$x[n+4] = x_e^{(4)}[n] - e^{jn\pi/4} x_o^{(4)}[n] \;, \qquad 0 \le n \le 3$$

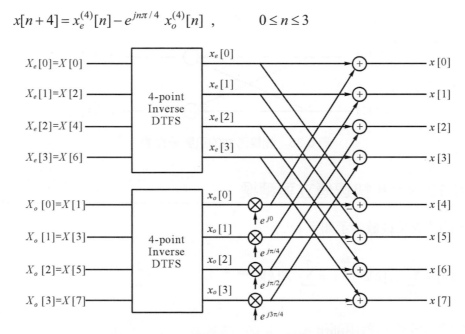

圖 6.37　分成兩個 4-point 的反傅立葉級數

將前一個 4-point 的反傅立葉級數再分解下去，得到前 2 個 $x_e^{(4)}[n]$，

$$x_e^{(4)}[n] = x_{ee}^{(2)}[n] + e^{jn\pi/2} x_{eo}^{(2)}[n] \;, \qquad 0 \le n \le 1$$

與後 2 個 $x_e^{(4)}[n]$，

$$x_e^{(4)}[n+2] = x_{ee}^{(2)}[n] - e^{jn\pi/2} x_{eo}^{(2)}[n] \;, \qquad 0 \le n \le 1$$

同理，$x_o^{(4)}[n]$ 分解下去，得到前 2 個 $x_o^{(4)}[n]$，

$$x_o^{(4)}[n] = x_{oe}^{(2)}[n] + e^{jn\pi/2}\, x_{oo}^{(2)}[n] \ , \qquad\qquad 0 \le n \le 1$$

與後 2 個 $x_o^{(4)}[n]$，

$$x_o^{(4)}[n+2] = x_{oe}^{(2)}[n] - e^{jn\pi/2}\, x_{oo}^{(2)}[n] \ , \qquad\qquad 0 \le n \le 1$$

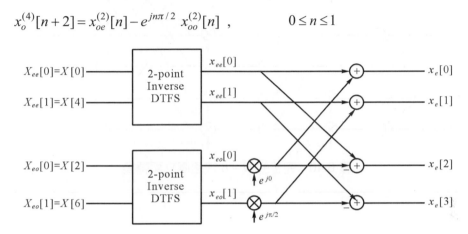

圖 6.38　分成兩個 2-point 的反傅立葉級數

最後的基礎運算是如下的一組演算式

$$x^{(2)}[0] = x^{(1)}[0] + x^{(1)}[1]$$

與

$$x^{(2)}[1] = x^{(1)}[0] - x^{(1)}[1]$$

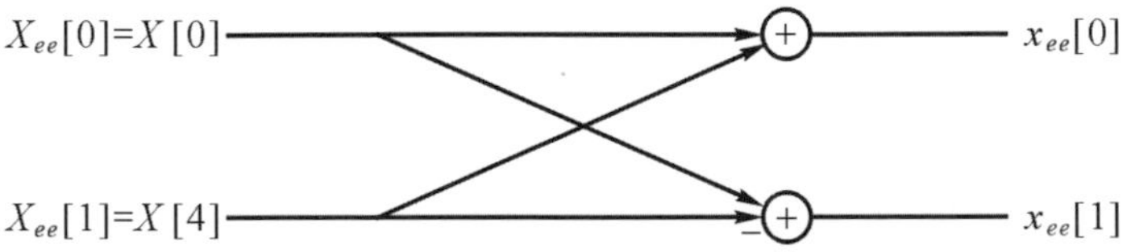

圖 6.39　2-point 反傅立葉級數的基礎運算

將上述的展開過程一起繪圖，就得到圖 6.40 的架構，

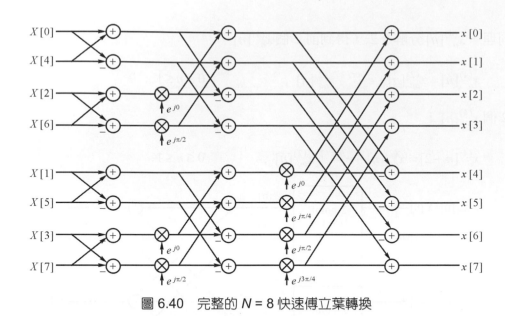

圖 6.40　完整的 $N = 8$ 快速傅立葉轉換

這樣得到的演算程序，其運算複雜度為 $O(N \log_2 N)$，比原來的運算複雜度 $O(N^2)$ 要低，N 越大則節省的運算量越多，因此稱為快速傅立葉轉換(fast Fourier transform, FFT)。

習題

1. 對一個訊號 $x(t)$ 作取樣，其取樣週期為 $T_s = 0.01$ 秒。若是想截取 100 個取樣點來計算其頻譜 $X(j\omega)$，我們以 100 點長度的視窗乘上取樣訊號 $x(nT_s)$，然後作 400 點的 DTFS 演算，找出其近似的頻譜 $X[k]$。已知其訊號頻寬為 60Hz，(a)請問這樣的處理方式只能看多大的合理頻率範圍？(b)頻譜的解析度是多少？(c)其 DTFS 演算得到的頻率精度是多少？

2. 對以下訊號作取樣，請問取樣頻率 ω_s 在那個範圍內可以避免疊假的現象發生。

(a) $x(t) = \cos(500\pi t)\dfrac{\sin(50\pi t)}{\pi t}$

(b) $x(t) = e^{-40t}u(t) * \dfrac{\sin(100t)}{\pi t}$

3. 一個週期性訊號如下，

$$x(t) = 1 + \cos(5\pi t) + \sin(8\pi t)$$

請說明這個訊號的奈奎斯特頻率(Nyquist rate)。以奈奎斯特頻率對此訊號作取樣，取樣後的離散時間訊號作傅立葉轉換，請討論其結果是否避免疊假的現象。

4. 一個連續時間訊號 $x(t)$，作傅立葉轉換之後其頻譜如下圖，

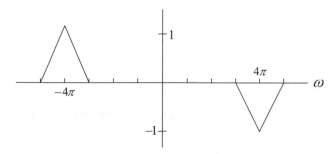

若要對此訊號 $x(t)$ 作取樣，其取樣週期 T_s 必須在那個範圍才不會導致疊假(aliasing)發生？

5. 一個連續時間訊號 $x(t)$ 頻寬為 $|\omega| < 10\pi$ ，這個訊號被一個頻率 $\omega = 150\pi$ 的弦波所干擾，這個被干擾的訊號以取樣頻率 $\omega_s = 30\pi$ 取樣，

(a) 請問在取樣後的訊號頻譜中，何處會出現干擾的弦波訊號？

(b) 我們以 RC 電路設計一個反疊假濾波器，其頻率響應為

$$H_a(j\omega) = \frac{1/RC}{1/RC + j\omega}$$

RC 是濾波器的時間常數。

請問 $RC = ?$ 可以讓干擾的弦波訊號振幅衰減 60dB(即 1000 倍)。

6. 一個離散時間訊號 $x[n]$ 的頻譜如下圖，

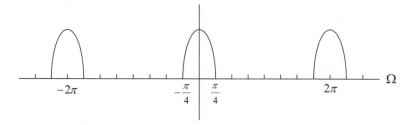

如果我們對此訊號作跳選取樣點(decimation)的操作，得到新的訊號 $y[n] = x[qn]$ ，請推導出 $y[n]$ 的頻譜，並說明 q 值的最大可能。

7. $x(t)$ 是有限頻寬的信息訊號，其傅立葉轉換 $X(j\omega)$ 在 $|\omega| > \omega_m$ 時，$|X(j\omega)| = 0$ ，

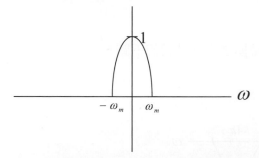

如果這個訊號被乘上弦波函數之後，就是作了振幅調變(amplitude modulation)。

$$y(t) = x(t)\cos(\omega_0 t)$$

$\cos(\omega_0 t)$ 是載波，載波頻率為 ω_0。假設 $\omega_0 \gg \omega_m$，$y(t)$ 是調變後的訊號，請計算 $y(t)$ 的傅立葉轉換，並在頻域中繪圖展示調變的結果。

在接收端 $y(t)$ 被乘上同樣的載波訊號 $\cos(\omega_0 t)$，就得到

$\quad r(t) = y(t)\cos(\omega_0 t)$

這是解調(demodulation)的演算。請計算 $r(t)$ 的傅立葉轉換，並在頻域中繪圖，說明解調後如何將 $x(t)$ 訊號取出。

8. 有一個系統，對輸入訊號作取樣，取樣頻率為 1000Hz，訊號頻寬為 250Hz。現在想讓訊號的取樣頻率變成 600Hz，不發生疊假的現象，請問如何作取樣點的跳選與內插？

9. 設計一個離散時間系統作低通濾波的演算，其頻率響應為

$$H(e^{j\Omega}) = \begin{cases} 1, & 0 \le |\Omega| < \dfrac{\pi}{3} \\ 0, & \dfrac{\pi}{3} \le |\Omega| < \pi \end{cases}$$

假設這個系統使用在取樣頻率 ω_s 的條件下，其對應的截止頻率是多少？如果有一個連續時間訊號，

$$x(t) = \cos(100t) + \frac{1}{2}\sin(150t)$$

在經過取樣之後以此離散時間低通濾波器作處理，將其中 $\omega = 150$ 的頻率成分濾掉，請問取樣頻率必須在那個範圍內？

10. 一個系統要以數位訊號處理的方式對連續時間訊號作帶通濾波(bandpass filtering)處理，系統流程如下，

帶通濾波的功能由下式描述，

$$H(j\omega) = \begin{cases} 1, & 30 \le |\omega| \le 50 \\ 0, & otherwise \end{cases}$$

輸入訊號先經過一個反疊假濾波器，然後用取樣頻率 ω_s 作取樣。

(a) 請選擇適當的取樣頻率。

(b) 請設計反疊假濾波器。

11. 請選擇一個合理的取樣頻率，對以下的連續時間訊號取樣，

$$x(t) = \sin(6\pi t)\cos(12\pi t)$$

取樣後的離散時間訊號作離散傅立葉轉換(DFT)，並驗證其逆向轉換可以得到原來的訊號。

12. 在 6.6 節中我們利用(6.50)式，將其中 $X[k]$ 分成偶數引數與奇數引數兩部份，推導出快速傅立葉轉換的演算架構，這叫做頻率跳選(decimation-in-frequency)演算法。如果改用(6.49)式，將其中 $x[n]$ 分成偶數引數與奇數引數兩部份，請以同樣方法推導出這個時間跳選(decimation-in-time)的快速傅立葉轉換演算架構，並以 $N = 8$ 的例子繪圖。

CHAPTER 7

拉普拉斯轉換

▶▶▶▶

將連續時間傳立葉轉換中的變數 $j\omega$ 延伸成為複數 $s = \sigma + j\omega$，就推導出拉普拉斯轉換(Laplace transform)。對連續時間線性非時變系統的脈衝響應作拉普拉斯轉換，就得到該系統的轉移函數(transfer function)，可以清楚觀察這個系統的特性，這是分析連續時間線性非時變系統的工具。本章先討論拉普拉斯轉換的收斂問題，然後展示拉普拉斯轉換的特性。拉普拉斯轉換原是雙邊的轉換，也就是說包含對負向時間函數的轉換，對於一個符合因果律的系統，我們只看正向時間函數，因此得出單邊的拉普拉斯轉換。本章將討論單邊拉普拉斯轉換的應用，並說明如何使用單邊拉普拉斯轉換作系統分析，最後介紹連續時間線性非時變系統的方塊圖表示法與狀態變數描述法。

▶ 7.1
連續時間系統的複數指數輸入與拉普拉斯轉換

在傅立葉轉換中，我們用函數 $e^{j\omega t}$ 做為轉換運算的核心函數，它代表的是弦波函數。以弦波訊號作為線性非時變系統的輸入，所推導出來的系統頻率響應只能觀察其在頻域中的系統特性，例如濾波器的絕對值頻譜與相位頻譜。如果輸入訊號的振幅會隨時間衰減，系統的特性就不能只用頻率函數描述，所以我們用於運算的核心函數就得改為 e^{st}，其中 $s = \sigma + j\omega$。也就是說，核心函數的指數不只用虛數 $j\omega$，要把實數部份也加上去，變成 $s = \sigma + j\omega$。

假設對一個連續時間的線性非時變系統 $h(t)$，給予 $x(t) = e^{st}$ 的輸入訊號，它的輸出就是

$$y(t) = \int_{-\infty}^{\infty} h(\tau)e^{s(t-\tau)}d\tau = e^{st}\int_{-\infty}^{\infty} h(\tau)e^{-s\tau}d\tau = e^{st}H(s) \tag{7.1}$$

其中

$$H(s) = \int_{-\infty}^{\infty} h(\tau)e^{-s\tau}d\tau \tag{7.2}$$

它是以複數 s 為變數的函數，因此 $H(s)$ 也是一個複數。

把 $h(t)$ 換成一般的訊號 $x(t)$，我們將(7.2)式延伸成

$$X(s) = \int_{-\infty}^{\infty} x(t)e^{-st}dt \tag{7.3}$$

這就是拉普拉斯轉換(Laplace transform)。當 $s = j\omega$ 時，(7.3)式就回到傅立葉轉換。

我們可以把(7.3)式寫成

$$X(\sigma + j\omega) = \int_{-\infty}^{\infty} x(t)e^{-(\sigma+j\omega)t}dt = \int_{-\infty}^{\infty} (e^{-\sigma t}x(t))e^{-j\omega t}dt \tag{7.4}$$

這等於是將訊號 $x(t)$ 乘上 $e^{-\sigma t}$ 之後作傅立葉轉換，因此對 $X(\sigma + j\omega)$ 作逆向傅立葉轉換，就得到

$$e^{-\sigma t}x(t) = \frac{1}{2\pi}\int_{-\infty}^{\infty} X(\sigma + j\omega)e^{j\omega t}d\omega \tag{7.5}$$

整理(7.5)式，得到

$$x(t) = \frac{1}{2\pi}e^{\sigma t}\int_{-\infty}^{\infty} X(\sigma + j\omega)e^{j\omega t}d\omega \ = \frac{1}{2\pi}\int_{-\infty}^{\infty} X(\sigma + j\omega)e^{(\sigma + j\omega)t}d\omega \tag{7.6}$$

因為 $s = \sigma + j\omega$，把 σ 看成一個常數，則 $ds = jd\omega$，於是(7.6)式可以改寫成

$$x(t) = \frac{1}{j2\pi}\int_{\sigma - j\infty}^{\sigma + j\infty} X(s)e^{st}ds \tag{7.7}$$

(7.7)式就是逆向拉普拉斯轉換(inverse Laplace transform)。(7.3)式與(7.7)式這一對運算式，說明了 $x(t)$ 與 $X(s)$ 的關係是拉普拉斯轉換的關係。

　　以 σ 為橫軸座標，以 $j\omega$ 為縱軸座標，就可以得到一個二維的平面，平面上的一個點就標示一個複數值 $s = \sigma + j\omega$，此平面稱為 $s -$ 平面(s-plane)。

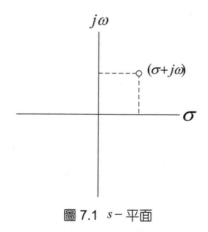

圖 7.1 $s -$ 平面

以下的討論將用 $s -$ 平面解釋拉普拉斯轉換的收斂問題。

7.2
拉普拉斯轉換的收斂區域

在(7.4)式的傅立葉轉換運算中，$e^{-\sigma t}x(t)$ 必須是收斂的函數才可以得到傅立葉轉換的結果，因此可以轉換的條件是

$$\int_{-\infty}^{\infty} \left| e^{-\sigma t}x(t) \right| dt < \infty \tag{7.8}$$

假設有一個指數函數，定義成

$$x(t) = e^{-at}u(t) \tag{7.9}$$

a 是實數，作拉普拉斯轉換的運算就得到

$$X(s) = \int_{-\infty}^{\infty} e^{-at}u(t)e^{-st}\,dt = \int_{0}^{\infty} e^{-(s+a)t}\,dt = \frac{-1}{s+a}e^{-(s+a)t} \Big|_{0}^{\infty} \tag{7.10}$$
$$= \frac{-e^{-(\sigma+a)t} \cdot e^{-j\omega t}}{\sigma+a+j\omega} \Big|_{0}^{\infty}$$

在(7.10)式中，如果 $\sigma + a > 0$，t 增加時 $e^{-(\sigma+a)t}$ 隨著 t 增加而遞減，最後趨近於 0。所以(7.10)式在 $\sigma > -a$ 的條件下，會得到收斂的運算結果，

$$X(s) = \frac{1}{\sigma+j\omega+a} = \frac{1}{s+a}, \qquad \mathrm{Re}\{s\} = \sigma > -a \tag{7.11}$$

如果 $\sigma + a \le 0$，則 $e^{-(\sigma+a)t}$ 隨著 t 增加而遞增，因為它不能收斂，就不會得到轉換的結果。

以(7.11)式的結果來看，$X(s)$ 是寫成一個分數函數，分母部份的根是 $-a$，我們稱之為 $X(s)$ 的極點(pole)。在 $\sigma > -a$ 時(7.10)式的運算收斂，這表示在 $s-$ 平面上有一個收斂區域(region of convergence, ROC)，這個收斂區域在直線 $s = -a$ 的右邊，如圖 7.2 所示。也就是說，極點在 $s-$ 平面上的位置決定了收斂的區域。

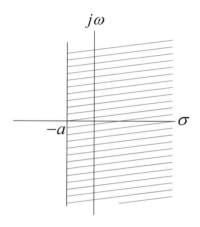

圖 7.2　$X(s)$ 的收斂區域

假設一個逆向時間的指數函數，

$$y(t) = -e^{-at}u(-t) \tag{7.12}$$

作拉普拉斯轉換的運算，會得到

$$Y(s) = \int_{-\infty}^{\infty} -e^{-at}u(-t)e^{-st}dt = -\int_{-\infty}^{0} e^{-(s+a)t}dt = \frac{e^{-(s+a)t}}{s+a}\Big|_{-\infty}^{0} \tag{7.13}$$

$$= \frac{e^{-(\sigma+a)t} \cdot e^{-j\omega t}}{\sigma + a + j\omega}\Big|_{-\infty}^{0}$$

因為 t 是負值，如果 $\sigma + a < 0$，$e^{-(\sigma+a)t}$ 隨著 t 的負向增加而遞減，所以(7.13)式必須在 $\sigma < -a$ 的條件下才得到收斂的結果

$$Y(s) = \frac{1}{\sigma + j\omega + a} = \frac{1}{s+a}, \quad \text{Re}\{s\} < -a \tag{7.14}$$

在 $s-$ 平面上表示 $\sigma < -a$ 是它的收斂區域，這個收斂區域在直線 $s = -a$ 的左邊，如圖 7.3 所示。

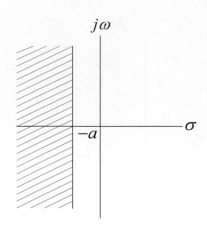

圖 7.3　$Y(s)$ 的收斂區域

　　(7.11)式與(7.14)式有相同的拉普拉斯轉換結果，但是收斂區域不一樣，在時域中描述的函數也不一樣。因此，我們在作拉普拉斯轉換時，必須註明其收斂區域，才能確定它在時域中對應的函數。一個完整的拉普拉斯轉換關係描述如下，

$$x(t) = \frac{1}{j2\pi} \int_{\sigma-j\infty}^{\sigma+j\infty} X(s)e^{st}ds \overset{L}{\leftrightarrow} X(s) = \int_{-\infty}^{\infty} x(t)e^{-st}dt, \quad ROC:R$$

注意最後一項，它註明收斂區域為 R，s 必須是在 R 這個區域內，$X(s)$ 才有意義。

例題 7.1　兩個極點的 s 函數收斂區域

　　假設有一個 s 函數寫成下式，

$$W(s) = \frac{A}{s+a} + \frac{B}{s+b}$$

a、b、A 與 B 皆為實數，而且 $-a > -b$。這是某一個時域函數作拉普拉斯轉換得到的 s 函數，若將上式等號右邊的兩項分別標示成兩個函數，$X(s)$ 與 $Y(s)$，它們對應的時間函數是 $x(t)$ 與 $y(t)$。事實上它們各會有兩種可能的對應，對於 $x(t)$ 與 $X(s)$ 的關係，可能的兩種拉普拉斯轉換關係是

$$x_1(t) = Ae^{-at}u(t) \overset{L}{\leftrightarrow} X_1(s) = \frac{A}{s+a}, \quad ROC : \text{Re}\{s\} > -a$$

與

$$x_2(t) = -Ae^{-at}u(-t) \overset{L}{\leftrightarrow} X_2(s) = \frac{A}{s+a}, \quad ROC : \text{Re}\{s\} < -a$$

對於 $y(t)$ 與 $Y(s)$ 的關係，可能的兩種拉普拉斯轉換關係是

$$y_1(t) = Be^{-bt}u(t) \overset{L}{\leftrightarrow} Y_1(s) = \frac{B}{s+b}, \quad ROC : \text{Re}\{s\} > -b$$

與

$$y_2(t) = -Be^{-bt}u(-t) \overset{L}{\leftrightarrow} Y_2(s) = \frac{B}{s+b}, \quad ROC : \text{Re}\{s\} < -b$$

$W(s)$ 若要成立，必須找到合理的收斂區域。因為 $-b < -a$，合理的組合如下，

(1) 收斂區域為 $-b < -a < \text{Re}\{s\}$

$$w(t) = Ae^{-at}u(t) + Be^{-bt}u(t)$$
$$W(s) = \frac{A}{s+a} + \frac{B}{s+b}, \quad ROC : \text{Re}\{s\} > -a$$

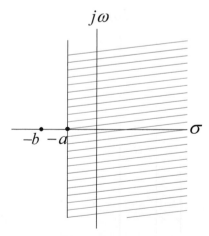

圖 7.4　$W(s)$ 的收斂區域 $ROC : \text{Re}\{s\} > -a$

(2) 收斂區域為　$\text{Re(s)} < -b < -a$

$$w(t) = -Ae^{-at}u(-t) - Be^{-bt}u(-t)$$

$$W(s) = \frac{A}{s+a} + \frac{B}{s+b}, \quad ROC : \text{Re}\{s\} < -b$$

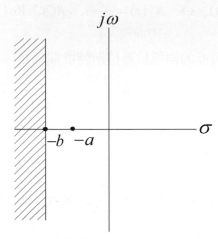

圖 7.5　$W(s)$ 的收斂區域 $ROC : \text{Re}\{s\} < -b$

(3) 收斂區域為　$-b < \text{Re}\{s\} < -a$

$$w(t) = -Ae^{-at}u(-t) + Be^{-bt}u(t)$$

$$W(s) = \frac{A}{s+a} + \frac{B}{s+b}, \quad ROC : -b < \text{Re}\{s\} < -a$$

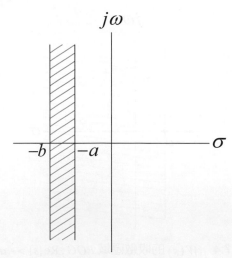

圖 7.6　$W(s)$ 的收斂區域 $ROC : -b < \text{Re}\{s\} < -a$

至於 $W(s) = X_1(s) + Y_2(s)$ 這個情況就不能存在，因為 $X_1(s)$ 與 $Y_2(s)$ 的收斂區域不重疊，在 s–平面上沒有一個 s 值可以讓 $W(s) = X_1(s) + Y_2(s)$ 成立。

7.3
基本訊號的拉普拉斯轉換

(1) 脈衝函數

在時域中的脈衝函數如下，

$$x(t) = \delta(t) \tag{7.15}$$

其拉普拉斯轉換為

$$X(s) = \int_{-\infty}^{\infty} \delta(t)e^{-st}dt = 1 \tag{7.23}$$

整個 s – 平面都是收斂區域，因此其拉普拉斯轉換關係是

$$\delta(t) \overset{L}{\leftrightarrow} 1, \qquad ROC : all\ s\text{-}plane$$

在時域中的脈衝函數對應在 s–域中是一個常數。

(2) 步進函數

在時域中的步進函數如下，

$$x(t) = u(t) \tag{7.17}$$

其拉普拉斯轉換為

$$X(s) = \int_{-\infty}^{\infty} u(t)e^{-st}dt = \int_{0}^{\infty} e^{-st}dt = \frac{e^{-st}}{-s}\bigg|_{0}^{\infty} = \frac{1}{s} \tag{7.18}$$

上式能得到有意義的結果，必須積分運算能收斂，收斂區域就在 $\text{Re}\{s\} > 0$，因此其拉普拉斯轉換關係是

$$u(t) \overset{L}{\leftrightarrow} \frac{1}{s}, \quad ROC = \text{Re}\{s\} > 0$$

(3) 逆向時間的步進函數

在時域中逆向時間的步進函數如下，

$$x(t) = -u(-t) \tag{7.19}$$

其拉普拉斯轉換為

$$X(s) = \int_{-\infty}^{\infty} u(-t)e^{-st}dt = -\int_{-\infty}^{0} e^{-st}dt \tag{7.20}$$

令 $\tau = -t, \quad d\tau = -dt$，(7.20)式改寫成

$$X(s) = \int_{\infty}^{0} e^{st}d\tau = \frac{1}{s}e^{st}\Big|_{\infty}^{0} = \frac{1}{s} \tag{7.21}$$

上式能得到有意義的結果，必須積分運算能收斂，收斂區域就在 $\text{Re}\{s\} < 0$，因此其拉普拉斯轉換關係是

$$-u(-t) \overset{L}{\leftrightarrow} \frac{1}{s}, \quad ROC : \text{Re}\{s\} < 0$$

(4) 指數函數

在時域中的指數函數如下，

$$x(t) = e^{-\alpha t}u(t) \tag{7.22}$$

其拉普拉斯轉換為

$$X(s) = \int_{-\infty}^{\infty} e^{-\alpha t}u(t)e^{-st}dt = \int_{0}^{\infty} e^{-(s+\alpha)t}dt = \frac{1}{s+\alpha} \tag{7.23}$$

上式能收斂的條件是 $\mathrm{Re}\{s+\alpha\} > 0$，因此其拉普拉斯轉換關係是

$$e^{-\alpha t}u(t) \overset{L}{\leftrightarrow} \frac{1}{s+\alpha}, \quad ROC:\mathrm{Re}\{s\} > -\alpha$$

(5) 逆向時間的指數函數

在時域中逆向時間的指數函數如下，

$$x(t) = -e^{-\alpha t}u(-t)$$

(7.24)

其拉普拉斯轉換為

$$X(s) = -\int_{-\infty}^{\infty} e^{-\alpha t}u(-t)e^{-st}dt = -\int_{-\infty}^{0} e^{-(s+\alpha)t}dt \tag{7.25}$$

令 $\tau = -t$，$d\tau = -dt$，(7.25)式改寫成

$$X(s) = \int_{\infty}^{0} e^{(s+\alpha)\tau}d\tau = \frac{1}{s+\alpha} \tag{7.26}$$

上式能收斂的條件是 $\mathrm{Re}\{s+\alpha\} < 0$，因此其拉普拉斯轉換關係是

$$-e^{-\alpha t}u(-t) \overset{L}{\leftrightarrow} \frac{1}{s+\alpha}, \quad ROC:\mathrm{Re}\{s\} < -\alpha$$

例題 7.2 逆向時間的衰減訊號

一個訊號在時域中表示成

$$x(t) = e^{3t}u(-t+2)$$

計算其拉普拉斯轉換，

$$X(s) = \int_{-\infty}^{\infty} e^{3t}u(-t+2)e^{-st}dt = \int_{-\infty}^{2} e^{-(s-3)t}dt = -\frac{e^{-(s-3)t}}{s-3}\Big|_{-\infty}^{2}$$

$$= -\frac{e^{-(s-3)2} - e^{-(s-3)t}|_{t=-\infty}}{s-3}$$

上式能收斂的條件是 $\mathrm{Re}\{s-3\}<0$ ，所以其結果是

$$X(s) = -\frac{e^{-2(s-3)}}{s-3}, \quad ROC:\mathrm{Re}\{s\}<3$$

---

(6) 弦波訊號

在時域中的餘弦函數為

$$x(t) = \cos(\omega_1 t)u(t) \tag{7.27}$$

其拉普拉斯轉換的計算如下，

$$
\begin{aligned}
X(s) &= \int_0^\infty \cos(\omega_1 t)e^{-st}dt = \int_0^\infty \frac{e^{j\omega_1 t}+e^{-j\omega_1 t}}{2}e^{-st}dt \\
&= \frac{1}{2}\int_0^\infty e^{-(s-j\omega_1)t}dt + \frac{1}{2}\int_0^\infty e^{-(s+j\omega_1)t}dt \\
&= \frac{1}{2}\frac{1}{s-j\omega_1} + \frac{1}{2}\frac{1}{s+j\omega_1} = \frac{s+j\omega_1+s-j\omega_1}{2(s^2+\omega_1^2)} = \frac{s}{s^2+\omega_1^2}
\end{aligned}
\tag{7.28}
$$

上式能收斂的條件是 $\mathrm{Re}\{s\}>0$ ，因此其拉普拉斯轉換關係是

$$\cos(\omega_1 t)u(t) \;\overset{L}{\leftrightarrow}\; \frac{s}{s^2+\omega_1^2}, \quad ROC:\mathrm{Re}\{s\}>0$$

在時域中的正弦函數為

$$x(t) = \sin(\omega_1 t)u(t) \tag{7.29}$$

其拉普拉斯轉換的計算如下，

$$X(s) = \int_0^\infty \sin(\omega_1 t)e^{-st}dt = \int_0^\infty \frac{e^{j\omega_1 t} - e^{-j\omega_1 t}}{j2} e^{-st}dt \qquad (7.30)$$

$$= \frac{1}{j2}\int_0^\infty e^{-(s-j\omega_1)t}dt - \frac{1}{j2}\int_0^\infty e^{-(s+j\omega_1)t}dt$$

$$= \frac{1}{j2}\frac{1}{s-j\omega_1} - \frac{1}{j2}\frac{1}{s+j\omega_1} = \frac{s+j\omega_1-s+j\omega_1}{j2(s^2+\omega_1^2)} = \frac{\omega_1}{s^2+\omega_1^2}$$

上式能收斂的條件是 $\mathrm{Re}\{s\} > 0$，因此其拉普拉斯轉換關係是

$$\sin(\omega_1 t)u(t) \quad \overset{L}{\leftrightarrow} \quad \frac{\omega_1}{s^2+\omega_1^2}, \quad ROC : \mathrm{Re}\{s\} > 0$$

(7) 衰減的弦波訊號

在時域中衰減的餘弦函數為

$$x(t) = e^{-\alpha t}\cos(\omega_1 t)u(t) \qquad (7.31)$$

其拉普拉斯轉換的計算如下，

$$X(s) = \int_0^\infty e^{-\alpha t}\cos(\omega_1 t)e^{-st}dt = \int_0^\infty \frac{e^{j\omega_1 t} + e^{j\omega_1 t}}{2} e^{-(s+\alpha)t}dt$$

$$= \frac{1}{2}\int_0^\infty e^{-(s+\alpha-j\omega_1)t}dt + \frac{1}{2}\int_0^\infty e^{-(s+\alpha-j\omega_1)t}dt \qquad (7.32)$$

$$= \frac{1}{2}\frac{1}{s+\alpha-j\omega_1} + \frac{1}{2}\frac{1}{s+\alpha+j\omega_1} = \frac{s+\alpha}{(s+\alpha)^2+\omega_1^2}$$

上式能收斂的條件是 $\mathrm{Re}\{s+\alpha\} > 0$，因此其拉普拉斯轉換關係是

$$e^{-\alpha t}\cos(\omega_1 t)u(t) \quad \overset{L}{\leftrightarrow} \quad \frac{s+\alpha}{(s+\alpha)^2+\omega_1^2}, \quad ROC : \mathrm{Re}\{s\} > -\alpha$$

例題 7.3 衰減的餘弦函數

一個訊號在時域中表示成

$$x(t) = e^{-2t}\cos(5\pi t)u(t-1)$$

計算其拉普拉斯轉換，

$$X(s) = \int_{-\infty}^{\infty} e^{-2t}\cos(5\pi t)u(t-1)e^{-st}dt = \int_{1}^{\infty} e^{-(s+2)t}\frac{e^{j5\pi t}+e^{-j5\pi t}}{2}dt$$

$$= \frac{1}{2}\int_{1}^{\infty}(e^{-(s+2-j5\pi)t}+e^{-(s+2+j5\pi)t})dt = \frac{-1}{2}\left(\frac{e^{-(s+2-j5\pi)t}}{s+2-j5\pi}+\frac{e^{-(s+2+j5\pi)t}}{s+2+j5\pi}\right)\Big|_{1}^{\infty}$$

上式能收斂的條件是 $\text{Re}\{s+2\} > 0$，所以其結果是

$$X(s) = \frac{1}{2}\left(\frac{e^{-(s+2-j5\pi)}}{s+2-j5\pi}+\frac{e^{-(s+2+j5\pi)}}{s+2+j5\pi}\right) = \frac{e^{-(s+2)}}{2}\left(\frac{e^{j5\pi}}{s+2-j5\pi}+\frac{e^{-j5\pi}}{s+2+j5\pi}\right)$$

$$= \frac{e^{-(s+2)}}{2}\left(\frac{-1}{s+2-j5\pi}+\frac{-1}{s+2+j5\pi}\right) = \frac{-e^{-(s+2)}}{2}\frac{(s+2+j5\pi)+(s+2-j5\pi)}{(s+2)^2+25\pi^2}$$

$$= \frac{-e^{-(s+2)}}{2}\frac{2(s+2)}{(s+2)^2+25\pi^2} = -e^{-(s+2)}\frac{s+2}{(s+2)^2+25\pi^2}$$

$$ROC : \text{Re}\{s\} > -2$$

在時域中衰減的正弦函數為

$$x(t) = e^{-\alpha t}\sin(\omega_1 t)u(t) \tag{7.33}$$

其拉普拉斯轉換的計算如下，

$$X(s) = \int_0^\infty e^{-\alpha t} \sin(\omega_1 t) e^{-st} dt = \int_0^\infty \frac{e^{j\omega_1 t} - e^{-j\omega_1 t}}{j2} e^{-(s+\alpha)t} dt \qquad (7.34)$$

$$= \frac{1}{j2} \int_0^\infty e^{-(s+\alpha-j\omega_1)t} dt - \frac{1}{j2} \int_0^\infty e^{-(s+\alpha-j\omega_1)t} dt$$

$$= \frac{1}{j2} \frac{1}{s+\alpha-j\omega_1} - \frac{1}{j2} \frac{1}{s+\alpha+j\omega_1} = \frac{\omega_1}{(s+\alpha)^2 + \omega_1^2}$$

上式能收斂的條件是 $\mathrm{Re}\{s+\alpha\} > 0$，因此其拉普拉斯轉換關係是

$$e^{-\alpha t}\sin(\omega_1 t)u(t) \quad \overset{L}{\leftrightarrow} \quad \frac{\omega_1}{(s+\alpha)^2 + \omega_1^2}, \quad ROC: \mathrm{Re}\{s\} > -\alpha$$

例題 7.4 逆向時間的正弦函數

一個訊號在時域中表示成

$$x(t) = \sin(4\pi t)u(-t-1)$$

計算其拉普拉斯轉換，

$$X(s) = \int_{-\infty}^{\infty} \sin(4\pi t)u(-t-1)e^{-st} dt = \int_{-\infty}^{-1} \frac{e^{j4\pi t} - e^{-j4\pi t}}{j2} e^{-st} dt$$

$$= \frac{1}{j2} \int_{-\infty}^{-1} (e^{-(s-j4\pi)t} - e^{-(s+j4\pi)t}) dt = \frac{-1}{j2} \left(\frac{e^{-(s-j4\pi)t}}{s-j4\pi} - \frac{e^{-(s+j4\pi)t}}{s+j4\pi} \right)\Bigg|_{-\infty}^{-1}$$

上式能收斂的條件是 $\mathrm{Re}\{s\} < 0$，所以其結果是

$$X(s) = \frac{-1}{j2} \left(\frac{e^{-(s-j4\pi)t}}{s-j4\pi} - \frac{e^{-(s+j4\pi)t}}{s+j4\pi} \right)\Bigg|_{-\infty}^{-1} = \frac{-1}{j2} \left(\frac{e^{(s-j4\pi)}}{s-j4\pi} - \frac{e^{(s+j4\pi)}}{s+j4\pi} \right)$$

$$= \frac{-e^s}{j2} \left(\frac{e^{-j4\pi}}{s-j4\pi} - \frac{e^{j4\pi}}{s+j4\pi} \right) = \frac{-e^s}{j2} \left(\frac{1}{s-j4\pi} - \frac{1}{s+j4\pi} \right)$$

$$= \frac{-e^s}{j2} \left(\frac{(s+j4\pi) - (s-j4\pi)}{s^2 + 16\pi^2} \right) = \frac{-e^s}{j2} \left(\frac{j8\pi}{s^2 + 16\pi^2} \right)$$

$$= -e^s \frac{4\pi}{s^2 + 16\pi^2}, \qquad ROC: \mathrm{Re}\{s\} < 0$$

表 7.1 基本訊號的拉普拉斯轉換

	$x(t) = \dfrac{1}{j2\pi} \displaystyle\int_{\sigma - j\infty}^{\sigma + j\infty} X(s)e^{st}\,ds$	$X(s) = \displaystyle\int_{-\infty}^{\infty} x(t)e^{-st}\,dt, \qquad ROC = R$
脈衝函數	$x(t) = \delta(t)$	$X(s) = 1, \quad ROC = \text{all } s\text{-plane}$
步進函數	$x(t) = u(t)$	$X(s) = \dfrac{1}{s}, \quad ROC = \text{Re}\{s\} > 0$
反向步進訊號	$x(t) = -u(-t)$	$X(s) = \dfrac{1}{s}, \quad ROC = \text{Re}\{s\} < 0$
指數函數	$x(t) = e^{-\alpha t}u(t)$	$X(s) = \dfrac{1}{s + \alpha}, \quad ROC = \text{Re}\{s\} > -\alpha$
反向指數函數	$x(t) = -e^{-\alpha t}u(-t)$	$X(s) = \dfrac{1}{s + \alpha}, \quad ROC = \text{Re}\{s\} < -\alpha$
弦波訊號	$x(t) = \cos(\omega_1 t)u(t)$	$X(s) = \dfrac{s}{s^2 + \omega_1^{\,2}}, \quad ROC = \text{Re}\{s\} > 0$
弦波訊號	$x(t) = \sin(\omega_1 t)u(t)$	$X(s) = \dfrac{\omega_1}{s^2 + \omega_1^{\,2}}, \quad ROC = \text{Re}\{s\} > 0$
衰減的弦波訊號	$x(t) = e^{-\alpha t}\cos(\omega_1 t)u(t)$	$X(s) = \dfrac{s + \alpha}{(s + \alpha)^2 + \omega_1^{\,2}}, \quad ROC = \text{Re}\{s\} > -\alpha$
衰減的弦波訊號	$x(t) = e^{-\alpha t}\sin(\omega_1 t)u(t)$	$X(s) = \dfrac{\omega_1}{(s + \alpha)^2 + \omega_1^{\,2}}, \quad ROC = \text{Re}\{s\} > -\alpha$

 7.4

拉普拉斯轉換的特性

　　拉普拉斯轉換必須給予一個收斂區域，才能確定其轉換的結果存在。重寫拉普拉斯轉換與逆向拉普拉斯轉換的運算式如下，

$$X(s) = \int_{-\infty}^{\infty} x(t)e^{-st}dt, \qquad ROC = R \qquad (7.35)$$

$$x(t) = \frac{1}{j2\pi} \int_{\sigma-j\infty}^{\sigma+j\infty} X(s)e^{st}ds \qquad (7.36)$$

我們使用(7.36)式在作拉普拉斯轉換的運算時，是假設時間積分從 $-\infty$ 到 $+\infty$，也就是跨越時軸的正負兩邊，所以是雙邊拉普拉斯轉換(bilateral Laplace transform)。

以下我們列出的，就是雙邊拉普拉斯轉換的特性：

(1) 線性特性

兩個連續時間訊號 $x(t)$ 與 $y(t)$ 的拉普拉斯轉換分別是 $X(s)$ 與 $Y(s)$，兩個訊號的線性組合為 $ax(t)+by(t)$，

$$x(t) \overset{L}{\leftrightarrow} X(s), \quad ROC : R_x$$
$$y(t) \overset{L}{\leftrightarrow} Y(s), \quad ROC : R_y$$

其拉普拉斯轉換也是線性組合，而收斂區域是原來兩個收斂區域的交集，

$$ax(t)+by(t) \overset{L}{\leftrightarrow} aX(s)+bY(s), \quad ROC : R_x \cap R_y$$

(2) 時間偏移

訊號 $x(t)$ 的拉普拉斯轉換為 $X(s)$。若將時間 t 變成 $t-t_1$，得到 $x_1(t) = x(t-t_1)$，這就是作時間偏移(time shifting)。其拉普拉斯轉換計算如下，

$$X_1(s)\int_{-\infty}^{\infty} x_1(t)e^{-st}dt = \int_{-\infty}^{\infty} x(t-t_1)e^{-st}dt \qquad (7.37)$$

令 $t-t_1 = \tau, \quad dt = d\tau$，(7.37)式改寫為

$$\int_{-\infty}^{\infty} x(t-t_1)e^{-st}dt = \int_{-\infty}^{\infty} x(\tau)e^{-s(\tau+t_1)}d\tau \qquad (7.38)$$
$$= e^{-st_1}\int_{-\infty}^{\infty} x(\tau)e^{-s\tau}d\tau = e^{-st_1}X(s)$$

收斂區域沒有改變，因此其拉普拉斯轉換關係是

$$x(t-t_1) \overset{L}{\leftrightarrow} e^{-st_1}X(s), \quad ROC:R$$

在時域中訊號作時間偏移(time shifting)，在 $s-$ 域中的拉普拉斯轉換 $X(s)$ 就被乘上一個指數 e^{-st_1}，收斂區域沒有改變。

例題 7.5 時間偏移

一個訊號在時域中表示成

$$x(t) = \sin(4\pi t)u(t)$$

其拉普拉斯轉換為

$$X(s) = \frac{4\pi}{s^2 + 16\pi^2}, \quad ROC:\mathrm{Re}\{s\} > 0$$

如果作了時間偏移，變成

$$x_1(t) = \sin(4\pi(t-2))u(t-2)$$

計算其拉普拉斯轉換，

$$X_1(s) = \int_{-\infty}^{\infty} x_1(t)e^{-st}dt = \int_{2}^{\infty} \sin(4\pi(t-2))e^{-st}dt$$

令 $t-2 = \tau, \quad dt = d\tau$ ，

$$X_1(s) = \int_{0}^{\infty} \sin(4\pi(\tau))e^{-s(\tau+2)}d\tau = \frac{e^{-2s}}{j2}\int_{0}^{\infty} (e^{j4\pi\tau} - e^{-j4\pi\tau})e^{-s\tau}d\tau$$

$$= \frac{e^{-2s}}{j2}\int_{0}^{\infty} (e^{-(s-j4\pi)\tau} - e^{-(s+j4\pi)\tau})d\tau = \frac{-e^{-2s}}{j2}(\frac{e^{-(s-j4\pi)\tau}}{s-j4\pi} - \frac{e^{-(s+j4\pi)\tau}}{s+j4\pi})\Big|_{0}^{\infty}$$

上式能收斂的條件是 $\text{Re}\{s\} > 0$，所以其結果是

$$X_1(s) = \frac{e^{-2s}}{j2}\left(\frac{1}{s-j4\pi} - \frac{1}{s+j4\pi}\right) = \frac{e^{-2s}}{j2}\left(\frac{j8\pi}{s^2+16\pi^2}\right) = e^{-2s}\frac{4\pi}{s^2+16\pi^2}$$

此運算結果印證時間偏移的特性。

---

(3) s-域偏移

訊號 $x(t)$ 的拉普拉斯轉換為 $X(s)$。若將 s 變成 $s-s_1$，得到 $X_1(s) = X(s-s_1)$，$X(s)$ 這就是作了 s-域偏移(shifting in s-domain)。其拉普拉斯轉換計算如下，

$$X(s-s_1) = \int_{-\infty}^{\infty} x(t)e^{-(s-s_1)t}dt = \int_{-\infty}^{\infty} (x(t)e^{s_1t})e^{-st}dt \tag{7.39}$$

如果原來的 $X(s)$ 有極點在 $s = a$，現在就變成極點在 $s = s_1 + a$，極點也作了偏移，偏移了 $\text{Re}\{s_1\}$，因此原來的收斂區域是 $ROC : R$，現在就變成是在 $ROC : R + \text{Re}\{s_1\}$，因此其拉普拉斯轉換關係是

$$x(t)e^{s_1t} \overset{L}{\leftrightarrow} X(s-s_1), \quad ROC : R + \text{Re}\{s_1\}$$

拉普拉斯轉換作 s-域偏移，在時域中的訊號 $x(t)$ 就被乘上一個指數 e^{s_1t}，收斂區域也作了改變。

例題 7.6 *s*-域偏移

一個訊號在時域中表示成

$$x(t) = \sin(4\pi t)u(t)$$

其拉普拉斯轉換為

$$X(s) = \frac{4\pi}{s^2 + 16\pi^2} , \quad ROC : \text{Re}\{s\} > 0$$

如果作了 *s*-域偏移,變成

$$X_2(s) = X(s+2) = \frac{4\pi}{(s+2)^2 + 16\pi^2}$$

依據 7.3 節中討論對於衰減的正弦訊號做拉普拉斯轉換,上式所對應的時域波型,就是

$$x_2(t) = e^{-2t}\sin(4\pi t)u(t)$$

原來的 $x(t)$ 被乘上 e^{-2t},而 $X_2(s)$ 的收斂區域是 $ROC : \text{Re}\{s\} > -2$。

(4) 時間的比例調整

訊號 $x(t)$ 的拉普拉斯轉換為 $X(s)$。若是訊號 $x(t)$ 的時間 t 改為 at,a 為正值的實數,得到 $x_1(t) = x(at)$,這就是作時間的比例調整(time scaling)。其拉普拉斯轉換計算如下,

$$X_1(s) = \int_{-\infty}^{\infty} x_1(t)e^{-st}dt = \int_{-\infty}^{\infty} x(at)e^{-st}dt \tag{7.40}$$

令 $at = \tau, \quad dt = \frac{1}{a}d\tau$,(7.40)式改寫為

$$X_1(s) = \int_{-\infty}^{\infty} x(at)e^{-st}dt = \frac{1}{a}\int_{-\infty}^{\infty} x(\tau)e^{-\frac{s}{a}\tau}d\tau = \frac{1}{a}X(\frac{s}{a}) \tag{7.41}$$

若是訊號 $x(t)$ 的時間 t 改為 $-at$，a 為正值的實數，得到 $x_2(t) = x(-at)$，其拉普拉斯轉換為，

$$X_2(s) = \int_{-\infty}^{\infty} x_2(t)e^{-st}dt = \int_{-\infty}^{\infty} x(-at)e^{-st}dt \qquad (7.42)$$

令 $-at = \tau, \quad dt = -\dfrac{1}{a}d\tau$ ，(7.42)式改寫為

$$\begin{aligned} X_2(s) &= \int_{-\infty}^{\infty} x(-at)e^{-st}dt = -\frac{1}{a}\int_{\infty}^{-\infty} x(\tau)e^{\frac{s}{a}\tau}d\tau = \frac{1}{a}\int_{-\infty}^{\infty} x(\tau)e^{\frac{s}{a}\tau}d\tau \\ &= \frac{1}{a}X(\frac{s}{-a}) \end{aligned} \qquad (7.43)$$

合併考慮(7.41)式與(7.43)式的結果，我們得知，如果 t 乘上一個可以是正值或負值的常數 β，拉普拉斯轉換之後就應該是

$$\int_{-\infty}^{\infty} x(\beta t)e^{-st}dt = \frac{1}{|\beta|}X(\frac{s}{\beta}) \qquad (7.44)$$

至於收斂區域，就從原來的 R 變成 βR，因此其拉普拉斯轉換關係是

$$x(\beta t) \quad \overset{L}{\leftrightarrow} \quad \frac{1}{|\beta|}X(\frac{s}{\beta}), \quad ROC : \beta R$$

訊號 $x(t)$ 作時間的比例調整，$s-$ 域就作了反比例調整，而且拉普拉斯轉換的增益值與收斂區域都作了改變。

例題 7.7 時間的比例調整

一個訊號在時域中表示成

$$x(t) = \cos(4\pi t)u(t)$$

其拉普拉斯轉換為

$$X(s) = \frac{s}{s^2 + 16\pi^2}, \quad ROC : \text{Re}\{s\} > 0$$

若是訊號 $x(t)$ 的時間 t 改為 $2t$，得到 $x_1(t) = x(2t)$，其拉普拉斯轉換計算如下，

$$X_1(s) = \int_{-\infty}^{\infty} x_1(t)e^{-st}dt = \int_{-\infty}^{\infty} \cos(4\pi 2t)u(2t)e^{-st}dt$$

令 $2t = \tau, \quad dt = \frac{1}{2}d\tau$，上式改寫為

$$X_1(s) = \frac{1}{2}\int_{-\infty}^{\infty} \cos(4\pi\tau)u(\tau)e^{-\frac{s\tau}{2}}d\tau = \frac{1}{2}\int_{0}^{\infty} \frac{e^{j4\pi\tau} + e^{-j4\pi\tau}}{2}e^{-\frac{s\tau}{2}}d\tau$$

$$= \frac{1}{4}\int_{0}^{\infty} (e^{-(\frac{s}{2}-j4\pi)\tau} + e^{-(\frac{s}{2}+j4\pi)\tau})d\tau = \frac{-1}{4}(\frac{e^{-(\frac{s}{2}-j4\pi)\tau}}{\frac{s}{2}-j4\pi} + \frac{e^{-(\frac{s}{2}+j4\pi)\tau}}{\frac{s}{2}+j4\pi})\bigg|_{0}^{\infty}$$

上式能收斂的條件是 $\text{Re}\{s\} > 0$，所以其結果是

$$X_1(s) = \frac{1}{4}(\frac{1}{\frac{s}{2}-j4\pi} + \frac{1}{\frac{s}{2}+j4\pi}) = \frac{1}{4}(\frac{s}{(\frac{s}{2})^2 + 16\pi^2}) = \frac{1}{2}(\frac{s/2}{(s/2)^2 + 16\pi^2})$$

$$ROC : \text{Re}\{s\} > 0$$

(5) 共軛特性

訊號 $x(t)$ 的拉普拉斯轉換為 $X(s)$。對 $X(s)$ 取其共軛複數，

$$X*(s) = (\int_{-\infty}^{\infty} x(t)e^{-st}dt)* = \int_{-\infty}^{\infty} x*(t)e^{-s*t}dt \tag{7.45}$$

對 s 取共軛複數，(7.45)式就變成

$$X*(s*) = \int_{-\infty}^{\infty} x*(t)e^{-st}dt \tag{7.46}$$

因為 s 的實數部分沒有改變，收斂區域就沒有改變，因此其拉普拉斯轉換關係是

$$x*(t) \overset{L}{\leftrightarrow} X*(s*), \quad ROC:R$$

(6) 捲迴特性

兩個訊號 $x(t)$ 與 $y(t)$ 的拉普拉斯轉換分別是 $X(s)$ 與 $Y(s)$，它們的收斂區域分別是 R_x 與 R_y。

$$x(t) \overset{L}{\leftrightarrow} X(s), \quad ROC:R_x$$

$$y(t) \overset{L}{\leftrightarrow} Y(s), \quad ROC:R_y$$

將 $x(t)$ 與 $y(t)$ 作捲積演算的結果，

$$w(t) = \int_{-\infty}^{\infty} x(\tau)y(t-\tau)d\tau \tag{7.47}$$

其拉普拉斯轉換的運算如下，

$$\begin{aligned} W(s) &= \int_{-\infty}^{\infty} w(t)e^{-st}dt = \int_{-\infty}^{\infty}\int_{-\infty}^{\infty} x(\tau)y(t-\tau)d\tau\ e^{-st}dt \\ &= \int_{-\infty}^{\infty} x(\tau)(\int_{-\infty}^{\infty} y(t-\tau)e^{-st}dt)d\tau \end{aligned} \tag{7.48}$$

令 $\rho = t - \tau, \quad dt = d\rho$，(7.48)式改寫為

$$W(s) = \int_{-\infty}^{\infty} x(\tau)(\int_{-\infty}^{\infty} y(\rho)e^{-s\rho}d\rho)e^{-s\tau}d\tau$$

$$= \int_{-\infty}^{\infty} x(\tau)Y(s)e^{-s\tau}d\tau = (\int_{-\infty}^{\infty} x(\tau)e^{-s\tau}d\tau)Y(s) = X(s)Y(s)$$

(7.49)

因此其拉普拉斯轉換關係是

$$x(t) * y(t) \overset{L}{\leftrightarrow} X(s)Y(s), \quad ROC : R_x \cap R_y$$

時域中兩個訊號的捲積演算，對應在 s–域中是兩個拉普拉斯轉換相乘，收斂區域是原來兩個收斂區域的交集。

(7) 對時間的微分

訊號 $x(t)$ 的拉普拉斯轉換為 $X(s)$。對訊號 $x(t)$ 作時間的微分，得到的拉普拉斯轉換是

$$\frac{d}{dt}x(t) = \frac{1}{j2\pi}\int_{\sigma-j\infty}^{\sigma+j\infty} X(s)(se^{st})ds = \frac{1}{j2\pi}\int_{\sigma-j\omega}^{\sigma+j\omega} (sX(s))e^{st}ds$$

(7.50)

原來 $X(s)$ 的收斂區域 $ROC : R$ 是由 $X(s)$ 的極點所決定，如果乘上 s 正好消掉 $s = 0$ 這個極點，收斂區域就會變大，但是包含原來的收斂區域 $ROC : R$。因此其拉普拉斯轉換關係是

$$\frac{d}{dt}x(t) \overset{L}{\leftrightarrow} sX(s), \quad ROC : containing \quad R$$

在時域中對訊號 $x(t)$ 作時間微分的結果，使其拉普拉斯轉換乘上 s。

(8) s–域的微分

訊號 $x(t)$ 的拉普拉斯轉換為 $X(s)$。對 $X(s)$ 作 s–域的微分,得到

$$\frac{d}{ds}X(s) = \int_{-\infty}^{\infty} x(t)(-te^{-st})dt = \int_{-\infty}^{\infty} (-tx(t))e^{-st}dt \tag{7.51}$$

收斂區域沒有改變。因此其拉普拉斯轉換關係是

$$-tx(t) \quad \overset{L}{\leftrightarrow} \quad \frac{d}{ds}X(s), \quad ROC:R$$

在 s–域中對訊號的拉普拉斯轉換作 s 微分的結果,使時域中的訊號乘上 $-t$。

(9) 對時間的積分

訊號 $x(t)$ 的拉普拉斯轉換為 $X(s)$。對訊號 $x(t)$ 作積分,得到 $y(t)$,

$$y(t) = \int_{-\infty}^{t} x(\tau)d\tau = \int_{-\infty}^{\infty} x(\tau)u(t-\tau)d\tau \tag{7.52}$$

步進函數 $u(t)$ 的拉普拉斯轉換計算如下,

$$U(s) = \int_{-\infty}^{\infty} u(t)e^{-st}dt = \int_{0}^{\infty} e^{-st}dt = \frac{e^{-st}}{-s}\Big|_{0}^{\infty} = \frac{1}{s}, \quad ROC:\text{Re}\{s\} > 0 \tag{7.53}$$

依據捲迴特性,在 s–域中是兩個拉普拉斯轉換的相乘,所以得到

$$Y(s) = \frac{1}{s}X(s) \tag{7.54}$$

收斂區域就變成原來的 R 與 $\text{Re}\{s\} > 0$ 的交集,因為 $s = 0$ 這個極點有可能被 $X(s)$ 的零點消掉,收斂區域就會變大,但是包含 R 與 $\text{Re}\{s\} > 0$ 的交集。因此其拉普拉斯轉換關係是

$$\int_{-\infty}^{t} x(\tau)d\tau \quad \overset{L}{\leftrightarrow} \quad \frac{X(s)}{s}, \quad ROC: containing \quad R \cap (\text{Re}\{s\} > 0)$$

在時域中對訊號 $x(t)$ 作時間積分的結果，使其拉普拉斯轉換除以 s。

表 7.2　拉普拉斯轉換的特性

	$x(t) = \dfrac{1}{j2\pi} \displaystyle\int_{\sigma-j\infty}^{\sigma+j\infty} X(s)e^{st}ds$	$X(s) = \displaystyle\int_{-\infty}^{\infty} x(t)e^{-st}dt, \quad ROC:R$
	$x(t) \overset{L}{\leftrightarrow} X(s), \quad ROC:R$	
線性特性	$ax(t)+by(t)$	$aX(s)+bY(s), \quad ROC:R_x \cap R_y$
時間偏移	$x(t-t_1)$	$e^{-st_1}X(s), \quad ROC:R$
頻率偏移	$x(t)e^{s_1 t}$	$X(s-s_1), \quad ROC:R+\text{Re}\{s_1\}$
時間比例調整	$x(\beta t)$	$\dfrac{1}{\|\beta\|}X(\dfrac{s}{\beta}), \quad ROC:\beta R$
共軛特性	$x*(t)$	$X*(s*), \quad ROC:R$
捲迴特性	$x(t)*y(t)$	$X(s)Y(s), \quad ROC:R_x \cap R_y$
對時間的微分	$\dfrac{d}{dt}x(t)$	$sX(s), \quad ROC:containing \quad R$
s–域的微分	$-tx(t)$	$\dfrac{d}{ds}X(s), \quad ROC:R$
對時間的積分	$\displaystyle\int_{-\infty}^{t} x(\tau)d\tau$	$\dfrac{X(s)}{s},$ $ROC:containing \quad R \cap (\text{Re}\{s\}>0)$

▶ **7.5**

逆向拉普拉斯轉換

通常一個訊號的拉普拉斯轉換可以寫成多項式的分數，

$$X(s) = \frac{B(s)}{A(s)} = \frac{\sum_{k=0}^{M} b_k s^k}{\sum_{k=0}^{N} a_k s^k} \tag{7.55}$$

分子的階次為 M，分母的階次為 N。解分母多項式的根，得到一組極點，$\{-d_k\}$，$k = 1, 2, ..., N$，我們可以將分母多項式改寫成

$$\sum_{k=0}^{N} a_k s^k = a_N \prod_{k=1}^{N} (s + d_k) \tag{7.56}$$

一般的情況是(7.55)式中的 N 大於 M，如果是 M 大於 N，我們將它先作分子多項式除以分母多項式的運算，其分子的餘式就會是階次小於 N 的多項式，因此得到

$$X(s) = \sum_{k=0}^{M-N} f_k s^k + \tilde{X}(s) \tag{7.57}$$

其中 $\tilde{X}(s)$ 仍是一個多項式的分數，分母的階次比分子的階次為高，

$$\tilde{X}(s) = \frac{\tilde{B}(s)}{\sum_{k=0}^{N} a_k s^k} \tag{7.58}$$

所以可以做部分因式展開，得到

$$\tilde{X}(s) = \sum_{k=1}^{N} \frac{A_k}{s + d_k} \tag{7.59}$$

從 7.3 節得知如下的拉普拉斯轉換關係，

$$\delta(t) \overset{L}{\leftrightarrow} 1, \quad ROC: all\ s\text{-}plane$$

利用時間微分的特性，我們可以得出

$$\frac{d}{dt}\delta(t) \overset{L}{\leftrightarrow} s, \quad ROC: all\ s\text{-}plane$$

將上式延伸到高階微分，我們得到

$$\frac{d^k}{dt^k}\delta(t) \overset{L}{\leftrightarrow} s^k, \quad ROC: all\ s\text{-}plane$$

將這個結果代入(7.57)式等號右邊第一項，就得到如下的拉普拉斯轉換關係，

$$\sum_{k=0}^{M-N} f_k \frac{d^k}{dt^k}\delta(t) \overset{L}{\leftrightarrow} \sum_{k=0}^{M-N} f_k s^k, \quad ROC: all\ s\text{-}plane$$

(7.59)式作部分因式展開的各項，對應極點 $-d_k$ 者，其拉普拉斯轉換關係為

$$A_k e^{-d_k t} u(t) \overset{L}{\leftrightarrow} \frac{A_k}{s+d_k}, \quad ROC: \text{Re}\{s\} > -d_k$$

或是

$$-A_k e^{-d_k t} u(-t) \overset{L}{\leftrightarrow} \frac{A_k}{s+d_k}, \quad ROC: \text{Re}\{s\} < -d_k$$

因此依據其所定義的收斂區域，就可以得到逆向拉普拉斯轉換。假設收斂區域在最大極點的右邊，$x(t)$ 是一個右邊訊號，得到的逆向拉普拉斯轉換是

$$x(t) = \sum_{k=0}^{M-N} f_k \frac{d^k}{dt^k}\delta(t) + \sum_{k=1}^{N} A_k e^{-d_k t} u(t) \tag{7.60}$$

如果分母多項式的根含有共軛複數，其中的一組共軛複數根所對應的部份因式展開是 $\dfrac{c_1(s+\alpha)}{(s+\alpha)^2+\omega_0^{\,2}}$，則其拉普拉斯轉換關係就是

$$c_1 e^{-\alpha t}\cos(\omega_0 t)u(t) \quad \overset{L}{\leftrightarrow} \quad \frac{c_1(s+\alpha)}{(s+\alpha)^2+\omega_0^{\,2}}, \qquad ROC:\mathrm{Re}\{s\}>-\alpha$$

或是

$$-c_1 e^{-\alpha t}\cos(\omega_0 t)u(-t) \quad \overset{L}{\leftrightarrow} \quad \frac{c_1(s+\alpha)}{(s+\alpha)^2+\omega_0^{\,2}}, \qquad ROC:\mathrm{Re}\{s\}<-\alpha$$

如果分母多項式有實數根 d_k 的 r 次重根，這個重根所引出的部份因式展開是

$$\frac{A_{k1}}{s+d_k}+\frac{A_{k2}}{(s+d_k)^2}+\cdots+\frac{A_{kr}}{(s+d_k)^r}$$

對於其中 m 次項的拉普拉斯轉換關係，這有兩個可能性，

$$A_{km}\frac{t^{m-1}}{(m-1)!}e^{-d_k t}u(t) \quad \overset{L}{\leftrightarrow} \quad \frac{A_{km}}{(s+d_k)^m}, \qquad ROC:\mathrm{Re}\{s\}>-d_k$$

或是

$$-A_{km}\frac{t^{m-1}}{(m-1)!}e^{-d_k t}u(-t) \quad \overset{L}{\leftrightarrow} \quad \frac{A_{km}}{(s+d_k)^m}, \qquad ROC:\mathrm{Re}\{s\}<-d_k$$

利用上述的拉普拉斯轉換關係，我們可以從(7.59)式找回其在時域中的對應函數，這就是做了逆向拉普拉斯轉換。

例題 7.8 系統轉移函數的逆向拉普拉斯轉換

一個 LTI 系統的轉移函數如下，

$$H(s) = \frac{Y(s)}{X(s)} = \frac{s^2 + 4s + 11}{s^3 + 5s^2 + 11s + 15}$$

對分母作因式分解，得到新的表示，

$$H(s) = \frac{1}{s+3} + \frac{2}{s^2 + 2s + 5} = \frac{1}{s+3} + \frac{2}{(s+1)^2 + 4}$$

考慮這是一個符合因果律的系統，可以找到對應的拉普拉斯轉換關係如下，

$$e^{-3t}u(t) \quad \overset{L}{\leftrightarrow} \quad \frac{1}{s+3}, \quad ROC : \text{Re}\{s\} > -3$$

$$e^{-t}\sin(2t)u(t) \quad \overset{L}{\leftrightarrow} \quad \frac{2}{(s+1)^2 + 4}, \quad ROC : \text{Re}\{s\} > -1$$

所以逆向拉普拉斯轉換得到的系統脈衝響應是

$$h(t) = (e^{-3t} + e^{-t}\sin(2t))u(t)$$

拉普拉斯轉換的收斂區域是

$$ROC : \text{Re}\{s\} > -1$$

例題 7.9 訊號的逆向拉普拉斯轉換

一個訊號的拉普拉斯轉換如下，

$$X(s) = \frac{s^3 - 4s + 7}{s^2 + 2s - 3}, \quad ROC : -3 < \text{Re}\{s\} < 1$$

分子的階數高於分母階數，先進行整理，

$$X(s) = s - 2 + \frac{3s + 1}{s^2 + 2s - 3} = s - 2 + \frac{3s + 1}{(s-1)(s+3)}$$

$$= s - 2 + \frac{1}{s-1} + \frac{2}{s+3}, \qquad ROC : -3 < \text{Re}\{s\} < 1$$

逆向拉普拉斯轉換的結果，

$$x(t) = \delta^{(1)}(t) - 2\delta(t) - e^t u(-t) + 2e^{-3t} u(t)$$

 # 7.6

以拉普拉斯轉換分析線性非時變系統

依據捲迴特性，一個 LTI 系統的脈衝響應為 $h(t)$，若輸入訊號為 $x(t)$，其輸出 $y(t)$ 是 $h(t)$ 與 $x(t)$ 的捲積演算，在 s–域中變成 $Y(s) = H(s)X(s)$。$Y(s)$，$H(s)$ 與 $X(s)$ 分別是 $y(t)$，$h(t)$，與 $x(t)$ 的拉普拉斯轉換。$H(s)$ 稱為這個系統的轉移函數(transfer function)。

$$H(s) = \int_{-\infty}^{\infty} h(t) e^{-st} dt \tag{7.61}$$

如果收斂區域包含了 $s = 0 + j\omega$，我們以 $s = j\omega$ 代入，上式就是系統脈衝響應的傅立葉轉換。

$$H(j\omega) = \int_{-\infty}^{\infty} h(t)e^{-j\omega t}dt \tag{7.62}$$

也就是 LTI 系統 $h(t)$ 的頻率響應。

以下我們說明 $H(s)$ 所代表的一些系統特性：

(1) 因果律

一個符合因果律的 LTI 系統，它的脈衝響應 $h(t)$ 是個右邊訊號，當 $t < 0$ 時 $h(t) = 0$，因此它的拉普拉斯轉換 $H(s)$ 收斂區域，是在其最右極點的右邊。

(2) 穩定性

如果一個 LTI 系統是穩定的，它的收斂區域在 s–平面上必須包含 $\sigma = 0$ 這條 $j\omega$ 軸。因此符合因果律的穩定系統，必然其所有的極點都在 s–平面的左半邊。

一個連續時間的 LTI 系統可以用微分方程式來描述，假設其方程式如下，

$$\sum_{k=0}^{N} a_k \frac{d^k}{dt^k} y(t) = \sum_{k=0}^{M} b_k \frac{d^k}{dt^k} x(t) \tag{7.63}$$

利用拉普拉斯轉換的線性特性與微分特性，可以得到

$$\sum_{k=0}^{N} a_k s^k Y(s) = \sum_{k=0}^{M} b_k s^k X(s) \tag{7.64}$$

因此 LTI 系統的轉移函數就是

$$H(s) = \frac{Y(s)}{X(s)} = \frac{\sum_{k=0}^{M} b_k s^k}{\sum_{k=0}^{N} a_k s^k} \tag{7.65}$$

這是一個分數函數，其分母與分子都寫成 s 的多項式，解分母多項式的根得到 $H(s)$ 的極點，解分子多項式的根得到 $H(s)$ 的零點，於是(7.65)式改寫如下，

$$H(s) = \frac{\tilde{b} \displaystyle\prod_{k=1}^{M} (s + c_k)}{\displaystyle\prod_{k=1}^{N} (s + d_k)} \tag{7.66}$$

其中 $\tilde{b} = \dfrac{b_M}{a_N}$, $\{-c_k\}$ 是系統的零點(zero) , $\{-d_k\}$ 是系統的極點(pole)。如果這個系統是一個符合因果律的穩定性系統(causal stable system) , 其極點 $-d_k$ 都會在 $j\omega$ 軸的左邊 , 其收斂區域包含 $j\omega$ 軸 , 它的頻率響應就是

$$H(j\omega) = \frac{\tilde{b} \displaystyle\prod_{k=1}^{M} (j\omega + c_k)}{\displaystyle\prod_{k=1}^{N} (j\omega + d_k)} \tag{7.67}$$

我們對系統頻率響應的絕對值與相位作繪圖 , 可以清楚的看出系統的特性。在 5.5 節中已經說明了一階與二階系統的波德繪圖(Bode plot)方法 , 這裡我們以幾個例子進一步說明較高階系統的波德繪圖方法。

例題 7.10 波德繪圖

一個系統的轉移函數如下 ,

$$H(s) = \frac{2}{(s + 0.1)(s^2 + s + 1)}$$

讓 $s = j\omega$, 轉移函數變成頻率響應 ,

$$H(j\omega) = \frac{2}{(j\omega + 0.1)((j\omega)^2 + j\omega + 1)}$$

依據 5.5 節中所描述 , 表示成實數極點項與共軛複數極點項的形式 , 取其絕對值 ,

$$|H(j\omega)| = 20 \cdot \frac{1}{\left|1 + \dfrac{j\omega}{0.1}\right|} \cdot \frac{1}{|1 - \omega^2 + j2 \times 0.5\omega|}$$

因此這個系統的頻率響應有一個實數極點項與一個共軛複數極點項，實數極點在 $-d = -0.1$，共軛複數極點項的兩個常數是 $\omega_n^2 = 1$ ，$\zeta = 0.5$。取 dB 值之後 $|H(j\omega)|$ 變成

$$|H(j\omega)|_{dB} = 20\log_{10} 20 - 10\log_{10}(1+\frac{\omega^2}{0.01}) - 10\log_{10}((1-\omega^2)^2 + 4\times(0.5)^2\omega^2)$$

圖 7.7 展示波德繪圖的方法，在此加以說明。這個頻率響應有一個增益值 20，取 dB 值等於 $20\log_{10} 20 \approx 26$，在波德繪圖時會讓頻率響應絕對值向上移動 $26dB$，因此我們要以 $26dB$ 為繪圖的基準橫軸。實數極點項的 $-20dB/decade$ 近似直線與基準橫軸相交在 $\omega = 0.1$ 處，共軛複數極點項的 $-40dB/decade$ 近似直線與基準橫軸相交在 $\omega = 1$ 處。繪出這兩條近似直線之後將其相加，於是在 $\omega = 1$ 之後得出一條 $-60dB/decade$ 近似直線。從 $26dB$ 橫線作為繪圖的基準橫軸開始，向右延伸到 $\omega = 0.1$ 處，以 $-20dB/decade$ 近似直線延伸，到 $\omega = 1$ 之後，再以 $-60dB/decade$ 近似直線延伸，這就是絕對值的近似線段。至於相位部份，實數極點項讓相位下降到 $-90°$，共軛複數極點項讓相位下降到 $-180°$，這兩部份相加，最後會下降到 $-270°$。

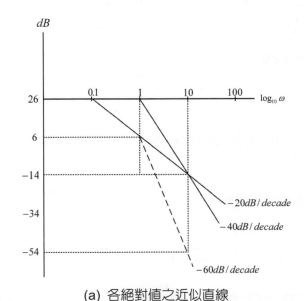

(a) 各絕對值之近似直線

圖 7.7　波德繪圖

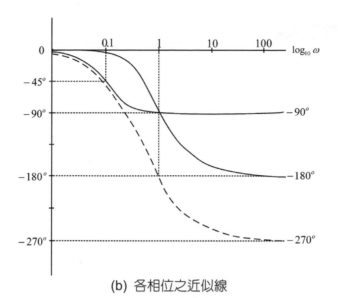

(b) 各相位之近似線

圖 7.7　波德繪圖(續)

　　圖 7.8 是實際的頻率響應繪圖，注意其橫座標的單位是 Hz，實數極點在 $f_d = 0.1/(2\pi) = 0.0159$，共軛複數極點在 $f_n = 1/(2\pi) = 0.159$。

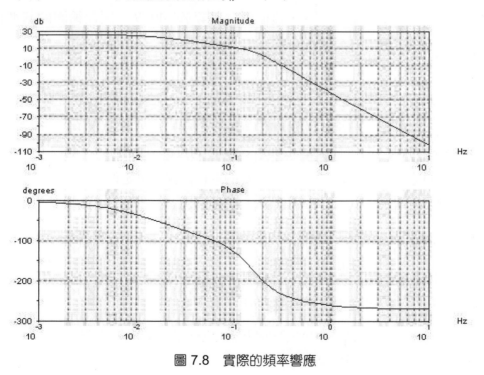

圖 7.8　實際的頻率響應

例題 7.11 波德繪圖

一個系統的轉移函數如下，

$$H(s) = \frac{s+1}{s(s+100)}$$

讓 $s = j\omega$ ，轉移函數變成系統的頻率響應，

$$H(j\omega) = \frac{j\omega + 1}{j\omega(j\omega + 100)}$$

取其絕對值，

$$|H(j\omega)| = \frac{1}{100} \frac{|1 + \frac{j\omega}{1}|}{|j\omega||1 + \frac{j\omega}{100}|}$$

這個系統有一個增益值為 $\frac{1}{100}$ ，這個增益值等於 $-40dB$ ，因此繪圖的基準橫軸為 $-40dB$ 的橫線。有一個 $\frac{1}{s}$ 的極點項，其所提供的絕對值是 $\frac{1}{|j\omega|}$ ，取 dB 值之後為 $-20\log(\omega)$ ，是一條斜率為 $-20dB/decade$ 的直線，在 $\omega = 1$ 時通過基準橫軸。另外有一個零點項與一項實數極點項，零點在 $\omega = 1$ ，極點在 $\omega = 100$ 。寫成標準式之後作波德繪圖時，在基準橫軸上 $\omega = 1$ 處，有一條斜率 $+20dB/decade$ 的近似直線從 $\omega = 1$ 處向上伸出，在基準橫軸上 $\omega = 100$ 處，另有一條 $-20dB/decade$ 的近似直線向下延伸。這三條直線相加，構成整體的近似線段，從圖 7.9(a) 上看，是先有一條直線以斜率 $-20dB/decade$ 向下延伸，到達 $\omega = 1$ 處轉向，沿著基準橫軸走到 $\omega = 100$ 處，再以斜率 $-20dB/decade$ 向下延伸。至於相位方面， $\frac{1}{j\omega}$ 提供 $-90°$ 的相位，極點項 $\frac{1}{s+100}$ 與零點項 $s+1$ 分別是下降到 $-90°$ 與上升到 $+90°$ 的相位移動，三者合併就得到圖 7.9(b) 的結果。

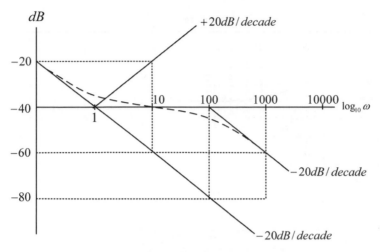

(a) 各絕對值之近似直線

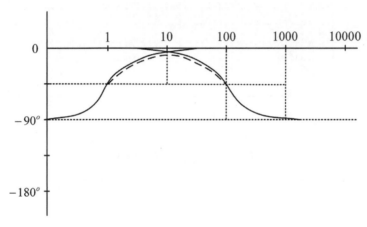

(b) 各相位之近似線

圖 7.9　波德繪圖

　　圖 7.10 是實際的頻率響應繪圖，注意其橫座標的單位是 Hz，實數零點在 $f_c = 1/(2\pi) = 0.159$，實數極點在 $f_d = 100/(2\pi) = 15.9$。

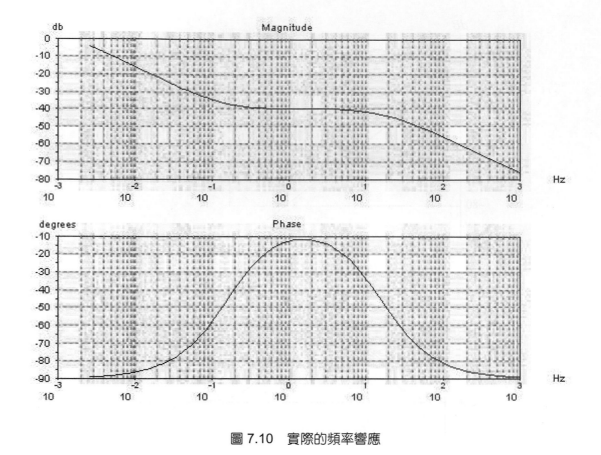

圖 7.10　實際的頻率響應

 7.7

單邊拉普拉斯轉換

當我們使用拉普拉斯轉換來探討一個 LTI 系統時，我們有興趣的是一個符合因果律的系統，這個系統的脈衝響應必須滿足以下的條件，

$$h(t) = 0, \quad t < 0 \tag{7.68}$$

也就是說系統的脈衝響應一定是正向時間的函數。

　　我們在處理訊號時，也是針對某一個起始時間點之後的訊號，因此作拉普拉斯轉換運算時，常常是以 $t=0$ 開始。如果我們只考慮 $t \geq 0$ 的訊號，其拉普拉斯轉換運算的積分下限改為 $t=0^-$，

$$X(s) = \int_{0^-}^{\infty} x(t)e^{-st}dt \tag{7.69}$$

這個積分把 $t=0$ 包含在內，$t=0^+$ 視為其起始時間，這稱為單邊的拉普拉斯轉換(unilateral Laplace transform)。

　　因為單邊拉普拉斯轉換是針對 $t \geq 0$ 的訊號，這些訊號一定是右邊訊號，所以它的拉普拉斯轉換收斂區域一定是在 $X(s)$ 的最右極點的右邊，一般是不再特別標示其收斂區域。單邊拉普拉斯轉換的關係表示如下，

$$x(t) = \frac{1}{j2\pi}\int_{\sigma-j\infty}^{\sigma+j\infty} X(s)e^{st}ds \quad \overset{UL}{\leftrightarrow} \quad X(s) = \int_{0^-}^{\infty} x(t)e^{-st}dt$$

以下來討論單邊拉普拉斯轉換的特性。

(1) 線性特性

　　兩個訊號的線性組合，$ax(t)+by(t)$

$$x(t) \quad \overset{UL}{\leftrightarrow} \quad X(s), \qquad y(t) \quad \overset{UL}{\leftrightarrow} \quad Y(s)$$

其單邊拉普拉斯轉換也是線性組合，

$$ax(t)+by(t) \quad \overset{UL}{\leftrightarrow} \quad aX(s)+bY(s)$$

(2) 時間偏移

　　訊號 $x(t)$ 的單邊拉普拉斯轉換為 $X(s)$。假設訊號 $x(t)$ 的時間 t 變成 $t-t_1$，其單邊拉普拉斯轉換變成

$$X_1(s) = \int_{0^-}^{\infty} x_1(t)e^{-st}dt = \int_{0^-}^{\infty} x(t-t_1)e^{-st}dt \tag{7.70}$$

令 $t - t_1 = \tau, \quad dt = d\tau$ ，因爲 $t < 0$ 時 $x(t) = 0$ ，這表示 $x(t - t_1)u(t) = x(t - t_1)u(t - t_1)$ ，(7.70) 式改寫成

$$X_1(s) = \int_{-t_1}^{\infty} x(\tau)e^{-s(\tau + t_1)}d\tau = e^{-st_1}\int_{0^-}^{\infty} x(\tau)e^{-s\tau}d\tau = e^{-st_1}X(s) \qquad (7.71)$$

因此其單邊拉普拉斯轉換關係是

$$x(t - t_1) \overset{UL}{\leftrightarrow} e^{-st_1}X(s)$$

例題 7.12 時間偏移

一個訊號的時域函數如下，

$$x(t) = e^{-t}u(t)$$

其單邊拉普拉斯轉換是

$$X(s) = \int_{0^-}^{\infty} x(t)e^{-st}dt = \int_{0^-}^{\infty} e^{-t}e^{-st}dt = \int_{0^-}^{\infty} e^{-(s+1)t}dt = -\frac{e^{-(s+1)t}}{s+1}\bigg|_{0^-}^{\infty} = \frac{1}{s+1}$$

若做了時間偏移，

$$x_1(t) = x(t - 2) = e^{-(t-2)}u(t - 2)$$

計算其單邊拉普拉斯轉換，

$$X_1(s) = \int_{2}^{\infty} e^{-(t-2)}e^{-(st)}dt$$

令 $t - 2 = \tau, \quad dt = d\tau$ ，上式改寫成

$$X_1(s) = \int_{0^-}^{\infty} e^{-\tau}e^{-s(\tau+2)}d\tau = e^{-2s}\int_{0^-}^{\infty} e^{-\tau(s+1)}d\tau = e^{-2s}\frac{e^{-\tau(s+1)}}{s+1}\bigg|_{0^-}^{\infty} = \frac{e^{-2s}}{s+1}$$

(3) s–域偏移

訊號 $x(t)$ 的單邊拉普拉斯轉換為 $X(s)$。若將 s 變成 $s - s_1$，得到 $X_1(s) = X(s - s_1)$，其單邊拉普拉斯轉換計算如下，

$$X_1(s) = X(s - s_1) = \int_{0^-}^{\infty} x(t)e^{-(s-s_1)t}dt = \int_{0^-}^{\infty} (x(t)e^{s_1 t})e^{-st}dt \tag{7.72}$$

因此其單邊拉普拉斯轉換關係是

$$x(t)e^{s_1 t} \quad \overset{UL}{\leftrightarrow} \quad X(s - s_1)$$

例題 7.13 s–域偏移

同例題 7.12，一個訊號的單邊拉普拉斯轉換關係是

$$x(t) = e^{-t}u(t) \quad \overset{UL}{\leftrightarrow} \quad X(s) = \frac{1}{s+1}$$

若將 s 變成 $s + 3$，

$$X_1(s) = X(s + 3) = \frac{1}{(s+3)+1} = \frac{1}{s+4}$$

時域訊號變成

$$x_1(t) = e^{-3t}e^{-t}u(t) = e^{-4t}u(t)$$

(4) 時間的比例調整

訊號 $x(t)$ 的單邊拉普拉斯轉換為 $X(s)$。訊號 $x(t)$ 的時間 t 改為 at，a 為正值的實數，得到 $x_1(t) = x(at)$，其單邊拉普拉斯轉換計算如下，

$$X_1(s) = \int_{0^-}^{\infty} x(t)e^{-st}dt = \int_{0^-}^{\infty} x(at)e^{-st}dt \tag{7.73}$$

令 $at = \tau, \quad dt = \dfrac{1}{a}d\tau$ ，(7.73)式改寫成

$$X_1(s) = \int_{0^-}^{\infty} x(\tau)e^{-\frac{s}{a}\tau}\frac{1}{a}d\tau = \frac{1}{a}\int_{0^-}^{\infty} x(\tau)e^{-\frac{s}{a}\tau}d\tau = \frac{1}{a}X(\frac{s}{a}) \qquad (7.74)$$

因此其單邊拉普拉斯轉換關係是

$$x(at) \quad \overset{UL}{\leftrightarrow} \quad \frac{1}{a}X(\frac{s}{a})$$

(5) 捲迴特性

兩個訊號 $x(t)$ 與 $y(t)$ 的單邊拉普拉斯轉換分別是 $X(s)$ 與 $Y(s)$。$x(t)$ 與 $y(t)$ 的捲積演算結果是

$$w(t) = \int_{0^-}^{\infty} x(\tau)y(t-\tau)d\tau \qquad (7.75)$$

其單邊拉普拉斯轉換計算如下，

$$\begin{aligned}
W(s) &= \int_{0^-}^{\infty} w(t)e^{-st}dt = \int_{0^-}^{\infty} \int_{0^-}^{\infty} x(\tau)y(t-\tau)d\tau \; e^{-st}dt \\
&= \int_{0^-}^{\infty} x(\tau)(\int_{0^-}^{\infty} y(t-\tau)e^{-st}dt)d\tau = \int_{0^-}^{\infty} x(\tau)(Y(s)e^{-s\tau})d\tau \qquad (7.76) \\
&= (\int_{0^-}^{\infty} x(\tau)e^{-s\tau}d\tau)Y(s) = X(s)Y(s)
\end{aligned}$$

因此其單邊拉普拉斯轉換關係是

$$x(t) * y(t) \quad \overset{UL}{\leftrightarrow} \quad X(s)Y(s)$$

例題 7.14 捲迴特性

兩個訊號 $x(t)$ 與 $y(t)$ 的表示如下，

$$x(t) = \begin{cases} 1, & 0 \le t \le 2 \\ 0, & otherwise \end{cases} \qquad y(t) = \begin{cases} 1, & 0 \le t \le 2 \\ 0, & otherwise \end{cases}$$

這兩個訊號作捲積運算，

$$w(t) = \int_{0^-}^{\infty} x(\tau)y(t-\tau)d\tau = \begin{cases} t, & 0 \le t < 2 \\ 4-t, & 2 \le t < 4 \\ 0, & otherwise \end{cases}$$

計算這三個訊號的單邊拉普拉斯轉換，

$$X(s) = \int_{0^-}^{2} e^{-st}d\tau = \left. \frac{-e^{-st}}{s} \right|_{0^-}^{2} = \frac{1-e^{-2s}}{s}$$

$$Y(s) = \int_{0^-}^{2} e^{-st}dt = \left. \frac{-e^{-st}}{s} \right|_{0^-}^{2} = \frac{1-e^{-2s}}{s}$$

$$W(s) = \int_{0^-}^{2} te^{-st}dt + \int_{2}^{4} (4-t)e^{-st}dt$$

$$= \left(\left. \frac{-te^{-st}}{s} \right|_{0^-}^{2} + \int_{0^-}^{2} \frac{e^{-st}}{s}dt \right) + \int_{2}^{4} 4e^{-st}d - \left(\left. \frac{-te^{-st}}{s} \right|_{2}^{4} + \int_{2}^{4} \frac{e^{-st}}{s}dt \right)$$

$$= \left(\frac{-2e^{-2s}}{s} + \left. \frac{-e^{-st}}{s^2} \right|_{0^-}^{2} \right) + \left. \frac{-4e^{-st}}{s} \right|_{2}^{4} - \left(\frac{-4e^{-4s}+2e^{-2s}}{s} + \left. \frac{-e^{-st}}{s^2} \right|_{2}^{4} \right)$$

$$= \frac{-2e^{-2s}}{s} + \frac{-e^{-2s}+1}{s^2} + \frac{-4e^{-4s}+4e^{-2s}}{s} - \frac{-4e^{-4s}+2e^{-2s}}{s} - \frac{-e^{-4s}+e^{-2s}}{s^2}$$

$$= \frac{1-2e^{-2s}+e^{-4s}}{s^2} = \frac{1-e^{-2s}}{s} \times \frac{1-e^{-2s}}{s} = X(s)Y(s)$$

這個計算結果印證了單邊拉普拉斯轉換的捲迴特性。

(6) 對時間的微分

訊號 $x(t)$ 的單邊拉普拉斯轉換為 $X(s)$。對訊號 $x(t)$ 作時間的微分，得到的單邊拉普拉斯轉換是

$$\int_{0^-}^{\infty} \frac{d}{dt} x(t) e^{-st} dt = x(t) e^{-st} \Big|_{0^-}^{\infty} - \int_{0^-}^{\infty} x(t)(-se^{-st}) dt \qquad (7.77)$$

$$= -x(0^-) + s \int_{0^-}^{\infty} x(t) e^{-st} dt$$

$$= sX(s) - x(0^-)$$

因此其單邊拉普拉斯轉換關係是

$$\frac{d}{dt} x(t) \quad \overset{UL}{\leftrightarrow} \quad sX(s) - x(0^-)$$

例題 7.15 對時間的微分

一個訊號如下，

$$x(t) = e^{-2t} u(t)$$

已知其單邊拉普拉斯轉換關係，

$$e^{-2t} u(t) \quad \overset{UL}{\leftrightarrow} \quad \frac{1}{s+2}$$

對此訊號作微分，得到

$$\frac{d}{dt} e^{-2t} u(t) = -2e^{-2t} u(t) + \delta(t)$$

作單邊拉普拉斯轉換，

$$\int_{0^-}^{\infty} \frac{d}{dt} e^{-2t} e^{-st} dt = \int_{0^-}^{\infty} (-2e^{-2t} + \delta(t)) e^{-st} dt$$

$$= \int_{0^-}^{\infty} (-2e^{-(s+2)t}) dt + 1$$

$$= \frac{2e^{-(s+2)t}}{s+2} \bigg|_{0^-}^{\infty} + 1$$

$$= \frac{-2}{s+2} + 1 = \frac{s}{s+2}$$

(7) s–域微分

訊號 $x(t)$ 的單邊拉普拉斯轉換為 $X(s)$。對 $X(s)$ 作 s–域的微分，得到

$$\frac{d}{ds} X(s) = \int_{0^-}^{\infty} x(t)(-te^{-st}) dt = \int_{0^-}^{\infty} (-tx(t))e^{-st} dt \qquad (7.78)$$

因此其單邊拉普拉斯轉換關係是

$$-tx(t) \quad \overset{UL}{\leftrightarrow} \quad \frac{d}{ds} X(s)$$

例題 7.16 s–域的微分

一個訊號如下，

$$x(t) = t^2 e^{-2t} u(t)$$

已知以下的單邊拉普拉斯轉換關係，

$$e^{-2t} u(t) \quad \overset{UL}{\leftrightarrow} \quad \frac{1}{s+2}$$

應用 s–域微分的特性，可得到如下的單邊拉普拉斯轉換關係，

$$-t(e^{-2t} u(t)) \quad \overset{UL}{\leftrightarrow} \quad \frac{d}{ds} \frac{1}{s+2} = \frac{-1}{(s+2)^2}$$

再一次應用 s–域微分的特性，

$$-t(-te^{-2t}u(t)) = t^2 e^{-2t}u(t) \quad \overset{UL}{\leftrightarrow} \quad \frac{d}{ds}\frac{-1}{(s+2)^2} = \frac{2}{(s+2)^3}$$

---

(8) 對時間的積分

訊號 $x(t)$ 的單邊拉普拉斯轉換為 $X(s)$。對訊號 $x(t)$ 作積分，得到 $y(t)$，

$$y(t) = \int_{-\infty}^{t} x(\tau)d\tau = \int_{-\infty}^{0^-} x(\tau)d\tau + \int_{0^-}^{t} x(\tau)d\tau$$
$$= y(0^-) + \int_{0^-}^{t} x(\tau)d\tau$$

$$(7.79)$$

$y(t)$ 的微分就是 $x(t)$，

$$\frac{d}{dt}y(t) = x(t) \tag{7.80}$$

依據微分的特性，

$$sY(s) - y(0^-) = X(s) \tag{7.81}$$

所以得到

$$Y(s) = \frac{X(s)}{s} + \frac{1}{s}y(0^-) = \frac{X(s)}{s} + \frac{1}{s}x^{(-1)}(0^-) \tag{7.82}$$

因此其單邊拉普拉斯轉換關係是

$$\int_{-\infty}^{t} x(\tau)d\tau \quad \overset{UL}{\leftrightarrow} \quad \frac{X(s)}{s} + \frac{1}{s}x^{(-1)}(0^-)$$

例題 7.17 對 $u(t)$ 作時間的積分

已知以下的單邊拉普拉斯轉換關係，

$$u(t) \quad \overset{UL}{\leftrightarrow} \quad \frac{1}{s}$$

對 $u(t)$ 作時間的積分得到

$$q(t) = \int_{-\infty}^{t} u(\tau)d\tau$$

套用對時間積分的單邊拉普拉斯轉換特性，就得到以下的結果，

$$Q(s) = \frac{1}{s^2} + \frac{1}{s}q(0^-) = \frac{1}{s^2}$$

(9) 初始值原理與終值原理

依據時間微分的特性，

$$\frac{d}{dt}x(t) \quad \overset{UL}{\leftrightarrow} \quad sX(s) - x(0^-)$$

對 $\frac{d}{dt}x(t)$ 的單邊拉普拉斯轉換計算可以寫成

$$\int_{0^-}^{\infty} (\frac{d}{dt}x(t))e^{-st}dt = sX(s) - x(0^-) \tag{7.83}$$

整理後得到

$$sX(s) = \int_{0^-}^{\infty} (\frac{d}{dt} x(t)) e^{-st} dt + x(0^-)$$

$$= \int_{0^-}^{0^+} (\frac{d}{dt} x(t)) e^{-st} dt + \int_{0^+}^{\infty} (\frac{d}{dt} x(t)) e^{-st} dt + x(0^-)$$

$$= x(0^+) - x(0^-) + \int_{0^+}^{\infty} (\frac{d}{dt} x(t)) e^{-st} dt + x(0^-) \qquad (7.84)$$

$$= x(0^+) + \int_{0^+}^{\infty} (\frac{d}{dt} x(t)) e^{-st} dt$$

如果在 $t = 0$ 時 $x(t)$ 不是一個脈衝(impulse)或高階的奇異點(singularity)，當 $s \to \infty$ 時，(7.84) 式得到以下的結果，

$$\lim_{s \to \infty} \{sX(s)\} = x(0^+) + 0 = x(0^+) \qquad (7.85)$$

這個現象叫做初始值原理(initial value theorem)。

當 $s \to 0$ 時，(7.84)式得到以下的結果，

$$\lim_{s \to 0} sX(s) = x(0^+) + \int_{0^+}^{\infty} (\frac{d}{dt} x(t)) dt \qquad (7.86)$$

$$= x(0^+) + (x(\infty) - x(0^+)) = x(\infty)$$

這個現象叫做終值原理(final value theorem)。

例題 7.18 計算訊號的初始值

一個訊號 $x(t)$ 的單邊拉普拉斯轉換如下，

$$X(s) = \frac{5s + 3}{(s+1)(s+3)}$$

計算其初始值，

$$x(0^+) = \lim_{s \to \infty} \{sX(s)\} = \lim_{s \to \infty} \frac{s(5s + 3)}{(s+1)(s+3)} = \lim_{s \to \infty} \frac{5s^2 + 3s}{s^2 + 4s + 3} = 5$$

表 7.3　單邊拉普拉斯轉換的特性

	$x(t) = \dfrac{1}{j2\pi} \displaystyle\int_{\sigma-j\infty}^{\sigma+j\infty} X(s)e^{st}\,ds$	$X(s) = \displaystyle\int_{0^-}^{\infty} x(t)e^{-st}\,dt$
	$x(t) \overset{UL}{\leftrightarrow} X(s)$	
線性特性	$ax(t) + by(t)$	$aX(s) + bY(s)$
時間比例調整	$x(at)$	$\dfrac{1}{a} X\left(\dfrac{s}{a}\right)$
時間偏移	$x(t - t_1)$	$e^{-st_1}X(s),\quad$ if $x(t-t_1)u(t) = x(t-t_1)u(t-t_1)$
頻率偏移	$x(t)e^{s_1 t}$	$X(s - s_1)$
捲積特性	$x(t) * y(t)$	$X(s)Y(s)$
對時間的微分	$\dfrac{d}{dt}x(t)$	$sX(s) - x(0^-)$
s–域微分	$-tx(t)$	$\dfrac{d}{ds}X(s)$
對時間的積分	$\displaystyle\int_{-\infty}^{t} x(\tau)\,d\tau$	$\dfrac{X(s)}{s} + \dfrac{1}{s}x^{(-1)}(0^-)$
初始值原理	$\displaystyle\lim_{s\to\infty}\{sX(s)\} = x(0^+)$	在 $t=0$ 時 $x(t)$ 不是一個脈衝(impulse)或高階的奇異點(singularity)
終值原理	$\displaystyle\lim_{s\to0}\{sX(s)\} = x(\infty)$	

　　單邊拉普拉斯轉換常用以解微分方程式，或是微分方程式所描述的系統。

例題 7.19 以 s-域描述 RLC 電路

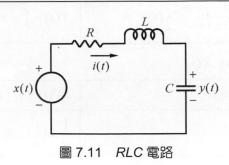

圖 7.11 　RLC 電路

在圖 7.11 的 RLC 電路中，$x(t)$ 是提供的電壓輸入，$y(t)$ 是輸出，即在電容上的電壓。依據 Kirchhoff 電壓律，得出以下公式，

$$x(t) = Ri(t) + L\frac{di(t)}{dt} + y(t)$$

通過電容的電流為

$$i(t) = C\frac{dy(t)}{dt}$$

將 $i(t)$ 代入，得到以下的微分方程式，

$$LC\frac{d^2 y(t)}{dt^2} + RC\frac{dy(t)}{dt} + y(t) = x(t)$$

假設 $x(t)$ 是在 $t \geq 0$ 之後才發生的輸入訊號，寫成

$$x(t) = V_0 u(t)$$

$y(t)$ 是電容 C 上的電壓，其初始條件(initial condition)為 $y(0^-)$ 與 $\left.\dfrac{dy}{dt}\right|_{t=0^-}$。

對微分方程式中各項作單邊拉普拉斯轉換之後，分別有以下的單邊拉普拉斯轉換關係，

$$x(t) \overset{UL}{\leftrightarrow} X(s) = V_0\frac{1}{s}$$

$$y(t) \overset{UL}{\longleftrightarrow} Y(s)$$

$$\frac{dy(t)}{dt} \overset{UL}{\longleftrightarrow} sY(s) - y(0^-)$$

$$\frac{d^2y(t)}{dt^2} \overset{UL}{\longleftrightarrow} s(sY(s) - y(0^-)) - \frac{dy(t)}{dt}\bigg|_{t=0^-}$$

代入微分方程式中，得到此電路在 s–域的方程式，

$$LCs^2Y(s) + RCsY(s) + Y(s) = \frac{V_0}{s} + RCy(0^-) + LCy(0^-)s + LC\frac{dy(t)}{dt}\bigg|_{t=0^-}$$

整理之後變成

$$(LCs^2 + RCs + 1)Y(s) = \frac{V_0 + (RCy(0^-) + LC\frac{dy(t)}{dt}\bigg|_{t=0^-})s + LCy(0^-)s^2}{s}$$

因此得到在 s–域中的輸出，

$$Y(s) = \frac{y(0^-)s^2 + (\frac{R}{L}y(0^-) + \frac{dy(t)}{dt}\bigg|_{t=0^-})s + \frac{V_0}{LC}}{s(s^2 + \frac{R}{L}s + \frac{1}{LC})}$$

如果

$$\frac{R}{L} = 2 \ , \quad \frac{1}{LC} = 3 \ , \quad V_0 = 5 \ , \quad y(0^-) = 2 \ , \quad \frac{dy(t)}{dt}\bigg|_{t=0^-} = 0$$

代入後輸出變成

$$Y(s) = \frac{2s^2 + 4s + 15}{s(s^2 + 2s + 3)} = \frac{5}{s} + \frac{3s + 6}{s^2 + 2s + 3}$$

改寫成

$$Y(s) = \frac{5}{s} - \frac{3(s+1)}{(s+1)^2 + (\sqrt{2})^2} - \frac{3}{(s+1)^2 + (\sqrt{2})^2}$$

因此時域中的輸出訊號是

$$y(t) = 5u(t) - 3e^{-t}\cos(\sqrt{2}t)u(t) - \frac{3}{\sqrt{2}}e^{-t}\sin(\sqrt{2}t)u(t)$$

在電路元件上的電壓電流關係，可以將其在時域中的描述，作單邊拉普拉斯轉換之後，在 s–域中表示。

(1) 電阻(R)

$$v_R(t) = Ri_R(t) \overset{UL}{\leftrightarrow} V_R(s) = RI_R(s)$$

(2) 電感(L)

$$v_L(t) = L\frac{di_L(t)}{dt} \overset{UL}{\leftrightarrow} V_L(s) = sLI_L(s) - Li_L(0^-)$$

或

$$i_L(t) = \frac{1}{L}\int_{-\infty}^{t} v_L(\tau)d\tau \overset{UL}{\leftrightarrow} I_L(s) = \frac{1}{sL}V_L(s) + \frac{i_L(0^-)}{s}$$

圖 7.12 展示在 s–域中的電感元件及其表示法。

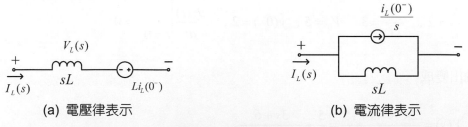

(a) 電壓律表示　　　　　　　(b) 電流律表示

圖 7.12　電感元件 L

(3) 電容(C)

$$v_C(t) = \frac{1}{C}\int_{-\infty}^{t} i_C(\tau)d\tau \overset{UL}{\leftrightarrow} V_C(s) = \frac{1}{sC}I_C(s) + \frac{v_C(0^-)}{s}$$

或

$$i_C(t) = C\frac{dv_C(t)}{dt} \overset{UL}{\leftrightarrow} I_C(s) = sCV_C(s) - Cv_C(0^-)$$

圖 7.13 展示在 s–域中的電容元件及其表示法。

(a) 電壓律表示　　　　　　　　　　(b) 電容元件 C

圖 7.13　與電容元件 C

例題 7.20 解電路問題

　　一個 RC 電路如圖 7.14(a)所示，將其中電容元件 C 改成電壓律下的電容元件加上初始電壓，就是圖 7.14(b)。，

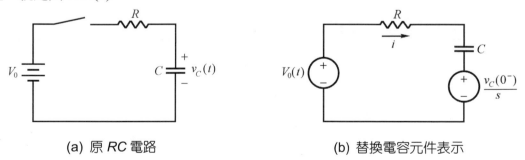

(a) 原 RC 電路　　　　　　　　　　(b) 替換電容元件表示

圖 7.14　替換電容元件表示後的 RC 電路

依據圖 7.14(b)寫出 Kirchhoff 電壓律公式，

$$V_0(s) = RI(s) + \frac{1}{sC}I(s) + \frac{V_C(0^-)}{s}$$

整理之後得到

$$\frac{V_0}{s} = (R + \frac{1}{sC})I(s) + \frac{V_C(0^-)}{s}$$

寫出電流的解，

$$I(s) = \frac{1}{R + \frac{1}{sC}}(\frac{V_0}{s} - \frac{V_C(0^-)}{s}) = \frac{C}{sRC + 1}(V_0 - v_C(0^-))$$

假設 $V_0 = 5$ ，$v_C(0^-) = 2$ ， $C = 1$ ， $RC = 20$ ，代入之後得到電流是

$$I(s) = \frac{1}{20s + 1}(5 - 2) = \frac{3/20}{s + 1/20}$$

在時域中的電流寫成

$$i(t) = \frac{3}{20}e^{-\frac{1}{20}t}u(t)$$

例題 7.21 解微分方程式

一個線性非時變系統表示成如下的微分方程式

$$y(t) + 3\frac{dy(t)}{dt} + 2\frac{d^2y(t)}{dt^2} = x(t), \quad t > 0$$

其初始條件為

$$y(0^-) = 1, \qquad \frac{dy(t)}{dt}\bigg|_{t=0^-} = 2$$

假設輸入訊號為

$$x(t) = e^{-2t}u(t)$$

作單邊拉普拉斯轉換得到

$$Y(s) + 3(sY(s) - y(0^-)) + s(s^2Y(s) - sy(0^-) - \frac{dy(t)}{dt}\Big|_{t=0^-}) = \frac{1}{s+2}$$

整理之後得到

$$Y(s)(1 + 3s + 2s^2) = (3 + 2s)y(0^-) + 2\frac{dy(t)}{dt}\Big|_{t=0^-} + \frac{1}{s+2}$$

$$= 3 + 2s + 4 + \frac{1}{s+2} = 2s + 7 + \frac{1}{s+2} = \frac{2s^2 + 11s + 15}{s+2}$$

因此得到 $Y(s)$

$$Y(s) = \frac{2s^2 + 11s + 15}{(s+1)(2s+1)(s+2)} = \frac{s^2 + 5.5s + 7.5}{(s+0.5)(s+1)(s+2)}$$

$$= \frac{20/3}{s+0.5} - \frac{6}{s+1} + \frac{1/3}{s+2}$$

在時域中的輸出為

$$y(t) = (\frac{20}{3}e^{-0.5t} - 6e^{-t} + \frac{1}{3}e^{-2t})u(t)$$

 7.8

連續時間線性非時變系統的狀態變數描述

❖ 方塊圖表示法

一個 LTI 系統可以是多個 LTI 子系統(subsystem)組合而成，例如

$$h(t) = h_1(t) + h_2(t) \tag{7.87}$$

這是兩個子系統的並聯，其單邊拉普拉斯轉換就是

$$H(s) = H_1(s) + H_2(s) \tag{7.88}$$

如果是兩個子系統的串聯，

$$h(t) = h_1(t) * h_2(t) \tag{7.89}$$

在單邊拉普拉斯轉換之後就是

$$H(s) = H_1(s)H_2(s) \tag{7.90}$$

一個典型的回饋系統方塊圖如下，

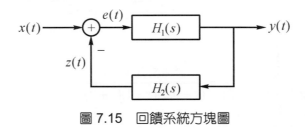

圖 7.15　回饋系統方塊圖

在 s–域中，我們可以用下列方程式表示，

$$Z(s) = H_2(s)Y(s)$$

$$E(s) = X(s) - Z(s)$$

$$Y(s) = H_1(s)E(s) \tag{7.91}$$

整理以上方程式，可以得出系統的輸入輸出關係，

$$Y(s) = H_1(s)(X(s) - Z(s)) \; = H_1(s)(X(s) - H_2(s)Y(s)) \tag{7.92}$$

整理(7.92)式，我們得到

$$(1 + H_1(s)H_2(s))Y(s) = H_1(s)X(s) \tag{7.93}$$

因此系統轉移函數就是

$$H(s) = \frac{Y(s)}{X(s)} = \frac{H_1(s)}{1 + H_1(s)H_2(s)} \tag{7.94}$$

在第二章以方塊圖描述一個連續時間的線性非時變系統，是以積分單元爲其基本組成單元。對一個訊號 $x(t)$ 的積分，在單邊拉普拉斯轉換會有如下的對應關係，

$$\int_{-\infty}^{t} x(\tau)d\tau \quad \overset{UL}{\leftrightarrow} \quad \frac{X(s)}{s} + \frac{1}{s}x^{(-1)}(0^-)$$

以微分方程式描述一個線性非時變系統，我們寫成

$$\sum_{k=0}^{N} a_k \frac{d^k}{dt^k} y(t) = \sum_{k=0}^{M} b_k \frac{d^k}{dt^k} x(t) \tag{7.95}$$

作單邊拉普拉斯轉換，

$$\sum_{k=0}^{N} a_k s^k Y(s) = \sum_{k=0}^{M} b_k s^k X(s) \tag{7.96}$$

若 $N > M$，初始條件爲 $y^{(k)}(0^-) = y^{(k)}(0^+) = 0$，(7.95)式改爲積分的結果，我們得到

$$\sum_{k=0}^{N} a_k y^{(k-N)}(t) = \sum_{k=0}^{M} b_k x^{(k-N)}(t) \tag{7.97}$$

其中 $y^{(k)}(t)$ 表示對 $y(t)$ 作 k 次微分，而 $y^{(-k)}(t)$ 表示作 k 次積分。對(7.97)式作單邊拉普拉斯轉換，得到

$$(\sum_{k=0}^{N} a_k \frac{s^k}{s^N})Y(s) = (\sum_{k=0}^{M} b_k \frac{s^k}{s^N})X(s) \tag{7.98}$$

假設一個二階系統，$N = M = 2$，(7.98)式寫成

$$(a_0 \frac{1}{s^2} + a_1 \frac{1}{s} + a_2)Y(s) = (b_0 \frac{1}{s^2} + b_1 \frac{1}{s} + b_2)X(s) \tag{7.99}$$

整理後得到

$$Y(s) = \frac{1}{a_2}(-a_1 \frac{1}{s} - a_0 \frac{1}{s^2})Y(s) + \frac{1}{a_2}(b_2 + b_1 \frac{1}{s} + b_0 \frac{1}{s^2})X(s) \tag{7.100}$$

令

$$W(s) = \frac{b_2}{a_2}X(s) + \frac{b_1}{a_2}\frac{1}{s}X(s) + \frac{b_0}{a_2}\frac{1}{s^2}X(s)$$ (7.101)

代入(7.100)式得到

$$Y(s) = -\frac{a_1}{a_2}\frac{1}{s}Y(s) - \frac{a_0}{a_2}\frac{1}{s^2}Y(s) + W(s)$$ (7.102)

以方塊圖描述，得到如圖 7.16 的直接型第一式(direct form I)。

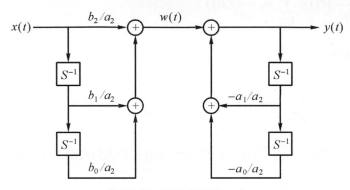

圖 7.16　直接型第一式

圖 7.16 中的方塊代表一個積分單元。若將左右兩個功能方塊互換位置，就得到圖 7.17，

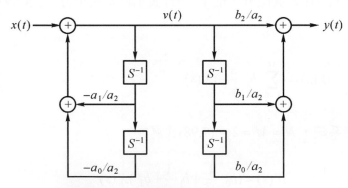

圖 7.17　左右兩個功能方塊互換

中間的訊號 $v(t)$ 分兩個路徑走過兩個積分單元，可以只用一個路徑來替代，因此就得到如圖 7.18 的直接型第二式(direct form II)。

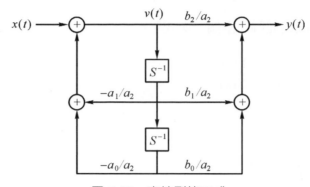

圖 7.18　直接型第二式

例題 7.22 系統的方塊圖描述

一個線性非時變系統的拉普拉斯轉換為

$$H(s) = \frac{1}{s^2 + 5s + 6} = \frac{Y(s)}{X(s)}$$

整理得到

$$(1 + 5\frac{1}{s} + 6\frac{1}{s^2})Y(s) = \frac{1}{s^2}X(s)$$

改寫成

$$Y(s) = -5\frac{1}{s}Y(s) - 6\frac{1}{s^2}Y(s) + \frac{1}{s^2}X(s)$$

繪圖成直接型第二式，如圖 7.19 所示。

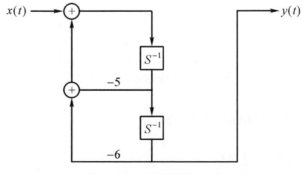

圖 7.19　直接型第二式

若是將轉移函式改為並聯的兩個一次式，

$$H(s) = \frac{1}{s+2} - \frac{1}{s+3} = \frac{Y(s)}{X(s)}$$

得到

$$Y(s) = \frac{1}{s+2}X(s) - \frac{1}{s+3}X(s) = Y_1(s) + Y_2(s)$$

$$Y_1(s) = \frac{1}{s+2}X(s), \qquad sY_1(s) + 2Y_1(s) = X(s)$$

$$Y_1(s) = \frac{-2}{s}Y_1(s) + \frac{1}{s}X(s)$$

$$Y_2(s) = \frac{-1}{s+3}X(s), \qquad sY_2(s) + 3Y_2(s) = -X(s)$$

$$Y_2(s) = \frac{-3}{s}Y_2(s) - \frac{1}{s}X(s)$$

繪圖成圖 7.20。

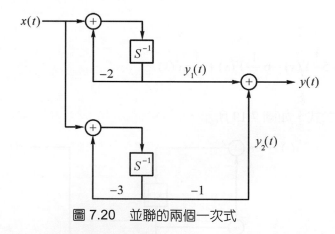

圖 7.20 並聯的兩個一次式

若是將轉移函式改為串聯的兩個一次式，

$$H(s) = \frac{1}{s+2} \cdot \frac{1}{s+3} = \frac{Y(s)}{X(s)}$$

得到

$$Y(s) = \frac{1}{s+2}W(s), \qquad sY(s) + 2Y(s) = W(s)$$

$$Y(s) = -\frac{2}{s}Y(s) + \frac{1}{s}W(s)$$

$$W(s) = \frac{1}{s+3}X(s), \qquad sW(s) + 3W(s) = X(s)$$

$$W(s) = -\frac{3}{s}W(s) + \frac{1}{s}X(s)$$

繪圖成圖 7.21。

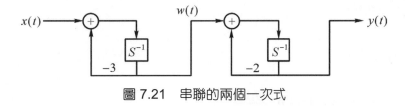

圖 7.21　串聯的兩個一次式

❖ 連續時間 LTI 系統的狀態變數描述

在將 LTI 系統以方塊圖表示之後，圖中的一個結點可以看成是一個變數，描述在此結點上的狀態。我們將圖 7.18 重新繪圖如下，並且令 $a_2 = 1$，以簡化繪圖上的標示。

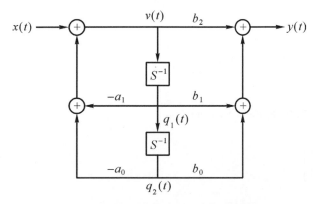

圖 7.22　連續時間 LTI 系統的狀態變數描述

在圖 7.22 中，$q_1(t)$ 與 $q_2(t)$ 標示兩個結點上的狀態變數(state variable)，它們有如下的關係

$$\frac{dq_2(t)}{dt} = q_1(t) \tag{7.103}$$

而圖 7.22 中的 $v(t)$ 與 $q_1(t)$ 的關係就是

$$\frac{dq_1(t)}{dt} = v(t) \tag{7.104}$$

我們重新寫狀態變數的微分方程式如下，

$$\frac{dq_1(t)}{dt} = -a_1 q_1(t) - a_0 q_2(t) + x(t)$$

$$\frac{dq_2(t)}{dt} = q_1(t) \tag{7.105}$$

另外再寫輸出方程式，

$$\begin{aligned}
y(t) &= b_1 q_1(t) + b_0 q_2(t) + b_2 \frac{dq_1(t)}{dt} \\
&= b_1 q_1(t) + b_0 q_2(t) + b_2(-a_1 q_1(t) - a_0 q_2(t) + x(t)) \\
&= (b_1 - b_2 a_1)q_1(t) + (b_0 - b_2 a_0)q_2(t) + b_2 x(t)
\end{aligned} \tag{7.106}$$

整理以上的方程式成為矩陣形式，

$$\frac{d}{dt}\begin{bmatrix} q_1(t) \\ q_2(t) \end{bmatrix} = \begin{bmatrix} -a_1 & -a_0 \\ 1 & 0 \end{bmatrix}\begin{bmatrix} q_1(t) \\ q_2(t) \end{bmatrix} + \begin{bmatrix} 1 \\ 0 \end{bmatrix}x(t) \tag{7.107}$$

$$y(t) = [(b_1 - b_2 a_1) \quad (b_0 - b_2 a_0)]\begin{bmatrix} q_1(t) \\ q_2(t) \end{bmatrix} + b_2 x(t) \tag{7.108}$$

我們定義一個狀態向量(state vector)，

$$\mathbf{q}(t) = \begin{bmatrix} q_1(t) \\ q_2(t) \end{bmatrix} \tag{7.109}$$

於是(7.107)式就改寫成如下的一組矩陣方程式，

$$\frac{d}{dt}\mathbf{q}(t) = \mathbf{A}\mathbf{q}(t) + \mathbf{B}x(t) \tag{7.110}$$

(7.108)式改寫成

$$y(t) = \mathbf{C}\mathbf{q}(t) + \mathbf{D}x(t) \tag{7.111}$$

其中

$$\mathbf{A} = \begin{bmatrix} -a_1 & -a_0 \\ 1 & 0 \end{bmatrix}, \qquad \mathbf{B} = \begin{bmatrix} 1 \\ 0 \end{bmatrix} \tag{7.112}$$

$$\mathbf{C} = [(b_1 - b_2 a_1) \quad (b_0 - b_2 a_0)], \qquad \mathbf{D} = [b_2]$$

　　(7.110)式稱為狀態方程式(state equation)，(7.111)式稱為輸出方程式(output equation)，這兩個方程式合起來描述線性非時變系統的輸入輸出關係，而以狀態向量描述系統內部的狀態，這就是狀態變數的描述。每個狀態就是圖 7.22 中積分單元的輸出，若以電路思考，就是一個電容上的電壓，因此一個狀態變數就看成是電路中一個電容上的電壓狀態。

習題

1. 請作以下訊號的單邊拉普拉斯轉換。

(a) $x(t) = \begin{cases} \sin(\pi t), & 0 < t < 1 \\ 0, & otherwise \end{cases}$

(b) $x(t) = u(t) - u(t - 2)$

(c) $x(t) = e^{-at} \sin(\omega_0 t) u(t)$

2. 請推導以下的單邊拉普拉斯轉換關係。

$$x(t) = \frac{t^{n-1}}{(n-1)!} e^{-at} u(t) \overset{UL}{\leftrightarrow} X(s) = \frac{1}{(s+a)^n}$$

3. 請作以下訊號的雙邊拉普拉斯轉換,並說明及其收歛區域。

(a) $x(t) = e^{-t/2} u(t) + e^t \cos(2t) u(-t)$

(b) $x(t) = e^{2t+1} u(t + 2)$

4. 請找出對應以下單邊拉普拉斯轉換的時間函數。

(a) $X(s) = s \dfrac{d^2}{ds^2} (\dfrac{1}{s^2 + 4})$

(b) $X(s) = \dfrac{s + 4}{s(s^2 + 2s + 5)}$

(c) $X(s) = \dfrac{2s^2 + 10s + 11}{s^2 + 5s + 6}$

5. 給予一個訊號的單邊拉普拉斯轉換,

$$X(s) = \frac{2s}{s^2 + 3} \quad , \quad x(t) = 0 \quad for \quad t < 0 \quad ,$$

請計算以下各時間訊號的拉普拉斯轉換。

(a) $x(t) * \dfrac{d}{dt} x(t)$

(b) $3tx(t)$

(c) $\displaystyle\int_0^t x(2\tau)d\tau$

6. 請找出對應以下雙邊拉普拉斯轉換的時間函數。

(a) $X(s) = e^{3s}\dfrac{1}{s+3}$, $ROC : \mathrm{Re}(s) < -3$

(b) $X(s) = \dfrac{s+4}{(s+1)(s^2+4s+5)}$, $ROC : -2 < \mathrm{Re}(s) < -1$

7. 一個系統由以下微分方程式表示，

$$\frac{d^2}{dt^2}y(t) + 4\frac{d}{dt}y(t) + 3y(t) = \frac{d}{dt}x(t) + 2x(t)$$

請使用拉普拉斯轉換求其轉移函數與脈衝響應。

8. 一個 LTI 系統描述成以下的微分方程式，

$$\frac{d^2}{dt^2}y(t) + 6\frac{d}{dt}y(t) + 8y(t) = \frac{d}{dt}x(t) - 3x(t)$$

其初始條件為 $y(0^-) = 1$ 與 $\left.\dfrac{d}{dt}y(t)\right|_{t=0^-} = 2$ 。

若 $x(t) = e^{-2t}u(t)$，求解此系統的強制響應與自然響應。

9. 一個系統由以下微分方程式表示，

$$\frac{d^2}{dt^2}y(t) + 2\frac{d}{dt}y(t) + 5y(t) = \frac{d^2}{dt^2}x(t) - 2\frac{d}{dt}x(t) + 2x(t)$$

請問這個系統是否有穩定而且符合因果律的逆向系統(inverse system)？若有，請寫出其微分方程式。

10. 請對以下拉普拉斯轉換作波德繪圖(Bode plot)。

(a) $H(s) = \dfrac{40}{(s+1)(s+10)}$

(b) $H(s) = \dfrac{750(s+1)}{s(s^2+20s+75)}$

11. 驗證以下是一個全通系統(all-pass system)。

$$H(s) = \frac{a-s}{a+s}$$

12. 一個穩定系統的輸入與輸出如下，

$$x(t) = e^{-2t}u(t)$$

$$y(t) = e^{-t}\cos(t)u(t)$$

請找出此系統的轉移函數與脈衝響應。

13. 請找出以下系統的轉移函數與脈衝響應。

$$\frac{d^2}{dt^2}y(t) + 5\frac{d}{dt}y(t) + 6y(t) = \frac{d}{dt}x(t) + x(t)$$

14. 一個系統以微分方程式描述如下，

$$\frac{d^3}{dt^3}y(t) + 4\frac{d^2}{dt^2}y(t) + 3\frac{d}{dt}y(t) = 2\frac{d^2}{dt^2}x(t) + x(t)$$

請找出系統的轉移函數，並估算此系統脈衝響應的初始值與最終值。

15. 一個系統以微分方程式描述如下，

$$\frac{d^2}{dt^2}y(t) + 2\frac{d}{dt}y(t) + 10y(t) = \frac{d}{dt}x(t) + 2x(t), \qquad y(t) = 0 \quad for \quad 0 < t$$

請找出系統的步進響應。

16. 請以狀態變數描述以下系統。

   (a) $H(s) = \dfrac{2(s+1)}{s^2 - 2s + 8}$

   (b) $\dfrac{d^3}{dt^3} y(t) + 2\dfrac{d^2}{dt^2} y(t) + 3\dfrac{d}{dt} y(t) + 6y(t) = \dfrac{d}{dt} x(t) + 2x(t)$

17. 兩個系統的轉移函數分別是

   系統 S_1： $\dfrac{1}{s-1}$

   系統 S_2： $\dfrac{s-1}{s+1}$

   請問兩個系統串接成為一個系統之後會是穩定系統嗎？為什麼？

18. 一個系統的轉移函數表示成

   $$H(s) = \dfrac{7s + 17}{s^2 + 5s + 6}$$

   請將它分解成(a) 兩個系統串聯，(b)兩個系統並聯，並作直接型第二式繪圖實現。
   分解成較小系統之後作串聯或並聯方式的實現，與不分解就作實現，會有什麼差別？

CHAPTER

8

CHAPTER

z–轉換

▶▶▶▶

將離散時間傅立葉轉換中的變數 $e^{j\Omega}$ 延伸成為複數
$z = re^{j\Omega}$ ，就推導出 z–轉換(z-transform)。對於離散時間
線性非時變系統的脈衝響應作 z–轉換，得到的就是該系
統的轉移函數，可以觀察系統的特性，z–轉換就是分析
離散時間線性非時變系統的工具。本章討論 z–轉換的收
斂條件與 z–轉換的特性，它原是包含對負向時間函數的
雙邊 z–轉換。對於一個符合因果律的系統，我們只看正
向時間函數，因此得出單邊的 z–轉換。單邊 z–轉換可以
用在解系統差分方程式，作離散時間線性非時變系統的
分析，最後介紹離散時間線性非時變系統的方塊圖表示
法與狀態變數描述法。

8.1

離散時間系統的複數指數輸入與 *z*─轉換

對於一個離散時間線性非時變系統，假設其輸入為複數的指數函數，

$$x[n] = z^n \tag{8.1}$$

z 是一個複數，定義成

$$z = re^{j\Omega} = r\cos\Omega + jr\sin\Omega \tag{8.2}$$

則系統的輸出可以計算如下，

$$y[n] = h[n] * x[n] = \sum_{k=-\infty}^{\infty} h[k]x[n-k] = \sum_{k=-\infty}^{\infty} h[k]z^{n-k}$$
$$= z^n \sum_{k=-\infty}^{\infty} h[k]z^{-k} = z^n H(z) \tag{8.3}$$

在(8.3)式中可以看出，輸入為 z^n 時，其輸出是 z^n 乘上一個 $H(z)$ 的函數，我們定義此函數為

$$H(z) = \sum_{k=-\infty}^{\infty} h[k]z^{-k} \tag{8.4}$$

這個函數與輸入無關，完全是由系統的脈衝響應所決定，因此它描述了系統的特性。將(8.4)式的演算延伸到一般的離散時間訊號 $x[n]$，我們寫成

$$X(z) = \sum_{n=-\infty}^{\infty} x[n]z^{-n} \tag{8.5}$$

這個演算就稱為 z─轉換(z-transform)。

將(8.2)式中 z 的定義代入(8.5)式，得到

$$X(re^{j\Omega}) = \sum_{n=-\infty}^{\infty} (x[n]r^{-n})e^{-j\Omega n} \tag{8.6}$$

(8.6)式顯然是離散時間傅立葉轉換的演算，是對離散時間訊號 $x[n]r^{-n}$ 作傅立葉轉換，因此逆向傅立葉轉換的演算就是

$$x[n]r^{-n} = \frac{1}{2\pi}\int_{-\pi}^{\pi} X(re^{j\Omega})e^{j\Omega n}d\Omega \qquad (8.7)$$

整理(8.7)式，我們得到

$$x[n] = \frac{1}{2\pi}\int_{-\pi}^{\pi} X(re^{j\Omega})r^n e^{j\Omega n}d\Omega \qquad (8.8)$$

因為 $z = re^{j\Omega}$，其微分得到 $dz = jre^{j\Omega}d\Omega$，或是寫成 $d\Omega = \frac{1}{j}\frac{dz}{z}$。(8.8)式的積分範圍是 Ω 從 $-\pi$ 積分到 $+\pi$，讓 r 看成是常數，對應到 z 的積分，就變成是以 r 為半徑做逆時針方向的圓積分，因此(8.8)式改寫成

$$x[n] = \frac{1}{j2\pi}\oint X(z)z^{n-1}dz \qquad (8.9)$$

這就是逆向 z－轉換(inverse z-transform)。

z 是一個複數，我們可以在複數平面上以圓座標繪圖，以複數平面原點為圓心，r 為半徑，Ω 是逆時針方向的旋轉角度。若 r 固定，Ω 旋轉一圈就構成一個圓，在圓上的一個點就表示成 $re^{j\Omega}$，這個平面稱為 z－平面。

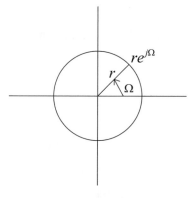

圖 8.1　z–平面

以下的討論將用 $z-$ 平面解釋 $z-$ 轉換的收斂問題。

▶ 8.2

z－轉換的收斂區域

(8.5)式的計算是無限多項的加總，它必須收斂才能得到 z–轉換的結果。從(8.6)式的傅立葉轉換演算來看，我們知道其收斂的條件是

$$\sum_{n=-\infty}^{\infty} \left| x[n]r^{-n} \right| < \infty \tag{8.10}$$

因此我們可以在 z–平面找到一個收斂區域。

假設有一個指數函數，

$$x[n] = \alpha^n u[n] \tag{8.11}$$

這個函數的 z–轉換得到

$$X(z) = \sum_{n=0}^{\infty} \alpha^n z^{-n} = \sum_{n=0}^{\infty} (\alpha r^{-1})^n e^{-j\Omega n} \tag{8.12}$$

其收斂條件就是 $\left| \alpha r^{-1} \right| < 1$。在 z–平面上，收斂區域就在 $r > |\alpha|$ 的範圍內。在收斂的條件下，(8.12)式的運算得到

$$X(z) = \sum_{n=0}^{\infty} (\alpha z^{-1})^n = \frac{1}{1 - \alpha z^{-1}} = \frac{z}{z - \alpha}, \qquad |z| > |\alpha| \tag{8.13}$$

圖 8.2 在 z–平面描述 $x[n] = \alpha^n u[n]$ 作 z–轉換的收斂區域。

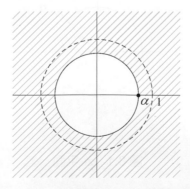

圖 8.2　$X(z) = \sum_{n=0}^{\infty} (\alpha z^{-1})^n$ 的收斂區域

再看另一個函數，

$$y[n] = -\alpha^n u[-n-1] \qquad\qquad (8.14)$$

對這個函數作 *z*－轉換，得到

$$Y(z) = \sum_{n=-\infty}^{\infty} -\alpha^n u[-n-1]z^{-n} = -\sum_{n=-1}^{-\infty} \alpha^n z^{-n} = -\sum_{n=-1}^{-\infty} (\alpha z^{-1})^n \qquad (8.15)$$

$$= -\sum_{n=1}^{\infty} (\alpha z^{-1})^{-n} = 1 - \sum_{n=0}^{\infty} (\alpha z^{-1})^{-n} = 1 - \sum_{n=0}^{\infty} (\alpha^{-1} r)^n e^{j\Omega n}$$

在 $r < |\alpha|$ 的條件下，(8.15)式的運算結果是

$$Y(z) = 1 - \sum_{n=0}^{\infty} (\alpha^{-1}z)^n = 1 - \frac{1}{1 - \alpha^{-1}z} = \frac{-\alpha^{-1}z}{1 - \alpha^{-1}z} \qquad (8.16)$$

$$= \frac{z}{z-\alpha}, \qquad |z| < |\alpha|$$

圖 8.3 在 *z*－平面描述 $y[n] = -\alpha^n u[-n-1]$ 作 *z*－轉換的收斂區域。

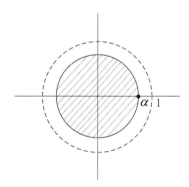

圖 8.3 $Y(z) = -\displaystyle\sum_{n=-1}^{-\infty} (\alpha z^{-1})^n$ 的收斂區域

(8.16)式的結果與(8.13)式的結果完全一樣，但是收斂區域不同，所對應的時域訊號也不一樣。因此我們在描述一個 *z*－轉換時，要註明它的收斂區域，才能對應到它的時域函數。一個完整的 *z*－轉換關係描述如下，

$$x[n] = \frac{1}{j2\pi} \int X(z) z^{n-1} dz \quad \overset{z}{\leftrightarrow} \quad X(z) = \sum_{n=-\infty}^{\infty} x[n] z^{-n}, \quad ROC:R$$

例題 8.1 兩個極點的 z 函數收斂區域

假設有一個 z–轉換的函數，

$$W(z) = \frac{z}{z-a} + \frac{z}{z-b} \tag{8.17}$$

其中 $a > b$，a 與 b 皆為實數。這是某一個時域函數作 z–轉換得到的 z 函數，若將(8.17)式等號右邊的兩項分別標示成兩個函數，$X(z)$ 與 $Y(z)$，它們對應的時間函數是 $x[n]$ 與 $y[n]$。事實上它們各會有兩種可能的對應，對於 $x[n]$ 與 $X(z)$ 的關係，可能的兩種 z–轉換關係是

$$x_1[n] = a^n u[n] \quad \overset{z}{\leftrightarrow} \quad X_1(z) = \frac{z}{z-a}, \quad ROC: |z| > a$$

與

$$x_2[n] = -a^n u[-n-1] \quad \overset{z}{\leftrightarrow} \quad X_2(z) = \frac{z}{z-a}, \quad ROC: |z| < a$$

對於 $y[n]$ 與 $Y(z)$ 的關係，可能的兩種 z–轉換關係是

$$y_1[n] = b^n u[n] \quad \overset{z}{\leftrightarrow} \quad Y_1(z) = \frac{z}{z-b}, \quad ROC: |z| > b$$

與

$$y_2[n] = -b^n u[-n-1] \quad \overset{z}{\leftrightarrow} \quad Y_2(z) = \frac{z}{z-b}, \quad ROC: |z| < b$$

$W(z)$ 式若要成立，必須找到合理的的收斂區域。因為 $a > b$，合理的組合如下：

(1) 收斂區域為 $|z| > a > b$

$$w[n] = (a^n + b^n)u[n] \tag{8.22}$$

$$W(z) = \frac{z}{z-a} + \frac{z}{z-b}, \quad ROC: \ |z| > a$$

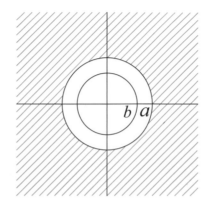

圖 8.4　$W(z)$ 的收斂區域 $ROC: \ |z| > a$

(2) 收斂區域為 $|z| < b < a$

$$w[n] = -(a^n + b^n)u[-n-1] \tag{8.23}$$

$$W(z) = \frac{z}{z-a} + \frac{z}{z-b}, \quad ROC: \ |z| < b$$

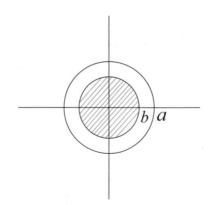

圖 8.5　$W(z)$ 的收斂區域 $ROC: \ |z| < b$

(3) 收斂區域為 $b < |z| < a$

$$w[n] = -a^n u[-n-1] + b^n u[n] \qquad (8.24)$$

$$W(z) = \frac{z}{z-a} + \frac{z}{z-b}, \quad ROC : b < |z| < a$$

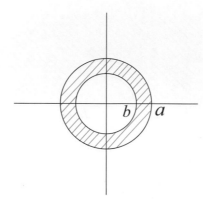

圖 8.6　$W(z)$ 的收斂區域 $ROC : b < |z| < a$

　　而 $W(z) = X_1(z) + Y_2(z)$ 就不能存在，因為 $X_1(z)$ 與 $Y_2(z)$ 的收斂區域不重疊，在 z–平面上沒有一個 z 值可以讓 $W(z) = X_1(z) + Y_2(z)$ 成立。

例題　8.2 z–轉換與收斂區域

一個訊號如下，

$$x[n] = -(\frac{2}{3})^n u[-n-1] + (\frac{-1}{3})^n u[n]$$

計算其 z–轉換，

$$X(z) = \sum_{n=-\infty}^{\infty} x[n]z^{-n} = -\sum_{n=-\infty}^{-1} (\frac{2}{3})^n z^{-n} + \sum_{n=0}^{\infty} (\frac{-1}{3})^n z^{-n}$$

$$= -\sum_{m=\infty}^{1} (\frac{2}{3})^{-m} z^{m} + \frac{1}{1-(\frac{-z^{-1}}{3})} = (1 - \sum_{m=0}^{\infty} (\frac{2}{3})^{-m} z^{m}) + \frac{3}{3+z^{-1}}$$

$$= 1 - \frac{1}{1-(\frac{3}{2}z)} + \frac{3}{3+z^{-1}} = 1 - \frac{2}{2-3z} + \frac{3}{3+z^{-1}} = -\frac{3z}{2-3z} + \frac{3z}{3z+1}$$

$$= \frac{3z(6z-1)}{(3z-2)(3z+1)} = \frac{18z(z-1/6)}{3(z-2/3) \times 3(z+1/3)} = \frac{2z(z-1/6)}{(z-2/3)(z+1/3)}$$

收斂區域為

$$ROC : 1/3 < |z| < 2/3$$

例題 8.3 雙邊訊號的 $z-$轉換

一個訊號如下，

$$x[n] = (0.7)^{|n|} = \begin{cases} (0.7)^n, & n \geq 0 \\ (0.7)^{-n}, & n < 0 \end{cases}$$

計算其 $z-$轉換，

$$X(z) = \sum_{n=-\infty}^{\infty} x[n] z^{-n} = \sum_{n=0}^{\infty} (0.7)^n z^{-n} + \sum_{n=-\infty}^{-1} (0.7)^{-n} z^{-n}$$

$$= \sum_{n=0}^{\infty} (0.7z^{-1})^n + \sum_{m=1}^{\infty} (0.7)^m z^m = \frac{1}{1-0.7z^{-1}} + (\sum_{m=0}^{\infty} (0.7)^m z^m - 1)$$

$$= \frac{1}{1-0.7z^{-1}} + \frac{1}{1-0.7z} - 1 = \frac{1}{1-0.7z^{-1}} + \frac{0.7z}{1-0.7z} = \frac{z}{z-0.7} - \frac{z}{z-10/7}$$

收斂區域為

$$ROC : 0.7 < |z| < 10/7$$

▶ 8.3

基本訊號的 z－轉換

(1) 脈衝函數

在時域中的脈衝函數為

$$x[n] = \delta[n] \tag{8.17}$$

其 z–轉換計算如下

$$X(z) = \sum_{n=-\infty}^{\infty} \delta[n]z^{-n} = 1 \tag{8.18}$$

整個 z–平面都是收斂區域，因此其 z–轉換關係是

$$\delta[n] \overset{z}{\leftrightarrow} 1, \qquad ROC : all\ z\text{-}plane$$

在時域中的脈衝函數對應在 z–域中是一個常數。

(2) 步進函數

在時域中的步進函數為

$$x[n] = u[n] \tag{8.19}$$

其 z–轉換計算如下

$$X(z) = \sum_{n=-\infty}^{\infty} u[n]z^{-n} = \sum_{n=0}^{\infty} (z^{-1})^n = \frac{1}{1-z^{-1}} \tag{8.20}$$

因為 $1/|z|$ 必須小於 1 才會收斂，收斂區域就在 $|z|>1$，因此其 z–轉換關係是

$$u[n] \overset{z}{\leftrightarrow} \frac{1}{1-z^{-1}}, \qquad ROC : |z|>1$$

(3) 指數函數

在時域中的指數函數為

$$x[n] = \alpha^n u[n] \tag{8.21}$$

其 z–轉換計算如下，

$$X(z) = \sum_{n=-\infty}^{\infty} \alpha^n u[n] z^{-n} = \sum_{n=0}^{\infty} (\alpha z^{-1})^n = \frac{1}{1 - \alpha z^{-1}} \tag{8.22}$$

收斂的條件是 $|z| > |\alpha|$，因此其 z–轉換關係是

$$\alpha^n u[n] \overset{z}{\leftrightarrow} \frac{1}{1 - \alpha z^{-1}}, \qquad ROC : |z| > |\alpha|$$

(4) 弦波訊號

在時域中的餘弦訊號為

$$x[n] = \cos(\Omega_1 n) u[n] \tag{8.23}$$

其 z－轉換計算如下，

$$X(z) = \sum_{n=-\infty}^{\infty} \cos(\Omega_1 n) u[n] z^{-n} = \sum_{n=0}^{\infty} \cos(\Omega_1 n) z^{-n} \tag{8.24}$$

$$= \sum_{n=0}^{\infty} \frac{e^{j\Omega_1 n} + e^{-j\Omega_1 n}}{2} z^{-n} = \sum_{n=0}^{\infty} \frac{(e^{j\Omega_1} z^{-1})^n + (e^{-j\Omega_1} z^{-1})^n}{2}$$

$$= \frac{1}{2} \left(\frac{1}{1 - e^{j\Omega_1} z^{-1}} + \frac{1}{1 - e^{-j\Omega_1} z^{-1}} \right) = \frac{1}{2} \frac{1 - e^{j\Omega_1} z^{-1} + 1 - e^{-j\Omega_1} z^{-1}}{1 - e^{j\Omega_1} z^{-1} - e^{j\Omega_1} z^{-1} + z^{-2}}$$

$$= \frac{1}{2} \frac{2 - 2z^{-1} \cos(\Omega_1)}{1 - 2z^{-1} \cos(\Omega_1) + z^{-2}} = \frac{1 - \cos(\Omega_1) z^{-1}}{1 - 2\cos(\Omega_1) z^{-1} + z^{-2}}$$

收斂的條件是 $|z| > 1$，因此其 z–轉換關係是

$$\cos(\Omega_1 n) u[n] \overset{z}{\leftrightarrow} \frac{1 - \cos(\Omega_1) z^{-1}}{1 - 2\cos(\Omega_1) z^{-1} + z^{-2}}, \quad ROC : |z| > 1$$

在時域中的正弦訊號為

$$x[n] = \sin(\Omega_1 n)u[n] \tag{8.25}$$

其 z–轉換計算如下，

$$X(z) = \sum_{n=-\infty}^{\infty} \sin(\Omega_1 n)u[n]z^{-n} = \sum_{n=0}^{\infty} \sin(\Omega_1 n)z^{-n} \tag{8.26}$$

$$= \sum_{n=0}^{\infty} \frac{e^{j\Omega_1 n} - e^{-j\Omega_1 n}}{j2} z^{-n} = \sum_{n=0}^{\infty} \frac{(e^{j\Omega_1}z^{-1})^n - (e^{-j\Omega_1}z^{-1})^n}{j2}$$

$$= \frac{1}{j2}\left(\frac{1}{1-e^{j\Omega_1}z^{-1}} - \frac{1}{1-e^{-j\Omega_1}z^{-1}}\right) = \frac{1}{j2}\frac{-1+e^{j\Omega_1}z^{-1}+1-e^{-j\Omega_1}z^{-1}}{1-e^{j\Omega_1}z^{-1}-e^{j\Omega_1}z^{-1}+z^{-2}}$$

$$= \frac{1}{j2}\frac{j2z^{-1}\sin(\Omega_1)}{1-2z^{-1}\cos(\Omega_1)+z^{-2}} = \frac{\sin(\Omega_1)z^{-1}}{1-2\cos(\Omega_1)z^{-1}+z^{-2}}$$

收斂的條件是 $|z|>1$，因此其 z–轉換關係是

$$\sin(\Omega_1 n)u[n] \overset{z}{\leftrightarrow} \frac{\sin(\Omega_1)z^{-1}}{1-2\cos(\Omega_1)z^{-1}+z^{-2}}, \quad ROC:|z|>1$$

例題 8.4 餘弦訊號的 z–轉換

一個餘弦訊號如下，

$$x[n] = \cos(\pi n/4 - \pi/2)u[n-2]$$

計算其 z–轉換，

$$X(z) = \sum_{n=-\infty}^{\infty} x[n]z^{-n} = \sum_{n=2}^{\infty} \cos(\pi n/4 - \pi/2)z^{-n}$$

$$= \sum_{n=2}^{\infty} (\cos(\pi n/4)\cos(\pi/2) + \sin(\pi n/4)\sin(\pi/2))z^{-n}$$

$$= \sum_{n=2}^{\infty} \sin(\pi n/4)z^{-n} = \sum_{n=0}^{\infty} \sin(\pi n/4)z^{-n} - \sin(\pi/4)z^{-1}$$

套用(8.26)式，

$$X(z) = \frac{\sin(\pi/4)z^{-1}}{1 - 2\cos(\pi/4)z^{-1} + z^{-2}} - \sin(\pi/4)z^{-1}$$

$$= \frac{\sin(\pi/4)z^{-1} - \sin(\pi/4)z^{-1} + 2\cos(\pi/4)\sin(\pi/4)z^{-2} - \sin(\pi/4)z^{-3}}{1 - 2\cos(\pi/4)z^{-1} + z^{-2}}$$

$$= \frac{z^{-2} - \sin(\pi/4)z^{-3}}{1 - 2\cos(\pi/4)z^{-1} + z^{-2}} = \frac{1 - \sin(\pi/4)z^{-1}}{z^2 - 2\cos(\pi/4)z + 1} = \frac{1 - \dfrac{1}{\sqrt{2}}z^{-1}}{z^2 - \sqrt{2}z + 1}$$

收斂區域為

$$ROC: 1 < |z|$$

---

(5) 衰減的弦波訊號

在時域中衰減的餘弦函數為

$$x[n] = a^n \cos(\Omega_1 n)u[n] \tag{8.27}$$

其 $z-$轉換計算如下，

$$X(z) = \sum_{n=-\infty}^{\infty} a^n \cos(\Omega_1 n)u[n]z^{-n} = \sum_{n=0}^{\infty} \cos(\Omega_1 n)(az^{-1})^n \tag{8.28}$$

$$= \sum_{n=0}^{\infty} \frac{e^{j\Omega_1 n} + e^{-j\Omega_1 n}}{2}(az^{-1})^n = \sum_{n=0}^{\infty} \frac{(e^{j\Omega_1}az^{-1})^n + (e^{-j\Omega_1}az^{-1})^n}{2}$$

$$= \frac{1}{2}\left(\frac{1}{1 - e^{j\Omega_1}az^{-1}} + \frac{1}{1 - e^{-j\Omega_1}az^{-1}}\right) = \frac{1}{2}\frac{1 - e^{j\Omega_1}az^{-1} + 1 - e^{-j\Omega_1}az^{-1}}{1 - e^{j\Omega_1}az^{-1} - e^{-j\Omega_1}az^{-1} + a^2z^{-2}}$$

$$= \frac{1}{2}\frac{2 - 2az^{-1}\cos(\Omega_1)}{1 - 2az^{-1}\cos(\Omega_1) + a^2z^{-2}} = \frac{1 - a\cos(\Omega_1)z^{-1}}{1 - 2a\cos(\Omega_1)z^{-1} + a^2z^{-2}}$$

收斂的條件是 $|z| > a$，因此其 $z-$轉換關係是

$$a^n \cos(\Omega_1 n)u[n] \overset{z}{\leftrightarrow} \frac{1 - a\cos(\Omega_1)z^{-1}}{1 - 2a\cos(\Omega_1)z^{-1} + a^2z^{-2}}, \quad ROC: |z| > a$$

在時域中衰減的正弦函數為

$$x[n] = a^n \sin(\Omega_1 n)u[n] \tag{8.29}$$

其 z–轉換計算如下，

$$X(z) = \sum_{n=-\infty}^{\infty} a^n \sin(\Omega_1 n)u[n]z^{-n} = \sum_{n=0}^{\infty} \sin(\Omega_1 n)(az^{-1})^n \tag{8.30}$$

$$= \sum_{n=0}^{\infty} \frac{e^{j\Omega_1 n} - e^{-j\Omega_1 n}}{j2}(az^{-1})^n = \sum_{n=0}^{\infty} \frac{(e^{j\Omega_1}az^{-1})^n - (e^{-j\Omega_1}az^{-1})^n}{j2}$$

$$= \frac{1}{j2}\left(\frac{1}{1-e^{j\Omega_1}az^{-1}} - \frac{1}{1-e^{-j\Omega_1}az^{-1}}\right) = \frac{1}{j2}\frac{-1+e^{j\Omega_1}az^{-1}+1-e^{-j\Omega_1}az^{-1}}{1-e^{j\Omega_1}az^{-1}-e^{-j\Omega_1}az^{-1}+a^2z^{-2}}$$

$$= \frac{1}{j2}\frac{j2az^{-1}\sin(\Omega_1)}{1-2az^{-1}\cos(\Omega_1)+a^2z^{-2}} = \frac{a\sin(\Omega_1)z^{-1}}{1-2a\cos(\Omega_1)z^{-1}+a^2z^{-2}}$$

收斂的條件是 $|z| > a$，因此其 z–轉換關係是

$$a^n \sin(\Omega_1 n)u[n] \quad \overset{z}{\leftrightarrow} \quad \frac{a\sin(\Omega_1)z^{-1}}{1-2a\cos(\Omega_1)z^{-1}+a^2z^{-2}}, \quad ROC : |z| > a$$

例題 8.5 衰減正弦訊號的 z–轉換

一個衰減的正弦訊號如下，

$$x[n] = (0.8)^n \sin(\pi n/6 - \pi/3)u[n]$$

計算其 z–轉換，

$$X(z) = \sum_{n=-\infty}^{\infty} x[n]z^{-n} = \sum_{n=0}^{\infty} z^{-n}(0.8)^n \sin(\pi n/6 - \pi/3)$$

$$= \sum_{n=0}^{\infty} (0.8z^{-1})^n (\sin(\pi n/6)\cos(\pi/3) - \cos(\pi n/6)\sin(\pi/3))$$

$$= \cos(\pi/3)\sum_{n=0}^{\infty} (0.8z^{-1})^n \sin(\pi n/6) - \sin(\pi/3)\sum_{n=0}^{\infty} (0.8z^{-1})^n \cos(\pi n/6)$$

套用(8.28)式與(8.30)式，

$$X(z) = \cos(\pi/3)\frac{0.8\sin(\pi/6)z^{-1}}{1-1.6\cos(\pi/6)z^{-1}+0.64z^{-2}}$$

$$-\sin(\pi/3)\frac{1-0.8\cos(\pi/6)z^{-1}}{1-1.6\cos(\pi/6)z^{-1}+0.64z^{-2}}$$

$$=\frac{0.8(\sin(\pi/6)\cos(\pi/3)+\cos(\pi/6)\sin(\pi/3))z^{-1}-\sin(\pi/3)}{1-1.6\cos(\pi/6)z^{-1}+0.64z^{-2}}$$

$$=\frac{0.8(\sin(\pi/6+\pi/3)z^{-1}-\sin(\pi/3)}{1-1.6\cos(\pi/6)z^{-1}+0.64z^{-2}}$$

$$=\frac{0.8z^{-1}-\sin(\pi/3)}{1-1.6\cos(\pi/6)z^{-1}+0.64z^{-2}}$$

$$=\frac{0.8z-\sin(\pi/3)z^2}{z^2-1.6\cos(\pi/6)z+0.64}$$

收斂區域為

$$ROC : 0.8 < |z|$$

表 8.1　基本訊號的 z－轉換

	$x[n]=\dfrac{1}{j2\pi}\oint X(z)z^{n-1}dz$	$X(z)=\displaystyle\sum_{n=-\infty}^{\infty} x[n]z^{-n},\quad ROC=R$
脈衝函數	$x[n]=\delta[n]$	$X(z)=1,\qquad ROC=all\ z\text{-}plane$
步進函數	$x[n]=u[n]$	$X(z)=\dfrac{1}{1-z^{-1}},\qquad ROC=|z|>1$
指數函數	$x[n]=\alpha^n u[n]$	$X(z)=\dfrac{1}{1-\alpha z^{-1}},\qquad ROC=|z|>|\alpha|$
弦波訊號	$x[n]=\cos(\Omega_1 n)u[n]$	$\dfrac{1-\cos(\Omega_1)z^{-1}}{1-2\cos(\Omega_1)z^{-1}+z^{-2}},\quad |z|>1$
弦波訊號	$x[n]=\sin(\Omega_1 n)u[n]$	$\dfrac{\sin(\Omega_1)z^{-1}}{1-2\cos(\Omega_1)z^{-1}+z^{-2}},\quad |z|>1$
衰減的弦波訊號	$x[n]=a^n\cos(\Omega_1 n)u[n]$	$\dfrac{1-a\cos(\Omega_1)z^{-1}}{1-2a\cos(\Omega_1)z^{-1}+a^2 z^{-2}},\quad |z|>a$
衰減的弦波訊號	$x[n]=a^n\sin(\Omega_1 n)u[n]$	$\dfrac{a\sin(\Omega_1)z^{-1}}{1-2a\cos(\Omega_1)z^{-1}+a^2 z^{-2}},\quad |z|>a$

8.4

z－轉換的特性

　　z－轉換必須給予一個收斂區域，才能確定其運算的結果存在。重寫 z－轉換與逆向 z－轉換的運算式如下，

$$X(z) = \sum_{n=-\infty}^{\infty} x[n]z^{-n}, \quad ROC : R \tag{8.31}$$

$$x[n] = \frac{1}{j2\pi} \oint X(z)z^{n-1}dz \tag{8.32}$$

以下我們列出 z－轉換的特性：

(1) 線性特性

　　兩個離散時間訊號 $x[n]$ 與 $y[n]$ 的 z－轉換分別是 $X(z)$ 與 $Y(z)$，兩個訊號的線性組合為 $ax[n] + by[n]$，

$$x[n] \overset{z}{\leftrightarrow} X(z), \quad ROC : R_x$$

$$y[n] \overset{z}{\leftrightarrow} Y(z), \quad ROC : R_y$$

其 z－轉換也是 $X(z)$ 與 $Y(z)$ 的線性組合，而收斂區域是原來兩個收斂區域的交集。

$$ax[n] + by[n] \overset{z}{\leftrightarrow} aX(z) + bY(z), \quad ROC : R_x \cap R_y$$

(2) 時間逆向

訊號 $x[n]$ 的 z－轉換爲 $X(z)$。$x_1[n]$ 是 $x[n]$ 的時間反向函數，$x_1[n] = x[-n]$，令 $-n = m$，$y[n]$ 的 z－轉換計算如下

$$Y(z) = \sum_{n=-\infty}^{\infty} y[n]z^{-n} = \sum_{n=-\infty}^{\infty} x[-n]z^{-n} = \sum_{m=\infty}^{-\infty} x[m]z^{m} \qquad (8.33)$$

$$= \sum_{m=-\infty}^{\infty} x[m](z^{-1})^{-m} = X(z^{-1})$$

所以得到如下的 z-轉換關係，

$$x[-n] \overset{z}{\leftrightarrow} X(z^{-1}), \quad ROC : \frac{1}{R_x}$$

(3) 時間偏移

訊號 $x[n]$ 的 z－轉換爲 $X(z)$。若將序數 n 變成 $n-n_1$，得到 $x_1[n] = x[n-n_1]$，這是作了時間偏移，其 z－轉換計算如下，

$$X_1(z) = \sum_{n=-\infty}^{\infty} x_1[n]z^{-n} = \sum_{n=-\infty}^{\infty} x[n-n_1]z^{-n} \qquad (8.34)$$

令 $n-n_1 = m$，(8.34)式改寫爲

$$X_1(z) = \sum_{m=-\infty}^{\infty} x[m]z^{-(m+n_1)} = z^{-n_1} \sum_{m=-\infty}^{\infty} x[m]z^{-m} = z^{-n_1} X(z) \qquad (8.35)$$

所以得到如下的 z-轉換關係，

$$x[n-n_1] \overset{z}{\leftrightarrow} z^{-n_1} X(z), \quad ROC : R_x, except\ possibly \quad z = 0 \quad or \quad |z| = \infty$$

例題 8.6 餘弦訊號的時間偏移

一個餘弦訊號如下，

$$x[n] = \cos(\pi n / 4)u[n]$$

其 z-轉換為

$$X(z) = \frac{1 - \cos(\pi / 4)z^{-1}}{1 - 2\cos(\pi / 4)z^{-1} + z^{-2}}, \quad ROC : |z| > 1$$

$x[n]$ 作了時間偏移，得到新的函數，

$$y[n] = x[n - 2] = \cos(\pi(n - 2) / 4)u[n - 2]$$

套用(8.35)式，其 z- 轉換為

$$
\begin{aligned}
Y(z) &= z^{-2}X(z) \\
&= \frac{z^{-2} - \cos(\pi / 4)z^{-3}}{1 - 2\cos(\pi / 4)z^{-1} + z^{-2}} \\
&= \frac{1 - \cos(\pi / 4)z^{-1}}{z^2 - 2\cos(\pi / 4)z + 1},
\end{aligned}
$$

收斂區域為

$$ROC : 1 < |z|$$

例題 8.7 時間偏移特性的應用

計算以下離散時間函數的 $z-$ 轉換，

$$x[n] = \sin(\frac{\pi n}{6} - \frac{\pi}{3})u[n-2]$$

整理上式得到

$$x[n] = \sin(\frac{\pi}{6}(n-2))u[n-2]$$

令

$$y[n] = \sin(\frac{\pi}{6}n)u[n]$$

計算其 $z-$ 轉換，

$$Y(z) = \frac{\sin(\frac{\pi}{6})z^{-1}}{1 - 2\cos(\frac{\pi}{6})z^{-1} + z^{-2}} \quad ROC: \ |z| > 1$$

依據時間偏移的原理，$y[n-2]$ 的 $z-$ 轉換關係為

$$y[n-2] = \sin(\frac{\pi}{6}(n-2))u[n-2] \quad \overset{z}{\leftrightarrow} \quad z^{-2}Y(z) = \frac{\sin(\frac{\pi}{6})z^{-3}}{1 - 2\cos(\frac{\pi}{6})z^{-1} + z^{-2}}$$

$$ROC: |z| > 1$$

因此得到

$$X(z) = \frac{\sin(\frac{\pi}{6})z^{-3}}{1 - 2\cos(\frac{\pi}{6})z^{-1} + z^{-2}} \quad ROC: |z| > 1$$

例題 8.8 逆向時間訊號的 z–轉換

計算以下離散時間函數的 z– 轉換，

$$x[n] = (3)^n u[-n-4]$$

令

$$y[n] = -(3)^n u[-n-1]$$

計算其 z– 轉換，

$$Y(z) = \frac{1}{1-3z^{-1}}, \qquad |z| < 3$$

依據時間偏移的原理，$y[n+3]$ 的 z– 轉換關係為

$$y[n+3] = -(3)^{n+3} u[-(n+3)-1] \overset{z}{\leftrightarrow} z^3 Y(z) = \frac{z^3}{1-3z^{-1}}, \qquad |z| < 3$$

因此得到

$$x[n] = (3)^n u[-n-4]$$
$$= -(3)^{-3} y[n+3]$$

其 z–轉換為

$$X(z) = \frac{-z^3}{27(1-3z^{-1})}, \qquad ROC : |z| < 3$$

(4) 乘上指數函數

訊號 $x[n]$ 的 $z-$ 轉換為 $X(z)$。若 $y[n] = \alpha^n x[n]$，$y[n]$ 的 $z-$ 轉換計算如下，

$$Y(z) = \sum_{n=-\infty}^{\infty} \alpha^n x[n] z^{-n} = \sum_{n=-\infty}^{\infty} x[n](\alpha^{-1}z)^{-n} = X(\alpha^{-1}z) \qquad (8.36)$$

所以得到如下的 $z-$ 轉換關係，

$$\alpha^n x[n] \overset{z}{\leftrightarrow} X(\alpha^{-1}z), \quad ROC : |\alpha| R_x$$

(5) 捲迴特性

兩個訊號 $x[n]$ 與 $y[n]$ 的 $z-$ 轉換分別是 $X(z)$ 與 $Y(z)$，它們的收斂區域分別是 R_x 與 R_y。將兩個離散時間訊號 $x[n]$ 與 $y[n]$ 作捲加運算得到 $w[n]$，

$$w[n] = x[n] * y[n] = \sum_{\ell=-\infty}^{\infty} x[\ell] y[n-\ell] \qquad (8.37)$$

其 $z-$ 轉換的運算如下，

$$W(z) = \sum_{n=-\infty}^{\infty} (\sum_{\ell=-\infty}^{\infty} x[\ell] y[n-\ell]) z^{-n} \qquad (8.38)$$

令 $n - \ell = m$，(8.38)式改寫為

$$\begin{aligned}
W(z) &= \sum_{n=-\infty}^{\infty} \sum_{\ell=-\infty}^{\infty} x[\ell] y[n-\ell] z^{-n} = \sum_{m=-\infty}^{\infty} \sum_{\ell=-\infty}^{\infty} x[\ell] y[m] z^{-m} z^{-\ell} \\
&= \sum_{\ell=-\infty}^{\infty} x[\ell] (\sum_{m=-\infty}^{\infty} y[m] z^{-m}) z^{-\ell} = \sum_{\ell=-\infty}^{\infty} x[\ell] z^{-\ell} Y(z) \\
&= X(z) Y(z)
\end{aligned} \qquad (8.39)$$

所以得到的 $z-$ 轉換關係是

$$x[n] * y[n] \overset{z}{\leftrightarrow} X(z) Y(z), \quad ROC = R_x \cap R_y$$

時域中兩個訊號的捲加演算，對應在 $z-$ 域中是兩個 $z-$ 轉換相乘，收斂區域是原來兩個收斂區域的交集。

(6) 對 z 的微分

訊號 $x[n]$ 的 $z-$ 轉換為 $X(z)$。若是對 $X(z)$ 作 $z-$ 域的微分，得到

$$\frac{d}{dz}X(z) = \sum_{n=-\infty}^{\infty} x[n]\frac{d}{dz}(z^{-n}) = \sum_{n=-\infty}^{\infty} -nx[n]z^{-n-1} \tag{8.40}$$

因此其 $z-$ 轉換關係是

$$nx[n] \overset{z}{\leftrightarrow} -z\frac{d}{dz}X(z), \quad ROC : R_x$$

表 8.2　$z-$轉換的特性

	$x[n] = \dfrac{1}{j2\pi}\oint X(z)z^{n-1}dz$	$X(z) = \displaystyle\sum_{n=-\infty}^{\infty} x[n]z^{-n}$
	$x[n] \overset{z}{\leftrightarrow} X(z), \quad ROC = R$	
線性特性	$ax[n] + by[n]$	$aX(z) + bY(z), \quad ROC = R_x \cap R_y$
時間偏移	$x[n-n_1]$	$z^{-n_1}X(z),$ $\quad ROC = R_x, except\ possibly$ $\quad z = 0 \quad or \quad |z| = \infty$
時間逆向	$x[-n]$	$X(z^{-1}), \quad ROC = \dfrac{1}{R_x}$
乘上指數函數	$\alpha^n x[n]$	$X(\alpha^{-1}z), \quad ROC = |\alpha|R_x$
捲迴特性	$x[n]*y[n]$	$X(z)Y(z), \quad ROC = R_x \cap R_y$
對 z 的微分	$nx[n]$	$-z\dfrac{d}{dz}X(z), \quad ROC = R_x$

▷ **8.5**
逆向 *z*-轉換

一個訊號 $x[n]$ 的 z- 轉換 $X(z)$ 通常可以寫成分數型式，

$$X(z) = \frac{\sum\limits_{k=0}^{M} b_k z^{-k}}{\sum\limits_{k=0}^{N} a_k z^{-k}} \tag{8.41}$$

分子的階次為 M，分母的階次為 N。解分母多項式的根，得到一組極點 $\{d_k\}$，$k=1,2,...,N$。作部份因式展開(partial fraction expansion)，(8.41)式可以改寫成

$$X(z) = \sum_{k=0}^{N} \frac{A_k}{1-d_k z^{-1}} \tag{8.42}$$

(8.42)式等號右邊的任何一項，可以找到對應的時域函數，

$$A_k (d_k)^n u[n] \overset{z}{\leftrightarrow} \frac{A_k}{1-d_k z^{-1}}, \qquad ROC: |z| > d_k$$

或是

$$-A_k (d_k)^n u[-n-1] \overset{z}{\leftrightarrow} \frac{A_k}{1-d_k z^{-1}}, \qquad ROC: |z| < d_k$$

若是有重根 d_i，其部份因式展開可以寫成下式，

$$\frac{A_{i1}}{1-d_i z^{-1}} + \frac{A_{i2}}{(1-d_i z^{-1})^2} + \cdots + \frac{A_{ir}}{(1-d_i z^{-1})^r} \tag{8.43}$$

其中的 m 階項，對應的時域函數是

$$A_{im} \frac{(n+1)\cdots(n+m-1)}{(m-1)!}(d_i)^n u[n] \quad \overset{z}{\leftrightarrow} \quad \frac{A_{im}}{(1-d_i z^{-1})^m}$$

$$ROC:|z| > d_i$$

或是

$$-A_{im} \frac{(n+1)\cdots(n+m-1)}{(m-1)!}(d_i)^n u[-n-1] \quad \overset{z}{\leftrightarrow} \quad \frac{A_{im}}{(1-d_i z^{-1})^m}$$

$$ROC:|z| < d_i$$

如果在(8.41)式中 $M \geq N$ ，就讓分子多項式除以分母多項式，得出

$$X(z) = \sum_{k=0}^{M-N} f_k z^{-k} + \frac{\sum_{k=0}^{N-1} \tilde{b}_k z^{-k}}{\sum_{k=0}^{N} a_k z^{-k}} \tag{8.44}$$

等號右邊的第二項是分數函數，就如同前述的方式，以部份因式展開的做法來處理。

對於脈衝訊號 $\delta[n]$ 作 $z-$ 轉換，其結果如下，

$$\sum_{n=-\infty}^{\infty} \delta[n]z^{-n} = 1 \tag{8.45}$$

依據時間偏移的特性，(8.45)式可以引申出如下的關係，

$$\delta[n-\ell] \quad \overset{z}{\leftrightarrow} \quad z^{-\ell}$$

所以(8.44)式等號右邊的第一項，可以找到如下的逆向 $z-$ 轉換，

$$\sum_{k=0}^{M-N} f_k \delta[n-k] \quad \overset{z}{\leftrightarrow} \quad \sum_{k=0}^{M-N} f_k z^{-k}$$

若重寫(8.44)式爲

$$X(z) = \sum_{k=0}^{M-N} f_k z^{-k} + \sum_{k=0}^{N} \frac{\tilde{A}_k}{1 - d_k z^{-1}} \tag{8.46}$$

則其逆向 $z-$ 轉換就得到

$$x[n] = \sum_{k=0}^{M-N} f_k \delta[n-k] + \sum_{k=1}^{N} \tilde{A}_k (d_k)^n u[n], \quad |z| > \max\{|d_k|\} \tag{8.47}$$

或

$$x[n] = \sum_{k=0}^{M-N} f_k \delta[n-k] - \sum_{k=1}^{N} \tilde{A}_k (d_k)^n u[-n-1], \quad |z| < \min\{|d_k|\} \tag{8.48}$$

我們也可以將(8.44)式等號右邊的第二項繼續做除法演算，展開成次方序列(power series)，變成

$$X(z) = \sum_{k=0}^{M-N} f_k z^{-k} + \sum_{k=1}^{\infty} g_k z^k \tag{8.49}$$

因此在時域中就是

$$x[n] = \sum_{k=0}^{M-N} f_k \delta[n-k] + \sum_{k=1}^{\infty} g_k \delta[n+k] \tag{8.50}$$

例題 8.9 逆向 $z-$ 轉換之計算

一個訊號 $x[n]$ 的 $z-$ 轉換 $X(z)$ 爲

$$X(z) = \frac{18z^3 - 7z^2 - 3z + 2}{6z^3 + z^2 - z}, \quad |z| > 1/2$$

整理之後爲

$$X(z) = \frac{3 - \frac{7}{6}z^{-1} - \frac{1}{2}z^{-2} + \frac{1}{3}z^{-3}}{1 + \frac{1}{6}z^{-1} - \frac{1}{6}z^{-2}}$$

分子函數的階次比分母函數的階次高，所以先做除法演算，

$$
\begin{array}{r}
-2z^{-1} + 1 \\
-\frac{1}{6}z^{-2} + \frac{1}{6}z^{-1} + 1 \overline{\big)\ \frac{1}{3}z^{-3} - \frac{1}{2}z^{-2} - \frac{7}{6}z^{-1} + 3} \\
\frac{1}{3}z^{-3} - \frac{1}{3}z^{-2} - 2z^{-1} \\
\hline
-\frac{1}{6}z^{-2} + \frac{5}{6}z^{-1} + 3 \\
-\frac{1}{6}z^{-2} + \frac{1}{6}z^{-1} + 1 \\
\hline
\frac{4}{6}z^{-1} + 2
\end{array}
$$

因此原式改為

$$X(z) = 1 - 2z^{-1} + \frac{2 + \frac{4}{6}z^{-1}}{1 + \frac{1}{6}z^{-1} - \frac{1}{6}z^{-2}} = 1 - 2z^{-1} + \frac{2 + \frac{4}{6}z^{-1}}{(1 + \frac{1}{2}z^{-1})(1 - \frac{1}{3}z^{-1})}$$

$$= 1 - 2z^{-1} + \frac{2/5}{1 + \frac{1}{2}z^{-1}} + \frac{8/5}{1 - \frac{1}{3}z^{-1}}$$

計算其逆向 $z-$ 轉換，得到

$$x[n] = \delta[n] - 2\delta(n-1) + \frac{2}{5}\left(-\frac{1}{2}\right)^n u[n] + \frac{8}{5}\left(\frac{1}{3}\right)^n u[n]$$

▷ **8.6**

離散時間線性非時變系統的轉移函數

對於一個離散時間的 LTI 系統，其輸出是由系統的脈衝響應與輸入訊號作捲加演算得到，對應在 $z-$ 轉換，其關係如下，

$$y[n] = h[n] * x[n] \overset{z}{\leftrightarrow} \quad Y(z) = H(z)X(z)$$

$H(z)$ 就是系統的轉移函數(transfer function)，可以寫成

$$H(z) = \frac{Y(z)}{X(z)} \tag{8.51}$$

從另一個角度來看，離散時間 LTI 系統可以用差分方程式(difference equation)來表示其輸入與輸出的關係，這個差分方程式寫成

$$\sum_{k=0}^{N} a_k y[n-k] = \sum_{k=0}^{M} b_k x[n-k] \tag{8.52}$$

對差分方程式作 $z-$ 轉換，就得到

$$\sum_{k=0}^{N} a_k z^{-k} Y(z) = \sum_{k=0}^{M} b_k z^{-k} X(z) \tag{8.53}$$

將(8.53)式的結果帶入(8.51)式，就得到表示轉移函數的方式，

$$H(z) = \frac{\sum_{k=0}^{M} b_k z^{-k}}{\sum_{k=0}^{N} a_k z^{-k}} \tag{8.54}$$

分母與分子皆是以 z^{-1} 為變數的多項式，我們解出分母與分子多項式的根，然後改寫(8.54)式為

$$H(z) = \frac{\tilde{b} \prod\limits_{k=1}^{M} (1 - c_k z^{-1})}{\prod\limits_{k=1}^{N} (1 - d_k z^{-1})} \tag{8.55}$$

其中 $\tilde{b} = \dfrac{b_0}{a_0}$ ，$\{c_k\}$ 是此系統的零點，$\{d_k\}$ 是其極點。如果 $N > M$ ，(8.55)式可以改寫成

$$H(z) = \frac{\tilde{b} z^{N-M} \prod\limits_{k=1}^{M} (z - c_k)}{\prod\limits_{k=1}^{N} (z - d_k)} \tag{8.56}$$

事實上能讓 $H(z) = 0$ 的 z 值，就是零點，讓 $H(z) \to \infty$ 的 z 值，就是極點。假設 $N > M$ ，(8.56)式顯示有 M 個零點 $\{c_k\}$ 及 N 個極點 $\{d_k\}$ 之外，還有 $N - M$ 個零點是在 $z = 0$ 。同理，如果是 $M > N$ ，則有 $M - N$ 個極點在 $z = 0$ 。

如果 $H(z)$ 所表示的 LTI 系統是符合因果律的系統，在時域上它的脈衝響應是右邊訊號。因此 $H(z)$ 的收斂範圍在 z–平面上是某一個圓的外圍。如果 $H(z)$ 的收斂區域包含了 $|z| = 1$ 的這個單位圓(unit circle)，將單位圓上的一個點 $z = e^{j\Omega}$ 代入 $H(z)$ 中，我們得到的是系統的頻率響應 $H(e^{j\Omega})$ 。因為收斂區域不會含有極點，所以我們說，如果這個 LTI 系統是穩定的系統，就表示它所有極點都在單位圓內。

假如 $h[n]$ 所代表的是可逆性的系統(invertible system)，其逆向系統 $h_{inv}[n]$ 就需要滿足下式，

$$h_{inv}[n] * h[n] = \delta[n] \tag{8.57}$$

也就是在 z– 域中滿足下式

$$H_{inv}(z) H(z) = 1 \tag{8.58}$$

因此逆向系統的 z– 轉換就是

$$H_{inv}(z) = \frac{1}{H(z)} = \frac{\displaystyle\prod_{k=1}^{N}(1-d_k z^{-1})}{\tilde{b}\displaystyle\prod_{k=1}^{M}(1-c_k z^{-1})} \tag{8.59}$$

逆向系統必須是穩定而且符合因果律才有意義，因此(8.59)式中的極點必須在 $z-$ 平面的單位圓內，而(8.59)式的極點正是(8.56)式的零點，換句話說，一個系統 $H(z)$ 會有可逆性，其極點與零點都必須在 $z-$ 平面的單位圓內。

將 $z = e^{j\Omega}$ 代入轉移函數 $H(z)$，就得到系統的頻率響應 $H(e^{j\Omega})$，也就是在 $z-$ 平面的單位圓上觀察頻率響應。將 $z = e^{j\Omega}$ 代入(8.56)式，我們得到

$$H(e^{j\Omega}) = \frac{\tilde{b}e^{j\Omega(N-M)}\displaystyle\prod_{k=1}^{M}(e^{j\Omega}-c_k)}{\displaystyle\prod_{k=1}^{N}(e^{j\Omega}-d_k)} \tag{8.60}$$

這個複數可以表示成其絕對值與相位，

$$H(e^{j\Omega}) = \left|H(e^{j\Omega})\right| e^{j\phi\{H(e^{j\Omega})\}} \tag{8.61}$$

其絕對值部份是

$$\left|H(e^{j\Omega})\right| = \frac{\left|\tilde{b}\right|\displaystyle\prod_{k=1}^{M}\left|e^{j\Omega}-c_k\right|}{\displaystyle\prod_{k=1}^{N}\left|e^{j\Omega}-d_k\right|} \tag{8.62}$$

我們展開 $H(e^{j\Omega})$ 的相位，可以表示如下

$$\phi\{H(e^{j\Omega})\} = \phi\{\tilde{b}\} + \sum_{k=1}^{M}\phi\{(e^{j\Omega}-c_k)\} - \sum_{k=1}^{N}\phi\{(e^{j\Omega}-d_k)\} + (N-M)\Omega \tag{8.63}$$

可以看出一個零點 c_k 對於相位的貢獻是 $\phi\{(e^{j\Omega}-c_k)\}$，一個極點 d_k 對於相位的貢獻則是 $-\phi\{(e^{j\Omega}-d_k)\}$。

對一個零點 c_k 來說，$(e^{j\Omega} - c_k)$ 在 z–平面上表示是從 c_k 這個點指向單位圓上某一點 $e^{j\Omega}$ 的一個向量，$\left| e^{j\Omega} - c_k \right|$ 是此向量的長度，也就是 c_k 這個點到單位圓上某一點 $e^{j\Omega}$ 的距離，而 $\phi\{(e^{j\Omega} - c_k)\}$ 則是這個向量與橫軸之間的角度。

因為 c_k 是一個複數，我們可以寫成

$$c_k = \mathrm{Re}\{c_k\} + j\,\mathrm{Im}\{c_k\} = |c_k|\, e^{j\phi\{c_k\}} \tag{8.64}$$

從原點 $z = 0$ 指向 c_k 這個零點的向量，其絕對值與相位就是 $|c_k|$ 與 $\phi\{c_k\}$。$(e^{j\Omega} - c_k)$ 這個向量是零點 c_k 指向 $e^{j\Omega}$ 這個點的向量，其絕對值的計算如下，

$$\left| e^{j\Omega} - c_k \right| = \sqrt{(\cos\Omega - \mathrm{Re}\{c_k\})^2 + (\sin\Omega - \mathrm{Im}\{c_k\})^2} \tag{8.65}$$

相位則是

$$\phi\{(e^{j\Omega} - c_k)\} = \arctan(\frac{\sin\Omega - \mathrm{Im}\{c_k\}}{\cos\Omega - \mathrm{Re}\{c_k\}}) \tag{8.66}$$

$(e^{j\Omega} - c_k)$ 這個向量的最短長度發生在 $\Omega = \phi\{c_k\} = \Omega_1$。

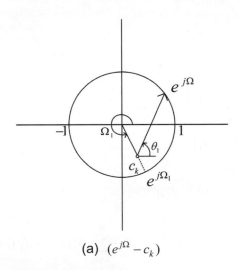

(a) $(e^{j\Omega} - c_k)$

圖 8.7 z–平面上的零點在單位圓內

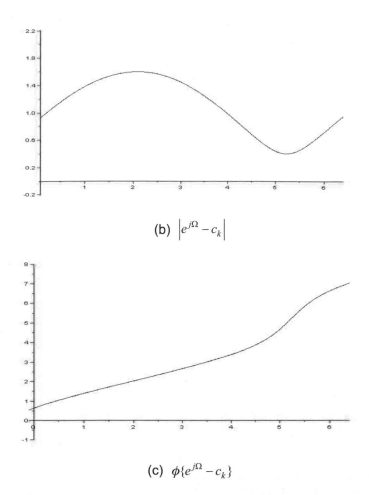

(b) $\left| e^{j\Omega} - c_k \right|$

(c) $\phi\{e^{j\Omega} - c_k\}$

圖 8.7 z–平面上的零點在單位圓內(續)

　　同理，在 z–平面上看一個極點 d_k，它對 $|H(e^{j\Omega})|$ 的貢獻是 $\dfrac{1}{(e^{j\Omega} - d_k)}$。從原點 $z = 0$ 指向 d_k 這個極點的向量，其絕對值與相位就是 $|d_k|$ 與 $\phi\{d_k\}$。$(e^{j\Omega} - d_k)$ 這個向量是極點 d_k 指向 $e^{j\Omega}$ 這個點的向量。若以 Ω 為橫軸，從 $\Omega = 0$ 到 $\Omega = 2\pi$，繪出絕對值曲線，其絕對值曲線的最高點在 $\Omega = \phi\{d_k\} = \Omega_2$ 處。

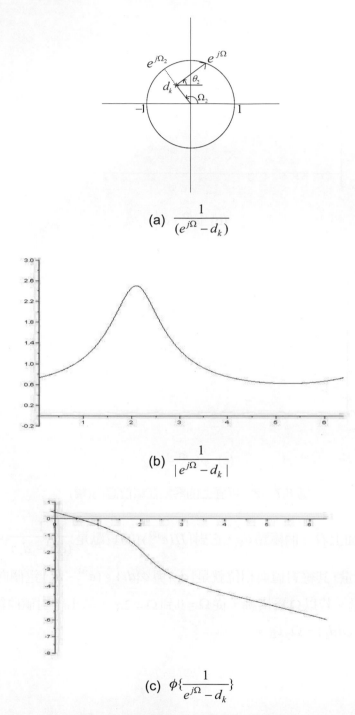

(a) $\dfrac{1}{(e^{j\Omega}-d_k)}$

(b) $\dfrac{1}{|e^{j\Omega}-d_k|}$

(c) $\phi\{\dfrac{1}{e^{j\Omega}-d_k}\}$

圖 8.8　$z-$平面上的極點在單位圓內

圖 8.9 與圖 8.10 分別展示一個零點在單位圓外與一個極點在單位圓外的現象。

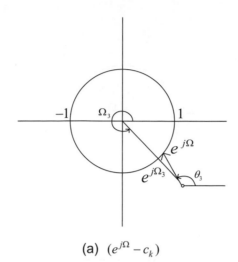

(a) $(e^{j\Omega} - c_k)$

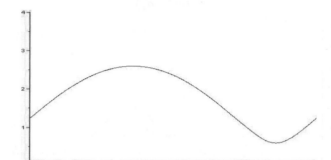

(b) $\left| e^{j\Omega} - c_k \right|$

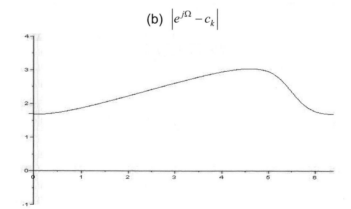

(c) $\phi\{e^{j\Omega} - c_k\}$

圖 8.9 z－平面上的零點在單位圓外

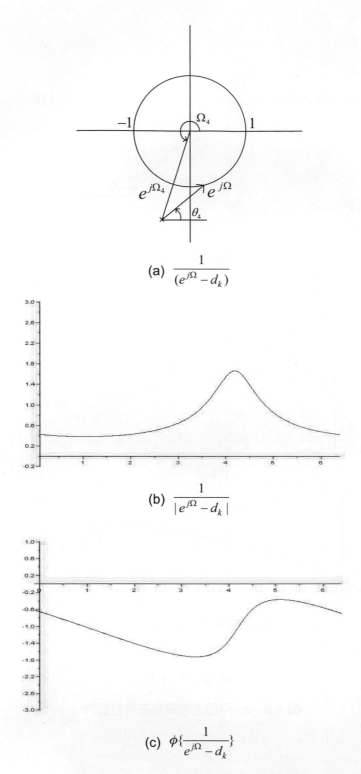

(a) $\dfrac{1}{(e^{j\Omega} - d_k)}$

(b) $\dfrac{1}{|e^{j\Omega} - d_k|}$

(c) $\phi\{\dfrac{1}{e^{j\Omega} - d_k}\}$

圖 8.10　z－平面上的極點在單位圓外

對於一個符合因果律而又穩定的系統，$H(z)$ 的極點都會在 z–平面上的單位圓內，但是零點就有可能落在單位圓外。如果的極點與零點都在 z–平面上的單位圓內，這個系統有最小群體相位延遲(Minimum group delay)或者說是最小能量延遲(Minimum energy delay)的特性，它在時域中的脈衝響應會呈現能量往 $n=0$ 集中的現象，也就是能量延遲最小，我們稱之為最小相位系統(minimum phase system)。如果的極點與零點都在 z–平面上的單位圓外，這個系統不穩定，或是不符合因果律，有最大群體相位延遲(Maximum group-delay)的特性，脈衝響應會呈現能量往後延的現象，我們稱之為最大相位系統(maximum phase system)。

例題 8.10 最小相位系統

一個離散時間系統的轉移函數為

$$H_1(z) = \frac{(1-0.7z^{-1})}{(1-0.8z^{-1})(1+0.6z^{-1})}$$

極點與零點都在 z– 平面上的單位圓內，這是一個最小相位系統。計算其逆向 z– 轉換，先作因式分解，

$$H_1(z) = \frac{1}{14}\frac{1}{1-0.8z^{-1}} + \frac{13}{14}\frac{1}{1+0.6z^{-1}}$$

得到系統的脈衝響應為

$$h_1[n] = \frac{1}{14}(0.8)^n u[n] + \frac{13}{14}(-0.6)^n u[n]$$

將單位圓上的一個點 $z = e^{j\Omega}$ 代入 $H_1(z)$ 中，我們得到的是系統的頻率響應 $H_1(e^{j\Omega})$，

$$H_1(e^{j\Omega}) = \frac{(1-0.7e^{-j\Omega})}{(1-0.8e^{-j\Omega})(1+0.6e^{-j\Omega})}$$
$$= \frac{1-0.7\cos\Omega + j0.7\sin\Omega}{(1-0.8\cos\Omega + j0.8\sin\Omega)(1+0.6\cos\Omega - j0.6\sin\Omega)}$$

其絕對值為

$$|H_1(e^{j\Omega})| = \frac{\sqrt{(1-07\cos\Omega)^2 + (0.7\sin\Omega)^2}}{\sqrt{(1-08\cos\Omega)^2 + (0.8\sin\Omega)^2} \times \sqrt{(1+0.6\cos\Omega)^2 + (0.6\sin\Omega)^2}}$$

$$= \frac{\sqrt{1.49 - 1.4\cos\Omega}}{\sqrt{1.64 - 1.6\cos\Omega} \times \sqrt{1.36 + 1.2\cos\Omega}}$$

相位為

$$\phi\{H_1(e^{j\Omega})\} = \tan^{-1}(\frac{0.7\sin\Omega}{1-0.7\cos\Omega}) - \tan^{-1}(\frac{0.8\sin\Omega}{1-0.8\cos\Omega}) + \tan^{-1}(\frac{0.6\sin\Omega}{1+0.6\cos\Omega})$$

圖 8.11 繪出其脈衝響應與頻率響應，我們計算 $h_1[n]$ 的訊號功率，得到

$$P = \sum_{n=0}^{\infty} |h_1[n]|^2 \approx 1.451$$

計算其前幾個脈衝所累積的訊號功率，

$$P_J = \sum_{n=0}^{J-1} |h_1[n]|^2$$

$P_1 = 1, \quad P_2 = 1.25, \quad P_3 = 1.3944, \quad P_4 = 1.4213, \quad P_5 = 1.4437$

$P_6 = 1.4461, \quad P_7 = 1.4499, \quad P_8 = 1.4500, \quad P_9 = 1.4508, \quad P_{10} = 1.4508$

從以上數據可以知道，第一個脈衝 $h_1[0]$ 攜帶了最大的能量，前四個脈衝的功率就佔了約 98%，表示在時序上訊號能量往前集中。

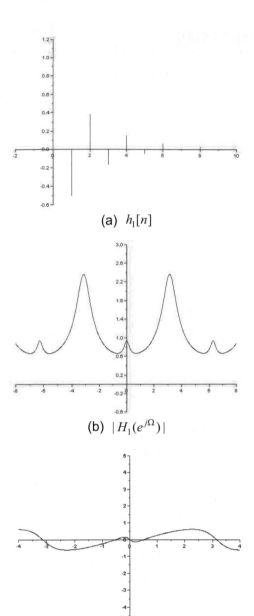

(a) $h_1[n]$

(b) $|H_1(e^{j\Omega})|$

(c) $\phi|H_1(e^{j\Omega})|$

圖 8.11　最小相位系統

圖 8.11(c)展示這個最小相位系統頻率響應的相位，很靠近橫軸，其範圍約在弧度值正負 1 之內。

例題 8.11 非最小相位系統

在例題 8.10 中，如果將系統的零點移到單位圓外，系統的轉移函數改為

$$H_2(z) = \frac{(0.7 - z^{-1})}{(1 - 0.8z^{-1})(1 + 0.6z^{-1})}$$

這還是一個穩定系統。作因式分解，

$$H_2(z) = -\frac{22}{70} \frac{1}{1 - 0.8z^{-1}} + \frac{71}{70} \frac{1}{1 + 0.6z^{-1}}$$

其逆向 z-轉換得到系統的脈衝響應，

$$h_2[n] = -\frac{22}{70}(0.8)^n u[n] + \frac{71}{70}(-0.6)^n u[n]$$

觀察系統的頻率響應 $H_2(e^{j\Omega})$，

$$H_2(e^{j\Omega}) = \frac{(0.7 - e^{-j\Omega})}{(1 - 0.8e^{-j\Omega})(1 + 0.6e^{-j\Omega})}$$

$$= \frac{0.7 - \cos\Omega + j\sin\Omega}{(1 - 0.8\cos\Omega + j0.8\sin\Omega)(1 + 0.6\cos\Omega - j0.6\sin\Omega)}$$

計算其絕對值與相位，得到

$$|H_2(e^{j\Omega})| = \frac{\sqrt{(0.7 - \cos\Omega)^2 + (\sin\Omega)^2}}{\sqrt{(1 - 0.8\cos\Omega)^2 + (0.8\sin\Omega)^2} \times \sqrt{(1 + 0.6\cos\Omega)^2 + (0.6\sin\Omega)^2}}$$

$$= \frac{\sqrt{1.49 - 1.4\cos\Omega}}{\sqrt{1.64 - 1.6\cos\Omega} \times \sqrt{1.36 + 1.2\cos\Omega}}$$

與

$$\phi\{H_2(e^{j\Omega})\} = \tan^{-1}(\frac{\sin\Omega}{0.7 - \cos\Omega}) - \tan^{-1}(\frac{0.8\sin\Omega}{1 - 0.8\cos\Omega}) + \tan^{-1}(\frac{0.6\sin\Omega}{1 + 0.6\cos\Omega})$$

可以看到 $|H_2(e^{j\Omega})|$ 與 $|H_1(e^{j\Omega})|$ 相同，但是相位與脈衝響應已經不一樣了。

圖 8.12 繪出其脈衝響應與相位。計算 $h_2[n]$ 的前幾個脈衝所累積的訊號功率，得到

$$P_1 = 0.49, \quad P_2 = 1.2296, \quad P_3 = 1.2565, \quad P_4 = 1.4009, \quad P_5 = 1.4009$$

$$P_6 = 1.4340, \quad P_7 = 1.4352, \quad P_8 = 1.4441, \quad P_9 = 1.4454, \quad P_{10} = 1.4481$$

與 $h_1[n]$ 比較，都明顯較小，第二個脈衝 $h_2[1]$ 攜帶了最大的能量，脈衝響應呈現能量往後移的現象，前四個脈衝的功率佔了約 96%。

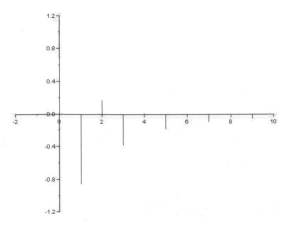

(a) $h_2[n]$

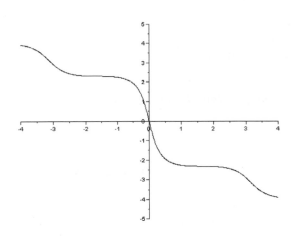

(b) $\phi\{H_2(e^{j\Omega})\}$

圖 8.12　非最小相位系統

圖 8.12(b)是 $H_2(e^{j\Omega})$ 的相位，與圖 8.11(c)比較，明顯有較大的相位。

例題 8.12 最大相位系統

在例題 8.10 中,如果將系統的零點與極點都移到單位圓外,系統的轉移函數改為

$$H_3(z) = \frac{(0.7 - z^{-1})}{(0.8 - z^{-1})(0.6 + z^{-1})}$$

這就是一個最大相位系統。作因式分解,

$$H_3(z) = \frac{-5}{56} \frac{1}{1 - \frac{5}{4}z^{-1}} + \frac{65}{42} \frac{1}{1 + \frac{5}{3}z^{-1}}$$

其 z-轉換的收斂區域在 $ROC : |z| < 5/3$,逆向 z-轉換得到系統的脈衝響應在時軸的左半邊,是一個不符合因果率的系統。

$$h_3[n] = \frac{5}{56}(\frac{5}{4})^n u[-n-1] - \frac{65}{42}(-\frac{5}{3})^n u[-n-1]$$

系統的頻率響應是

$$H_3(e^{j\Omega}) = \frac{(0.7 - e^{-j\Omega})}{(0.8 - e^{-j\Omega})(0.6 + e^{-j\Omega})}$$

$$= \frac{0.7 - \cos\Omega + j\sin\Omega}{(0.8 - \cos\Omega + j\sin\Omega)(0.6 + \cos\Omega - j\sin\Omega)}$$

其絕對值為

$$|H_3(e^{j\Omega})| = \frac{\sqrt{(0.7 - \cos\Omega)^2 + (\sin\Omega)^2}}{\sqrt{(0.8 - \cos\Omega)^2 + (\sin\Omega)^2} \times \sqrt{(0.6 + \cos\Omega)^2 + (\sin\Omega)^2}}$$

$$= \frac{\sqrt{1.49 - 1.4\cos\Omega}}{\sqrt{1.64 - 1.6\cos\Omega} \times \sqrt{1.36 + 1.2\cos\Omega}}$$

相位為

$$\phi\{H_3(e^{j\Omega})\} = \tan^{-1}(\frac{\sin\Omega}{0.7 - \cos\Omega}) - \tan^{-1}(\frac{\sin\Omega}{0.8 - \cos\Omega}) + \tan^{-1}(\frac{\sin\Omega}{0.6 + \cos\Omega})$$

$|H_3(e^{j\Omega})|$ 與 $|H_1(e^{j\Omega})|$ 相同。圖 8.13 繪出最大相位系統的脈衝響應與相位，可以看到脈衝響應在時軸的左半邊。就時序來看，攜帶較大能量的脈衝是在後面，表示訊號能量往後延。

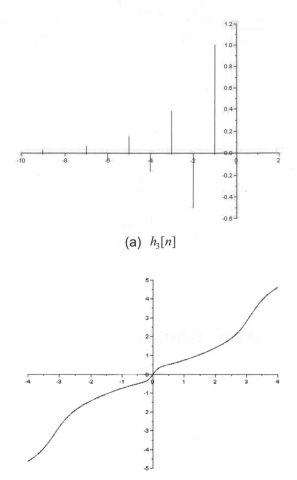

(a) $h_3[n]$

(b) $\phi\{H_3(e^{j\ })\}$

圖 8.13　能量延遲

圖 8.13(b)是 $H_3(e^{j\Omega})$ 的相位，與圖 8.11(c)比較，相位範圍大得多。

如果一個系統由一對在單位圓內的共軛極點 $ae^{j\theta}$ 與 $ae^{-j\theta}$，以及其對映在單位圓外的一對共軛零點 $\frac{1}{a}e^{j\theta}$ 與 $\frac{1}{a}e^{-j\theta}$ 所組成，它的轉移函數寫成

$$H(z) = \frac{a^2 - (2a\cos\theta)z^{-1} + z^{-2}}{1 - (2a\cos\theta)z^{-1} + a^2 z^{-2}} \tag{8.67}$$

$$= \frac{(a - e^{j\theta}z^{-1})(a - e^{-j\theta}z^{-1})}{(1 - ae^{j\theta}z^{-1})(1 - ae^{-j\theta}z^{-1})} = \frac{a^2\left(z - \dfrac{1}{a}e^{j\theta}\right)\left(z - \dfrac{1}{a}e^{-j\theta}\right)}{(z - ae^{j\theta})(z - ae^{-j\theta})}, \quad a < 1$$

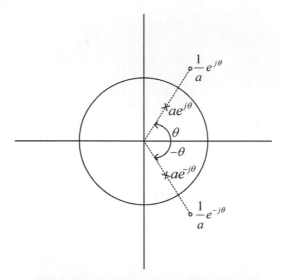

圖 8.14　具有對映極點與零點的系統

令 $z = e^{j\Omega}$，得到其頻率響應為

$$H(e^{j\Omega}) = \frac{(ae^{j\Omega} - e^{j\theta})(ae^{j\Omega} - e^{-j\theta})}{(e^{j\Omega} - ae^{j\theta})(e^{j\Omega} - ae^{-j\theta})} \tag{8.68}$$

$$= \frac{(a\cos\Omega - \cos\theta) + j(a\sin\Omega - \sin\theta)}{(\cos\Omega - a\cos\theta) + j(\sin\Omega - a\sin\theta)} \times \frac{(a\cos\Omega - \cos\theta) + j(a\sin\Omega + \sin\theta)}{(\cos\Omega - a\cos\theta) + j(\sin\Omega + a\sin\theta)}$$

計算其絕對值，

$$|H(e^{j\Omega})| = \frac{\sqrt{(a\cos\Omega - \cos\theta)^2 + (a\sin\Omega - \sin\theta)^2}}{\sqrt{(\cos\Omega - a\cos\theta)^2 + (\sin\Omega - a\sin\theta)^2}} \tag{8.69}$$

$$\times \frac{\sqrt{(a\cos\Omega - \cos\theta)^2 + (a\sin\Omega + \sin\theta)^2}}{\sqrt{(\cos\Omega - a\cos\theta)^2 + (\sin\Omega + a\sin\theta)^2}}$$

$$= \frac{\sqrt{a^2 - 2a\cos\Omega\cos\theta - 2a\sin\Omega\sin\theta + 1}}{\sqrt{1 - 2a\cos\Omega\cos\theta - 2a\sin\Omega\sin\theta + a^2}}$$

$$\times \frac{\sqrt{a^2 - 2a\cos\Omega\cos\theta + 2a\sin\Omega\sin\theta + 1}}{\sqrt{1 - 2a\cos\Omega\cos\theta + 2a\sin\Omega\sin\theta + a^2}} = 1$$

這個絕對值是常數，表示所有頻率成份都能通過，因此稱之為全通系統(all-pass system)。

 8.7

單邊 *z*－轉換

如果我們只考慮 $n \geq 0$ 的訊號，則 *z*－ 轉換變成是

$$X(z) = \sum_{n=0}^{\infty} x[n] z^{-n} \tag{8.70}$$

這叫做單邊 *z*－ 轉換(unilateral z-transform 或 one-sided z-transform)。因為所考慮的是 $n \geq 0$ 的訊號，它做 *z*－ 轉換的收斂區域一定是在某一個圓的外界，通常不再特別說明。單邊 *z*－ 轉換的表示如下，

$$x[n] \overset{UZ}{\leftrightarrow} X(z)$$

若是有一個訊號 $y[n] = x[n-1]$，在單邊 *z*－轉換的演算中，我們會得到

$$Y(z) = \sum_{n=0}^{\infty} y[n]z^{-n} = \sum_{n=0}^{\infty} x[n-1]z^{-n} = x[-1] + \sum_{n=1}^{\infty} x[n-1]z^{-n} \tag{8.71}$$

令 $m = n - 1$，(8.71)式寫成

$$Y(z) = x[-1] + (\sum_{m=0}^{\infty} x[m]z^{-m})z^{-1} = x[-1] + z^{-1}X(z) \tag{8.72}$$

如果讓 $w[n] = y[n-1] = x[n-2]$，套用(8.72)式的演算結果，可以得到

$$W(z) = y[-1] + z^{-1}Y(z) = x[-2] + z^{-1}(x[-1] + z^{-1}X(z)) \tag{8.73}$$
$$= x[-2] + z^{-1}x[-1] + z^{-2}X(z)$$

延伸這個演算，我們可以得到如下的關係，

$$x[n-k] \overset{UZ}{\leftrightarrow} x[-k] + z^{-1}x[-k+1] + \cdots + z^{-k+1}x[-1] + z^{-k}X(z), \quad k > 0$$

一個離散時間的 LTI 系統，可以用差分方程式表示，

$$\sum_{k=0}^{N} a_k y[n-k] = \sum_{k=0}^{M} b_k x[n-k] \tag{8.74}$$

若 $x[n]$ 是 $n \geq 0$ 的訊號，而 $y[n]$ 可以有 $n < 0$ 時的值，則其 $z-$ 轉換會得到

$$A(z)Y(z) + C(z) = B(z)X(z) \tag{8.75}$$

其中

$$A(z) = \sum_{k=0}^{N} a_k z^{-k}, \qquad B(z) = \sum_{k=0}^{M} b_k z^{-k} \tag{8.76}$$

而 $C(z)$ 則是由 $y[n]$ 在 $n = 0$ 之前的值所構成，

$$C(z) = \sum_{m=0}^{N-1} \sum_{k=m+1}^{N} a_k y[-k+m]z^{-m} \tag{8.77}$$

這些 $y[-1]$, $y[-2]$, $\cdots$, $y[-N]$ 是這個系統的初始條件(initial condition)。因此(8.75)式可以寫成

$$Y(z) = \frac{B(z)}{A(z)}X(z) - \frac{C(z)}{A(z)} \tag{8.78}$$

計算(8.78)式的逆向 $z-$ 轉換，就可以求得系統的輸出 $y[n]$。

[例題] 8.13 解差分方程式

一個 LTI 系統以差分方程式表示如下，

$$y[n] + \frac{1}{6}y[n-1] - \frac{1}{6}y[n-2] = x[n], \qquad n \geq 0$$

輸入為以下函數，

$$x[n] = (\frac{1}{4})^n u[n]$$

初始條件如下，

$$y[-2] = -1, \quad y[-1] = 2$$

應用以下的單邊 z– 轉換，

$$x[n] = (\frac{1}{4})^n u[n] \quad \overset{uz}{\leftrightarrow} \quad X(z) = \frac{1}{1 - \frac{1}{4}z^{-1}}$$

$$y[n] \quad \overset{uz}{\leftrightarrow} \quad Y(z)$$

$$y[n-1] \quad \overset{uz}{\leftrightarrow} \quad z^{-1}Y(z) + y[-1]$$

$$y[n-2] \quad \overset{uz}{\leftrightarrow} \quad z^{-1}(z^{-1}Y(z) + y[-1]) + y[-2]$$

因此得到系統差分方程式的單邊 z– 轉換，

$$Y(z) + \frac{1}{6}(z^{-1}Y(z) + y[-1]) - \frac{1}{6}(z^{-1}(z^{-1}Y(z) + y[-1]) + y[-2]) = \frac{1}{1 - \frac{1}{4}z^{-1}}$$

等號左邊代入初始條件之後整理得到

$$Y(z)(1 + \frac{1}{6}z^{-1} - \frac{1}{6}z^{-2}) + \frac{1}{6}y[-1] - \frac{1}{6}(z^{-1}y[-1] + y[-2])$$

$$= Y(z)(1+\frac{1}{2}z^{-1})(1-\frac{1}{3}z^{-1}) + \frac{1}{2} - \frac{1}{3}z^{-1} = \frac{1}{1-\frac{1}{4}z^{-1}}$$

最後的結果是

$$Y(z) = \frac{-\frac{1}{2}+\frac{1}{3}z^{-1}}{(1+\frac{1}{2}z^{-1})(1-\frac{1}{3}z^{-1})} + \frac{1}{(1+\frac{1}{2}z^{-1})(1-\frac{1}{3}z^{-1})(1-\frac{1}{4}z^{-1})}$$

$$= \frac{-3/10}{1+\frac{1}{2}z^{-1}} + \frac{9/5}{1-\frac{1}{3}z^{-1}} + \frac{-1}{1-\frac{1}{4}z^{-1}}$$

對應時域中的輸出為

$$y[n] = -\frac{3}{10}(-\frac{1}{2})^n u[n] + \frac{9}{5}(\frac{1}{3})^n u[n] - (\frac{1}{4})^n u[n]$$

8.8
離散時間線性非時變系統的狀態變數描述

❖ 方塊圖表示法

　　如同拉普列斯轉換，系統做 $z-$ 轉換之後也可以用方塊圖表示。圖 8.15 是一個典型的回饋系統方塊圖，

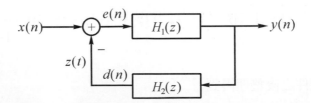

圖 8.15　回饋控制系統方塊圖

在 $z-$ 域中，我們可以用下列方程式表示，

$$D(z) = H_2(z)Y(z)$$

$$E(z) = X(z) - D(z) \tag{8.79}$$

$$Y(z) = H_1(z)E(z)$$

整理以上方程式，可以得出系統的輸入輸出關係，

$$Y(z) = H_1(z)(X(z) - D(z)) \ = H_1(z)(X(z) - H_2(z)Y(z)) \tag{8.80}$$

整理(8.80)式，我們得到

$$(1 + H_1(z)H_2(z))Y(z) = H_1(z)X(z) \tag{8.81}$$

因此系統轉移函數就是

$$H(z) = \frac{Y(z)}{X(z)} = \frac{H_1(z)}{1 + H_1(z)H_2(z)} \tag{8.82}$$

假設我們以差分方程式來表示一個離散時間 LTI 系統，以二階系統為例，其差分方程式為

$$y[n] + a_1 y[n-1] + a_2 y[n-2] = b_0 x[n] + b_1 x[n-1] + b_2 x[n-2] \tag{8.83}$$

若初始條件為 0，在 $z-$ 轉換之後得到

$$(1 + a_1 z^{-1} + a_2 z^{-2})Y(z) = (b_0 + b_1 z^{-1} + b_2 z^{-2})X(z) \tag{8.84}$$

因此得到其轉移函數。

$$H(z) = \frac{Y(z)}{X(z)} = \frac{b_0 + b_1 z^{-1} + b_2 z^{-2}}{1 + a_1 z^{-1} + a_2 z^{-2}} \tag{8.85}$$

將(8.85)式的分子與分母分別定義成兩個函數，

$$H_1(z) = b_0 + b_1 z^{-1} + b_2 z^{-2}, \qquad H_2(z) = \frac{1}{1 + a_1 z^{-1} + a_2 z^{-2}} \qquad (8.86)$$

輸入輸出關係爲

$$Y(z) = H_2(z)H_1(z)X(z) \qquad (8.87)$$

可以改寫成

$$W(z) = H_1(z)X(z), \qquad Y(z) = H_2(z)W(z) \qquad (8.88)$$

繪出其方塊圖如圖 8.16，這稱爲直接型第一式(direct form I)。

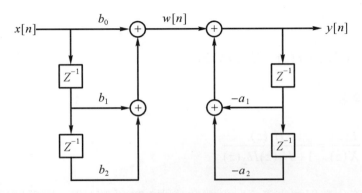

圖 8.16　直接型第一式(direct form I)

　　圖中的 z^{-1} 代表一個單位時間延遲單元。如果把(8.84)式中的 $H_1(z)$ 與 $H_2(z)$ 互換，變成

$$Y(z) = H_1(z)H_2(z)X(z) \qquad (8.89)$$

改寫成

$$V(z) = H_2(z)X(z), \qquad Y(z) = H_1(z)V(z) \qquad (8.90)$$

其方塊圖如圖 8.17 所示。

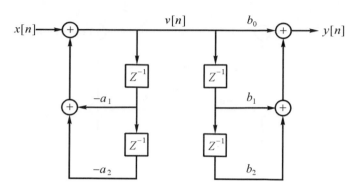

圖 8.17　直接型第一式中的 $H_1(z)$ 與 $H_2(z)$ 互換

將時間延遲單元合併，這稱為直接型第二式(direct form II)。

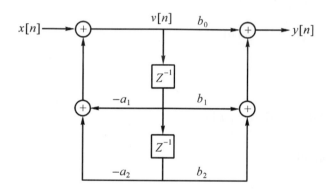

圖 8.18　直接型第二式(direct form II)

❖ 離散時間 LTI 系統的狀態變數描述

對於離散時間 LTI 系統，我們也可以作狀態變數描述。將圖 8.18 重新繪圖，

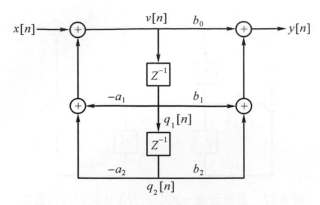

圖 8.19　離散時間 LTI 系統的狀態變數描述

在圖 8.19 中標示其狀態變數 $q_1[n]$ 與 $q_2[n]$，它們有如下的關係，

$$q_2[n] = q_1[n-1], \qquad q_1[n] = v[n-1] \tag{8.91}$$

將 n 改為 $n+1$，寫出以下方程式，

$$q_1[n+1] = v[n] = x[n] - a_1 q_1[n] - a_2 q_2[n]$$

$$q_2[n+1] = q_1[n]$$

$$\begin{aligned} y[n] &= b_1 q_1[n] + b_2 q_2[n] + b_0(x[n] - a_1 q_1[n] - a_2 q_2[n]) \\ &= (b_1 - b_0 a_1)q_1[n] + (b_2 - b_0 a_2)q_2[n] + b_0 x[n] \end{aligned} \tag{8.92}$$

整理成矩陣形式，

$$\begin{bmatrix} q_1[n+1] \\ q_2[n+1] \end{bmatrix} = \begin{bmatrix} -a_1 & -a_2 \\ 1 & 0 \end{bmatrix} \begin{bmatrix} q_1[n] \\ q_2[n] \end{bmatrix} + \begin{bmatrix} 1 \\ 0 \end{bmatrix} x[n] \tag{8.93}$$

$$y[n] = [(b_1 - b_0 a_1) \quad (b_2 - b_0 a_2)] \begin{bmatrix} q_1[n] \\ q_2[n] \end{bmatrix} + b_0 x[n] \tag{8.94}$$

我們定義一個狀態向量(state vector)，

$$\mathbf{q}[n] = \begin{bmatrix} q_1[n] \\ q_2[n] \end{bmatrix} \tag{8.95}$$

於是(8.93)式就改寫成如下的矩陣方程式，

$$\mathbf{q}[n+1] = \mathbf{A}\mathbf{q}[n] + \mathbf{B}x[n] \tag{8.96}$$

(8.94)式改寫成

$$y[n] = \mathbf{C}\mathbf{q}[n] + \mathbf{D}x[n] \tag{8.97}$$

其中

$$\mathbf{A} = \begin{bmatrix} -a_1 & -a_2 \\ 1 & 0 \end{bmatrix}, \qquad \mathbf{B} = \begin{bmatrix} 1 \\ 0 \end{bmatrix}$$
$$\mathbf{C} = [(b_1 - b_0 a_1) \quad (b_2 - b_0 a_2)], \qquad \mathbf{D} = [b_0] \tag{8.98}$$

　　(8.96)式稱爲狀態方程式(state equation)，(8.97)式稱爲輸出方程式(output equation)，這兩個方程式描述了線性非時變系統的輸入輸出關係，狀態向量則是描述系統內部的狀態，這就是狀態變數的描述。狀態變數就是圖 8.19 中延遲單元的輸出，若以電路思考，就相當是一個記憶元件的狀態。

例題 8.14 以方塊圖表示一個轉移函數

　　一個離散時間 LTI 系統的轉移函數如下，

$$H(z) = \frac{Y(z)}{X(z)} = \frac{4 + 1.1z^{-1} + 1.2z^{-2}}{(1 + 0.3z^{-1})(1 - 0.4z^{-1} + 0.2z^{-2})}$$

將分母改寫，

$$\frac{Y(z)}{X(z)} = \frac{4 + 1.1z^{-1} + 1.2z^{-2}}{1 - 0.1z^{-1} + 0.08z^{-2} + 0.06z^{-3}}$$

展開上式，

$$(1 - 0.1z^{-1} + 0.08z^{-2} + 0.06z^{-3})Y(z) = (4 + 1.1z^{-1} + 1.2z^{-2})X(z)$$

令 $W(z) = (4 + 1.1z^{-1} + 1.2z^{-2})X(z)$

即可得到

$$Y(z) = 0.1z^{-1}Y(z) - 0.08z^{-2}Y(z) - 0.06z^{-3}Y(z) + W(z)$$

整理上式作直接型第二式的繪圖,

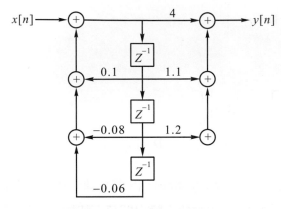

圖 8.20 直接型第二式

我們也可以做平行處理的繪圖,將轉移函數作因式分解,

$$\frac{Y(z)}{X(z)} = \frac{3}{1 + 0.3z^{-1}} + \frac{1 + 2z^{-1}}{1 - 0.4z^{-1} + 0.2z^{-2}}$$

展開上式,

$$Y(z) = U(z) + V(z) = \frac{3}{1 + 0.3z^{-1}} X(z) + \frac{1 + 2z^{-1}}{1 - 0.4z^{-1} + 0.2z^{-2}} X(z)$$

分成兩個平行方塊,

$$U(z) = \frac{3}{1 + 0.3z^{-1}} X(z),$$
$$U(z) = -0.3z^{-1}U(z) + 3X(z)$$

$$V(z) = \frac{1 + 2z^{-1}}{1 - 0.4z^{-1} + 0.2z^{-2}} X(z),$$
$$V(z) = 0.4z^{-1}V(z) - 0.2z^{-2}V(z) + X(z) + 2z^{-1}X(z)$$

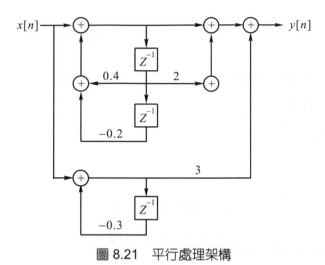

圖 8.21　平行處理架構

習題

1. 請計算以下訊號的 $z-$ 轉換。

   (a) $x[n] = 2^n u[-n-2]$

   (b) $x[n] = n(1/2)^n u[n-2] * (-\frac{1}{3})^n u[n+1]$

2. 訊號的 $z-$ 轉換如下，請找出其時域中的訊號。

   (a) $X(z) = \dfrac{z^{-1}}{(1-(1/2)z^{-1})(1+2z^{-1})}, \quad ROC : 1/2 < |z| < 2$

   (b) $X(z) = \dfrac{3z^4 - 2z^3 + z}{z^2 - 1}, \quad ROC : 1 < |z|$

3. 一個符合因果律的系統，其輸入與輸出分別是

   $$x[n] = (-\frac{1}{3})^n u[n]$$

   $$y[n] = 2(-\frac{1}{3})^n u[n] - (\frac{1}{2})^n u[n]$$

   請找出其轉移函數及脈衝響應。

4. 系統以差分方程式表示如下，請找出其轉移函數及脈衝響應。

   (a) $y[n] + y[n-1] + \dfrac{2}{9} y[n-2] = x[n] - 2x[n-1]$

   (b) $y[n] + \dfrac{1}{\sqrt{2}} y[n-1] + \dfrac{1}{4} y[n-2] = \dfrac{1}{2} x[n-1]$

5. 請查明以下的系統是否可以有逆向系統(inverse system)，並說明其逆向系統是否是符合因果律而又穩定的系統。

 (a) $h[n] = 10(\frac{-1}{2})^n u[n] - 9(\frac{-1}{4})^n u[n]$

 (b) $h[n] = 24(\frac{1}{2})^n u[n-1] - 30(\frac{1}{3})^n u[n-1]$

6. 請利用對 *z* 的微分特性推導出以下的 *z*－ 轉換關係。

$$\frac{(n+1)\cdots(n+m-1)}{(m-1)!}(\alpha)^n u[n] \quad \overset{z}{\leftrightarrow} \quad \frac{1}{(1-\alpha z^{-1})^m}, \qquad ROC: |z| > \alpha$$

7. 請作下式的逆向 *z*－ 轉換。

$$X(z) = \frac{3z^2 - z + 1}{z^3 - z^2 - z + 1}$$

8. 將以下系統轉移函式分解成二階系統，請繪出其直接型第二式的方塊圖。

$$H(z) = \frac{(1+2z^{-1})^2(1-\frac{3}{4}e^{j\frac{\pi}{2}}z^{-1})(1-\frac{3}{4}e^{-j\frac{\pi}{2}}z^{-1})}{(1-\frac{3}{4}z^{-1})(1+\frac{1}{2}z^{-1})(1-\frac{3}{8}e^{j\frac{\pi}{3}}z^{-1})(1-\frac{3}{8}e^{-j\frac{\pi}{3}}z^{-1})}$$

9. 請檢驗以下系統是否(i)符合因果律而又穩定，(ii)具有最小相位。

 (a) $H(z) = \dfrac{3z + 2}{z^2 + z - \dfrac{5}{16}}$

 (b) $y[n] + \frac{2}{3}y[n-1] + \frac{5}{9}y[n-2] = x[n] - \frac{2}{3}x[n-1]$

10. 以下的系統轉移函數描述一個全通濾波器，請在頻域中討論，並證實其全通濾波的特性。

$$H(z) = \frac{(1 - \frac{1}{\alpha}z^{-1})(1 - \frac{1}{\alpha*}z^{-1})}{(1 - \alpha z^{-1})(1 - \alpha* z^{-1})}, \qquad |\alpha| < 1$$

其中 α 為複數，$\alpha*$ 是 α 的共軛複數。

11. 請找出以下 $z-$ 域函數對應的時間訊號。

$$X(z) = \frac{4 + z^{-1}}{1 + \frac{5}{3}z^{-1} - \frac{2}{3}z^{-1}}, \qquad \frac{1}{3} < |z| < 2$$

12. 請計算以下系統的轉移函數。

$$h[n] = 2(\frac{2}{3})^n u[n-1] + (\frac{1}{4})^n \{\cos\frac{\pi n}{6} - 2\sin\frac{\pi n}{6}\}u[n]$$

13. 一個 LTI 系統描述成以下的差分方程式，

$$y[n] - \frac{1}{2}y[n-1] + \frac{1}{4}y[n-2] = x[n] - 2x[n-1]$$

其初始條件為 $y[-2] = 1$ 與 $y[-1] = -2$ 。

若 $x[n] = (\frac{3}{4})^n u[n]$，請利用 $z-$ 轉換求解此系統的輸出 $y[n]$ 。

14. 請以狀態變數描述以下系統。

$$H(z) = \frac{1 - \frac{2}{3}z^{-1}}{1 - \frac{1}{6}z^{-1} - \frac{1}{6}z^{-2}}$$

15. 一個系統描述如下，

    $y[n] - 0.7y[n-1] = x[n]$

    請計算此系統對以下輸入的頻率響應。

    (a) $x[n] = \cos(\dfrac{n\pi}{3})u[n]$

    (b) $x[n] = u[n-1]$

16. 一個系統的轉移函數如下，

    $H(z) = \dfrac{1}{1 - 0.5z^{-1}}$

    請計算此系統對以下輸入的零狀態(zero-state)響應。

    $x[n] = (0.7)^n u[n] + (2)^n u[-n-1]$

參考文獻

SIGNAL

1. Alan V. Oppenheim, Alan S. Willsky, with S. Hamid Nawab, "Signals & Systems," 2nd edition, Prentice-Hall International, 1997.

2. Alan V. Oppenheim, Ronald W. Schafer, with John R. Buck, "Discrete-time Signal Processing," 2nd edition, Prentice-Hall, Inc., 1999.

3. Simon Haykin and Barry Van Veen, "Signals and Systems," 2nd edition, John Wiley & Sons, Inc. 2003.

4. Edward W Kamen and Bonnie S Heck, "Fundamentals of Signals and Systems: Using the Web and MATLAB," 2nd edition, Prentice-Hall, Inc. 2000.

5. B P Lathi, "Linear Systems and Signals," 2nd edition, Oxford University Press, 2005.

6. Scilab, http://www.scilab.org